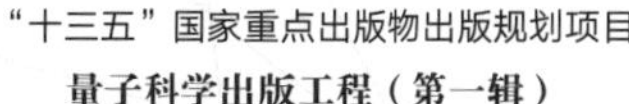

Dissipation and Diffusion of Quantum Light Field

范洪义　胡利云　著

量子光场的衰减和扩散

中国科学技术大学出版社

内 容 简 介

本书旨在发现新光场进而探索光的本性，指出量子衰减过程和扩散过程会导致新光场的出现.作者用自己发明的有序算符内的积分理论和算符排序法，结合纠缠态表象来研究若干光场的演化，发现其终态密度算符以某种算符排序规则排列后，就能以特殊函数的面貌呈现，成为理论量子光学的一部分.此方法之所以有效，是因为密度算符有序的排列，理论上使得光场的熵取极小值，从而成为值得关注的有径可循的新光场.书中介绍了作者另辟蹊径发明的方法所给出的新结果，别开生面、自成体系，具有理论物理的美感.

本书可供学习量子力学、量子光学和量子信息的师生和研究人员欣赏、参考和借鉴.

图书在版编目(CIP)数据

量子光场的衰减和扩散/范洪义，胡利云著.—合肥：中国科学技术大学出版社，2019.9
(量子科学出版工程.第一辑)
国家出版基金项目
"十三五"国家重点出版物出版规划项目
ISBN 978-7-312-04473-1

Ⅰ.量…　Ⅱ.①范…②胡…　Ⅲ.①量子光学—衰减—研究②量子光学—扩散—研究　Ⅳ.O431.2

中国版本图书馆CIP数据核字(2019)第086636号

出版　中国科学技术大学出版社
安徽省合肥市金寨路96号，230026
http://press.ustc.edu.cn
https://zgkxjsdxcbs.tmall.com
印刷　合肥华苑印刷包装有限公司
发行　中国科学技术大学出版社
经销　全国新华书店
开本　787 mm×1092 mm　1/16
印张　16.5
字数　332千
版次　2019年9月第1版
印次　2019年9月第1次印刷
定价　100.00元

前言

光的本性至今未能全知.爱因斯坦于1917年将辐射跃迁分为受激吸收、自发辐射和受激辐射三类,他在1917年写道:“我的余生将反思光究竟是什么.”时隔34年,他又说:“整整50年的有意识的沉思并没有使我接近此问题的答案.当然,如今每一个自以为自己知道了答案的人,其实都是在自欺欺人.”

对光的科学探索始于伽利略,他是第一个制造了望远镜并用于观测太阳系的行星及其卫星的人;稍后是费马,他提出光行走的规律——路径最短原理;而后是惠更斯和牛顿争论光是波还是粒子;杨氏的双缝实验、马吕斯的光的偏振现象、菲涅尔的衍射理论和麦克斯韦的电动力学支持光的波动说.意外的是,对光的研究居然促进了狭义相对论的诞生,迈克尔孙的光行差实验表明地球的旋转不影响光速,使得爱因斯坦抛弃了“以太”的概念.迈克尔孙热爱光学实验,他说:“如果一个诗人同时也是物理学家的话,他也许能向旁人表达被这门学科激起的乐趣、享受以及抒发近于崇敬的情怀.我承认,这门学科的美学内容对我无论如何也是不缺乏吸引力的,特别是在研究光的这一领域中我感受到了它的魅力.”

对光的辐射理论的研究始于基尔霍夫,此理论与玻尔兹曼的熵理论帮助普朗克发现了量子.爱因斯坦从光电效应的角度提出光子的概念,由此光的波粒二象性促进了德布罗意的物质波理论的诞生.

用量子力学研究原子的光辐射起于玻尔(20世纪初),后来狄拉克用量子力学和量子场论的方法深化了爱因斯坦的受激辐射和自发辐射.尽管光的波粒二象性促进了光子说的发展,但量子光学真正成为一门学科是由于20世纪60年代在实验室里诞生了激光,应运而生的有单模光场与两能级原子的Jaynes-Cummings模型以及相干态与压缩态光场理论;压缩光的非经典性质也促进了量子统计力学的发展.量子光学是以辐射的量子理论来研究光的非经典性质(即不能用经典光学和经典电动力学来解释的性质),光与原子的相互作用,光的产生、传播和检测的学科.相干态与压缩态所描述的光具有其独特的性质,这启迪人们进一步去发现新的光场,来深刻揭示光的本性.

发现光场的新量子态并研究其非经典性质是量子光学的一个重要课题.我们的研究表明,扩散过程和衰减过程会导致新光场的出现,故而写下本书.我用自己发明的算符排序论,结合纠缠态表象,来研究某些光场的扩散过程和衰减过程,将算符进行适当的排列,使描写光场演化的密度算符有序化,就得到了可以用特殊函数表达的新光场.此方法之所以有效,是因为有序的排列使得光场的熵取极值,增加了形成新光场的机会.反之,不将其有序化,则不能见其“庐山真面目”.

我本人发明的有序算符内的积分理论是对玻恩海森伯的矩阵论、狄拉克的符号法的补充和发展,对量子力学的算符排序、表象的扩充与变换理论的多样化、密度算符的主方程的求解都有裨益.

我在写作时,谨记古人的教诲:“文章当自出机杼,成一家风骨,不可寄人篱下.”但限于水平,本书应该借用元好问的诗句“枯槐聚蚁无多地,秋水鸣蛙自一天”来品味,尤其是这“自一天”的境遇仅当读者理解了有序算符内的积分理论才能体验到.

每当我的一本新书即将完成时,总要想起父母对自己的教诲与期待,做事情不能侥幸于一时,哗众而沽名,相反,要踏踏实实,载道为文,穷理尽性,“只令文字传青简,不使功名上景钟”.

范洪义

2019年2月

目录

第1章

用有序算符内积分方法研究量子光学表象

要用量子力学观点了解光的本性, 必须有一套描述量子光场的理论, 其中一个基础理论是表象理论. 可观察量在量子力学中用 Hermite 算符表示, 其完备的本征态构成表象, 即每个表象都有其函数基, 常用的有 Hermite 多项式和双变量 Hermite 多项式(与 Laguerre 多项式密切相关, 范洪义曾证明 Laguerre 多项式可以由 Hermite 多项式推出)以及 Legendre 多项式、Bessel 函数. 表象理论由狄拉克以符号法的方式引入到量子论, 它抽象难懂, 像一堆积木, 可望而不可触及. 20 世纪 70 年代, 范洪义发明的有序算符内积分方法使得符号法灵动起来、好用起来. 本章用正规乘积算符、反正规乘积算符和 Weyl-排序算符内的积分方法把表象的完备性表示成纯高斯积分形式, 对于发展经典–量子对应理论和发展、丰富量子光场的算符理论, 具有别开生面的效果.

物理理论是需要欣赏的, 会欣赏者才可对其谈研究.

理论物理欣赏与文学欣赏不同. 就文学而论, 有“人心贵直, 文心贵曲”的说法, 含蓄蕴藉、委婉波折之言容易被读者接受. 而在物理理论欣赏方面, 给人的感觉是越简洁越好. 单纯的直觉物理, 还谈不上欣赏. 就理论物理而言, 欣赏是经历形象思维(有时靠数学推导帮助)到掌握规律的过程, 是逐步深化的过程, 也是一种审美情趣的提升.

1.1 光子数表象

把光看作光子, 起源于爱因斯坦对光电效应的解释, 每个光场模对应于电磁场的一个振子. 后来狄拉克把电磁辐射当作作用于原子体系的外部微扰所引起的原子能态的跃迁, 在跃迁时可以吸收或发射量子, 这从量子力学观点解释了爱因斯坦 1917 年关于光的受激辐射的动力学机制, 使得该理论更为充实了.（值得指出的是：由于受激辐射的爱因斯坦系数涉及一种非常弱的效应, 起初在提出这种效应时根本没有什么希望观察到它, 但后来人们找到了增强该效应的方法, 从而开创了激光理论的先河.）可见, 想要认知光的量子本性, 首先要有一个描述光子的产生和湮灭的表象. 而经典光学讨论的主要是光在介质中传播的行为, 如干涉、衍射和偏振. 麦克斯韦的经典电动力学进了一步, 把光认同为电磁场, 把光看作是由电磁波组成的, 把每一个波作为一个振子来处理, 这体现了光的波动说, 但并没有讨论光的产生和湮灭机制. 就像我们看到电闪雷鸣是在浩瀚的天空中发生的那样, 阐述光的产生和湮灭也要有一个人们构想的理论"空间", 这就是光子数表象. 所谓表象, 是一个算符在它自身的本征态构成的集合中可以用数来描写, 有完备性关系的态矢量集合构成一个表象. 描述光的产生和湮灭机制的表象称为光子数表象 [或福克 (Fock) 表象].

在认可了玻尔的光的产生和湮灭是与原子的能级跃迁有关的观点以后, 天才物理学家海森伯就以可观察的光谱线的频率和强度为研究起点, 和玻恩等发现了 $\left[\hat{Q},\hat{P}\right]=\mathrm{i}\hbar$. 以他的思考模式为楷模, 我们鉴于实验能够观察到光的产生和湮灭, 觉得要向读者直观地介绍光子数表象, 以谐振子的量子化（量子的产生和湮灭机制）为例来阐述是比较容易被接受的. 这样做是因为考虑到从谐振子的经典振动本征模式容易过渡为量子能级. 经典力学中弦振动是一种典型的谐振子运动, 固定弦的两端称为波节, 若两端固定的弦的长度为 L, 则弦长必须是振荡波半波长的整数倍. 只有这样, 整个弦长才正好嵌入整数个半波长. 另外, 弦的振动有基频与泛频, 因此谐振子的量子化既能保持与经典情形类似的特性, 又符合德布罗意波的特征. 虽然经典光学中没有光产生和湮灭的理论, 但谐振子的振动可产生波. 若将此与德布罗意的波粒二象性相参照, 光波的产生就对应产生光子（或牵强地说, 粒子伴随着一个波）, 所以要使理论能描述光量子的产生和湮灭, 就得把谐振子各种本征振动模式比拟为一个"光子库". 这可用以下方式完成：将经典谐振子的哈密顿量 $h=\dfrac{1}{2m}p^2+\dfrac{1}{2}m\omega^2q^2$ 加上量子化条件

$$[Q,P]=\mathrm{i}\hbar \tag{1.1}$$

过渡为算符

$$\hat{H}=\frac{1}{2m}\hat{P}^2+\frac{1}{2}m\omega^2\hat{Q}^2 \tag{1.2}$$

用 $\hat{Q}$, $\hat{P}$ 的组合定义算符 a 和 $a^\dagger$:

$$a=\frac{1}{\sqrt{2}}\left(\sqrt{\frac{m\omega}{\hbar}}\hat{Q}+\mathrm{i}\frac{\hat{P}}{\sqrt{m\hbar\omega}}\right) \tag{1.3}$$

$$a^\dagger=\frac{1}{\sqrt{2}}\left(\sqrt{\frac{m\omega}{\hbar}}\hat{Q}-\mathrm{i}\frac{\hat{P}}{\sqrt{m\hbar\omega}}\right) \tag{1.4}$$

根据式 (1.1) 易得

$$\left[a,a^\dagger\right]=1 \tag{1.5}$$

由此可知式 (1.2) 有因式分解:

$$\hat{H}=\left(N+\frac{1}{2}\right)\hbar\omega,\quad N=a^\dagger a \tag{1.6}$$

鉴于经典谐振子有它的本征振动模式, 按整数标记, 所以量子谐振子也应有它的本征振动模式, 记为 $|n\rangle$[$|\rangle$(Ket). 这个符号是狄拉克发明的, 称为“右矢”, 而 $\langle|$(Bra) 称为“左矢”],n 是零或正整数, $|n\rangle$ 的集合就是谐振子的“量子库”. (当 $n=0$ 时仍有 $\frac{1}{2}\hbar\omega$ 存在, 称为零点能, 这是经典力学所没有的.) 定义 $|n\rangle$ 是 $\hat{H}$ 的本征振动模式 (本征态), 记为

$$N|n\rangle=n|n\rangle \tag{1.7}$$

打个比方, 把 $|n\rangle$ 看作一个装 n 元钱的口袋, $a^\dagger a$ 就表示“数”钱的操作 (算符). 具体来说, 对 $|n\rangle$ 以 a 作用, 表示从口袋里取出 1 元钱, $n\to n-1$ 再将这 1 元钱放回口袋里去 (此操作以 $a^\dagger$ 对 $|n-1\rangle$ 作用表示), 口袋里的钱又变回到 n 元. 可见, 取出一次又放回去相当于“数”钱的操作, 口袋里还是 n 元钱. 所以 a 是湮灭算符, $a^\dagger$ 是产生算符. 当口袋里没有钱 (以 $|0\rangle$ 表示, 称为 Fock 真空态) 时, 就无法再从中取钱, 所以

$$a|0\rangle=0 \tag{1.8}$$

从 $a^\dagger a|n\rangle=n|n\rangle$ 这个方程可以解出

$$a|n\rangle=\sqrt{n}|n-1\rangle \tag{1.9}$$

$$a^\dagger|n\rangle=\sqrt{n+1}|n+1\rangle \tag{1.10}$$

由此又可得到 $|n\rangle$ 是在 $|0\rangle$ 上产生 n 次的结果：

$$|n\rangle = \frac{a^{\dagger n}}{\sqrt{n!}}|0\rangle \tag{1.11}$$

此式容易理解, 因为它满足式（1.9）和式（1.10）. 再从 $\langle n|a^{\dagger}a|n\rangle = n$, 以及

$$\langle n|a^{\dagger}a|n\rangle = \langle n|a^{\dagger}\sqrt{n}|n-1\rangle \tag{1.12}$$

可知, 必有

$$(a|n\rangle)^{\dagger} = \langle n|a^{\dagger} = \sqrt{n}\langle n-1| \tag{1.13}$$

式中, $\langle n-1|$ 是 $|n-1\rangle$ 的共轭虚量, 所以 $a|n\rangle$ 在“镜中”的共轭虚量是 $\langle n|a^{\dagger}$, 记为

$$(a|n\rangle)^{\dagger} = \left[\sqrt{n}|n-1\rangle\right]^{\dagger} = \sqrt{n}\langle n-1| = \langle n|a^{\dagger} \tag{1.14}$$

操作“†”称为 Hermite 共轭. 量子谐振子的本征态的全体是完备的, 要求

$$\sum_{n=0}^{\infty}|n\rangle\langle n| = 1 \tag{1.15}$$

我们将其称为完备性关系, 即本征值 $n=0,1,2,\cdots$ 的集合完备. 以后我们还将进一步证明式（1.15）的合理性. 集合 $|n\rangle$, 作为力学量 $a^{\dagger}a$ 的本征函数系是抽象空间的一组基矢, 构成光子数表象. 此表象的特点是光子数算符在它自身的本征态构成的表象中可以用正整数来描写. 式（1.15）也被称为单位 1 的分解, $|n\rangle\langle n|$ 是纯态, 以后还要介绍单位 1 的混合态分解.

狄拉克发明的符号简洁地表示了表象, 反映了他的才能, 这就是为什么有人说：“他是完全能够独立工作的极少数科学家之一, 如果他有一个图书馆, 他可能连一本书和期刊都用不到.”

1.2 真空测量算符的理论

在 $a^{\dagger}a$ 的本征态集合中, 我们首先要考虑真空态, 即没有光子存在的态, $|0\rangle\langle 0|$ 是真空测量算符. 然而, 真空并非绝对的一无所有, $|0\rangle\langle 0|$ 是算符 N 的函数, 由 $|0\rangle\langle 0|0\rangle = |0\rangle$, 及 0^0 是个不定型, 可以猜测

$$|0\rangle\langle 0| = 0^N = (1-1)^N = \sum_{l=0}^{\infty}C_N^l(-1)^l$$

$$
\begin{aligned}
&= 1 - N + \frac{1}{2!}N(N-1) - \frac{1}{3!}N(N-1)(N-2) + \cdots \\
&= \sum_{l=0}^{\infty} \frac{(-1)^l}{n!} N(N-1)\cdots(N-l+1)
\end{aligned} \tag{1.16}
$$

从式（1.15）和式（1.9）得到

$$
N(N-1)\cdots(N-l+1) = \sum_{m=0}^{\infty} a^{\dagger l} |m\rangle \langle m| a^l = a^{\dagger l} a^l \tag{1.17}
$$

所以

$$
|0\rangle \langle 0| = \sum_{l=0}^{\infty} \frac{(-1)^l}{l!} a^{\dagger l} a^l \tag{1.18}
$$

这里, $a^{\dagger l}$ 排在 a^l 的左边, 称为正规乘积, 以 : : 标记之. 在 : : 的内部, a 与 $a^\dagger$ 是可以交换的（因为无论它们在内部如何任意地交换, 当要撤去 : : 时, 所有的 $a^\dagger$ 必须排在 a 的左边, 在 : : 内部, a 与 $a^\dagger$ 的任何交换不会改变其最终结果）, 所以 $a^{\dagger l} a^l =: a^{\dagger l} a^l :$, 有

$$
|0\rangle \langle 0| = \sum_{l=0}^{\infty} \frac{(-1)^l}{l!} : a^{\dagger l} a^l : \ =: \mathrm{e}^{-a^\dagger a} : \tag{1.19}
$$

这样我们就简洁地得到 $|0\rangle \langle 0|$ 的正规排序形式.

在一个由 a 与 $a^\dagger$ 函数所组成的单项式中, 若所有的 a 都排在 $a^\dagger$ 的左边, 则称其为已被排好为反正规乘积了, 以 $\vdots\ \vdots$ 标记之. 那么 $|0\rangle \langle 0|$ 的反正规排序是什么？将式 (1.19) 写为积分：

$$
|0\rangle \langle 0| =: \mathrm{e}^{-a^\dagger a} : \ = \int \frac{\mathrm{d}^2 \xi}{\pi} : \mathrm{e}^{\mathrm{i}\xi^* a^\dagger + \mathrm{i}\xi a - |\xi|^2} : \tag{1.20}
$$

对 $\mathrm{d}^2\xi$ 积分时, 在 : : 内部 a 与 $a^\dagger$ 可以被视为积分参量, 这就是有序算符内积分（Integration Within Ordered Product of Operators, IWOP）方法. 设法将 Ket-Bra 组成的算符纳入某种有序的排列, 在此序中, 原先不对易的成分就可以互换了（但并未失去算符的本性）, 于是对其直接实行积分成为可能. 用量子论中常用的 Baker-Hausdorff 公式可将 $\mathrm{e}^{\mathrm{i}\xi^* a^\dagger} \mathrm{e}^{\mathrm{i}\xi a}$ 重排为

$$
|0\rangle \langle 0| = \int \frac{\mathrm{d}^2 \xi}{\pi} \mathrm{e}^{\mathrm{i}\xi^* a^\dagger} \mathrm{e}^{\mathrm{i}\xi a - |\xi|^2} = \int \frac{\mathrm{d}^2 \xi}{\pi} \mathrm{e}^{\mathrm{i}\xi a} \mathrm{e}^{\mathrm{i}\xi^* a^\dagger} = \pi \delta(a) \delta(a^\dagger) \tag{1.21}
$$

最后一步用了 δ 函数的 Fourier 变换式. 这里 $\delta(a)$ 排在 $\delta(a^\dagger)$ 左面, 表示先产生后湮灭（常说的自生自灭, 而不是自灭自生）, 这符合真空的直观意思, 即哪里有光子产生 [用 δ 函数 $\delta(a^\dagger)$ 表示], 哪里就湮灭它 [用 $\delta(a)$ 表示]. 可见在 Fock 空间中时刻要注意算符的排序问题.

由 $|0\rangle \langle 0|$ 的正规乘积展开式可检验完备性：

$$
\sum_{n=0}^{\infty} |n\rangle \langle n| = \sum_{n=0}^{\infty} \frac{a^{\dagger n}}{\sqrt{n!}} |0\rangle \langle 0| \frac{a^n}{\sqrt{n!}} = \sum_{n=0}^{\infty} \frac{1}{n!} : (a^\dagger a)^n \mathrm{e}^{-a^\dagger a} : \ = 1 \tag{1.22}
$$

并得到关于正规乘积的一个算符恒等式, 即

$$\begin{aligned}
\mathrm{e}^{\lambda a^\dagger a} &= \sum_{n=0}^{\infty} \mathrm{e}^{\lambda n} |n\rangle \langle n| = \sum_{n=0}^{\infty} \mathrm{e}^{\lambda n} \frac{a^{\dagger n}}{\sqrt{n!}} |0\rangle \langle 0| \frac{a^n}{\sqrt{n!}} \\
&= \sum_{n=0}^{\infty} : \frac{1}{n!} \left(\mathrm{e}^{\lambda} a^\dagger a\right)^n \ \mathrm{e}^{a^\dagger a} : \ =: \exp\left[\left(\mathrm{e}^{\lambda}-1\right) a^\dagger a\right] :
\end{aligned} \tag{1.23}$$

该公式对于去掉 : : 记号非常有用, 如

$$: \exp\left(\lambda a^\dagger a\right) : \ = \exp\left[a^\dagger a \ln(\lambda+1)\right] \tag{1.24}$$

在第 5 章我们将指出完备性 [式（1.22）] 还可以用别的光场态来组成.

显然

$$: \exp\left(-2a^\dagger a\right) : \ = \exp\left[a^\dagger a \ln(-1)\right] = \exp\left(\mathrm{i}\pi a^\dagger a\right) = (-1)^N \tag{1.25}$$

是宇称算符, 于是有

$$(-1)^N |n\rangle = (-1)^n |n\rangle, \quad (-1)^N a (-1)^N = -a \tag{1.26}$$

1.3 相干态表象

本节介绍激光（单色性好）由什么量子态来表示的问题. 引入所谓的平移算符 $D(z) = \mathrm{e}^{za^\dagger - z^* a}$, 由

$$\begin{aligned}
\mathrm{e}^{A} B \mathrm{e}^{-A} &= \left(1 + A + \frac{A^2}{2!} + \frac{A^3}{3!} + \cdots\right) B \left(1 - A + \frac{A^2}{2!} - \frac{A^3}{3!} + \cdots\right) \\
&= B + [A,B] + \frac{1}{2!}[A,[A,B]] + \frac{1}{3!}[A,[A,[A,B]]] + \cdots
\end{aligned} \tag{1.27}$$

得到

$$D(z) a D^{-1}(z) = a - z \tag{1.28}$$

故结合式（1.21）和 $|0\rangle \langle 0| =: \mathrm{e}^{-a^\dagger a}$: 得到

$$\begin{aligned}
D(z) |0\rangle \langle 0| D^\dagger(z) &= \pi \delta(a-z) \delta\left(a^\dagger - z^*\right) \\
&= \int \frac{\mathrm{d}^2 \xi}{\pi} \mathrm{e}^{\mathrm{i}\xi(a-z)} \mathrm{e}^{\mathrm{i}\xi^*\left(a^\dagger - z^*\right)}
\end{aligned}$$

$$
\begin{aligned}
&=\int\frac{\mathrm{d}^2\xi}{\pi}\mathrm{e}^{\mathrm{i}\xi^*\left(a^\dagger-z^*\right)}\mathrm{e}^{\mathrm{i}\xi(a-z)-|\xi|^2}\\
&=\int\frac{\mathrm{d}^2\xi}{\pi}:\mathrm{e}^{\mathrm{i}\xi^*\left(a^\dagger-z^*\right)+\mathrm{i}\xi(a-z)-|\xi|^2}:\\
&=:\mathrm{e}^{-\left(a^\dagger-z^*\right)(a-z)}:\\
&=|z\rangle\langle z| \qquad (1.29)
\end{aligned}
$$

其中

$$
|z\rangle=\mathrm{e}^{-\frac{|z|^2}{2}+za^\dagger}|0\rangle=D(z)|0\rangle \qquad (1.30)
$$

是 a 的本征态, 即

$$
a|z\rangle=\mathrm{e}^{-\frac{1}{2}|z|^2}\left[a,\mathrm{e}^{za^\dagger}\right]|z\rangle=z|z\rangle,\qquad z=|z|\mathrm{e}^{\mathrm{i}\theta} \qquad (1.31)
$$

称为相干态, 因为它是由无数不同粒子数态叠加而成的, 即

$$
|z\rangle=\mathrm{e}^{-\frac{1}{2}|z|^2}\sum_{n=0}^{\infty}\frac{|z|^n\mathrm{e}^{\mathrm{i}\theta n}}{\sqrt{n!}}|n\rangle \qquad (1.32)
$$

由式 (1.30) 计算得到内积:

$$
\langle z'|z\rangle=\mathrm{e}^{-\frac{1}{2}\left(|z|^2+|z'|^2\right)}\langle 0|\mathrm{e}^{z'^*a}\mathrm{e}^{za^\dagger}|0\rangle=\mathrm{e}^{-\frac{1}{2}\left(|z|^2+|z'|^2\right)+z'^*z} \qquad (1.33)
$$

说明相干态是非正交的. 用式（1.21）和正规乘积排序算符内的积分方法得到

$$
\begin{aligned}
\int\frac{\mathrm{d}^2z}{\pi}|z\rangle\langle z|&=\int\frac{\mathrm{d}^2z}{\pi}\mathrm{e}^{-|z|^2}\mathrm{e}^{za^\dagger}|0\rangle\langle 0|\mathrm{e}^{z^*a}\\
&=\int\frac{\mathrm{d}^2z}{\pi}:\exp\left(-|z|^2+za^\dagger+z^*a-a^\dagger a\right):\\
&=\int\frac{\mathrm{d}^2z}{\pi}:\mathrm{e}^{-\left(z^*-a^\dagger\right)(z-a)}:=\int\frac{\mathrm{d}^2z}{\pi}\mathrm{e}^{-z^*z}=1 \qquad (1.34)
\end{aligned}
$$

即 $|z\rangle$ 组成超完备性（$|z\rangle$ 与 $|z'\rangle$ 不正交）, 于是任意光场算符可以用相干态表象来展开. 式（1.34）还可以用来检验当 $[[A,B],A]=[[A,B],B]=0$ 时, $\mathrm{e}^A\mathrm{e}^B=\mathrm{e}^B\mathrm{e}^A\mathrm{e}^{[A,B]}$, 即考虑

$$
\begin{aligned}
\mathrm{e}^{fa}\mathrm{e}^{ga^\dagger}&=\int\frac{\mathrm{d}^2z}{\pi}\mathrm{e}^{fa}|z\rangle\langle z|\mathrm{e}^{ga^\dagger}\\
&=\int\frac{\mathrm{d}^2z}{\pi}:\exp\left(fz+gz^*-|z|^2+za^\dagger+z^*a-a^\dagger a\right):\\
&=:\exp\left[\left(a^\dagger+f\right)(a+g)-a^\dagger a\right]:=\mathrm{e}^{ga^\dagger}\mathrm{e}^{fa}\mathrm{e}^{\left[fa,ga^\dagger\right]} \qquad (1.35)
\end{aligned}
$$

检验毕. 用积分公式

$$
\int\frac{\mathrm{d}^2z}{\pi}\exp\left(\zeta|z|^2+\xi z+\eta z^*+w'z^2+v'z^{*2}\right)
$$

$$= \frac{1}{\sqrt{\zeta^2 - 4w'v'}} \exp\left(\frac{-\zeta\xi\eta + \xi^2 v' + \eta^2 w'}{\zeta^2 - 4w'v'}\right) \tag{1.36}$$

其收敛条件是

$$\mathrm{Re}\left(\frac{\zeta^2 - 4w'v'}{\xi - w' - v'}\right) < 0, \quad \mathrm{Re}\,(\xi - w' - v') < 0$$

或

$$\mathrm{Re}\left(\frac{\zeta^2 - 4w'v'}{\xi + w' + v'}\right) < 0, \quad \mathrm{Re}\,(\xi + w' + v') < 0$$

可以导出下面的范氏算符恒等式:

$$\begin{aligned}
\mathrm{e}^{fa^2}\mathrm{e}^{ga^{\dagger 2}} &= \int \frac{\mathrm{d}^2 z}{\pi} \mathrm{e}^{fa^2} |z\rangle \langle z| \mathrm{e}^{ga^{\dagger 2}} \\
&= \int \frac{\mathrm{d}^2 z}{\pi} : \exp\left[-|z|^2 + za^\dagger + z^* a + fz^2 + gz^{*2} - a^\dagger a\right] : \\
&= \frac{1}{\sqrt{1-4fg}} \exp\left(\frac{ga^{\dagger 2}}{1-4fg}\right) \exp\left[-a^\dagger a \ln(1-4fg)\right] \exp\left(\frac{fa^2}{1-4fg}\right)
\end{aligned} \tag{1.37}$$

由式（1.32）得到

$$|\langle n | z\rangle|^2 = \mathrm{e}^{-|z|^2} \frac{|z|^{2n}}{n!}$$

这是在相干态中出现 n 个光子的概率, 恰为泊松分布.

由 $\langle z| N |z\rangle = |z|^2, \langle z| N^2 |z\rangle = |z|^2 + |z|^4$, 可见处于相干态时, 光子数的起伏为

$$\Delta N = \sqrt{\langle N^2\rangle - \langle N\rangle^2} = |z|, \quad \frac{\Delta N}{\langle N\rangle} = \frac{1}{|z|} \tag{1.38}$$

这表明, 当平均光子数多 $(|z|$大$)$ 时起伏变小, 接近经典光场. Mandel 曾引入一个参数, 记为

$$\mathfrak{M} = \frac{\langle N^2\rangle - \langle N\rangle^2}{\langle N\rangle} - 1 \tag{1.39}$$

对于相干态而言, $\mathfrak{M}=0$. 若对于某种光场 $\mathfrak{M}>0$, 则称其光子数分布为超泊松分布; 反之, 称为亚泊松分布（属于非经典效应）.

实验发现, 激光在激发度高的情形下, 其光子统计趋近于泊松分布, 因此相干态是描述激光的量子态, 其重要性可见一斑. 当 $|z|$ 很小时, 有

$$|z\rangle \to \frac{1}{\sqrt{1+|z|^2}} (|0\rangle + z|1\rangle) \equiv |\mathfrak{z}\rangle \tag{1.40}$$

此态是归一化的, 测得单光子态的概率是

$$\langle \mathfrak{z}| a^\dagger a |\mathfrak{z}\rangle = \frac{|z|^2}{1+|z|^2} = \frac{\langle N\rangle}{1+\langle N\rangle} \tag{1.41}$$

这表明, 当 $|z|$ 很小时, 得到 $|1\rangle$ 这个单光子态的概率很小, 所以想通过弱激光的衰减得到稳定的单光子源似乎很困难.

再计算光场中一对互为共轭的正交分量 $X_1=\frac{1}{2}\left(a^\dagger+a\right)$ 和 $X_2=\frac{1}{2\mathrm{i}}\left(a-a^\dagger\right)$ 在相干态中的量子涨落, $[X_1,X_2]=\frac{\mathrm{i}}{2}$, 由

$$\langle z|X_1|z\rangle=\frac{1}{2}(z+z^*),\quad \langle z|X_2|z\rangle=\frac{1}{2\mathrm{i}}(z-z^*) \tag{1.42}$$

$$\langle z|X_1^2|z\rangle=\frac{1}{4}\left(z^2+z^{*2}+2|z|^2+1\right),\quad \langle z|X_2^2|z\rangle=\frac{1}{4}\left(z^2+z^{*2}-2|z|^2-1\right) \tag{1.43}$$

均方差为

$$\begin{cases}(\Delta X_1)^2=\langle z|X_1^2|z\rangle-(\langle z|X_1|z\rangle)^2=\dfrac{1}{4}\\ (\Delta X_2)^2=\langle z|X_2^2|z\rangle-(\langle z|X_2|z\rangle)^2=\dfrac{1}{4}\end{cases} \tag{1.44}$$

于是

$$\Delta X_1\Delta X_2=\frac{1}{4} \tag{1.45}$$

注意到, $X_1=\frac{1}{\sqrt{2}}X$, $X_2=\frac{1}{\sqrt{2}}P$, $[X,P]=\mathrm{i}$, 处于相干态的情形下, 有

$$\Delta X\Delta P=\frac{1}{2} \tag{1.46}$$

所以, 相干态 $|z\rangle$ 是使得坐标–动量不确定关系取极小值的态. 让 $z=\frac{1}{\sqrt{2}}(x+\mathrm{i}p)$, $\langle z|X|z\rangle=x,\langle z|P|z\rangle=p$, 在坐标 x-动量 p 相空间中, 代表相干态的不是一个点, 而是一个面积为 $\frac{1}{2}$ 的小圆, 圆心处在 (x,p) 点, 因此描述经典相点的运动理论（经典 Liuville 定理）也要做相应的修改.

本节最后指出：产生谐振子的相干态的动力学哈密顿量是

$$\hat{H}_0=\omega a^\dagger a+\mathrm{i}fa-\mathrm{i}f^*a^\dagger \tag{1.47}$$

请读者自己证明这一点.

1.4 正规乘积内的积分方法

以上我们已经算过了几个正规乘积算符内的积分, 可以将它发展为对 Ket-Bra 算符实现积分的理论. 现在列出正规乘积算符的其他性质:

(1) 正规乘积算符的 $:F\left(a^{\dagger},a\right):$ 满足

$$\langle z|:F\left(a^{\dagger},a\right):|z'\rangle = F\left(z^{*},z'\right)\langle z|\,z'\rangle \tag{1.48}$$

(2) 算符 $a,a^{\dagger}$ 在正规乘积内是对易的, 即有

$$:a^{\dagger}a: \;=:aa^{\dagger}: \;=a^{\dagger}a \tag{1.49}$$

(3) 数 C 可以自由出入正规乘积记号, 并且可以对正规乘积内的数 C 进行积分或微分运算, 前者要求积分收敛.

(4) 正规乘积内部的正规乘积记号可以取消, 即有

$$:f(a^{\dagger},a):g(a^{\dagger},a):: \;=:f(a^{\dagger},a)g(a^{\dagger},a): \tag{1.50}$$

(5) 正规乘积与正规乘积的和满足

$$:f(a^{\dagger},a):+:g(a^{\dagger},a): \;=:\left[f(a^{\dagger},a)+g(a^{\dagger},a)\right]: \tag{1.51}$$

(6) Hermite 共轭操作可以进入 : : 内部进行, 即有

$$:(W\cdots V):^{\dagger}=:(W\cdots V)^{\dagger}: \tag{1.52}$$

(7) 正规乘积内部以下两个等式成立:

$$:\frac{\partial}{\partial a}f(a,a^{\dagger}): \;=\left[:f(a,a^{\dagger}):,a^{\dagger}\right] \tag{1.53}$$

$$:\frac{\partial}{\partial a^{\dagger}}f(a,a^{\dagger}): \;=\left[:f(a,a^{\dagger}):,a\right] \tag{1.54}$$

对于多模情形, 以上两式可推广为

$$:\frac{\partial}{\partial a_i}\frac{\partial}{\partial a_j}f(a_i,a_i^{\dagger},a_j,a_j^{\dagger}): \;=\left[\left[:f(a_i,a_i^{\dagger},a_j,a_j^{\dagger}):,a_j^{\dagger}\right],a_i^{\dagger}\right] \tag{1.55}$$

正规乘积算符内的积分的一个应用是研究平移 Fock 态, 它由 $D(z)$ 作用于粒子态得到:

$$D(z)|m\rangle=\frac{1}{\sqrt{m!}}\left(a^{\dagger}-z^{*}\right)^{m}D(z)|0\rangle=\frac{1}{\sqrt{m!}}\left(a^{\dagger}-z^{*}\right)^{m}|z\rangle \tag{1.56}$$

用 IWOP 方法考察其完备性, 得到:

$$\begin{aligned}&\int\frac{\mathrm{d}^2z}{\pi}D(z)|m\rangle\langle n|D^{-1}(z)\\&=\int\frac{\mathrm{d}^2z}{\pi}\frac{1}{\sqrt{m!n!}}\left(a^{\dagger}-z^{*}\right)^{m}|z\rangle\langle z|(a-z)^{n}\\&=\int\frac{\mathrm{d}^2z}{\pi}\frac{1}{\sqrt{m!n!}}:\left(a^{\dagger}-z^{*}\right)^{m}(a-z)^{n}\exp\left[-\left(a^{\dagger}-z^{*}\right)(a-z)\right]:\\&=\frac{1}{\sqrt{m!n!}}\int\frac{\mathrm{d}^2z}{\pi}z^{*m}z^{n}\mathrm{e}^{-|z|^2}(-1)^{m+n}=\delta_{m,n}\end{aligned} \tag{1.57}$$

1.5 反正规乘积内的积分方法

若由算符 $a,a^{\dagger}$ 构成的单项式, 所有的 a 都排在 $a^{\dagger}$ 的左边, 则称其为已被排好为反正规乘积了, 以 $\vdots\ \vdots$ 标记. 算符的反正规乘积, 其性质是:

(1) 算符 $a,a^{\dagger}$ 在反正规乘积内是对易的, 即有 $\vdots a^{\dagger}a\vdots=\vdots aa^{\dagger}\vdots=aa^{\dagger}$.

(2) 数 C 可以自由出入反正规乘积记号, 并且可以对反正规乘积内的数 C 进行积分或微分运算, 前者要求积分收敛.

(3) 反正规乘积算符在相干态表象中表示为

$$\vdots g\left(a,a^{\dagger}\right)\vdots=\int\frac{\mathrm{d}^2z}{\pi}g(z,z^{*})|z\rangle\langle z| \tag{1.58}$$

例如, 可以证明

$$\begin{aligned}\mathrm{e}^{-\lambda}\vdots\mathrm{e}^{\left(1-\mathrm{e}^{-\lambda}\right)a^{\dagger}a}\vdots&=\mathrm{e}^{-\lambda}\vdots\mathrm{e}^{\left(1-\mathrm{e}^{-\lambda}\right)a^{\dagger}a}\vdots\int\frac{\mathrm{d}^2z}{\pi}|z\rangle\langle z|\\&=\mathrm{e}^{-\lambda}\int\frac{\mathrm{d}^2z}{\pi}\mathrm{e}^{\left(1-\mathrm{e}^{-\lambda}\right)|z|^2}|z\rangle\langle z|\\&=\mathrm{e}^{-\lambda}\int\frac{\mathrm{d}^2z}{\pi}:\exp\left[-\mathrm{e}^{-\lambda}|z|^2+za^{\dagger}+z^{*}a-a^{\dagger}a\right]:\end{aligned}$$

$$=:\exp\left[\left(e^{\lambda}-1\right)a^{\dagger}a\right]:=e^{\lambda a^{\dagger}a} \tag{1.59}$$

对照式（1.23）可知

$$\vdots e^{\lambda aa^{\dagger}}\vdots=(1-\lambda)^{-1}:\exp\left(\frac{-\lambda a^{\dagger}a}{\lambda-1}\right): \tag{1.60}$$

再利用 Laguerre 多项式的母函数公式

$$(1-z)^{-1}\exp\left(\frac{zx}{z-1}\right)=\sum_{l=0}^{\infty}L_n(x)z^n \tag{1.61}$$

将式（1.60）变为

$$\vdots e^{\lambda aa^{\dagger}}\vdots=:\sum_{l=0}^{\infty}\lambda^l L_l\left(-a^{\dagger}a\right): \tag{1.62}$$

这是一个新的算符恒等式.

1.6 坐标表象完备性及其纯高斯积分形式的应用

表象是能将任意算符以普通数表示的一组完备基矢的集合, 它是由狄拉克首先引入的. 法国雕塑家罗丹说: “所谓大师就是这样的人, 他们用自己的眼睛去看别人看过的东西, 在别人司空见惯的东西上能发现出美来.” 另有人说: “天才唯一的要点, 就是人人不能表现, 或难以表现的, 他能将其表现出来.” 狄拉克就是这么一位天才, 量子力学在萌芽时期, 缺乏能表现其本质的数学符号, 这让海森伯等很是为难. 狄拉克发明了符号法, 既统一了海森伯的矩阵力学表述和薛定谔的波动力学表述, 又能体现德布罗意的波粒二象性; 有了狄拉克的 Ket-Bra 符号, 就可建立量子力学表象完备性和变换理论, 这使其最终成为量子力学的语言而不朽. 所以, 狄拉克在晚年时说: “符号法是我的至爱, 拿什么来换都不换.”

狄拉克的符号法有平淡简洁的特点, 无雕琢之痕迹, 后人很难仿效, 正如陶渊明的平淡出于自然, 后人学他平淡, 便相去远矣.

那么如何对 Ket-Bra 符号积分呢? 这个问题狄拉克没有想到, 与他并肩的物理大师及其佼佼弟子们在符号法问世后的半个世纪内也没有想到. 倒是一个中国人在年轻时自学量子力学时感悟到了, 并提出了解决办法（有序算符内的积分方法）, 用它可以极大地发展量子力学表象论与变换论.

1. 坐标表象

最常用的是坐标表象, 以 $|x\rangle$ 表示, 坐标算符 $\hat{x}$ 在此表象中仅表现为一个普通的数. 于是有本征态方程

$$\hat{X}|x\rangle = x|x\rangle \tag{1.63}$$

由 $|x\rangle$ 与 $\langle x|$ 拼成的 $|x\rangle\langle x|$ 是一个算符, 它起到一个投影算符的作用, 也可以认为是一个测量坐标得到值为 x 的算符, 因此它也可以用狄拉克发明的 δ 函数表示为

$$|x\rangle\langle x| = \delta(x-\hat{X}), \quad \hat{X} = \frac{a+a^\dagger}{\sqrt{2}} \tag{1.64}$$

δ 函数是狄拉克在工科学校学习如何计算固体结构的应用时萌发的一个念头. 当考虑工程中结构负载的时候, 有些负载是分布型的, 而有时负载集中在一个点上, 从本质上要把这两种情况统一起来处理, 就导致了 δ 函数的产生. 式（1.64）中的 δ 函数就反映了用 X 测粒子坐标得到值（集中在一点上）, 代表测量的算符是 $|x\rangle\langle x|$, 用 δ 函数的 Fourier 变换得

$$\delta(x-\hat{X}) = \frac{1}{2\pi}\int_{-\infty}^{+\infty} \mathrm{d}p \mathrm{e}^{\mathrm{i}p(x-\hat{X})} = \frac{1}{2\pi}\int_{-\infty}^{+\infty} \mathrm{d}p \mathrm{e}^{\mathrm{i}p\left(x-\frac{a+a^\dagger}{\sqrt{2}}\right)} \tag{1.65}$$

用 IWOP 方法积分就有

$$\begin{aligned}\delta(x-\hat{X}) &= \frac{1}{2\pi}\int_{-\infty}^{+\infty} \mathrm{d}p \colon \mathrm{e}^{-\frac{p^2}{4}+\mathrm{i}p\left(x-\frac{a^\dagger}{\sqrt{2}}\right)-\mathrm{i}p\frac{a}{\sqrt{2}}} \colon \\ &= \frac{1}{\sqrt{\pi}} \colon \exp\left[-\left(x-\frac{a+a^\dagger}{\sqrt{2}}\right)^2\right] \colon \end{aligned} \tag{1.66}$$

注意: 由于在 : : 内部 a 与 $a^\dagger$ 对易, 故在积分时可以把它们看作参量, 关于这一点我们在下面要反复强调. 利用 $|0\rangle\langle 0| =\colon \mathrm{e}^{-a^\dagger a} \colon$, 我们可以把式（1.66）分解为

$$\begin{aligned}\delta(x-\hat{X}) &= |x\rangle\langle x| \\ &= \frac{1}{\pi^{1/2}}\mathrm{e}^{-\frac{x^2}{2}+\sqrt{2}xa^\dagger-\frac{a^{\dagger 2}}{2}}|0\rangle\langle 0|\mathrm{e}^{-\frac{x^2}{2}+\sqrt{2}xa-\frac{a^2}{2}}\end{aligned} \tag{1.67}$$

从而得到 $|x\rangle$ 在 Fock 空间的表示：

$$|x\rangle = \pi^{-\frac{1}{4}}\exp\left(-\frac{x^2}{2}+\sqrt{2}xa^\dagger-\frac{{a^\dagger}^2}{2}\right)|0\rangle \tag{1.68}$$

于是, 坐标表象的完备性就可写成纯高斯积分的形式：

$$\int_{-\infty}^{+\infty}\mathrm{d}x|x\rangle\langle x| = \int_{-\infty}^{+\infty}\frac{\mathrm{d}x}{\sqrt{\pi}} \colon \mathrm{e}^{-(x-X)^2} \colon = 1 \tag{1.69}$$

而积分 $\int_{-\infty}^{+\infty}\frac{\mathrm{d}x}{\sqrt{\mu}}\mathrm{d}x\left|\frac{x}{\mu}\right\rangle\langle x|$ 也是志在必得的:

$$
\begin{aligned}
\int_{-\infty}^{+\infty}\frac{\mathrm{d}x}{\sqrt{\mu}}\left|\frac{x}{\mu}\right\rangle\langle x| &= \frac{1}{\pi^{1/2}}\int_{-\infty}^{+\infty}\mathrm{e}^{-\frac{x^2}{2\mu^2}+\sqrt{2}xa^\dagger/\mu-\frac{a^{\dagger 2}}{2}}|0\rangle\langle 0|\mathrm{e}^{-\frac{x^2}{2}+\sqrt{2}xa-\frac{a^2}{2}} \\
&= \mathrm{e}^{-\frac{a^{\dagger 2}}{2}\tanh\lambda}\mathrm{e}^{(a^\dagger a+\frac{1}{2})\ln\operatorname{sech}\lambda}\mathrm{e}^{\frac{a^2}{2}\tanh\lambda},\qquad \mu=\mathrm{e}^\lambda
\end{aligned}
\tag{1.70}
$$

这被称为单模压缩算符（是经典尺度变换 $\hat{x}\to\frac{\hat{x}}{\mu}$ 的量子对应）, 其中 a^2, $\left(a^\dagger a+\frac{1}{2}\right)$ 和 $a^{\dagger 2}$ 组成了 $SU(1,1)$ 李代数.

$$
\operatorname{sech}\lambda\mathrm{e}^{-\frac{a^{\dagger 2}}{2}\tanh\lambda}|0\rangle \tag{1.71}
$$

被称为压缩真空态. 用式（1.69）的另一好处是可导出算符恒等式:

$$
\begin{aligned}
\mathrm{e}^{fX^2} &= \int_{-\infty}^{+\infty}\mathrm{d}x\mathrm{e}^{fx^2}|x\rangle\langle x| = \int_{-\infty}^{+\infty}\frac{\mathrm{d}x}{\sqrt{\pi}}:\mathrm{e}^{-(x-X)^2+fx^2}: \\
&= \frac{1}{\sqrt{1-f}}:\mathrm{e}^{-\frac{f}{f-1}X^2}:
\end{aligned}
\tag{1.72}
$$

以上公式表明, 有了 IWOP 方法, 如同瞥见了量子力学的“柳暗花明又一村”, 就可与同行“把酒话桑麻”. 它丰富了量子光学的内容.

2. 动量表象

记 $|p\rangle$ 是动量算符的本征态, $\hat{P}|p\rangle=p|p\rangle$, $\hat{P}=\frac{a-a^\dagger}{\sqrt{2}\mathrm{i}}$. 类似于式（1.65）~ 式（1.69）的推导, 我们有

$$
|p\rangle\langle p| = \delta(p-\hat{P}) = \frac{1}{\sqrt{\pi}}:\exp\left[-\left(p-\frac{a-a^\dagger}{\sqrt{2}\mathrm{i}}\right)^2\right]: \tag{1.73}
$$

再用 $|0\rangle\langle 0| =: \mathrm{e}^{-a^\dagger a}:$ 分拆上式, 得 $|p\rangle$ 的表达式:

$$
|p\rangle = \pi^{-\frac{1}{4}}\exp\left(-\frac{p^2}{2}+\sqrt{2}\mathrm{i}pa^\dagger+\frac{a^{\dagger 2}}{2}\right)|0\rangle \tag{1.74}
$$

其高斯型完备性是

$$
\int_{-\infty}^{+\infty}\mathrm{d}p|p\rangle\langle p| = \int_{-\infty}^{+\infty}\frac{\mathrm{d}p}{\sqrt{\pi}}:\mathrm{e}^{-(p-P)^2}: = 1 \tag{1.75}
$$

从以上的分析，我们揭示了狄拉克符号的深层次的优美, 狄拉克发明的 $|\rangle\langle|$ 在合适的排序下会展现高斯型. 这符合他写在《量子力学原理》中的预言:“符号法, 以抽象的方式直接处理具有基本重要性的量,……, 然则，它似乎更深入事物的本质. 它使人们能以简洁明了的方式表达物理规律, 并且在将来随着人们对它的理解加深, 以及其自身的数学得到发展时, 它也许会有日益增多的应用.”

1.7 x-p 相空间中混合态构成的完备性

结合式（1.69）和式（1.75），我们推广得到

$$\frac{1}{\pi}\iint_{-\infty}^{+\infty}\mathrm{d}x\mathrm{d}p\colon \mathrm{e}^{-(x-X)^2-(p-P)^2}\colon =1 \tag{1.76}$$

它给出了 x-p 相空间的完备性, 而

$$\frac{1}{\pi}\colon \mathrm{e}^{-(x-X)^2-(p-P)^2}\colon \equiv \Delta(x,p) \tag{1.77}$$

在此处引入是十分自然的. 注意: $\Delta(x,p)$ 不能写成纯态 $|\rangle\langle|$ 的形式, 它属于混合态表象. 但 $\Delta(x,p)$ 的边缘积分导致纯态, $\int \mathrm{d}x\Delta(x,p)\to\frac{1}{\sqrt{\pi}}\colon \mathrm{e}^{-(p-P)^2}\colon =|p\rangle\langle p|$, $\int \mathrm{d}p\Delta(x,p)\to\frac{1}{\sqrt{\pi}}\colon \mathrm{e}^{-(x-X)^2}\colon =|x\rangle\langle x|$. 鉴于完备性, 任意算符可以用 $\Delta(x,p)$ 展开:

$$H(X,P)=\iint_{-\infty}^{+\infty}\mathrm{d}x\mathrm{d}p\Delta(x,p)\,h(x,p) \tag{1.78}$$

展开函数 $h(x,p)$ 是 $H(X,P)$ 的一种经典对应, 恰为 Weyl-Wigner 对应, 鉴于历史原因, 称 $\Delta(x,p)$ 是 Wigner 算符, 但是以前并不是以式（1.76）的正规乘积方式引入它的. 令

$$a=\frac{X+\mathrm{i}P}{\sqrt{2}},\qquad a^\dagger=\frac{X-\mathrm{i}P}{\sqrt{2}} \tag{1.79}$$

则

$$\begin{aligned}\Delta(x,p)\longrightarrow\Delta(\alpha,\alpha^*)&=\frac{1}{\pi}\colon \mathrm{e}^{-2(a-\alpha)\left(a^\dagger-\alpha^*\right)}\colon\\&=\frac{1}{\pi}\mathrm{e}^{2\alpha a^\dagger}\colon \mathrm{e}^{-2a^\dagger a}\colon \mathrm{e}^{2\alpha^* a-2|\alpha|^2}\end{aligned} \tag{1.80}$$

其中

$$\colon \mathrm{e}^{-2a^\dagger a}\colon =(-1)^{a^\dagger a} \tag{1.81}$$

是宇称算符. $\langle\psi|\Delta(x,p)|\psi\rangle$ 称为态 $|\psi\rangle$ 的 Wigner 函数, 由于 $(-1)^{a^\dagger a}|n\rangle=(-1)^n|n\rangle$, 故而 Wigner 函数并不总是正定的.

下面介绍 Wigner 算符的相干态表象.

利用 IWOP 方法和 $|0\rangle\langle 0|=\colon \mathrm{e}^{-a^\dagger a}\colon$, 可以改写式（1.80）为

$$\Delta(\alpha,\alpha^*)=\frac{1}{\pi}\colon \mathrm{e}^{-2(a-\alpha)\left(a^\dagger-\alpha^*\right)}\colon$$

$$= \int \frac{d^2 z}{\pi^2} : \exp\left[-|z|^2 + z\left(a^\dagger - \alpha^*\right) + (\alpha - a) z^* + \alpha a^\dagger + \alpha^* a - a^\dagger a - |\alpha|^2\right] :$$
$$= \int \frac{d^2 z}{\pi^2} : \exp\left[-|z|^2 + (\alpha + z) a^\dagger + (\alpha^* - z^*) a - a^\dagger a + \alpha z^* - z\alpha^* - |\alpha|^2\right] : e^{\alpha z^* - z\alpha^*}$$
$$= \int \frac{d^2 z}{\pi^2} e^{-|\alpha+z|^2/2 + (\alpha+z) a^\dagger} |0\rangle \langle 0| e^{-|\alpha-z|^2/2 + (\alpha - z) a} e^{\alpha z^* - z\alpha^*} \tag{1.82}$$

再用相干态的定义 $|z\rangle = e^{-|z|^2/2} e^{z a^\dagger} |0\rangle$ 可得

$$\Delta(\alpha, \alpha^*) = \int \frac{d^2 z}{\pi^2} |\alpha + z\rangle \langle \alpha - z| e^{\alpha z^* - z\alpha^*} \tag{1.83}$$

这就是 Wigner 算符的相干态表象.

将式（1.78）改写为

$$H\left(a^\dagger, a\right) = 2 \int d^2\alpha \Delta(\alpha, \alpha^*) h(\alpha, \alpha^*) \tag{1.84}$$

由式（1.80）和式（1.33）可算出

$$\begin{aligned}
&\operatorname{tr}[\Delta(\alpha, \alpha^*) \Delta(\alpha', \alpha'^*)] \\
&= \operatorname{tr}\left[\int \frac{d^2 z}{\pi^2} |\alpha + z\rangle \langle \alpha - z| e^{\alpha z^* - z\alpha^*} \Delta(\alpha', \alpha'^*)\right] \\
&= \int \frac{d^2 z}{\pi^2} \langle \alpha - z| \Delta(\alpha', \alpha'^*) |\alpha + z\rangle e^{\alpha z^* - z\alpha^*} \\
&= \int \frac{d^2 z}{\pi^3} \langle \alpha - z| : e^{-2\left(a - \alpha'\right)\left(a^\dagger - \alpha'^*\right)} : |\alpha + z\rangle e^{\alpha z^* - z\alpha^*} \\
&= \frac{1}{4\pi} \delta(\alpha - \alpha') \delta(\alpha^* - \alpha'^*)
\end{aligned} \tag{1.85}$$

再用式（1.84）式可导出

$$\begin{aligned}
&2\pi \operatorname{tr}\left[\Delta(\alpha, \alpha^*) H\left(a^\dagger, a\right)\right] \\
&= 4\pi \int d^2\alpha' \operatorname{tr}[\Delta(\alpha, \alpha^*) \Delta(\alpha', \alpha'^*)] h(\alpha', \alpha'^*) \\
&= \int d^2\alpha' \delta(\alpha - \alpha') \delta(\alpha^* - \alpha'^*) h(\alpha', \alpha'^*) \\
&= h(\alpha, \alpha^*)
\end{aligned} \tag{1.86}$$

这是求算符 $H\left(a^\dagger, a\right)$ 的经典 Weyl 对应函数 $h(\alpha, \alpha^*)$ 的公式.

1.8 Weyl–排序的引入和相干态 $|z\rangle\langle z|$ 的 Weyl–排序形式

经典函数 $\mathrm{e}^{z\alpha^*}\mathrm{e}^{-z^*\alpha}$ 量子化为算符时, 有多种选择, 或是 $\mathrm{e}^{za^\dagger}\mathrm{e}^{-z^*a}$ (正规排序), 或是 $\mathrm{e}^{-z^*a}\mathrm{e}^{za^\dagger}$ (反正规排序) , 或是 $\mathrm{e}^{za^\dagger-z^*a}$. 第三种称为 Weyl 量子化方案, 每一种方案对应一种算符排序. 在 $\mathrm{e}^{za^\dagger-z^*a}$ 中, $za^\dagger$ 与 z^*a 在指数上相加减, 这本身就称为 Weyl-排序, 以符号 $\vdots\ \vdots$ 标记:

$$\mathrm{e}^{za^\dagger-z^*a}=\vdots\,\mathrm{e}^{za^\dagger-z^*a}\,\vdots\equiv D(z) \tag{1.87}$$

在符号 $\vdots\ \vdots$ 内部, $a^\dagger$ 与 a 可交换, 所以也可以用 IWOP 方法. 那么真空投影算符 $|0\rangle\langle 0|$ 的 Weyl-排序形式是什么样的呢? 由

$$|0\rangle\langle 0|=:\mathrm{e}^{-a^\dagger a}: \tag{1.88}$$

及 IWOP 方法改写为

$$|0\rangle\langle 0|=\int\frac{\mathrm{d}^2z}{\pi}:\mathrm{e}^{-|z|^2+za^\dagger-z^*a}:=\int\frac{\mathrm{d}^2z}{\pi}D(z)\,\mathrm{e}^{-|z|^2/2} \tag{1.89}$$

再用式 (1.87) 得到

$$|0\rangle\langle 0|=\int\frac{\mathrm{d}^2z}{\pi}\vdots\,\mathrm{e}^{za^\dagger-z^*a}\,\vdots\,\mathrm{e}^{-|z|^2/2}=2\,\vdots\,\mathrm{e}^{-2a^\dagger a}\,\vdots \tag{1.90}$$

这就是真空投影算符 $|0\rangle\langle 0|$ 的 Weyl-排序形式. 类似地, 我们导出相干态 $|z\rangle\langle z|$ 的 Weyl-排序形式:

$$\begin{aligned}|z\rangle\langle z|&=\int\frac{\mathrm{d}^2z'}{\pi}:\mathrm{e}^{-|z'|^2+z'\left(a^\dagger-z^*\right)+z'^*(z-a)}:\\&=\int\vdots\,\mathrm{e}^{z'\left(a^\dagger-z^*\right)+z'^*(z-a)}\,\vdots\,\mathrm{e}^{-|z'|^2/2}\frac{\mathrm{d}^2z'}{\pi}\\&=2\,\vdots\,\mathrm{e}^{-2\left(a^\dagger-z^*\right)(a-z)}\,\vdots\end{aligned} \tag{1.91}$$

此形式保留了完备性:

$$\int\frac{\mathrm{d}^2z}{\pi}|z\rangle\langle z|=2\int\frac{\mathrm{d}^2z}{\pi}\vdots\,\mathrm{e}^{-2\left(a^\dagger-z^*\right)(a-z)}\,\vdots=1 \tag{1.92}$$

1.9 算符 Hermite 多项式的引入及光场 Hermite 态

在“数学物理方程”这门课程中, 我们已经知道 Hermite 多项式的集合可以组成 Hilbert 空间, 也具有完备正交性. 这里, 我们要指出算符化了的 Hermite 多项式对于描述某些量子光场有独到的便利.

虽然学过“初等量子力学”的人接触过 Hermite 多项式, 但这里是从其母函数来定义的:

$$\mathrm{e}^{2\lambda x-\lambda^2}=\sum_{n=0}^{\infty}\frac{\lambda^n}{n!}H_n(x) \tag{1.93}$$

利用级数求和的操作技巧

$$\sum_{n=0}^{\infty}\sum_{m=0}^{\infty}A(m,n)=\sum_{n=0}^{\infty}\sum_{m=0}^{[n/2]}A(m,n-2m) \tag{1.94}$$

我们可以重写为

$$\sum_{n=0}^{\infty}\frac{(2\lambda)^n}{n!}x^n=\mathrm{e}^{2\lambda x}=\sum_{m=0}^{\infty}\frac{\lambda^{2m}}{m!}\sum_{n=0}^{\infty}\frac{\lambda^n H_n(x)}{n!}=\sum_{n=0}^{\infty}\sum_{m=0}^{[n/2]}\frac{\lambda^n H_{n-2m}(x)}{m!(n-2m)!} \tag{1.95}$$

比较其两边 λ^n 的系数, 我们可看出 x^n 用 $H_n(x)$ 展开的公式:

$$x^n=\sum_{m=0}^{[n/2]}\frac{n!H_{n-2m}(x)}{2^n m!(n-2m)!} \tag{1.96}$$

那么它的逆关系是什么呢? 为了方便地解决此问题, 我们转而考虑以坐标算符 $\hat{X}$ 为宗量的算符 Hermite 多项式 $H_n(X)$, X 与 $(a,a^\dagger)$ 的联系是

$$\hat{X}=\sqrt{\frac{\hbar}{2m\omega}}(a+a^\dagger),\quad [a,a^\dagger]=1 \tag{1.97}$$

以下为讨论方便起见, 令 $\hbar=1,m=1,\omega=1$, 于是有

$$\begin{aligned}\sum_{n=0}^{\infty}\frac{\lambda^n}{n!}H_n(X)&=\mathrm{e}^{2\lambda X-\lambda^2}=\mathrm{e}^{\sqrt{2}(a+a^\dagger)\lambda-\lambda^2}\\&=\mathrm{e}^{\sqrt{2}a^\dagger\lambda}\mathrm{e}^{\sqrt{2}a\lambda}=:\mathrm{e}^{\sqrt{2}a^\dagger\lambda}\mathrm{e}^{\sqrt{2}a\lambda}:\\&=:\mathrm{e}^{2\lambda X}:=:\sum_{n=0}^{\infty}\frac{(2\lambda)^n}{n!}X^n:\end{aligned} \tag{1.98}$$

比较两边 λ^n 的系数, 得到

$$H_n(X) = 2^n : X^n : \tag{1.99}$$

这是一个容易记忆的算符恒等式. 联合式（1.96）和式（1.99 ）, 给出

$$X^n = \sum_{m=0}^{[n/2]} \frac{n! H_{n-2m}(X)}{2^n m!(n-2m)!} = \sum_{m=0}^{[n/2]} \frac{n! : X^{n-2m} :}{2^{2m} m!(n-2m)!} \tag{1.100}$$

另一方面, 又有

$$\sum_{n=0}^{\infty} \frac{(-\lambda)^n X^n}{n!} = \mathrm{e}^{-\lambda X} =: \mathrm{e}^{\lambda^2/4-\lambda X} : = \sum_{n=0}^{\infty} \frac{(\mathrm{i}\lambda/2)^n}{n!} : H_n(\mathrm{i}X) : \tag{1.101}$$

比较两边 λ^n 的系数, 得出

$$X^n = (2\mathrm{i})^{-n} : H_n(\mathrm{i}X) : \tag{1.102}$$

让式 (1.100) 和式 (1.102) 相等, 可看到

$$(2\mathrm{i})^n \sum_{m=0}^{[n/2]} \frac{n! : X^{n-2m} :}{2^{2m} m!(n-2m)!} =: H_n(\mathrm{i}X) : \tag{1.103}$$

这表明

$$H_n(x) = 2^n \sum_{k=0}^{[n/2]} \frac{(-1)^k n!}{2^{2k} k!(n-2k)!} x^{n-2k} \tag{1.104}$$

这就是式（1.96）的逆关系 (有的文献将其作为 Hermite 多项式的定义式）. 作为算符 Hermite 多项式的一个应用, 考虑用场的正交分量（如电场算符）来激发真空态:

$$C_n X^n |0\rangle = (2\mathrm{i})^{-n} : H_n\left(\mathrm{i}\frac{a+a^\dagger}{\sqrt{2}}\right) : |0\rangle = (2\mathrm{i})^{-n} H_n\left(\frac{\mathrm{i}a^\dagger}{\sqrt{2}}\right)|0\rangle \tag{1.105}$$

得到的是一个 Hermite 态, 其中归一化系数 C_n 由下式决定:

$$1 = |C_n|^2 \langle 0| X^{2n} |0\rangle = |C_n|^2 (2\mathrm{i})^{-2n} \langle 0| : H_{2n}(\mathrm{i}X) : |0\rangle = |C_n|^2 (2\mathrm{i})^{-2n} H_{2n}(0) \tag{1.106}$$

值得指出, 在压缩真空态中湮灭 m 个光子, 也会导致光场 Hermite 态. 为了说明这一点, 先用 IWOP 方法和式（1.36）导出一个算符恒等式:

$$\begin{aligned}
a^m \mathrm{e}^{\nu a^{\dagger 2}} &= \int \frac{\mathrm{d}^2 z}{\pi} z^m \mathrm{e}^{\nu z^{*2}} |z\rangle \langle z| \\
&= \int \frac{\mathrm{d}^2 z}{\pi} z^m : \exp\left(-|z|^2 + z a^\dagger + z^* a + \nu z^{*2} - a^\dagger a\right) : \\
&= \frac{\partial^m}{\partial \lambda^m} \int \frac{\mathrm{d}^2 z}{\pi} : \exp\left[-|z|^2 + z\left(a^\dagger + \lambda\right) + z^* a + \nu z^{*2} - a^\dagger a\right] : |_{\lambda=0} \\
&= \frac{\partial^m}{\partial \lambda^m} : \exp\left[\left(a^\dagger + \lambda\right) a + \nu\left(a^\dagger + \lambda\right)^2 - a^\dagger a\right] : |_{\lambda=0}
\end{aligned}$$

$$
\begin{aligned}
&= \mathrm{e}^{\nu a^{\dagger 2}} \frac{\partial^m}{\partial \lambda^m} : \exp\left[\lambda\left(2a^\dagger \nu + a\right) + \nu\lambda^2\right] : |_{\lambda=0} \\
&= \left(\mathrm{i}\sqrt{\nu}\right)^m \mathrm{e}^{\nu a^{\dagger 2}} \frac{\partial^m}{\partial\left(\mathrm{i}\sqrt{\nu}\lambda\right)^m} : \exp\left[2\left(\mathrm{i}\sqrt{\nu}\lambda\right)\frac{2a^\dagger\nu + a}{2\mathrm{i}\sqrt{\nu}} - \left(\mathrm{i}\sqrt{\nu}\lambda\right)^2\right] : \Big|_{\lambda=0} \\
&= \left(\mathrm{i}\sqrt{\nu}\right)^m \mathrm{e}^{\nu a^{\dagger 2}} : H_m\left(\frac{2a^\dagger\nu + a}{2\mathrm{i}\sqrt{\nu}}\right) :
\end{aligned}
\tag{1.107}
$$

所以在压缩真空态中湮灭 m 个光子的结果是

$$
a^m \mathrm{e}^{\nu a^{\dagger 2}} |0\rangle = \left(\mathrm{i}\sqrt{\nu}\right)^m \mathrm{e}^{\nu a^{\dagger 2}} H_m\left(-\mathrm{i}\sqrt{\nu} a^\dagger\right)|0\rangle \tag{1.108}
$$

这是一个光场 Hermite 态.

1.10 压缩态作为偶数阶 Hermite 态的叠加

由式（1.99）和式（1.72）得到

$$
\sum_{m=0}^{\infty} \frac{t^m}{m!} H_{2m}(X) = \sum_{m=0}^{\infty} \frac{t^m}{m!} 4^m : X^{2m} : = : \mathrm{e}^{4tX^2} : = \sqrt{\frac{1}{1+4t}} \mathrm{e}^{\frac{4t}{1+4t} X^2} \tag{1.109}
$$

由于

$$
H_{2m}(X)|0\rangle = 2^{2m} : X^{2m} : |0\rangle = 2^m a^{\dagger 2m}|0\rangle \tag{1.110}
$$

故

$$
\sum_{m=0}^{\infty} \frac{t^m}{m!} H_{2m}(X)|0\rangle = \sum_{m=0}^{\infty} \frac{t^m}{m!} 2^m a^{\dagger 2m}|0\rangle = \mathrm{e}^{2ta^{\dagger 2}}|0\rangle \tag{1.111}
$$

对照式（1.71），可见式 (1.111) 中 $\mathrm{e}^{2ta^{\dagger 2}}|0\rangle$ 代表一个压缩态, 是偶数阶 Hermite 态 $H_{2m}(X)|0\rangle$ 的叠加. 用 IWOP 方法对此态归一化, 得到

$$
\sqrt{1-16t^2}\mathrm{e}^{2ta^{\dagger 2}}|0\rangle \tag{1.112}
$$

令 $t = \frac{1}{4}\tanh\lambda$, 得到

$$
\operatorname{sech}^{\frac{1}{2}}\lambda \mathrm{e}^{\frac{1}{2}a^{\dagger 2}\tanh\lambda}|0\rangle = \operatorname{sech}^{\frac{1}{2}}\lambda \sum_{m=0}^{\infty} \frac{1}{m!}\left(\frac{1}{4}\tanh\lambda\right)^m H_{2m}(X)|0\rangle \tag{1.113}
$$

于是我们得到它的波函数:

$$
\operatorname{sech}^{\frac{1}{2}}\lambda \langle x| \mathrm{e}^{\frac{1}{2}a^{\dagger 2}\tanh\lambda}|0\rangle
$$

$$
\begin{aligned}
&= \operatorname{sech}^{\frac{1}{2}}\lambda \mathrm{e}^{-\frac{x^2}{2}}\sum_{m=0}^{\infty}\frac{1}{m!}\left(\frac{1}{4}\tanh\lambda\right)^m H_{2m}(x) \\
&= \mathrm{e}^{-\frac{\lambda}{2}}\mathrm{e}^{-\frac{x^2}{2}}\mathrm{e}^{\frac{\tanh\lambda}{1+\tanh\lambda}x^2}
\end{aligned}
\tag{1.114}
$$

1.11 导出新的 Hermite 多项式的母函数公式

利用 $H_n(X) = 2^n : X^n :$ 我们可以方便地导出一些 Hermite 多项式新的母函数公式, 它们会不时地在研究新光场的物理性质时起作用. 例如, 从

$$
\begin{aligned}
\sum_{k=0}^{\infty}\frac{z^k}{k!}H_{n+k}(X) &= 2^n\sum_{k=0}^{\infty}\frac{2^k z^k}{k!} : X^{n+k} : = 2^n : \mathrm{e}^{2zX}X^n : \\
&= 2^n \mathrm{e}^{\sqrt{2}za^\dagger} : X^n : \mathrm{e}^{\sqrt{2}za} \\
&= \mathrm{e}^{\sqrt{2}za^\dagger} H_n(X)\mathrm{e}^{\sqrt{2}za} \\
&= \mathrm{e}^{\sqrt{2}za^\dagger}\mathrm{e}^{\sqrt{2}za}\mathrm{e}^{-\sqrt{2}za}H_n\left(\frac{a^\dagger + a}{\sqrt{2}}\right)\mathrm{e}^{\sqrt{2}za} \\
&= \mathrm{e}^{\sqrt{2}za^\dagger}\mathrm{e}^{\sqrt{2}za}H_n\left(\frac{a^\dagger + a - \sqrt{2}z}{\sqrt{2}}\right) \\
&= \mathrm{e}^{2zX-z^2}H_n(X-z)
\end{aligned}
\tag{1.115}
$$

直接看出一个新的 Hermite 多项式的母函数公式为

$$
\sum_{k=0}^{\infty}\frac{z^k}{k!}H_{n+k}(x) = H_n(x-z)\mathrm{e}^{2zx-z^2} \tag{1.116}
$$

接着就有

$$
\begin{aligned}
\sum_{n=0}^{\infty}\frac{t^n}{2^n n!}H_n(X)H_{n+l}(y) &= \sum_{n=0}^{\infty}\frac{t^n : X^n :}{n!}H_{n+l}(y) \\
&= : H_l(y-tX)\mathrm{e}^{2tyX-t^2X^2} :
\end{aligned}
\tag{1.117}
$$

然后我们考虑

$$
S \equiv \sum_{l=0}^{\infty}\frac{z^l}{l!}\sum_{n=0}^{\infty}\frac{t^n}{2^n n!}H_n(X)H_{n+l}(y) \tag{1.118}
$$

代入式（1.101）, 得到

$$S=\sum_{l=0}^{\infty}\frac{z^l}{l!}\colon H_l(y-tX)\mathrm{e}^{2ytX-t^2X^2}\colon$$
$$=\colon \mathrm{e}^{2z(y-tX)-z^2}\mathrm{e}^{2ytX-t^2X^2}\colon$$
$$=\colon \mathrm{e}^{2(y-z)tX-t^2X^2}\colon \mathrm{e}^{2zy-z^2} \tag{1.119}$$

鉴于式（1.72）, 可见

$$\colon \mathrm{e}^{2(y-z)tX-t^2X^2}\colon=\frac{1}{\sqrt{1-t^2}}\exp\left[\frac{2t(y-z)X-t^2X^2-t^2(y-z)^2}{1-t^2}\right] \tag{1.120}$$

故式 (1.119) 变成

$$S=\frac{1}{\sqrt{1-t^2}}\exp\left[\frac{2t(y-z)X-t^2X^2-t^2(y-z)^2}{1-t^2}+2zy-z^2\right] \tag{1.121}$$
$$=\exp\left(\frac{2tyX-t^2X^2-t^2y^2}{1-t^2}\right)\times\exp[f(z)]$$

这里

$$f(z)\equiv\frac{2Xtz-2yz+z^2}{t^2-1} \tag{1.122}$$

根据式（1.93）可知

$$\exp[f(z)]=\exp\left[-\left(\frac{z}{\sqrt{1-t^2}}\right)^2+2\frac{y-Xt}{\sqrt{1-t^2}}\frac{z}{\sqrt{1-t^2}}\right] \tag{1.123}$$
$$=\sum_{l=0}^{\infty}\frac{z^l}{\sqrt{(1-t^2)^l l!}}H_l\left(\frac{y-Xt}{\sqrt{1-t^2}}\right)$$

所以式（1.118）变成

$$S=\sum_{l=0}^{\infty}\frac{z^l}{l!}\sum_{n=0}^{\infty}\frac{t^n}{2^n n!}H_n(X)H_{n+l}(y)$$
$$=\frac{1}{\sqrt{1-t^2}}\sum_{l=0}^{\infty}\frac{z^l}{\sqrt{(1-t^2)^l l!}}H_l\left(\frac{y-Xt}{\sqrt{1-t^2}}\right)\exp\left(\frac{2tyX-t^2X^2-t^2y^2}{1-t^2}\right) \tag{1.124}$$

对照两边 z^l 的系数, 可看出

$$\sum_{n=0}^{\infty}\frac{t^n}{2^n n!}H_n(x)H_{n+l}(y)$$
$$=\frac{1}{\sqrt{(1-t^2)^{l+1}}}H_l\left(\frac{y-xt}{\sqrt{1-t^2}}\right)\exp\left(\frac{2tyx-t^2x^2-t^2y^2}{1-t^2}\right) \tag{1.125}$$

特别地，当 $l=0$ 时，式 (1.125) 约化为

$$\sum_{n=0}^{\infty}\frac{t^n}{2^n n!}H_n(x)H_n(y)=\frac{1}{\sqrt{(1-t^2)}}\exp\left(\frac{2tyx-t^2x^2-t^2y^2}{1-t^2}\right) \tag{1.126}$$

此式可见于数学手册，但以往的文献中见不到式（1.125）.

1.12 相干态表象中的双变量 Hermite 多项式和 Laguerre 多项式的出现

我们已经知道相干态 $|z\rangle\langle z|$ 的正规乘积形式是

$$|z\rangle\langle z|=:\exp(-|z|^2+za^\dagger+z^*a-a^\dagger a): \tag{1.127}$$

对照一种展开式：

$$\exp(-tt'+t\zeta+t'\zeta^*)=\sum_{m,n=0}^{\infty}\frac{t^m t'^n}{m!n!}H_{m,n}(\zeta,\zeta^*) \tag{1.128}$$

$H_{m,n}(\zeta,\zeta^*)$ 待定，它是单变数 Hermite 多项式母函数式 (1.93) 的非简并推广，所以称 $H_{m,n}(\zeta,\zeta^*)$ 为双变量 Hermite 多项式，通过直接微商得其级数表示：

$$\begin{aligned}H_{m,n}(\zeta,\zeta^*)&=\frac{\partial^{n+m}}{\partial t^m\partial t'^n}\exp(-tt'+t\zeta+t'\zeta^*)|_{t=t'=0}\\&=\sum_{l=0}^{\min(m,n)}\frac{n!m!(-1)^l}{l!(m-l)!(n-l)!}\zeta^{m-l}\zeta^{*n-l}\end{aligned} \tag{1.129}$$

于是式（1.127）就可以展开为

$$|z\rangle\langle z|=\mathrm{e}^{-|z|^2}\sum_{m,n=0}^{\infty}:\frac{a^{\dagger m}a^n}{m!n!}H_{m,n}(z,z^*): \tag{1.130}$$

故而相干态的完备性可表示成

$$\begin{aligned}1&=\int\frac{\mathrm{d}^2z}{\pi}|z\rangle\langle z|=\int\frac{\mathrm{d}^2z}{\pi}:\mathrm{e}^{-(z^*-a^\dagger)(z-a)}:\\&=\int\frac{\mathrm{d}^2z}{\pi}\mathrm{e}^{-|z|^2}\sum_{m,n=0}^{\infty}:\frac{a^{\dagger m}a^n}{m!n!}H_{m,n}(z,z^*):\end{aligned}$$

这表明存在积分公式

$$\int \frac{\mathrm{d}^2 z}{\pi} \mathrm{e}^{-|z|^2} H_{m,n}(z,z^*) = \delta_{m,0}\delta_{n,0} \tag{1.131}$$

利用式（1.130）和

$$a^n |l\rangle = \sqrt{\frac{l!}{(l-n)!}} |l-n\rangle, \quad |l\rangle = \frac{a^{\dagger l}}{\sqrt{l!}} |0\rangle \tag{1.132}$$

计算得

$$\begin{aligned}\langle l|z\rangle\langle z|l\rangle &= \mathrm{e}^{-|z|^2}\langle l|\sum_{m,n=0}^{\infty}\frac{a^{\dagger m}a^n}{m!n!}H_{m,n}(z,z^*)|l\rangle \\ &= \mathrm{e}^{-|z|^2}\langle l-m|\sum_{m,n=0}^{l}\frac{1}{m!n!}\sqrt{\frac{l!l!}{(l-m)!(l-n)!}}H_{m,n}(z,z^*)|l-n\rangle \\ &= \mathrm{e}^{-|z|^2}\sum_{n=0}^{l}\frac{l!}{(l-n)!}\frac{H_{n,n}(z,z^*)}{n!n!}\end{aligned} \tag{1.133}$$

其中

$$\begin{aligned}H_{n,n}(z,z^*) &= n!\sum_{k=0}^{n}\frac{n!(-1)^k}{k!(n-k)!(n-k)!}|z|^{2(n-k)} \\ &= n!\sum_{k=0}^{n}\frac{n!(-1)^{n-k}}{k!k!(n-k)!}|z|^{2k} \\ &= n!(-1)^n L_n\left(|z|^2\right)\end{aligned} \tag{1.134}$$

$L_n(x)$ 是 Laugerre 多项式, 其表达式可写为

$$L_n(x) = \sum_{k=0}^{n}(-1)^k \binom{n}{n-k}\frac{x^k}{k!} \tag{1.135}$$

另一方面, 容易知道

$$\langle l|z\rangle\langle z|l\rangle = \mathrm{e}^{-|z|^2}\frac{|z|^{2l}}{l!} \tag{1.136}$$

比较式（1.133）、式（1.134）和式（1.136）, 就有

$$\sum_{n=0}^{l}(-1)^n\binom{l}{n}L_n\left(|z|^2\right) = \frac{|z|^{2l}}{l!} \tag{1.137}$$

令 $x=|z|^2$, 容易看出

$$\sum_{n=0}^{l}(-1)^n\binom{l}{n}L_n(x) = \frac{x^l}{l!} \tag{1.138}$$

这是式（1.135）的逆关系, 在以往的数学手册中没有记载. 所以, 从相干态表象我们看到了 Laguerre 多项式的新性质. 用它们可以导出 Hermite 多项式的新关系：

$$\sum_{n=0}^{l}(-1)^n\binom{l}{n}\sum_{k=0}^{n}\binom{n}{k}\frac{(-1)^k}{2^k k!}H_k(x)=\frac{1}{2^l l!}H_l(x) \tag{1.139}$$

证明 在式 (1.139) 中做替换 $x\to X$, 就有

$$\sum_{n=0}^{l}(-1)^n\binom{l}{n}\sum_{k=0}^{n}\binom{n}{k}\frac{(-1)^k}{2^k k!}H_k(X)=\frac{1}{2^l l!}H_l(X) \tag{1.140}$$

所以我们可以以之代替证明式（1.139）. 注意

$$\sum_{k=0}^{n}\binom{n}{k}\frac{(-1)^k}{2^k k!}H_k(X)=\sum_{k=0}^{n}\binom{n}{k}\frac{(-1)^k}{k!}:X^k:=:L_n(X): \tag{1.141}$$

在正规乘积内利用了 Laguerre 多项式的求和表示式 (1.135), 以及算符型求和公式 [由式 (1.138) 可知]

$$\sum_{n=0}^{\infty}(-1)^n\binom{l}{n}L_n(X)=\frac{X^l}{l!} \tag{1.142}$$

因此, 式 (1.140) 左边变为

$$\begin{aligned}\sum_{n=0}^{l}(-1)^n\binom{l}{n}\sum_{k=0}^{n}\binom{n}{k}\frac{(-1)^k}{k!}:X^k:&=\sum_{n=0}^{l}(-1)^n\binom{l}{n}:L_n(X):\\&=:\frac{X^l}{l!}:=\frac{1}{2^l l!}H_l(X)\end{aligned} \tag{1.143}$$

式 (1.140) 即证明完成.

以上推导也说明了 Laguerre 多项式是可以从 Hermite 多项式推导出来的.

第 2 章

场算符正规乘积化的捷径

在讨论光场的性质时, 场算符的适当排序可以使场的“庐山真面目”得以显现, 而在求算符的相干态期望值时, 经常要将算符正规乘积化. 故在 2.1 节我们讨论场的正交分量算符 $\hat{X}$ 的函数 $f(\hat{X})$ 的正规乘积化, 这可以通过一种微商运算来实现. 在 2.2 节我们讨论将反正规排列的密度算符 ρ 正规乘积化的微商运算, 以及给出两个重要的算符恒等式. 在 2.3 节我们将正规乘积化推广到双模情形.

2.1 将 $f(X)$ 变为 $:f(X):$ 的微商运算

场的正交分量算符 $\hat{X}=\dfrac{a+a^{\dagger}}{\sqrt{2}}$, 如何将 $f(X)\rightarrow :f(X):$ 呢? 其中 $f(X)$ 可以展开

为 X^n 的幂级数. 为此先考虑以下微分–积分关系:

$$\begin{aligned}\exp\left(\tau\frac{\partial^2}{\partial x^2}\right)f(x)&=\sum_{n=0}^{\infty}\frac{\tau^n}{n!}\int_{-\infty}^{\infty}\mathrm{d}sf(s)\left(\frac{\partial^2}{\partial x^2}\right)^n\delta(x-s)\\&=\sum_{n=0}^{\infty}\frac{\tau^n}{n!}\frac{1}{2\pi}\int_{-\infty}^{\infty}\mathrm{d}sf(s)\int_{-\infty}^{\infty}\mathrm{d}t\left(-t^2\right)^n\mathrm{e}^{-\mathrm{i}(x-s)t}\\&=\frac{1}{2\pi}\int_{-\infty}^{\infty}\mathrm{d}sf(s)\int_{-\infty}^{\infty}\mathrm{d}t\exp\left(-\tau t^2-\mathrm{i}xt+\mathrm{i}st\right)\\&=\sqrt{\frac{1}{4\pi\tau}}\int_{-\infty}^{\infty}\mathrm{d}sf(s)\exp\left[-\frac{(x-s)^2}{4\tau}\right]\end{aligned}\tag{2.1}$$

特别地, 当 $\tau=\frac{1}{4}$ 时, 上式变成

$$\exp\left(\frac{1}{4}\frac{\partial^2}{\partial x^2}\right)f(x)=\sqrt{\frac{1}{\pi}}\int_{-\infty}^{\infty}\mathrm{d}sf(s)\exp\left[-(x-s)^2\right]\tag{2.2}$$

再取 $f(x)=H_n(x)$, 即 Hermite 多项式, 就有

$$\begin{aligned}\exp\left(\frac{1}{4}\frac{\partial^2}{\partial x^2}\right)H_n(x)&=\sqrt{\frac{1}{\pi}}\int_{-\infty}^{\infty}\mathrm{d}sH_n(s)\exp\left[-(x-s)^2\right]\\&=\sqrt{\frac{1}{\pi}}\int_{-\infty}^{\infty}\mathrm{d}s\frac{\mathrm{d}^n}{\mathrm{d}t^n}\mathrm{e}^{-t^2+2ts}|_{t=0}\exp\left[-(x-s)^2\right]\\&=2^nx^n\end{aligned}\tag{2.3}$$

所以

$$\exp\left(-\frac{1}{4}\frac{\partial^2}{\partial x^2}\right)x^n=2^{-n}H_n(x)\tag{2.4}$$

直接微商, 确实与式(1.104)一致, 有

$$\begin{aligned}\exp\left(-\frac{1}{4}\frac{\partial^2}{\partial x^2}\right)x^n&=\sum_{k=0}^{[n/2]}\frac{1}{k!}\left(-\frac{1}{4}\frac{\partial^2}{\partial x^2}\right)^kx^n\\&=\sum_{k=0}^{[n/2]}\frac{(-1)^kn!}{2^{2k}k!(n-2k)!}x^{n-2k}\\&=2^{-n}H_n(x)\end{aligned}\tag{2.5}$$

现在把 x 换成算符 X, 得到

$$\exp\left(-\frac{1}{4}\frac{\partial^2}{\partial X^2}\right)X^n=2^{-n}H_n(X)\tag{2.6}$$

已经知道 $H_n(X)=2^n:X^n:$, 所以

$$\exp\left(-\frac{1}{4}\frac{\partial^2}{\partial X^2}\right)X^n=:X^n: \tag{2.7}$$

对于可以展开为 X^n 的幂级数的 $f(X)$, 就有

$$\exp\left(-\frac{1}{4}\frac{\partial^2}{\partial X^2}\right)f(X)=:f(X): \tag{2.8}$$

这是将 $f(X)\to:f(X):$ 正规乘积化的捷径. 再演绎下去, 就得到

$$\begin{aligned}\exp\left(-\frac{1}{4}\frac{\partial^2}{\partial X^2}\right)X^n&=:X^n:=2^{-n}H_n(X)\\&=\sum_{k=0}^{[n/2]}\frac{(-1)^k n!}{2^{2k}k!(n-2k)!}X^{n-2k}\\&=n!\sum_{k=0}^{[n/2]}\frac{1}{k!(n-2k)!}2^{-n}:H_{n-2k}(X):\end{aligned} \tag{2.9}$$

可见

$$:X^n:=n!\sum_{k=0}^{[n/2]}\frac{1}{k!(n-2k)!}2^{-n}:H_{n-2k}(X): \tag{2.10}$$

这与式(1.95)一致.

例如, 从式(2.8)得到

$$\exp\left(-\frac{1}{4}\frac{\partial^2}{\partial X^2}\right)\mathrm{e}^{-(x-X)^2}=:\mathrm{e}^{-(x-X)^2}: \tag{2.11}$$

而

$$\frac{1}{\sqrt{\pi}}:\mathrm{e}^{-(x-X)^2}:=|x\rangle\langle x|=\delta(x-X) \tag{2.12}$$

所以

$$\frac{1}{\sqrt{\pi}}\exp\left(-\frac{1}{4}\frac{\partial^2}{\partial X^2}\right)\mathrm{e}^{-(x-X)^2}=\delta(x-X) \tag{2.13}$$

再如, 从式(2.8)可知

$$\exp\left(-\frac{1}{4}\frac{\partial^2}{\partial X^2}\right)\mathrm{e}^{-\lambda X^2}=:\mathrm{e}^{-\lambda X^2}: \tag{2.14}$$

另一方面, 由坐标表象完备性和 IWOP 方法可得

$$\mathrm{e}^{-\lambda X^2}=\int_{-\infty}^{\infty}\mathrm{d}x\,|x\rangle\langle x|\mathrm{e}^{-\lambda x^2}=\frac{1}{\sqrt{\pi}}\int_{-\infty}^{\infty}\mathrm{d}x:\mathrm{e}^{-(x-X)^2-\lambda x^2}:$$

$$= \frac{1}{\sqrt{1+\lambda}} \colon \exp\left(\frac{-\lambda}{1+\lambda}X^2\right) \colon \tag{2.15}$$

令 $\dfrac{\lambda}{1+\lambda} = t, \lambda(1-t) = t, \lambda = \dfrac{t}{1-t}, 1+\lambda = \dfrac{1}{1-t}$, 上式变为

$$\colon \exp\left(-tX^2\right) \colon = \frac{1}{\sqrt{1-t}} \mathrm{e}^{-\frac{t}{1-t}X^2} \tag{2.16}$$

故有

$$\exp\left(-\frac{1}{4}\frac{\partial^2}{\partial X^2}\right)\mathrm{e}^{-tX^2} = \colon \exp\left(-tX^2\right) \colon = \frac{1}{\sqrt{1-t}} \mathrm{e}^{-\frac{t}{1-t}X^2} \tag{2.17}$$

或

$$\exp\left(-\frac{1}{4}\frac{\partial^2}{\partial x^2}\right)\mathrm{e}^{-tx^2} = \frac{1}{\sqrt{1-t}} \mathrm{e}^{-\frac{t}{1-t}x^2} \tag{2.18}$$

再则, 从式（2.15）得到

$$\mathrm{e}^{-\lambda X^2} = \frac{1}{\sqrt{1+\lambda}} \colon \sum_{n=0}^{\infty} \frac{1}{n!}\left(\frac{-\lambda}{1+\lambda}\right)^n X^{2n} \colon \tag{2.19}$$

所以也有

$$\mathrm{e}^{-\lambda x^2} = \frac{1}{\sqrt{1+\lambda}} \sum_{n=0}^{\infty} \frac{1}{2^{2n} n!}\left(\frac{-\lambda}{1+\lambda}\right)^n H_{2n}(x) \tag{2.20}$$

2.2 将反正规排列的密度算符 ρ 正规乘积化的微商运算

对照将 $f(X)$ 变为 $\colon f(X) \colon$ 的微商运算式 $\exp\left(-\dfrac{1}{4}\dfrac{\partial^2}{\partial X^2}\right) f(X) = \colon f(X) \colon$, 我们导出将反正规排列的密度算符 ρ 正规乘积化的微商运算式

$$\rho = \colon \exp\left(\frac{\partial^2}{\partial z \partial z^*}\right) P(z, z^*)\big|_{z^* \to a^\dagger, z \to a} \colon \tag{2.21}$$

其中, $P(z,z^*)$ 是 ρ 在相干态表象中的 P-表示

$$\rho = \int \frac{\mathrm{d}^2 z}{\pi} P(z, z^*) |z\rangle\langle z| \tag{2.22}$$

证明 用 IWOP 方法将 $|z\rangle\langle z|$ 写为

$$|z\rangle\langle z| = \int\frac{\mathrm{d}^2\beta}{\pi}:\exp\left[-|\beta|^2+\mathrm{i}\beta\left(a^\dagger-z^*\right)+\mathrm{i}\beta^*(a-z)\right]: \tag{2.23}$$

鉴于 $\dfrac{\partial z}{\partial z^*}=0$, 有

$$\exp\left(-|\beta|^2-\mathrm{i}z^*\beta-\mathrm{i}\beta^*z\right)=\exp\left(\frac{\partial^2}{\partial z\partial z^*}\right)\exp\left(-\mathrm{i}z^*\beta-\mathrm{i}\beta^*z\right) \tag{2.24}$$

于是

$$\begin{aligned}|z\rangle\langle z| &= \exp\left(\frac{\partial^2}{\partial z\partial z^*}\right)\int\frac{\mathrm{d}^2\beta}{\pi}:\exp\left[\mathrm{i}\beta\left(a^\dagger-z^*\right)+\mathrm{i}\beta^*(a-z)\right]:\\ &=\exp\left(\frac{\partial^2}{\partial z\partial z^*}\right)\delta\left(a^\dagger-z^*\right)\delta^*(a-z)\end{aligned} \tag{2.25}$$

将式 (2.25) 代入式（2.22）得到式（2.21）. 特别地, 当 $\rho=a^na^{\dagger m}$, $P(z,z^*)=z^nz^{*m}$ 时, 直接微商得

$$\begin{aligned}a^na^{\dagger m} &=:\exp\left(\frac{\partial^2}{\partial z\partial z^*}\right)z^nz^{*m}|_{z^*\to a^\dagger,z\to a}:\\ &=:\sum_{l=0}^{\min(m,n)}\frac{1}{l!}\left(\frac{\partial^2}{\partial z\partial z^*}\right)^l z^nz^{*m}|_{z^*\to a^\dagger,z\to a}:\\ &=\sum_{l=0}^{\min(m,n)}\frac{m!n!}{l!(m-l)!(n-l)!}a^{\dagger m-l}a^{n-l}\end{aligned} \tag{2.26}$$

对照式（1.129）可以看出

$$\begin{aligned}a^na^{\dagger m} &=:\exp\left(\frac{\partial^2}{\partial z\partial z^*}\right)z^nz^{*m}|_{z^*\to a^\dagger,z\to a}:\\ &=(-\mathrm{i})^{m+n}:H_{m,n}\left(\mathrm{i}a^\dagger,\mathrm{i}a\right):\end{aligned} \tag{2.27}$$

此即反正规乘积算符的正规乘积表示. 也可以用以下方法：用式（1.128）和式（1.129）可以导出

$$\begin{aligned}\sum_{n,m=0}^{\infty}\frac{\tau^nt^m}{n!m!}a^na^{\dagger m} &= \mathrm{e}^{\tau a}\mathrm{e}^{ta^\dagger}=:\exp\left(\tau a+ta^\dagger+\tau t\right):\\ &=:\exp\left[-(-\mathrm{i}\tau)(-\mathrm{i}t)+(-\mathrm{i}t)\left(\mathrm{i}a^\dagger\right)+(-\mathrm{i}\tau)(\mathrm{i}a)\right]:\\ &=\sum_{n,m=0}^{\infty}\frac{(-\mathrm{i}\tau)^n(-\mathrm{i}t)^m}{n!m!}:H_{n,m}\left(\mathrm{i}a,\mathrm{i}a^\dagger\right):\end{aligned} \tag{2.28}$$

即得到将反正规 $a^n a^{\dagger m}$ 化为正规乘积的表示:

$$a^n a^{\dagger m} = (-\mathrm{i})^{m+n} : H_{m,n}\left(\mathrm{i}a^{\dagger}, \mathrm{i}a\right) : \tag{2.29}$$

另一方面, 从

$$\begin{aligned}
a^{\dagger m} a^n &= \frac{\partial^{n+m}}{\partial t^m \partial \tau^n} \mathrm{e}^{ta^{\dagger}} \mathrm{e}^{\tau a}|_{t=0,\tau=0} \\
&= \frac{\partial^{n+m}}{\partial t^m \partial \tau^n} \mathrm{e}^{\tau a} \mathrm{e}^{ta^{\dagger}} \mathrm{e}^{-t\tau}|_{t=0,\tau=0} \\
&= \frac{\partial^{n+m}}{\partial t^m \partial \tau^n} \vdots \mathrm{e}^{ta^{\dagger}+\tau a - t\tau} \vdots |_{t=0,\tau=0} \\
&= \vdots H_{m,n}\left(a^{\dagger}, a\right) \vdots \\
&= \vdots H_{n,m}\left(a, a^{\dagger}\right) \vdots
\end{aligned} \tag{2.30}$$

可得将正规变为反正规的算符恒等式，有

$$a^{\dagger m} a^n = \vdots H_{n,m}\left(a, a^{\dagger}\right) \vdots \tag{2.31}$$

这是容易记忆的公式, 由范洪义首先给出. 用上式可以验证（1.21）式. 即从

$$|0\rangle\langle 0| = \sum_{m=0}^{\infty} \frac{(-1)^m}{m!} : a^{\dagger m} a^m : = \sum_{m=0}^{\infty} \frac{(-1)^m}{m!} a^{\dagger m} a^m$$

和

$$a^{\dagger m} a^m = \vdots H_{m,m}\left(a^{\dagger}, a\right) \vdots = m!(-1)^m \vdots L_m\left(aa^{\dagger}\right) \vdots$$

以及 Laguerre 多项式的母函数公式

$$(1-z)^{-1} \mathrm{e}^{\frac{zx}{z-1}} = \sum_{m=0}^{\infty} L_m(x) z^m \tag{2.32}$$

可知真空态投影算符的反正规展开是

$$\begin{aligned}
|0\rangle\langle 0| &= \sum_{m=0}^{\infty} \vdots L_m\left(aa^{\dagger}\right) \vdots 1^m \\
&= \lim_{z\to 1} \vdots (1-z)^{-1} \mathrm{e}^{\frac{z}{z-1} aa^{\dagger}} \vdots \\
&= \vdots \pi\delta\left(aa^{\dagger}\right) \vdots \\
&= \pi\delta(a)\,\delta\left(a^{\dagger}\right)
\end{aligned} \tag{2.33}$$

2.3 纠缠态表象和将 $G\left(a+b^{\dagger},a^{\dagger}+b\right)$ 变为 $:G\left(a+b^{\dagger},a^{\dagger}+b\right):$ 的微商运算

本节将以上的讨论推广到双模情形, 引入第二个模的湮灭算符 b 和产生算符 $b^{\dagger}$, $\left[b,b^{\dagger}\right]=1$, 而

$$\left[a+b^{\dagger},a^{\dagger}+b\right]=0 \tag{2.34}$$

所以存在 $a+b^{\dagger}$ 与 $a^{\dagger}+b$ 的共同本征态, 它可以用 IWOP 方法进行简单的导出. 即仿照相干态的完备性, 有

$$\begin{aligned}\int\frac{\mathrm{d}^2z}{\pi}|z\rangle\langle z|&=\int\frac{\mathrm{d}^2z}{\pi}:\exp[-|z|^2+za^{\dagger}+z^*a-a^{\dagger}a]:\\&=\int\frac{\mathrm{d}^2z}{\pi}:\mathrm{e}^{-\left(z^*-a^{\dagger}\right)(z-a)}:=1\end{aligned} \tag{2.35}$$

我们认定单位 1 有以下的积分表示:

$$\int\frac{\mathrm{d}^2\xi}{\pi}:\mathrm{e}^{-\left[\xi^*-\left(a^{\dagger}+b\right)\right]\left[\xi-\left(a+b^{\dagger}\right)\right]}:=1 \tag{2.36}$$

注意: 这是在正规乘积内的积分. 用真空投影算符的正规乘积表示

$$|00\rangle\langle 00|=:\mathrm{e}^{-a^{\dagger}a-b^{\dagger}b}: \tag{2.37}$$

可将上式 (2.36) 分拆为

$$1=\int\frac{\mathrm{d}^2\xi}{\pi}:\mathrm{e}^{-\left[\xi^*-\left(a^{\dagger}+b\right)\right]\left[\xi-\left(a+b^{\dagger}\right)\right]}:=\int\frac{\mathrm{d}^2\xi}{\pi}|\xi\rangle\langle\xi| \tag{2.38}$$

其中

$$|\xi\rangle=\exp\left(-\frac{1}{2}|\xi|^2+\xi a^{\dagger}+\xi^*b^{\dagger}-a^{\dagger}b^{\dagger}\right)|00\rangle \tag{2.39}$$

满足完备性 $\int\mathrm{d}^2\xi|\xi\rangle\langle\xi|/\pi=1$ 和本征方程

$$\left(a^{\dagger}+b\right)|\xi\rangle=\xi^*|\xi\rangle,\ \left(a+b^{\dagger}\right)|\xi\rangle=\xi|\xi\rangle \tag{2.40}$$

所以 $|\xi\rangle$ 构成一个新表象（称之为纠缠态表象）. 用 IWOP 方法将 $|\xi\rangle\langle\xi|$ 写为

$$|\xi\rangle\langle\xi|=\int\frac{\mathrm{d}^2\beta}{\pi}:\exp\left[-|\beta|^2+\mathrm{i}\beta\left(a^{\dagger}+b-\xi^*\right)+\mathrm{i}\beta^*\left(a+b^{\dagger}-\xi\right)\right]: \tag{2.41}$$

鉴于 $\dfrac{\partial \xi}{\partial \xi^*}=0$ 和

$$\exp\left(-|\beta|^2-\mathrm{i}\xi^*\beta-\mathrm{i}\beta^*\xi\right)=\exp\left(\frac{\partial^2}{\partial\xi\partial\xi^*}\right)\exp\left(-\mathrm{i}\xi^*\beta-\mathrm{i}\beta^*\xi\right) \tag{2.42}$$

式（2.41）可写为

$$\begin{aligned}|\xi\rangle\langle\xi| &= \exp\left(\frac{\partial^2}{\partial\xi\partial\xi^*}\right)\int\frac{\mathrm{d}^2\beta}{\pi}\colon \exp\left[\mathrm{i}\beta\left(a^{\dagger}+b-\xi^*\right)+\mathrm{i}\beta^*\left(a+b^{\dagger}-\xi\right)\right]\colon \\ &= \exp\left(\frac{\partial^2}{\partial\xi\partial\xi^*}\right)\colon\delta\left(a^{\dagger}+b-\xi^*\right)\delta^*\left(a+b^{\dagger}-\xi\right)\colon\end{aligned} \tag{2.43}$$

将算符 $G\left(a^{\dagger}+b,a+b^{\dagger}\right)$ 在 $|\xi\rangle\langle\xi|$ 中展开, 并将式（2.43）代入可得

$$\begin{aligned}G\left(a^{\dagger}+b,a+b^{\dagger}\right) &= \int\frac{\mathrm{d}^2\xi}{\pi}G\left(\xi,\xi^*\right)|\xi\rangle\langle\xi| \\ &= \int\frac{\mathrm{d}^2\xi}{\pi}G\left(\xi,\xi^*\right)\exp\left(\frac{\partial^2}{\partial\xi\partial\xi^*}\right)\colon\delta\left(a^{\dagger}+b-\xi^*\right)\delta\left(a+b^{\dagger}-\xi\right)\colon \\ &= \colon\exp\left(\frac{\partial^2}{\partial\xi\partial\xi^*}\right)G\left(\xi,\xi^*\right)|_{(\xi\mapsto a+b^{\dagger})(\xi^*\mapsto a^{\dagger}+b)}\colon\end{aligned} \tag{2.44}$$

特别地, 当 $G=\left(a+b^{\dagger}\right)^n\left(a^{\dagger}+b\right)^m$, $G\left(\xi,\xi^*\right)=\xi^n\xi^{*m}$ 时, 有

$$\begin{aligned}\left(a+b^{\dagger}\right)^n\left(a^{\dagger}+b\right)^m &= \colon\exp\left(\frac{\partial^2}{\partial\xi\partial\xi^*}\right)\xi^n\xi^{*m}|_{(a+b^{\dagger}\mapsto\xi)(a^{\dagger}+b\mapsto\xi^*)}\colon \\ &= (-\mathrm{i})^{m+n}\colon H_{n,m}\left[\mathrm{i}\left(a+b^{\dagger}\right),\mathrm{i}\left(a^{\dagger}+b\right)\right]\colon\end{aligned} \tag{2.45}$$

此式可由以下推导验证, 用双变量厄密多项式的母函数公式 (1.128) 有

$$\begin{aligned}&\sum_{m,n=0}^{\infty}\frac{t^n t'^m}{n!m!}\left(a+b^{\dagger}\right)^n\left(a^{\dagger}+b\right)^m \\ &= \mathrm{e}^{t\left(a+b^{\dagger}\right)}\mathrm{e}^{t'\left(a^{\dagger}+b\right)} \\ &= \mathrm{e}^{tt'}\colon\mathrm{e}^{tb^{\dagger}}\mathrm{e}^{t'a^{\dagger}}\mathrm{e}^{ta}\mathrm{e}^{t'b}\colon \\ &= \mathrm{e}^{-(-\mathrm{i}t)(-\mathrm{i}t')}\colon\mathrm{e}^{-\mathrm{i}t\left[\mathrm{i}\left(a+b^{\dagger}\right)\right]}\mathrm{e}^{-\mathrm{i}t'\left[\mathrm{i}\left(a^{\dagger}+b\right)\right]}\colon \\ &= \sum_{m,n=0}^{\infty}\frac{(-\mathrm{i}t)^n(-\mathrm{i}t')^m}{n!m!}\colon H_{n,m}\left[\mathrm{i}\left(a+b^{\dagger}\right),\mathrm{i}\left(a^{\dagger}+b\right)\right]\colon\end{aligned} \tag{2.46}$$

比较两边的幂次, 即得

$$\left(a+b^{\dagger}\right)^n\left(a^{\dagger}+b\right)^m=(-\mathrm{i})^{m+n}\colon H_{n,m}\left[\mathrm{i}\left(a+b^{\dagger}\right),\mathrm{i}\left(a^{\dagger}+b\right)\right]\colon \tag{2.47}$$

验证式（2.45）或式（2.47）的另一种途径是利用纠缠态表象 $|\xi\rangle$ 的完备性关系以及本征方程 (2.40) 和 IWOP 方法, 即

$$\left(a+b^{\dagger}\right)^n\left(a^{\dagger}+b\right)^m=\int\frac{\mathrm{d}^2\xi}{\pi}\left(a+b^{\dagger}\right)^n|\xi\rangle\langle\xi|\left(a^{\dagger}+b\right)^m$$

$$= \int \frac{d^2\xi}{\pi} \xi^n \xi^{*m} : e^{-(\xi^* - a^\dagger - b)(\xi - a - b^\dagger)} : \tag{2.48}$$

积分上式即可得到式（2.47）中右边的正规乘积表示. 联合式 (2.47) 和式 (2.48) 可得积分公式

$$e^{-zz^*} \int \frac{d^2\xi}{\pi} \xi^n \xi^{*m} e^{-|\xi|^2 + \xi^* z + z^* \xi} = (-i)^{m+n} H_{n,m}(iz, iz^*) \tag{2.49}$$

或

$$H_{m,n}(\xi, \xi^*) = i^{m+n} e^{|\xi|^2} \int \frac{d^2 z}{\pi} z^n z^{*m} \exp(-|z|^2 - i\xi z - i\xi^* z^*) \tag{2.50}$$

将它代入

$$H_{m,n}(a + b^\dagger, a^\dagger + b) = \int \frac{d^2\xi}{\pi} H_{m,n}(\xi, \xi^*) |\xi\rangle\langle\xi| \tag{2.51}$$

积分可得

$$H_{m,n}(a + b^\dagger, a^\dagger + b) =: (a + b^\dagger)^m (a^\dagger + b)^n : \tag{2.52}$$

类比于式（2.27）有

$$\begin{aligned} &\exp\left[\frac{\partial^2}{\partial(a + b^\dagger)\partial(a^\dagger + b)}\right] (a + b^\dagger)^n (a^\dagger + b)^m \\ &= (-i)^{m+n} H_{n,m}\left[i(a + b^\dagger), i(a^\dagger + b)\right] \end{aligned} \tag{2.53}$$

故而得到

$$\begin{aligned} &\exp\left[\frac{\partial^2}{\partial(a + b^\dagger)\partial(a^\dagger + b)}\right] (a + b^\dagger)^n (a^\dagger + b)^m \\ &= (-i)^{m+n} \int \frac{d^2\xi}{\pi} H_{n,m}(i\xi, i\xi^*) |\xi\rangle\langle\xi| \\ &= (-i)^{m+n} \int \frac{d^2\xi}{\pi} H_{n,m}(i\xi, i\xi^*) : \exp\{-[\xi^* - (a^\dagger + b)][\xi - (a + b^\dagger)]\} : \\ &=: (a + b^\dagger)^n (a^\dagger + b)^m : \end{aligned} \tag{2.54}$$

于是一般公式为

$$\exp\left[\frac{\partial^2}{\partial(a + b^\dagger)\partial(a^\dagger + b)}\right] G(a + b^\dagger, a^\dagger + b) =: G(a + b^\dagger, a^\dagger + b) : \tag{2.55}$$

例如

$$\exp\left[\frac{\partial^2}{\partial(a + b^\dagger)\partial(a^\dagger + b)}\right] H_{m,n}(a + b^\dagger, a^\dagger + b) =: H_{m,n}(a + b^\dagger, a^\dagger + b) : \tag{2.56}$$

和

$$\exp\left[\frac{\partial^2}{\partial(a + b^\dagger)\partial(a^\dagger + b)}\right] \exp\{-[\xi^* - (a^\dagger + b)][\xi - (a + b^\dagger)]\}$$

$$
\begin{aligned}
&=: \exp\left\{-\left[\xi^* - \left(a^\dagger + b\right)\right]\left[\xi - \left(a + b^\dagger\right)\right]\right\}: \\
&= |\xi\rangle\langle\xi| \\
&= \delta\left[\xi^* - \left(a^\dagger + b\right)\right]\delta\left[\xi - \left(a + b^\dagger\right)\right]
\end{aligned} \tag{2.57}
$$

还有

$$
\exp\left[\frac{\partial^2}{\partial\left(a+b^\dagger\right)\partial\left(a^\dagger+b\right)}\right]\mathrm{e}^{-\lambda\left(a+b^\dagger\right)\left(a^\dagger+b\right)} =: \mathrm{e}^{-\lambda\left(a+b^\dagger\right)\left(a^\dagger+b\right)}: \tag{2.58}
$$

另一方面, 用纠缠态表象完备性和 IWOP 方法得到

$$
\begin{aligned}
\mathrm{e}^{-\lambda\left(a+b^\dagger\right)\left(a^\dagger+b\right)} &= \int\frac{\mathrm{d}^2\xi}{\pi}\mathrm{e}^{-\lambda|\xi|^2}|\xi\rangle\langle\xi| \\
&= \int\frac{\mathrm{d}^2\xi}{\pi}:\mathrm{e}^{-(1+\lambda)|\xi|^2+\xi^*\left(a+b^\dagger\right)+\xi\left(a^\dagger+b\right)-\left(a+b^\dagger\right)\left(a^\dagger+b\right)}: \\
&= \frac{1}{1+\lambda}:\exp\left[\frac{-\lambda}{1+\lambda}\left(a+b^\dagger\right)\left(a^\dagger+b\right)\right]:
\end{aligned} \tag{2.59}
$$

因此, 令 $\dfrac{\lambda}{1+\lambda}=t,\lambda(1-t)=t,\lambda=\dfrac{t}{1-t},1+\lambda=\dfrac{1}{1-t}$, 则上式变为

$$
:\exp\left[-t\left(a+b^\dagger\right)\left(a^\dagger+b\right)\right]: = (1-t)\,\mathrm{e}^{-\frac{t}{1-t}\left(a+b^\dagger\right)\left(a^\dagger+b\right)} \tag{2.60}
$$

故有

$$
\begin{aligned}
\exp\left[\frac{\partial^2}{\partial\left(a+b^\dagger\right)\partial\left(a^\dagger+b\right)}\right]\mathrm{e}^{-\lambda\left(a+b^\dagger\right)\left(a^\dagger+b\right)} &=: \mathrm{e}^{-\lambda\left(a+b^\dagger\right)\left(a^\dagger+b\right)}: \\
&= (1-\lambda)\,\mathrm{e}^{-\frac{\lambda}{1-\lambda}\left(a+b^\dagger\right)\left(a^\dagger+b\right)}
\end{aligned} \tag{2.61}
$$

我们发现

$$
\exp\left[\frac{\partial^2}{\partial\left(a+b^\dagger\right)\partial\left(a^\dagger+b\right)}\right]G\left(a+b^\dagger,a^\dagger+b\right) =: G\left(a+b^\dagger,a^\dagger+b\right): \tag{2.62}
$$

它是单模情况

$$
\exp\left(-\frac{1}{4}\frac{\partial^2}{\partial X^2}\right)f(X) =: f(X):
$$

的推广. 由式（2.52）还可得到

$$
\begin{aligned}
&:\left(a+b^\dagger\right)^n\left(a^\dagger+b\right)^m: \\
&= H_{n,m}\left(a+b^\dagger,a^\dagger+b\right) \\
&= \sum_{l=0}^{\min(m,n)}\frac{n!m!(-1)^l}{l!(m-l)!(n-l)!}\left(a+b^\dagger\right)^{n-l}\left(a^\dagger+b\right)^{m-l} \\
&= (-\mathrm{i})^{m+n}\sum_{l=0}^{\min(m,n)}\frac{n!m!}{l!(m-l)!(n-l)!}:H_{n-l,m-l}\left[\mathrm{i}\left(a+b^\dagger\right),\mathrm{i}\left(a^\dagger+b\right)\right]:
\end{aligned} \tag{2.63}
$$

所以联立式（2.47）和（2.63）有展开式

$$x^n y^m = (-\mathrm{i})^{m+n} \sum_{l=0}^{\min(m,n)} \frac{n!m!}{l!(m-l)!(n-l)!} H_{n-l,m-l}(\mathrm{i}x, \mathrm{i}y) \tag{2.64}$$

显然式 (2.66) 是

$$H_{m,n}(x,y) = \sum_{l=0}^{\min(m,n)} \frac{n!m!(-1)^l}{l!(m-l)!(n-l)!} x^{m-l} y^{n-l} \tag{2.65}$$

的逆展开.

2.4 化算符为反正规乘积排序的公式

在第 1 章, 我们已知用相干态完备性可以将任一算符展开, 如下式:

$$\begin{aligned}\rho &= \int \frac{\mathrm{d}^2 z}{\pi} P(z) |z\rangle \langle z| \\ &= \int \frac{\mathrm{d}^2 z}{\pi} P(z) \vdots\, \exp\left[-(z^* - a^\dagger)(z-a)\right] \vdots\end{aligned} \tag{2.66}$$

其中, 展开函数 $P(z)$ 称为密度矩阵的 P- 表示. 例如, 当 $\rho = \pi\delta(a)\delta\left(a^\dagger\right)$ 时, 有

$$\begin{aligned}\pi\delta(a)\delta\left(a^\dagger\right) &= \pi \int \frac{\mathrm{d}^2 z}{\pi} \delta(a) |z\rangle \langle z| \delta\left(a^\dagger\right) \\ &= \int \mathrm{d}^2 z \delta(z) |z\rangle \langle z| \delta(z^*) \\ &= |0\rangle \langle 0|\end{aligned} \tag{2.67}$$

可见

$$|0\rangle \langle 0| = \pi\delta(a)\delta\left(a^\dagger\right) \tag{2.68}$$

而相干态 $|z\rangle\langle z|$ 的反正规乘积形式（记 $\vdots\ \vdots$ 是反正规乘积）为

$$\begin{aligned}|z\rangle \langle z| &= D(z) |0\rangle \langle 0| D^\dagger(z) \\ &= \pi\delta(a-z)\delta\left(a^\dagger - z^*\right)\end{aligned} \tag{2.69}$$

以下我们给出化算符为反正规乘积的范氏公式. 注意到两相干态的内积为

$$\langle z| \beta\rangle = \exp\left[-\frac{1}{2}(|z|^2 + |\beta|^2) + z^*\beta\right] \tag{2.70}$$

就有

$$
\begin{aligned}
\langle -\beta|\rho(a,a^{\dagger})|\beta\rangle &= \int \frac{\mathrm{d}^2 z}{\pi} P(z)\langle -\beta|z\rangle\langle z|\beta\rangle \\
&= \int \frac{\mathrm{d}^2 z}{\pi} P(z)\exp\left(-|z|^2+\beta^* z-\beta z^*-|\beta|^2\right)
\end{aligned} \tag{2.71}
$$

此式中 $\exp(\beta^* z-\beta z^*)$ 是一个 Fourier 积分变换核, 故其逆变换给出

$$
P(z)=\mathrm{e}^{|z|^2}\int \frac{\mathrm{d}^2\beta}{\pi}\langle -\beta|\rho(a,a^{\dagger})|\beta\rangle\exp\left(|\beta|^2+\beta^* z-\beta z^*\right) \tag{2.72}
$$

鉴于

$$
|z\rangle\langle z| =:\exp(-|z|^2+za^{\dagger}+az^*-a^{\dagger}a):=\pi\,\vdots\,\delta(z-a)\,\delta(z^*-a^{\dagger})\,\vdots
$$

所以将式（2.72）和式（2.73）代入式（2.66）得到

$$
\begin{aligned}
\rho(a,a^{\dagger}) &= \int \mathrm{d}^2 z\,\mathrm{e}^{|z|^2}\int \frac{\mathrm{d}^2\beta}{\pi}\langle -\beta|\rho(a,a^{\dagger})|\beta\rangle\exp\left(|\beta|^2+\beta^* z-\beta z^*\right) \\
&\quad \times \vdots\,\delta(z-a)\,\delta(z^*-a^{\dagger})\,\vdots \\
&= \int \frac{\mathrm{d}^2\beta}{\pi}\,\vdots\,\langle -\beta|\rho(a,a^{\dagger})|\beta\rangle\exp\left(|\beta|^2+\beta^* a-\beta a^{\dagger}+a^{\dagger}a\right)\vdots
\end{aligned} \tag{2.73}
$$

这里 $|\beta\rangle$ 也是一个相干态, $a|\beta\rangle=\beta|\beta\rangle$, $\vdots\;\vdots$ 标记反正规序. 这是把正规乘积排序变为反正规乘积排序的公式, 由范洪义首先给出. 特别地, 若 $\rho=1, \langle -z|z\rangle=\exp[-2|z|^2]$, 则由式 (2.73) 得

$$
\int \frac{\mathrm{d}^2\beta}{\pi}\,\vdots\,\exp\left(-|\beta|^2+\beta^* a-\beta a^{\dagger}+a^{\dagger}a\right)\vdots=1 \tag{2.74}
$$

这一结果也说明了式 (2.73) 的正确性. 当 $\rho=a^{\dagger m}a^n$ 时, 由式 (2.73) 立即得到

$$
\begin{aligned}
a^{\dagger m}a^n &= \int \frac{\mathrm{d}^2\beta}{\pi}\,\vdots\,\langle -\beta|a^{\dagger m}a^n|\beta\rangle\exp\left(|\beta|^2+\beta^* a-\beta a^{\dagger}+a^{\dagger}a\right)\vdots \\
&= \vdots\int \frac{\mathrm{d}^2\beta}{\pi}(-1)^m z^{*m}z^n\exp\left(-|\beta|^2+\beta^* a-\beta a^{\dagger}+a^{\dagger}a\right)\vdots \\
&= \vdots\,H_{m,n}(a^{\dagger},a)\,\vdots \\
&= \vdots\,H_{n,m}(a,a^{\dagger})\,\vdots
\end{aligned} \tag{2.75}
$$

此即算符 $a^{\dagger m}a^n$ 的反正规乘积 ——双变量 Hermite 多项式.

2.5 宇称算符和 Wigner 算符的反正规乘积形式

在第 1 章已经给出宇称算符的正规乘积

$$(-1)^N = \sum_{n=0}^{\infty} (-1)^n |n\rangle \langle n| = :\mathrm{e}^{-2a^\dagger a}: \tag{2.76}$$

若将宇称算符 (2.76) 的正规乘积代入式（2.73）, 则积分过程中将出现积分发散的问题. 为绕开这个问题, 将宇称算符按照正规乘积展开, 并利用式 (2.75), 则有

$$(-1)^N = \sum_{n=0}^{\infty} \frac{(-2)^n a^{\dagger n} a^n}{n!} = \sum_{n=0}^{\infty} \frac{(-2)^n}{n!} \vdots H_{n,n}(a, a^\dagger) \vdots \tag{2.77}$$

注意到 Laguerre 多项式 L_n 与双变量 Hermite 多项式 $H_{n,n}(x,y)$ 的关系：

$$L_n(xy) = \frac{(-1)^n}{n!} H_{n,n}(x,y) \tag{2.78}$$

式（2.81）可以通过比较二者的求和表示 [式（1.129）和式（1.135）] 得到, 再利用 Laguerre 多项式 L_n 的求和公式（2.32）, 则从式（2.77）得

$$(-1)^N = \sum_{n=0}^{\infty} 2^n \vdots L_n(aa^\dagger) \vdots = -\vdots \mathrm{e}^{2aa^\dagger} \vdots \tag{2.79}$$

此即宇称算符的反正规乘积.

利用式（2.79）可直接导出 Wigner 算符的反正规乘积. 由第 1 章得到的 Wigner 算符的表达式 $\Delta(\alpha,\alpha^*) = D(\alpha)(-1)^N D^\dagger(\alpha)$ 和算符恒等式

$$(-1)^N a = -a(-1)^N \tag{2.80}$$

就有

$$\begin{aligned} \Delta(\alpha,\alpha^*) &= \frac{1}{\pi} \mathrm{e}^{2|\alpha|^2} \mathrm{e}^{-2\alpha^* a} (-1)^N \mathrm{e}^{-2\alpha a^\dagger} \\ &= -\frac{1}{\pi} \mathrm{e}^{2|\alpha|^2} \mathrm{e}^{-2\alpha^* a} \vdots \mathrm{e}^{2aa^\dagger} \vdots \mathrm{e}^{-2\alpha a^\dagger} \\ &= -\frac{1}{\pi} \vdots \mathrm{e}^{2(\alpha^* - a^\dagger)(\alpha - a)} \vdots \end{aligned} \tag{2.81}$$

即 Wigner 算符的反正规乘积.

2.6 广义二项式定理

二项式定理是指

$$(y+z)^n=\sum_{l=0}^{n}\binom{n}{l}y^l z^{n-l} \tag{2.82}$$

当把 y^l 换成双变量 Hermite 多项式 $H_{n-l,l}(x,y)$ 时, 会得到什么结果呢?

我们要证明:

$$\sum_{l=0}^{n}\binom{n}{l}z^{n-l}H_{n-l,l}(x,y)=\sqrt{z^n}H_n\left(\frac{zx+y}{2\sqrt{z}}\right) \tag{2.83}$$

为了实现目标, 我们先将 $H_{n-l,l}(x,y)$ 换成反正规乘积算符 $\vdots H_{n-l,l}\left(a,a^{\dagger}\right)\vdots$, 用式 (2.75) 计算

$$\sum_{l=0}^{n}\binom{n}{l}z^{n-l}\vdots H_{n-l,l}\left(a,a^{\dagger}\right)\vdots=\sum_{l=0}^{n}\binom{n}{l}z^{n-l}:a^{\dagger l}a^{n-l}:\;=:\left(a^{\dagger}+za\right)^n: \tag{2.84}$$

再构造下式求和, 可得

$$\begin{aligned}\sum_{n=0}^{\infty}\frac{t^n}{n!}:\left(a^{\dagger}+za\right)^n:\;&=:\mathrm{e}^{t\left(a^{\dagger}+za\right)}:\;=\mathrm{e}^{ta^{\dagger}}\mathrm{e}^{tza}\\&=\vdots\mathrm{e}^{tza+ta^{\dagger}}\vdots\mathrm{e}^{\left[ta^{\dagger},tza\right]}=\vdots\mathrm{e}^{tza+ta^{\dagger}}\vdots\mathrm{e}^{-t^2z}\\&=\vdots\mathrm{e}^{2\left(\frac{\sqrt{z}a+a^{\dagger}/\sqrt{z}}{2}\right)\left(t\sqrt{z}\right)}\vdots\mathrm{e}^{-\left(t\sqrt{z}\right)^2}\\&=\sum_{n=0}^{\infty}\frac{t^n\sqrt{z^n}}{n!}\vdots H_n\left(\frac{\sqrt{z}a+a^{\dagger}/\sqrt{z}}{2}\right)\vdots\end{aligned} \tag{2.85}$$

比较 t^n 的相同幂次可得

$$:\left(a^{\dagger}+za\right)^n:\;=\sqrt{z^n}\vdots H_n\left(\frac{\sqrt{z}a+a^{\dagger}/\sqrt{z}}{2}\right)\vdots \tag{2.86}$$

联立式 (2.84) 和式 (2.86) 得

$$\sum_{l=0}^{n}\binom{n}{l}z^{n-l}\vdots H_{n-l,l}\left(a,a^{\dagger}\right)\vdots=\sqrt{z^n}\vdots H_n\left(\frac{\sqrt{z}a+a^{\dagger}/\sqrt{z}}{2}\right)\vdots \tag{2.87}$$

2

由于式（2.87）两边都处于反正规乘积中, 且 a 与 $a^\dagger$ 在 $\vdots\ \vdots$ 内是可对易的, 得到广义二项式定理

$$\sum_{l=0}^{n}\binom{n}{l}z^{n-l}H_{n-l,l}(x,y)=\sqrt{z^n}H_n\left(\frac{zx+y}{2\sqrt{z}}\right) \tag{2.88}$$

另一方面, 利用将正规乘积转换为反正规乘积 [公式（2.73）], 式（2.86）

$$\begin{aligned}:(a^\dagger+za)^n:&=\int\frac{\mathrm{d}^2\beta}{\pi}\vdots\langle-\beta|:(a^\dagger+za)^n:|\beta\rangle\exp\left(|\beta|^2+\beta^*a-\beta a^\dagger+a^\dagger a\right)\vdots\\&=\int\frac{\mathrm{d}^2\beta}{\pi}\vdots(-\beta^*+z\beta)^n\exp\left(-|\beta|^2+\beta^*a-\beta a^\dagger+a^\dagger a\right)\vdots\\&=\sqrt{z^n}\vdots H_n\left(\frac{\sqrt{z}a+a^\dagger/\sqrt{z}}{2}\right)\vdots\end{aligned} \tag{2.89}$$

由此, 得到一个新积分公式

$$\int\frac{\mathrm{d}^2\beta}{\pi}(z\beta-\beta^*)^n\exp\left(-|\beta|^2+\beta^*\lambda-\beta\lambda^*\right)=\sqrt{z^n}H_n\left(\frac{\sqrt{z}\lambda+\lambda^*/\sqrt{z}}{2}\right)\mathrm{e}^{-|\lambda|^2} \tag{2.90}$$

更一般的公式是

$$\sum_{l=0}^{n}\binom{n}{l}z^{n-l}q^lH_{l,m}(x,y)=q^nH_{n,m}\left(\frac{z}{q}+x,y\right)$$

按照算符 Hermite 多项式方法, 考虑

$$\sum_{l=0}^{n}\binom{n}{l}z^{n-l}q^l\vdots H_{l,m}(a,a^\dagger)\vdots=\sum_{l=0}^{n}\binom{n}{l}z^{n-l}q^l:a^{\dagger m}a^l:\ =:a^{\dagger m}(z+qa)^n: \tag{2.91}$$

由此构建求和

$$\begin{aligned}\sum_{m,n=0}^{\infty}\frac{s^mt^n}{m!n!}:a^{\dagger m}(z+qa)^n:&=\mathrm{e}^{sa^\dagger}\mathrm{e}^{(z+qa)t}=\vdots\mathrm{e}^{\left(\frac{z}{q}+a\right)tq}\mathrm{e}^{sa^\dagger}\mathrm{e}^{-stq}\vdots\\&=\sum_{n,m=0}^{\infty}\frac{s^m(tq)^n}{m!n!}\vdots H_{n,m}\left(\frac{z}{q}+a,a^\dagger\right)\vdots\end{aligned} \tag{2.92}$$

故而比较等式两边 s^mt^n 的同次幂, 得

$$:a^{\dagger m}(z+qa)^n:\ =q^n\vdots H_{n,m}\left(\frac{z}{q}+a,a^\dagger\right)\vdots \tag{2.93}$$

联立式 (2.91) 和式 (2.29), 得

$$\sum_{l=0}^{n}\binom{n}{l}z^{n-l}q^l\vdots H_{l,m}(a,a^\dagger)\vdots=q^n\vdots H_{n,m}\left(\frac{z}{q}+a,a^\dagger\right)\vdots \tag{2.94}$$

很明显, 上式左右两边均在反正规乘积下, 因此有公式

$$\sum_{l=0}^{n}\binom{n}{l}z^{n-l}q^{l}H_{l,k}(x,y)=q^{n}H_{n,k}\left(\frac{z}{q}+x,y\right) \tag{2.95}$$

特别地, 当 $q=1$ 时, 式 (2.95) 变成

$$\sum_{l=0}^{n}\binom{n}{l}t^{n-l}H_{l,k}(x,y)=H_{n,k}(t+x,y) \tag{2.96}$$

有趣的是, 将式 (2.96) 与单变量 Hermite 多项式 $H_l(x)$ 的二项式定理

$$\sum_{l=0}^{n}\binom{n}{l}z^{n-l}H_{l}(x)=H_{n}(z+x) \tag{2.97}$$

相比较, 可以加深印象. 式 (2.96) 可以推广为双变量的 Hermite 多项式的二项式定理:

$$\sum_{r=0}^{l}\sum_{q=0}^{k}\binom{l}{r}\binom{k}{q}H_{r,q}(x,y)t^{l-r}s^{k-q}=H_{r,q}(x+t,y+s) \tag{2.98}$$

实际上, 算符 Hermite 多项式方法不但能导出新的二项式公式, 而且有助于发现特殊函数的新关系. 比如, 考虑

$$\begin{aligned}\sum_{l=0}^{n}\binom{n}{l}z^{n-l}q^{l}\,\vdots H_{l+k,m}(a,a^{\dagger})\vdots&=\sum_{l=0}^{n}\binom{n}{l}z^{n-l}q^{l}:a^{\dagger m}a^{l+k}:\\&=:a^{\dagger m}(z+qa)^{n}a^{k}:\end{aligned} \tag{2.99}$$

则构造如下求和表示:

$$\begin{aligned}&\sum_{m,n=0}^{\infty}\frac{s^{m}t^{n}}{m!n!}:a^{\dagger m}(z+qa)^{n}a^{k}:\\&=\mathrm{e}^{sa^{\dagger}}\mathrm{e}^{(z+qa)t}a^{k}\\&=(a-s)^{k}\,\vdots\mathrm{e}^{\left(\frac{z}{q}+a\right)tq}\mathrm{e}^{sa^{\dagger}}\mathrm{e}^{-stq}\vdots\\&=\sum_{j=0}^{k}\binom{k}{j}a^{k-j}s^{j}\sum_{n,m=0}^{\infty}\frac{s^{m'}(tq)^{n}}{m'!n!}\vdots H_{n,m'}\left(\frac{z}{q}+a,a^{\dagger}\right)\vdots\end{aligned} \tag{2.100}$$

就有

$$\begin{aligned}&:a^{\dagger m}(z+qa)^{n}:a^{k}\\&=q^{n}\sum_{j=0}^{k}\binom{k}{j}a^{k-j}\vdots H_{n,m-j}\left(\frac{z}{q}+a,a^{\dagger}\right)\vdots\frac{m!}{(m-j)!}\end{aligned}$$

$$= q^n \sum_{j=0}^{k} \frac{k!m!}{(m-j)!(k-j)!j!} a^{k-j} \vdots H_{n,m-j}\left(\frac{z}{q}+a, a^{\dagger}\right) \vdots \tag{2.101}$$

联立式 (2.99) 和式 (2.101), 得

$$\begin{aligned} &\sum_{l=0}^{n} \binom{n}{l} z^{n-l} q^{l} \vdots H_{l+k,m}\left(a, a^{\dagger}\right) \vdots \\ &= q^{n} \vdots \sum_{j=0}^{k} \frac{k!m!}{(m-j)!(k-j)!j!} a^{k-j} \vdots H_{n,m-j}\left(\frac{z}{q}+a, a^{\dagger}\right) \vdots \end{aligned} \tag{2.102}$$

由于式（2.102）左右均为算符的反正规乘积表示, 则

$$\begin{aligned} &\sum_{l=0}^{n} \binom{n}{l} z^{n-l} q^{l} H_{l+k,m}(x, y) \\ &= q^{n} \sum_{j=0}^{k} \frac{k!m!}{(m-j)!(k-j)!j!} x^{k-j} H_{n,m-j}\left(\frac{z}{q}+x, y\right) \end{aligned} \tag{2.103}$$

特别地, 若 $q=1, z=0$, $n=l$, 则可得双变量 Hermite 多项式的新关系：

$$\sum_{j=0}^{k} \frac{k!m!}{j!(m-j)!(k-j)!} x^{k-j} H_{l,m-j}(x, y) = H_{l+k,m}(x, y) \tag{2.104}$$

2.7 双变量 Hermite 多项式的新母函数公式及物理应用

再考察 Hermite 多项式的新求和形式: $\sum\limits_{n,m=0}^{\infty} \frac{s^m t^n}{m!n!} H_{m+l,n+k}(x,y) = ?$ 为此, 利用算符 Hermite 多项式方法以及式 (2.75), 有

$$\begin{aligned} &\sum_{n,m=0}^{\infty} \frac{s^m t^n}{m!n!} \vdots H_{m+l,n+k}(a^{\dagger}, a) \vdots \\ &= \sum_{n=0}^{\infty} \frac{s^m t^n}{m!n!} a^{\dagger m+l} a^{n+k} = a^{\dagger l} : e^{sa^{\dagger}+ta} : a^{k} \\ &= e^{-st} a^{\dagger l} e^{ta} e^{sa^{\dagger}} a^{k} = e^{-st} e^{ta} \left(a^{\dagger}-t\right)^{l} (a-s)^{k} e^{sa^{\dagger}} \end{aligned} \tag{2.105}$$

用二项式公式并利用式（2.75），得

$$\begin{aligned}\left(a^{\dagger}-t\right)^{l}(a-s)^{k} &= \sum_{r,q=0}^{\infty}\binom{l}{r}a^{\dagger r}(-t)^{l-r}\binom{k}{q}a^{q}(-s)^{k-q} \\ &= \sum_{r,q=0}^{\infty}\binom{l}{r}\binom{k}{q}\vdots H_{r,q}\left(a^{\dagger},a\right)\vdots(-t)^{l-r}(-s)^{k-q} \\ &= \vdots H_{l,k}\left(a^{\dagger}-t,a-s\right)\vdots \end{aligned} \tag{2.106}$$

因此, 式 (2.105) 变成

$$\sum_{n,m=0}^{\infty}\frac{s^{m}t^{n}}{m!n!}\vdots H_{m+l,n+k}(a^{\dagger},a)\vdots=\vdots \mathrm{e}^{-st}\mathrm{e}^{ta}H_{l,k}\left(a^{\dagger}-t,a-s\right)\mathrm{e}^{sa^{\dagger}}\vdots \tag{2.107}$$

注意到上式两边均在反正规乘积内, 由此可得如下双变量 Hermite 多项式的新产生函数公式:

$$\sum_{n,m=0}^{\infty}\frac{s^{m}t^{n}}{m!n!}H_{m+l,n+k}(x,y)=\mathrm{e}^{-st+sx+ty}H_{l,k}(x-t,y-s) \tag{2.108}$$

当 $l=k=0$ 时, 式 (2.108) 退化为式 (1.128), 这正是所期望的.

下面, 考虑式 (2.108) 在量子光学中的一个应用. 将双模纠缠态 $|\xi\rangle$ 按照双变量 Hermite 多项式展开:

$$\begin{aligned}|\xi\rangle &= \exp(-\frac{1}{2}|\xi|^{2}+a^{\dagger}\xi+\xi^{*}b^{\dagger}-a^{\dagger}b^{\dagger})|00\rangle \\ &= \mathrm{e}^{-|\xi|^{2}/2}\sum_{m,n=0}^{\infty}\frac{a^{\dagger m}b^{\dagger n}}{m!n!}H_{m,n}(\xi,\xi^{*})|00\rangle \end{aligned} \tag{2.109}$$

其中, $\left[b,b^{\dagger}\right]=1$. 当 $|\xi\rangle$ 态的光子数被算符的双变量 Hermite 多项式湮灭算符 $H_{l,k}(a,b)$ 扣除时, 即将 $H_{l,k}(a,b)$ 作用于 $|\xi\rangle$, 注意到 $|\xi\rangle$ 满足以下本征方程:

$$\left(a+b^{\dagger}\right)|\xi\rangle=\xi|\xi\rangle,\ \left(a^{\dagger}+b\right)|\xi\rangle=\xi^{*}|\xi\rangle \tag{2.110}$$

以及

$$\begin{aligned}&H_{l,k}\left(\xi-b^{\dagger},\xi^{*}-a^{\dagger}\right)|\xi\rangle \\ &\quad=\mathrm{e}^{-\frac{1}{2}|\xi|^{2}}\mathrm{e}^{a^{\dagger}\xi+\xi^{*}b^{\dagger}-b^{\dagger}a^{\dagger}}H_{l,k}\left(\xi-b^{\dagger},\xi^{*}-a^{\dagger}\right)|00\rangle\end{aligned} \tag{2.111}$$

故而

$$H_{l,k}(a,b)|\xi\rangle=H_{l,k}\left(\xi-b^{\dagger},\xi^{*}-a^{\dagger}\right)|\xi\rangle \tag{2.112}$$

利用式（2.108）得

$$\mathrm{e}^{a^{\dagger}\xi+\xi^{*}b^{\dagger}-b^{\dagger}a^{\dagger}}H_{l,k}\left(\xi-b^{\dagger},\xi^{*}-a^{\dagger}\right)|00\rangle$$

$$= \sum_{n,m=0}^{\infty} \frac{a^{\dagger m} b^{\dagger n}}{m!n!} H_{m+l,n+k}(\xi,\xi^*) |00\rangle$$

$$= \sum_{n,m=0}^{\infty} \frac{H_{m+l,n+k}(\xi,\xi^*)}{\sqrt{m!n!}} |m,n\rangle \tag{2.113}$$

其中, $|m,n\rangle = a^{\dagger m} b^{\dagger n} |00\rangle / \sqrt{m!n!}$. 综合以上四个方程, 得

$$H_{l,k}(a,b)|\xi\rangle = \mathrm{e}^{-|\xi|^2/2} \sum_{n,m=0}^{\infty} \frac{H_{m+l,n+k}(\xi,\xi^*)}{\sqrt{m!n!}} |m,n\rangle \tag{2.114}$$

因此, 在 Fock 空间中, 态 $H_{l,k}(a,b)|\xi\rangle$ 的波函数可由上式直接给出, 即

$$\langle m,n| H_{l,k}(a,b)|\xi\rangle = \mathrm{e}^{-\frac{1}{2}|\xi|^2} \frac{H_{m+l,n+k}(\xi,\xi^*)}{\sqrt{m!n!}} \tag{2.115}$$

以上我们利用算符 Hermite 多项式方法, 导出了一些新的二项式理论以及包括双变量 Hermite 多项式的广义母函数, 并给出了若干应用, 该方法在寻找新的量子光场态中将发挥作用.

第 3 章

用有序算符内的积分法求混合态相应的纯态 (热真空态)

鉴于光场是多自由度系统, 一般用密度算符表示, 是混合态. 一个问题是: 对于密度算符 ρ (或称为混合态), 求相应的纯态 $|\psi(\beta)\rangle$, 使得求混合态的系综平均值可以转化为对 $|\psi(\beta)\rangle$ 求纯态平均. 换言之, $|\psi(\beta)\rangle$ 应该满足什么条件呢? 我们先从混沌光场说起.

3.1 混沌光场对应的热真空态和熵的计算

混沌光场的密度算符 $\rho_{\mathrm{c}}=\left(1-\mathrm{e}^{-\frac{\hbar\omega}{kT}}\right)\mathrm{e}^{-\frac{\hbar\omega}{kT}a^{\dagger}a}$, 或记为

$$\rho_{\mathrm{c}}=\gamma(1-\gamma)^{a^{\dagger}a},\quad \gamma=1-\mathrm{e}^{-\frac{\hbar\omega}{kT}},\quad \mathrm{tr}\rho_{\mathrm{c}}=1 \tag{3.1}$$

令 $\tanh\theta=\exp\left(-\frac{\hbar\omega}{2\kappa T}\right)$, 则上式可改为

$$\rho_{\mathrm{c}}=\operatorname{sech}^2\theta \mathrm{e}^{a^{\dagger}a\ln\tanh^2\theta}=\operatorname{sech}^2\theta\colon \mathrm{e}^{-a^{\dagger}a\operatorname{sech}^2\theta}\colon \tag{3.2}$$

它的二阶相干度 $g^{(2)}=2$. 一般而言, Bose 系统的密度算符 $\rho=\frac{\mathrm{e}^{-\beta H}}{Z}$, $Z=\mathrm{tr}\,\mathrm{e}^{-\beta H}$ 是配分函数, 其中 $\beta=\frac{1}{\kappa T}$, κ 是 Bolzmann 常数.

能否将关于混合态 ρ_{c} 的计算化为对纯态 $|\psi(\beta)\rangle$ 计算呢? 我们需引入虚空间作为真实系统自由度的伴, $|\psi(\beta)\rangle$ 定义在扩大的空间中. 定义 $\mathrm{Tr}=\mathrm{tr}\tilde{\mathrm{tr}}$ 为对实-虚两个空间都求迹的记号, tr 只对实空间求迹, $\tilde{\mathrm{tr}}$ 只对虚空间求迹, 那么对于现实的力学量 A 有

$$\langle A\rangle=\langle\psi(\beta)|A|\psi(\beta)\rangle=\mathrm{Tr}\left[A|\psi(\beta)\rangle\langle\psi(\beta)|\right]=\mathrm{tr}\left\{A\left[\tilde{\mathrm{tr}}|\psi(\beta)\rangle\langle\psi(\beta)|\right]\right\} \tag{3.3}$$

鉴于 $|\psi(\beta)\rangle$ 涉及实-虚两个空间, 故而需注意下式:

$$\tilde{\mathrm{tr}}|\psi(\beta)\rangle\langle\psi(\beta)|\neq\langle\psi(\beta)||\psi(\beta)\rangle \tag{3.4}$$

对照系综的平均值 $\langle A\rangle=\mathrm{tr}(A\rho)$ 和式 (3.3) 可见, 待求的 $|\psi(\beta)\rangle$ 应该满足如下公式:

$$\tilde{\mathrm{tr}}|\psi(\beta)\rangle\langle\psi(\beta)|=\rho \tag{3.5}$$

例如, 对于混沌光场 ρ_{c} [见式 (3.1)], 可写成

$$\begin{aligned}\rho_{\mathrm{c}}&=\sum_{m=0}^{\infty}\gamma(1-\gamma)^m|m\rangle\langle m|\\&=\sum_{m'=0}^{\infty}\sqrt{\gamma(1-\gamma)^{m'}}\sum_{m=0}^{\infty}\sqrt{\gamma(1-\gamma)^m}|m'\rangle\langle m|\langle\tilde{m}|\,\tilde{m}'\rangle\\&=\tilde{\mathrm{tr}}\sum_{m'=0}^{\infty}\sqrt{\gamma(1-\gamma)^{m'}}|m'\rangle|\tilde{m}'\rangle\sum_{m=0}^{\infty}\sqrt{\gamma(1-\gamma)^m}\langle m|\langle\tilde{m}|\end{aligned} \tag{3.6}$$

这里, $|\tilde{m}\rangle=\frac{\tilde{a}^{\dagger m}}{\sqrt{m!}}|\tilde{0}\rangle,|\tilde{0}\rangle$ 由 $\tilde{a}$ 湮灭 , 将式 (3.6) 与 $\tilde{\mathrm{tr}}|0(\beta)\rangle\langle0(\beta)|$ 相比较 , 可见

$$|0(\beta)\rangle=\sum_{m=0}^{\infty}\sqrt{\gamma(1-\gamma)^m}|m,\tilde{m}\rangle \tag{3.7}$$

根据其数学形式, 称其为二项式热真空态, 或

$$|0(\beta)\rangle=\operatorname{sech}\theta\exp\left(a^{\dagger}\tilde{a}^{\dagger}\tanh\theta\right)|0,\tilde{0}\rangle \tag{3.8}$$

即在扩大的 Fock 空间中纯态 $|0(\beta)\rangle\langle0(\beta)|$ 对应混沌光场. 由此算得粒子数算符 $a^{\dagger}a$ 的平均值

$$\langle0(\beta)|a^{\dagger}a|0(\beta)\rangle=\left(1-\mathrm{e}^{-\frac{\hbar\omega}{\kappa T}}\right)\sum_{m=0}^{\infty}\mathrm{e}^{-m\frac{\hbar\omega}{\kappa T}}\langle m|a^{\dagger}a|m\rangle$$

$$= \frac{e^{-\frac{\hbar\omega}{\kappa T}}}{1-e^{-\frac{\hbar\omega}{\kappa T}}} = \frac{1-\gamma}{\gamma} \equiv n_c \tag{3.9}$$

此即反映了普朗克的光子分布公式.

另一个求光场的热真空态的做法是用 IWOP 方法. 用 IWOP 方法和相干态将式（3.2）改写为

$$\begin{aligned}\rho_c &= \operatorname{sech}^2\theta \int \frac{d^2 z}{\pi} : e^{-|z|^2 + a^\dagger z^* \tanh\theta + az\tanh\theta - a^\dagger a} : \\ &= \operatorname{sech}^2\theta \int \frac{d^2 z}{\pi} e^{a^\dagger z^* \tanh\theta} |0\rangle \langle 0| e^{az\tanh\theta} e^{-|z|^2}\end{aligned} \tag{3.10}$$

引入虚模相干态 $|\tilde{z}\rangle$:

$$e^{-|z|^2/2} = \langle \tilde{0} | |\tilde{z}\rangle \tag{3.11}$$

再有虚模相干态的完备性:

$$\int \frac{d^2 z}{\pi} |\tilde{z}\rangle \langle \tilde{z}| = 1, \quad \tilde{a}|\tilde{z}\rangle = z|\tilde{z}\rangle \tag{3.12}$$

则式（3.10）变成

$$\begin{aligned}\rho_c &= \operatorname{sech}^2\theta \int \frac{d^2 z}{\pi} \langle \tilde{z}| e^{a^\dagger z^* \tanh\theta} |0,\tilde{0}\rangle \langle 0,\tilde{0}| e^{az\tanh\theta} |\tilde{z}\rangle \\ &= \operatorname{sech}^2\theta \int \frac{d^2 z}{\pi} \langle \tilde{z}| e^{a^\dagger \tilde{a}^\dagger \tanh\theta} |0,\tilde{0}\rangle \langle 0,\tilde{0}| e^{a\tilde{a}\tanh\theta} |\tilde{z}\rangle\end{aligned} \tag{3.13}$$

令

$$|0(\beta)\rangle = \operatorname{sech}\theta e^{a^\dagger \tilde{a}^\dagger \tanh\theta} |0,\tilde{0}\rangle \tag{3.14}$$

式 (3.13) 化为

$$\begin{aligned}\rho_c &= \int \frac{d^2 z}{\pi} \langle \tilde{z}| 0(\beta)\rangle \langle 0(\beta)| |\tilde{z}\rangle \\ &= \tilde{\operatorname{tr}} \left[\int \frac{d^2 z}{\pi} |\tilde{z}\rangle \langle \tilde{z}| 0(\beta)\rangle \langle 0(\beta)| \right] \\ &= \tilde{\operatorname{tr}} |0(\beta)\rangle \langle 0(\beta)|\end{aligned} \tag{3.15}$$

即满足式（3.5）, 所以式（3.14）为所求, 这与式（3.8）一致. 而且, 从 $\operatorname{tr}\rho_c = 1$, 得到 $\operatorname{tr}\tilde{\operatorname{tr}} |0(\beta)\rangle \langle 0(\beta)| = \operatorname{Tr} |0(\beta)\rangle \langle 0(\beta)| = \langle 0(\beta)| 0(\beta)\rangle = 1$. 现在, 计算混沌场光子数平均值可以用式（3.14）. 鉴于

$$a|0(\beta)\rangle = \operatorname{sech}\theta \left[a, e^{\tilde{a}^\dagger a^\dagger \tanh\theta} \right] |0\tilde{0}\rangle = \tilde{a}^\dagger \tanh\theta |0(\beta)\rangle \tag{3.16}$$

所以

$$\langle 0(\beta)| a^\dagger a |0(\beta)\rangle = \tanh^2\theta \langle 0(\beta)| \tilde{a}\tilde{a}^\dagger |0(\beta)\rangle$$

$$= \tanh^2\theta\left[\langle 0(\beta)|\,\tilde{a}^\dagger\tilde{a}\,|0(\beta)\rangle + 1\right] \tag{3.17}$$

考虑到 $|0(\beta)\rangle$ 关于 $\tilde{a}^\dagger$ 与 $a^\dagger$ 是对称的, 有

$$\langle 0(\beta)|\,a^\dagger a\,|0(\beta)\rangle = \langle 0(\beta)|\,\tilde{a}^\dagger\tilde{a}\,|0(\beta)\rangle \equiv x \tag{3.18}$$

所以式（3.17）就是

$$x = \tanh^2\theta\,(x+1) = \mathrm{e}^{-\beta\hbar\omega}\,(x+1) \tag{3.19}$$

其解是

$$\langle 0(\beta)|\,a^\dagger a\,|0(\beta)\rangle = x = \sinh^2\theta = \frac{1}{1-\mathrm{e}^{-\beta\hbar\omega}}\mathrm{e}^{-\beta\hbar\omega} = \left(\mathrm{e}^{\beta\hbar\omega}-1\right)^{-1} \tag{3.20}$$

这就是 Bose-Einstein 分布.

我们再用 $|0(\beta)\rangle$ 计算混沌光场的熵, 根据量子熵的表达式 $S=-k\mathrm{tr}\,(\rho_\mathrm{c}\ln\rho_\mathrm{c})$ 有

$$\begin{aligned} S &= -k\,\langle 0(\beta)|\ln\rho_\mathrm{c}\,|0(\beta)\rangle \\ &= -k\,\langle 0(\beta)|\ln\left[(1-\mathrm{e}^{-\beta\hbar\omega})\mathrm{e}^{-\beta\hbar\omega a^\dagger a}\right]|0(\beta)\rangle \\ &= -k\ln\left(1-\mathrm{e}^{-\beta\hbar\omega}\right) + k\beta\hbar\omega\,\langle 0(\beta)|\,a^\dagger a\,|0(\beta)\rangle \end{aligned} \tag{3.21}$$

直接代入式（3.20）的结果, 立即得到

$$S = -k\left[\ln\left(1-\mathrm{e}^{-\beta\hbar\omega}\right) + \frac{\beta\hbar\omega\mathrm{e}^{-\beta\hbar\omega}}{\mathrm{e}^{-\beta\hbar\omega}-1}\right] \tag{3.22}$$

可见, 将混合态转换为纯态的方式, 不但提供了一种物理思路, 而且给计算带来了便利.

3.2 二项式热真空态的期望值定理

本节我们将推导二项式热真空态的期望值定律. 根据负二项式定理:

$$(1+x)^{-(s+1)} = \sum_{n=0}^{\infty}\frac{(n+s)!}{n!s!}(-x)^n \tag{3.23}$$

以及式 (3.20), 得

$$\left[\langle 0(\beta)|\,a^\dagger a\,|0(\beta)\rangle\right]^p = \mathrm{e}^{-p\frac{\hbar\omega}{\kappa T}}\left(1-\mathrm{e}^{-\frac{\hbar\omega}{\kappa T}}\right)^{-p}$$

$$= \left(1-\mathrm{e}^{-\frac{\hbar\omega}{\kappa T}}\right)\sum_{m=0}^{\infty}\mathrm{e}^{-(m+p)\frac{\hbar\omega}{\kappa T}}\frac{(m+p)!}{m!p!} \tag{3.24}$$

注意到

$$a^p|m\rangle = \sqrt{\frac{m!}{(m-p)!}}|m-p\rangle \tag{3.25}$$

则

$$\langle m|a^{\dagger p}a^p|m\rangle = \frac{m!}{(m-p)!} \tag{3.26}$$

因此, $a^{\dagger p}a^p$ 在热真空态下的平均值可写成

$$\begin{aligned}\langle 0(\beta)|a^{\dagger p}a^p|0(\beta)\rangle &= \left(1-\mathrm{e}^{-\frac{\hbar\omega}{\kappa T}}\right)\sum_{m=0}^{\infty}\mathrm{e}^{-m\frac{\hbar\omega}{\kappa T}}\langle m|a^{\dagger p}a^p|m\rangle \\ &= \gamma\sum_{m=0}^{\infty}(1-\gamma)^{m+p}\frac{(m+p)!}{m!}\end{aligned} \tag{3.27}$$

比较式（3.24）和式（3.27），可得

$$\langle 0(\beta)|a^{\dagger p}a^p|0(\beta)\rangle = p!\left[\langle 0(\beta)|a^{\dagger}a|0(\beta)\rangle\right]^p \tag{3.28}$$

此即二项式热真空态的期望值定律.

另一方面, 利用 $|0(\beta)\rangle$ 在扩展空间中的表示, 即 $|0(\beta)\rangle = \sum\limits_{m=0}^{\infty}\sqrt{\gamma(1-\gamma)^m}|m,\tilde{m}\rangle$, 有

$$\begin{aligned}\langle 0(\beta)|a^{\dagger p'}a^p|0(\beta)\rangle &= \sum_{m'=0}^{\infty}\sqrt{\gamma(1-\gamma)^{m'}}\langle m',\tilde{m}'|a^{\dagger p'}a^p\sum_{m=0}^{\infty}\sqrt{\gamma(1-\gamma)^m}|m,\tilde{m}\rangle \\ &= \sum_{m'=0}^{\infty}\sqrt{\gamma(1-\gamma)^{m'}}\langle m'|a^{\dagger p'}a^p\sum_{m=0}^{\infty}\sqrt{\gamma(1-\gamma)^m}|m\rangle\delta_{m,m'} \\ &= \sum_{m=0}^{\infty}\gamma(1-\gamma)^m\langle m|a^{\dagger p'}a^p|m\rangle \\ &= \sum_{m=0}^{\infty}\gamma(1-\gamma)^m\langle m-p'|\sqrt{\frac{m!m!}{(m-p')!(m-p)!}}|m-p\rangle \\ &= \sum_{m=0}^{\infty}\gamma(1-\gamma)^m\sqrt{\frac{m!m!}{(m-p')!(m-p)!}}\delta_{p',p}\end{aligned} \tag{3.29}$$

因此

$$\langle 0(\beta)|\mathrm{e}^{fa^{\dagger}}\mathrm{e}^{ga}|0(\beta)\rangle = \sum_{p,p'=0}^{\infty}\frac{1}{p!p'!}\langle 0(\beta)|\left(fa^{\dagger}\right)^{p'}(ga)^p|0(\beta)\rangle$$

$$= \sum_{p,p'=0}^{\infty} \frac{1}{p!p'!} f^{p'} g^{p} \sum_{m=0}^{\infty} \gamma (1-\gamma)^{m} \sqrt{\frac{m!}{(m-p')!}} \sqrt{\frac{m!}{(m-p)!}} \delta_{p',p}$$

$$= \sum_{p=0}^{\infty} \frac{1}{p!p!} (fg)^{p} \sum_{m=0}^{\infty} \gamma (1-\gamma)^{m} \frac{m!}{(m-p)!}$$

$$= \sum_{p=0}^{\infty} \frac{1}{p!p!} (fg)^{p} \langle 0(\beta)| a^{\dagger p} a^{p} |0(\beta)\rangle$$

$$= \sum_{p=0}^{\infty} \frac{(fg)^{p}}{p!} \left[\langle 0(\beta)| a^{\dagger} a |0(\beta)\rangle\right]^{p}$$

$$= \exp\left[fg \langle 0(\beta)| a^{\dagger} a |0(\beta)\rangle\right] \tag{3.30}$$

由于

$$\langle 0(\beta)| a^{2} |0(\beta)\rangle = 0 \tag{3.31}$$

则从式（3.30）可以得到有关平移算符 $\mathrm{e}^{fa+ga^{\dagger}}$ 的热平均值理论为

$$\langle 0(\beta) \mathrm{e}^{fa+ga^{\dagger}} |0(\beta)\rangle = \exp\left[\frac{1}{2} \langle 0(\beta)| \left(fa+ga^{\dagger}\right)^{2} |0(\beta)\rangle\right] \tag{3.32}$$

或简写成

$$\left\langle \mathrm{e}^{fa+ga^{\dagger}} \right\rangle = \mathrm{e}^{\left\langle \frac{1}{2}\left(fa+ga^{\dagger}\right)^{2}\right\rangle} \tag{3.33}$$

3.3 热不变相干态

注意到湮灭对算符 $a\tilde{a}$ 与算符 $a^{\dagger}a-\tilde{a}^{\dagger}\tilde{a}$ 是可对易的, 即

$$\left[a\tilde{a}, a^{\dagger}a-\tilde{a}^{\dagger}\tilde{a}\right] = 0 \tag{3.34}$$

因此它们有共同本征态, 设其为 $|z,\mathfrak{N}\rangle$, 即

$$a\tilde{a} |z,\mathfrak{N}\rangle = z |z,\mathfrak{N}\rangle \tag{3.35}$$

$$\left(a^{\dagger}a-\tilde{a}^{\dagger}\tilde{a}\right) |z,\mathfrak{N}\rangle = \mathfrak{N} |z,\mathfrak{N}\rangle \tag{3.36}$$

其中, z 是复数, $\mathfrak{N}$ 是整数. 与相干态满足的本征方程 $a|z\rangle = z|z\rangle$ 相比较, 可见 $|z,\mathfrak{N}\rangle$ 是一个广义的相干态, 若将 $\tilde{a}^{\dagger}\tilde{a}$ 视为虚空间中负能粒子的数算符, 那么量子态 $|z,\mathfrak{N}\rangle$ 表示

的物理意义在于：湮灭系统的一个实在粒子, 同时湮灭虚空间中的一个虚粒子, 该过程不会改变热平衡态的能量值（比例为 $\mathfrak{N}$）, 因此称该态为热不变相干态.

利用 $N=a^\dagger a$, 知道

$$af(N)=f(N+1)a,\quad a^\dagger f(N)=f(N-1)a^\dagger \tag{3.37}$$

可得

$$\left[a\tilde{a},\frac{1}{N}a^\dagger\tilde{a}^\dagger\right]=1 \tag{3.38}$$

以及

$$\left[a^\dagger a-\tilde{a}^\dagger\tilde{a},\frac{1}{N}a^\dagger\tilde{a}^\dagger\right]=0 \tag{3.39}$$

因此, 立即可得 $|z,\mathfrak{N}\rangle$ 的简洁表示式:

$$|z,\mathfrak{N}\rangle=C\exp\left(\frac{z}{N}a^\dagger\tilde{a}^\dagger\right)\left|\mathfrak{N},\tilde{0}\right\rangle \tag{3.40}$$

这里 $\left|\mathfrak{N},\tilde{0}\right\rangle=\frac{1}{\sqrt{\mathfrak{N}!}}a^{\dagger\mathfrak{N}}\left|0,\tilde{0}\right\rangle$, C 为归一化常数. 实际上, 由式 (3.40) 可得

$$\tilde{a}|z,\mathfrak{N}\rangle=C\frac{z}{N}a^\dagger\exp\left(\frac{z}{N}a^\dagger\tilde{a}^\dagger\right)\left|\mathfrak{N},\tilde{0}\right\rangle=\frac{z}{N}a^\dagger|z,\mathfrak{N}\rangle \tag{3.41}$$

将湮灭算符 a 作用于上式, 并利用式（3.37）得

$$a\tilde{a}|a,\mathfrak{N}\rangle=a\frac{z}{N}a^\dagger|z,\mathfrak{N}\rangle=z|z,\mathfrak{N}\rangle \tag{3.42}$$

另一方面, 利用式 (3.40) 有

$$\left(a^\dagger a-\tilde{a}^\dagger\tilde{a}\right)|z,\mathfrak{N}\rangle=C\exp\left(\frac{z}{N}a^\dagger\tilde{a}^\dagger\right)\left(a^\dagger a-\tilde{a}^\dagger\tilde{a}\right)\left|\mathfrak{N},\tilde{0}\right\rangle=\mathfrak{N}|z,\mathfrak{N}\rangle \tag{3.43}$$

至此, 就证明了式 (3.35) 和式 (3.36). 为了计算方便, 式 (3.40) 在双模 Fock 态下常常写成

$$\begin{aligned}|z,\mathfrak{N}\rangle&=C\sum_{n=0}^{\infty}\frac{1}{n!}\left(\frac{z}{N}a^\dagger\tilde{a}^\dagger\right)^n\left|\mathfrak{N},\tilde{0}\right\rangle\\&=C_{\mathfrak{N}}\sum_{n=0}^{\infty}\frac{z^n}{\sqrt{n!\,(\mathfrak{N}+n)!}}|n+\mathfrak{N},\tilde{n}\rangle\end{aligned} \tag{3.44}$$

其中, $C_{\mathfrak{N}}=C\sqrt{\mathfrak{N}!}$.

3.4 光场负二项式态作为光子扣除混沌场

对于数理统计理论中的负二项式分布

$$\binom{n+s}{n}\gamma^{s+1}(1-\gamma)^n,\quad 0<\gamma<1,\ s\geqslant 0 \tag{3.45}$$

存在光场负二项式态 (它可以产生于热光子束被原子吸收 s 个光子的过程中)

$$\rho_s=\sum_{n=0}^{\infty}\frac{(n+s)!}{n!s!}\gamma^{s+1}(1-\gamma)^n|n\rangle\langle n| \tag{3.46}$$

光场负二项式态的应用很广泛, 例如: 单模粒子数态 $|m,0\rangle$ 经过双模压缩算符 $\exp\left[\lambda\left(a_1^\dagger a_2^\dagger-a_1a_2\right)\right]$ 作用后变成

$$\begin{aligned}|\zeta\rangle_m&=\exp\left[\lambda\left(a_1^\dagger a_2^\dagger-a_1a_2\right)\right]|m,0\rangle\\&=(\operatorname{sech}\xi)^{1+m}\sum_{n=0}^{\infty}\sqrt{\frac{(n+m)!}{n!m!}}(\tanh\zeta)^n|n+m,n\rangle\end{aligned} \tag{3.47}$$

就呈现负二项式分布

$$(\operatorname{sech}^2\xi)^{1+m}\frac{(n+m)!}{n!m!}(\tanh^2\zeta)^n \tag{3.48}$$

处在负二项式态的光子数为

$$\begin{aligned}\operatorname{Tr}\left(\rho_s a^\dagger a\right)&=\gamma^{n+1}\sum_{m=0}^{n}\binom{n+m}{m}(1-\gamma)^m m\\&=\gamma^{n+1}(1-\gamma)\frac{\partial}{\partial(1-\gamma)}\gamma^{-(n+1)}\\&=\frac{(n+1)(1-\gamma)}{\gamma}\end{aligned} \tag{3.49}$$

验算 将 ρ_s 写成正规乘积形式:

$$\rho_s=\sum_{m=0}^{\infty}\binom{m+s}{m}\gamma^{s+1}(1-\gamma)^m:\frac{\left(a^\dagger a\right)^m}{m!}\mathrm{e}^{-a^\dagger a}: \tag{3.50}$$

由负二项式定理 [见式 (3.23)] 得到

$$\operatorname{tr}\rho_s=\gamma^{s+1}\sum_{n=0}^{\infty}\frac{(n+s)!}{n!s!}(1-\gamma)^n=1 \tag{3.51}$$

利用 $a|m\rangle=\sqrt{m}|m-1\rangle$ 得到

$$\begin{aligned}\rho_s&=\frac{\gamma^{s+1}}{(1-\gamma)^s s!}a^s\sum_{m=0}^{\infty}(1-\gamma)^m|m\rangle\langle m|a^{\dagger s}\\&=\frac{\gamma}{s!n_{\mathrm{c}}^s}a^s\mathrm{e}^{a^\dagger a\ln(1-\gamma)}a^{\dagger s}\\&=\frac{1}{s!n_{\mathrm{c}}^s}a^s\rho_{\mathrm{c}}a^{\dagger s}\quad\left(n_{\mathrm{c}}=\frac{1-\gamma}{\gamma}\right)\end{aligned}\tag{3.52}$$

其中

$$\rho_{\mathrm{c}}=\gamma\mathrm{e}^{a^\dagger a\ln(1-\gamma)}=\frac{\gamma}{1-\gamma}\vdots\mathrm{e}^{\frac{-\gamma}{1-\gamma}a^\dagger a}\vdots\tag{3.53}$$

是混沌场. 这说明光子扣除混沌光场即是光场负二项式态. 用算符恒等式

$$\mathrm{e}^{-\lambda}\vdots\mathrm{e}^{\left(1-\mathrm{e}^{-\lambda}\right)a^\dagger a}\vdots=\mathrm{e}^{\lambda a^\dagger a}\tag{3.54}$$

可得

$$\begin{aligned}\sum_{s=0}^{\infty}\rho_s&=\sum_{m=0}^{\infty}\left[\sum_{s=0}^{\infty}\binom{s+m}{s}\gamma^{s+1}\right](1-\gamma)^m:\frac{\left(a^\dagger a\right)^m}{m!}\mathrm{e}^{-a^\dagger a}:\\&=\gamma\sum_{m=0}^{\infty}(1-\gamma)^{-m-1}(1-\gamma)^m:\frac{\left(a^\dagger a\right)^m}{m!}\mathrm{e}^{-a^\dagger a}:\\&=\gamma(1-\gamma)^{-1}\sum_{m=0}^{\infty}:\frac{\left(a^\dagger a\right)^m}{m!}\mathrm{e}^{-a^\dagger a}:\\&=\frac{\gamma}{1-\gamma}\end{aligned}\tag{3.55}$$

或

$$\begin{aligned}\frac{1-\gamma}{\gamma}\sum_{s=0}^{\infty}\rho_s&=(1-\gamma)\sum_{s=0}^{\infty}\frac{1}{s!n_{\mathrm{c}}^s}a^s\vdots\frac{1}{1-\gamma}\mathrm{e}^{\left(1-\frac{1}{1-\gamma}\right)a^\dagger a}\vdots a^{\dagger s}\\&=\sum_{s=0}^{\infty}\frac{1}{s!n_{\mathrm{c}}^s}\vdots a^s\mathrm{e}^{\left(1-\frac{1}{1-\gamma}\right)a^\dagger a}a^{\dagger s}\vdots=\vdots\mathrm{e}^{\frac{\gamma}{1-\gamma}a^\dagger a}\mathrm{e}^{\left(1-\frac{1}{1-\gamma}\right)a^\dagger a}\vdots=1\end{aligned}\tag{3.56}$$

验证 $1=\dfrac{1-\gamma}{\gamma}\sum\limits_{s=0}^{\infty}\rho_s$ 如下：

$$\frac{1-\gamma}{\gamma}\sum_{s=0}^{\infty}\rho_s=\sum_{s=0}^{\infty}\frac{1}{s!n_{\mathrm{c}}^{s-1}}a^s\rho_{\mathrm{c}}a^{\dagger s}=\sum_{s=0}^{\infty}\frac{1}{s!n_{\mathrm{c}}^s}a^s\vdots\mathrm{e}^{\frac{-\gamma}{1-\gamma}a^\dagger a}\vdots a^{\dagger s}=1\tag{3.57}$$

3.5 负二项式光场的正规乘积形式

下面, 考虑负二项式光场的正规乘积形式. 利用 $\rho_{\mathrm{c}}=\left(1-\mathrm{e}^{f}\right)\mathrm{e}^{fa^{\dagger}a}$ 以及相干态的完备性关系, 再借助 IWOP 方法, 可得

$$
\begin{aligned}
\rho_{s} &= \frac{1}{s!n_{\mathrm{c}}^{s}}a^{s}\rho_{\mathrm{c}}a^{\dagger s} \\
&= \frac{1-\mathrm{e}^{f}}{s!n_{\mathrm{c}}^{s}}a^{s}\mathrm{e}^{fa^{\dagger}a}a^{\dagger s} \\
&= \frac{1-\mathrm{e}^{f}}{s!n_{\mathrm{c}}^{s}}\int\frac{\mathrm{d}^{2}z}{\pi}a^{s}\mathrm{e}^{fa^{\dagger}a}\left|z\right\rangle\left\langle z\right|a^{\dagger s} \\
&= \frac{1-\mathrm{e}^{f}}{s!n_{\mathrm{c}}^{s}}\int\frac{\mathrm{d}^{2}z}{\pi}\mathrm{e}^{\frac{-|z|^{2}}{2}}a^{s}\mathrm{e}^{fa^{\dagger}a}\mathrm{e}^{za^{\dagger}}\mathrm{e}^{-fa^{\dagger}a}\left|0\right\rangle\left\langle z\right|z^{*s} \\
&= \frac{1-\mathrm{e}^{f}}{s!n_{\mathrm{c}}^{s}}\int\frac{\mathrm{d}^{2}z}{\pi}\mathrm{e}^{\frac{-|z|^{2}}{2}}a^{s}\mathrm{e}^{za^{\dagger}\mathrm{e}^{f}}\left|0\right\rangle\left\langle z\right|z^{*s} \\
&= \frac{1-\mathrm{e}^{f}}{s!n_{\mathrm{c}}^{s}}\int\frac{\mathrm{d}^{2}z}{\pi}\left(z\mathrm{e}^{f}\right)^{s}z^{*s}:\mathrm{e}^{-|z|^{2}+za^{\dagger}\mathrm{e}^{f}+z^{*}a-a^{\dagger}a}: \\
&= \frac{1-\mathrm{e}^{f}}{s!n_{\mathrm{c}}^{s}}\mathrm{e}^{fs}:\sum_{l=0}^{\infty}\mathrm{e}^{\left(\mathrm{e}^{f}-1\right)a^{\dagger}a}\frac{(n!)^{2}\left(a^{\dagger}a\mathrm{e}^{f}\right)^{n-l}}{l!\left[(n-l)!\right]^{2}}: \\
&= \left(1-\mathrm{e}^{f}\right)^{s+1}:\mathrm{e}^{\left(\mathrm{e}^{f}-1\right)a^{\dagger}a}L_{s}\left(-a^{\dagger}a\mathrm{e}^{f}\right): \\
&= \gamma^{s+1}:\mathrm{e}^{-\gamma a^{\dagger}a}L_{s}\left[(\gamma-1)a^{\dagger}a\right]:
\end{aligned}
\tag{3.58}
$$

上式计算中用到了真空投影算符正规乘积 $\left|0\right\rangle\left\langle 0\right|=:\mathrm{e}^{-a^{\dagger}a}:$, 以及 Laguerre 多项式的定义

$$
L_{s}(x)=\sum_{l=0}^{s}\frac{(-x)^{l}n!}{(l!)^{2}(n-l)!}
\tag{3.59}
$$

利用式 (3.58) 不难验证

$$
\begin{aligned}
\frac{1-\gamma}{\gamma}\sum_{s=0}^{\infty}\rho_{s} &= (1-\gamma)\sum_{s=0}^{\infty}\gamma^{s}:\mathrm{e}^{-\gamma a^{\dagger}a}L_{s}\left[(\gamma-1)a^{\dagger}a\right]: \\
&= 1
\end{aligned}
\tag{3.60}
$$

3.6 负二项式光场相应的热真空态

下面考察负二项式光场对应的热真空态. 用 IWOP 方法, 先把 $a^s\mathrm{e}^{\lambda a^\dagger a}a^{\dagger s}$ 纳入相干态表象, 即

$$\begin{aligned}a^s\mathrm{e}^{\lambda a^\dagger a}a^{\dagger s}&=\int\frac{\mathrm{d}^2z}{\pi}a^s:\exp\left(-|z|^2+z^*a^\dagger\mathrm{e}^{\lambda/2}+za\mathrm{e}^{\lambda/2}-a^\dagger a\right):a^{\dagger s}\\&=\int\frac{\mathrm{d}^2z}{\pi}\mathrm{e}^{-|z|^2}a^s\left\|z^*\mathrm{e}^{\lambda/2}\right\rangle\left\langle z\mathrm{e}^{\lambda/2}\right\|a^{\dagger s}\end{aligned}\tag{3.61}$$

这里, $\left\|z^*\mathrm{e}^{\lambda/2}\right\rangle$ 为未归一化的相干态. 注意到 $\langle\tilde{0}\,|\tilde{z}\rangle=\mathrm{e}^{-|z|^2/2}$, 将式（3.61）化为

$$\begin{aligned}a^s\mathrm{e}^{\lambda a^\dagger a}a^{\dagger s}&=\int\frac{\mathrm{d}^2z}{\pi}z^sz^{*s}\mathrm{e}^{\lambda s}\mathrm{e}^{z^*a^\dagger\mathrm{e}^{\lambda/2}}|0\rangle\langle0|\mathrm{e}^{za\mathrm{e}^{\lambda/2}}\langle\tilde{z}|\,\tilde{0}\rangle\langle\tilde{0}\,|\tilde{z}\rangle\\&=\int\frac{\mathrm{d}^2z}{\pi}\langle\tilde{z}|\,z^sz^{*s}\mathrm{e}^{\lambda s}\mathrm{e}^{z^*a^\dagger\mathrm{e}^{\lambda/2}}\left|0,\tilde{0}\right\rangle\left\langle0,\tilde{0}\right|\mathrm{e}^{za\mathrm{e}^{\lambda/2}}|\tilde{z}\rangle\\&=\int\frac{\mathrm{d}^2z}{\pi}\langle\tilde{z}|\,\tilde{a}^{\dagger s}\mathrm{e}^{\lambda s}\mathrm{e}^{\tilde{a}^\dagger a^\dagger\mathrm{e}^{\lambda/2}}\left|0,\tilde{0}\right\rangle\left\langle0,\tilde{0}\right|\mathrm{e}^{\tilde{a}a\mathrm{e}^{\lambda/2}}\tilde{a}^s|\tilde{z}\rangle\\&=\mathrm{e}^{\lambda s}\tilde{\mathrm{tr}}\left(\int\frac{\mathrm{d}^2z}{\pi}\tilde{a}^{\dagger s}\mathrm{e}^{\tilde{a}^\dagger a^\dagger\mathrm{e}^{\lambda/2}}\left|0,\tilde{0}\right\rangle\left\langle0,\tilde{0}\right|\mathrm{e}^{\tilde{a}a\mathrm{e}^{\lambda/2}}\tilde{a}^s|\tilde{z}\rangle\langle\tilde{z}|\right)\\&=(1-\gamma)^s\,\tilde{\mathrm{tr}}\left(\tilde{a}^{\dagger s}\mathrm{e}^{\tilde{a}^\dagger a^\dagger\mathrm{e}^{\lambda/2}}\left|0,\tilde{0}\right\rangle\left\langle0,\tilde{0}\right|\mathrm{e}^{\tilde{a}a\mathrm{e}^{\lambda/2}}\tilde{a}^s\right)\end{aligned}\tag{3.62}$$

代入式（3.52）得到

$$\rho_s=\frac{\gamma}{s!n_{\mathrm{c}}^s}a^s\mathrm{e}^{\lambda a^\dagger a}a^{\dagger s}=\frac{\gamma^{s+1}}{s!}\tilde{\mathrm{tr}}\left(\tilde{a}^{\dagger s}\mathrm{e}^{\tilde{a}^\dagger a^\dagger\mathrm{e}^{\lambda/2}}\left|0,\tilde{0}\right\rangle\left\langle0,\tilde{0}\right|\mathrm{e}^{\tilde{a}a\mathrm{e}^{\lambda/2}}\tilde{a}^s\right)\tag{3.63}$$

对照式 (3.5) 可知相应于光场负二项式态的热真空态为

$$|\psi(\beta)\rangle_s=\sqrt{\frac{\gamma^{s+1}}{s!}}\tilde{a}^{\dagger s}\mathrm{e}^{\tilde{a}^\dagger a^\dagger\sqrt{1-\gamma}}\left|0,\tilde{0}\right\rangle\tag{3.64}$$

该热真空态是在混沌光场所对应的热真空态上的虚模激发, 这是对负二项式态的新看法. 注意：相对于 $|\psi(\beta)\rangle_s$ 而言, 虚模激发等价于实模的湮灭, 这与 $a^s\mathrm{e}^{\lambda a^\dagger a}a^{\dagger s}$ 的表达式自洽. 或者, 将式（3.64）改写为

$$\begin{aligned}|\psi(\beta)\rangle_s&=\sqrt{\gamma^{s+1}}\sum_{n=0}^{\infty}\frac{\left(\tilde{a}^\dagger a^\dagger\sqrt{1-\gamma}\right)^n}{n!}|0,\tilde{s}\rangle\\&=\sum_{n=0}^{\infty}\sqrt{\binom{n+s}{n}\gamma^{s+1}(1-\gamma)^n}\,|n,\tilde{s}+\tilde{n}\rangle\end{aligned}\tag{3.65}$$

对照式（3.45）可见式（3.65）中的因子 $\sqrt{\binom{n+s}{n}\gamma^{s+1}(1-\gamma)^n}$ 恰好是负二项分布系数 $\binom{n+s}{n}\gamma^{s+1}(1-\gamma)^n$ 的 $\frac{1}{2}$ 次方，所以 $|\psi(\beta)\rangle_s$ 确实是一个负二项纯态．所以我们得出结论：相应于负二项光场 $\rho_s=\sum_{n=0}^{\infty}\frac{(n+s)!}{n!s!}\gamma^{s+1}(1-\gamma)^n|n\rangle\langle n|$ 的热真空态为式(3.65)，其中 $|n,\tilde{s}+\tilde{n}\rangle=\frac{\tilde{a}^{\dagger s+n}a^{\dagger n}|0,\tilde{0}\rangle}{\sqrt{n!(n+s)!}}$.

再由 $\mathrm{tr}\rho_s=1$，可知

$$\mathrm{tr}\tilde{\mathrm{tr}}|\psi(\beta)\rangle_{ss}\langle\psi(\beta)|=\mathrm{Tr}|\psi(\beta)\rangle_{ss}\langle\psi(\beta)|={}_s\langle\psi(\beta)|\psi(\beta)\rangle_s=1 \tag{3.66}$$

这也可以用式（3.64）直接证明，即

$$\begin{aligned}&{}_s\langle\psi(\beta)|\psi(\beta)\rangle_s\\&=\frac{\gamma^{s+1}}{s!}\langle\tilde{0},0|\tilde{a}^s\mathrm{e}^{\tilde{a}a\sqrt{1-\gamma}}\int\frac{\mathrm{d}^2z_1\mathrm{d}^2z_2}{\pi^2}|z_1z_2\rangle\langle z_1z_2|\tilde{a}^{\dagger s}\mathrm{e}^{\tilde{a}^\dagger a^\dagger\sqrt{1-\gamma}}|0,\tilde{0}\rangle\\&=\frac{\gamma^{s+1}}{s!}\int\frac{\mathrm{d}^2z_1\mathrm{d}^2z_2}{\pi^2}|z_2|^{2s}\mathrm{e}^{z_1z_2\sqrt{1-\gamma}+z_1^*z_2^*\sqrt{1-\gamma}-|z_2|^2-|z_1|^2}\\&=\frac{\gamma^{s+1}}{s!}\int\frac{\mathrm{d}^2z_2}{\pi}|z_2|^{2s}\mathrm{e}^{-\gamma|z_2|^2}=1\end{aligned} \tag{3.67}$$

即纯态 $|\psi(\beta)\rangle_s$ 是归一化的.

用纯态 $|\psi(\beta)\rangle_s$ 的优点如下：

由负二项式态对应的热真空式（3.64）给出

$$\begin{aligned}a|\psi(\beta)\rangle_s&=\sqrt{\frac{\gamma^{s+1}}{s!}}\sqrt{1-\gamma}\tilde{a}^{\dagger s+1}\mathrm{e}^{\tilde{a}^\dagger a^\dagger\sqrt{1-\gamma}}|0,\tilde{0}\rangle\\&=\sqrt{1-\gamma}\sqrt{\frac{s+1}{\gamma}}|\psi(\beta)\rangle_{s+1}\end{aligned} \tag{3.68}$$

所以求 $a^\dagger a$ 的纯态平均立即可得光子数分布为

$$\begin{aligned}{}_s\langle\psi(\beta)|a^\dagger a|\psi(\beta)\rangle_s&=(1-\gamma)\frac{s+1}{\gamma}{}_{s+1}\langle\psi(\beta)|\psi(\beta)\rangle_{s+1}\\&=(1-\gamma)\frac{s+1}{\gamma}=(s+1)n_{\mathrm{c}}\end{aligned} \tag{3.69}$$

注意到关系式

$$\begin{aligned}a^2|\psi(\beta)\rangle_s&=\sqrt{\frac{\gamma^{s+1}}{s!}}(1-\gamma)\tilde{a}^{\dagger s+2}\mathrm{e}^{\tilde{a}^\dagger a^\dagger\sqrt{1-\gamma}}|0,\tilde{0}\rangle\\&=\frac{1-\gamma}{\gamma}\sqrt{(s+1)(s+2)}|\psi(\beta)\rangle_{s+2}\end{aligned} \tag{3.70}$$

和

$$
\begin{aligned}
{}_s\langle\psi(\beta)|a^{\dagger 2}a^2|\psi(\beta)\rangle_s &= \frac{(1-\gamma)^2}{\gamma^2}(s+1)(s+2) \\
&= (s+1)(s+2)n_{\mathrm{c}}^2
\end{aligned} \tag{3.71}
$$

可知, 处于负二项式态的光子数涨落为

$$
{}_s\langle\psi(\beta)|\left(a^{\dagger}a\right)^2|\psi(\beta)\rangle_s - \left[{}_s\langle\psi(\beta)|a^{\dagger}a|\psi(\beta)\rangle_s\right]^2 = (s+1)(n_{\mathrm{c}}+1)n_{\mathrm{c}} \tag{3.72}
$$

负二项式态的二阶相干度为

$$
\frac{{}_s\langle\psi(\beta)|a^{\dagger 2}a^2|\psi(\beta)\rangle_s}{\left[{}_s\langle\psi(\beta)|a^{\dagger}a|\psi(\beta)\rangle_s\right]^2} = \frac{s+2}{s+1} > 1 \tag{3.73}
$$

3.7 负二项式态的期望值定理

前面, 我们讨论了二项式热真空态的期望值定理. 这里自然要进一步考虑负二项式态的期望值情况. 利用式 (3.65) , 得

$$
a^p|\psi(\beta)\rangle_s = \left(\sqrt{\frac{1-\gamma}{\gamma}}\right)^p \sqrt{(s+1)(s+2)\cdots(s+p)}\,|\psi(\beta)\rangle_{s+p} \tag{3.74}
$$

故而

$$
{}_s\langle\psi(\beta)|a^{\dagger p}a^p|\psi(\beta)\rangle_s = \left(\frac{1-\gamma}{\gamma}\right)^p (s+1)(s+2)\cdots(s+p) = \frac{(s+p)!}{s!}n_{\mathrm{c}}^p \tag{3.75}
$$

对照式 (3.69), 可见

$$
{}_s\langle\psi(\beta)|a^{\dagger p}a^p|\psi(\beta)\rangle_s = \frac{(s+p)!}{(s+1)^p s!}\left[{}_s\langle\psi(\beta)|a^{\dagger}a|\psi(\beta)\rangle_s\right]^p \tag{3.76}
$$

此即负二项式态 $|\psi(\beta)\rangle_s$ 的平均值理论. 又从式 (3.65) 可知

$$
\begin{aligned}
&{}_s\langle\psi(\beta)|a^{\dagger p}a^p|\psi(\beta)\rangle_s \\
&= \sum_{n'=0}^{\infty}\sqrt{\gamma^{s+1}(1-\gamma)^{n'}\binom{n'+s}{s}}
\end{aligned}
$$

$$\times\langle n',\tilde{s}+\tilde{n}'|a^{\dagger p}a^{p}\sum_{n''=0}^{\infty}\sqrt{\gamma^{s+1}(1-\gamma)^{n''}\binom{n''+s}{s}}|n'',\tilde{s}+\tilde{n}''\rangle$$

$$=\gamma^{s+1}\sum_{n'=0}^{\infty}\sum_{n''=0}^{\infty}\sqrt{(1-\gamma)^{n'+n''}\binom{n'+s}{s}\binom{n''+s}{s}}\langle n'|a^{\dagger p}a^{p}|n''\rangle\delta_{n'n''}$$

$$=\gamma^{s+1}\sum_{n=0}^{\infty}(1-\gamma)^{n}\binom{n+s}{s}\frac{n!}{(n-p)!} \tag{3.77}$$

与式（3.75）相比较得到

$$\gamma^{s+1}\sum_{n=0}^{\infty}(1-\gamma)^{n}\binom{n+s}{s}\frac{n!}{(n-p)!}=\left(\frac{1-\gamma}{\gamma}\right)^{p}(s+1)(s+2)\cdots(s+p) \tag{3.78}$$

3.8 压缩混沌光的热真空态

首先, 考察压缩混沌光的热真空态. 压缩混沌光的密度算符为

$$\rho_s=\left(1-\mathrm{e}^{\lambda}\right)S(r)\mathrm{e}^{\lambda a^{\dagger}a}S^{-1}(r)=S(r)\rho_{\mathrm{c}}S^{-1}(r),\quad \lambda=-\frac{\hbar\omega}{kT} \tag{3.79}$$

其中, $S(r)$ 为单模压缩算符

$$S(r)=\exp\left[\frac{r}{2}\left(a^{\dagger 2}-a^{2}\right)\right]=\exp\left[-\frac{\mathrm{i}}{2}(QP+PQ)r\right] \tag{3.80}$$

$$Q=\frac{a^{\dagger}+a}{\sqrt{2}},\quad P=\frac{a-a^{\dagger}}{\sqrt{2}\mathrm{i}} \tag{3.81}$$

相应的压缩变换为

$$SPS^{-1}=\mathrm{e}^{r}P,\quad SQS^{-1}=\mathrm{e}^{-r}Q \tag{3.82}$$

为推导 ρ_s 对应的热真空态, 首先利用 IWOP 方法推导密度算符 ρ_s 的正规乘积. 利用将任意算符 A 转换为 Weyl-排序的算符公式

$$A=2\int\frac{\mathrm{d}^2\beta}{\pi}\,\vdots\,\langle-\beta|A|\beta\rangle\exp\left[2\left(\beta^{*}a-\beta a^{\dagger}+a^{\dagger}a\right)\right]\vdots \tag{3.83}$$

这里, $\vdots\ \vdots$ 表示 Weyl-排序符号, $|\beta\rangle=\exp\left(-\frac{1}{2}|\beta|^2+\beta a^{\dagger}\right)|0\rangle$ 为相干态, 可得 $\mathrm{e}^{\lambda a^{\dagger}a}$ 的 Weyl-排序为

$$\mathrm{e}^{\lambda a^{\dagger}a}=2\int\frac{\mathrm{d}^2\beta}{\pi}\langle-\beta|:\exp\left[\left(\mathrm{e}^{\lambda}-1\right)a^{\dagger}a\right]:|\beta\rangle\,\vdots\,\exp\left[2\left(\beta^{*}a-\beta a^{\dagger}+a^{\dagger}a\right)\right]\vdots$$

$$
\begin{aligned}
&= 2\int \frac{\mathrm{d}^2\beta}{\pi} \vdots \exp\left[-\left(\mathrm{e}^{\lambda}+1\right)|\beta|^2 + 2\left(\beta^* a - \beta a^\dagger + a^\dagger a\right)\right] \vdots \\
&= \frac{2}{\mathrm{e}^{\lambda}-1} \vdots \exp\left(2\frac{\mathrm{e}^{\lambda}-1}{\mathrm{e}^{\lambda}+1} a^\dagger a\right) \vdots \\
&= \frac{2}{\mathrm{e}^{\lambda}-1} \vdots \exp\left[\frac{\mathrm{e}^{\lambda}-1}{\mathrm{e}^{\lambda}+1}\left(P^2+Q^2\right)\right] \vdots
\end{aligned} \tag{3.84}
$$

由于 Weyl-排序算符在相似变换下具备序不变性, 因此利用式 (3.82) 和式 (3.84) 可得

$$
\begin{aligned}
\rho_s &= \left(1-\mathrm{e}^{\lambda}\right) S(r) \mathrm{e}^{\lambda a^\dagger a} S^{-1}(r) \qquad (3.85) \\
&= \frac{2\left(1-\mathrm{e}^{\lambda}\right)}{\mathrm{e}^{\lambda}+1} \vdots \exp\left[\frac{\mathrm{e}^{\lambda}-1}{\mathrm{e}^{\lambda}+1}\left(\mathrm{e}^{2r}P^2 + \mathrm{e}^{-2r}Q^2\right)\right] \vdots
\end{aligned}
$$

将上式算符 P,Q 分别用经典 c 数 p,q 取代, 则 ρ_s 的经典 Weyl 对应为

$$
\frac{2\left(1-\mathrm{e}^{\lambda}\right)}{\mathrm{e}^{\lambda}+1} \exp\left[\frac{\mathrm{e}^{\lambda}-1}{\mathrm{e}^{\lambda}+1}\left(\mathrm{e}^{2r}p^2 + \mathrm{e}^{-2r}q^2\right)\right] \equiv h(q,p) \tag{3.86}
$$

这意味着 Weyl-排序算符 $\vdots h(Q,P) \vdots$ 的经典对应可以通过简单的替换 $Q \longrightarrow q$, $P \longrightarrow p$ 来获得. 因此, 根据 Weyl 对应规则

$$
\rho_s = \iint_{-\infty}^{\infty} \mathrm{d}p\mathrm{d}q h(q,p) \Delta(q,p) \tag{3.87}
$$

这里, $\Delta(q,p)$ 是 Wigner 算符, 其正规乘积为

$$
\Delta(q,p) = \frac{1}{\pi} : \mathrm{e}^{-(q-Q)^2-(p-P)^2} : \tag{3.88}
$$

将式 (3.86) 和式 (3.88) 代入式 (3.87), 可得压缩混沌光的正规乘积为

$$
\begin{aligned}
\rho_s &= \frac{2\left(1-\mathrm{e}^{\lambda}\right)}{\pi\left(\mathrm{e}^{\lambda}+1\right)} \iint_{-\infty}^{\infty} \mathrm{d}p\mathrm{d}q : \mathrm{e}^{-(q-Q)^2-(p-P)^2} : \exp\left[\frac{\mathrm{e}^{\lambda}-1}{\mathrm{e}^{\lambda}+1}\left(\mathrm{e}^{2r}p^2 + \mathrm{e}^{-2r}q^2\right)\right] \\
&= \frac{1}{\tau_1\tau_2} : \exp\left(-\frac{Q^2}{2\tau_1^2} - \frac{P^2}{2\tau_2^2}\right) :
\end{aligned} \tag{3.89}
$$

其中

$$
2\tau_1^2 = (2\bar{n}+1)\mathrm{e}^{2r}+1, \quad 2\tau_2^2 = (2\bar{n}+1)\mathrm{e}^{-2r}+1, \quad \bar{n} = \frac{1}{\mathrm{e}^{-\lambda}-1} \tag{3.90}
$$

则式 (3.89) 又可表示为

$$
\begin{aligned}
\rho_s &= \frac{1}{\tau_1\tau_2} \mathrm{e}^{-\frac{a^{\dagger 2}}{4}\left(\frac{1}{\tau_1^2}-\frac{1}{\tau_2^2}\right)} : \exp\left[a^\dagger a\left(-\frac{1}{2\tau_1^2} - \frac{1}{2\tau_2^2}\right)\right] : \mathrm{e}^{-\frac{a^2}{4}\left(\frac{1}{\tau_1^2}-\frac{1}{\tau_2^2}\right)} \\
&= \frac{1}{\tau_1\tau_2} \mathrm{e}^{-\frac{a^{\dagger 2}}{4}\left(\frac{1}{\tau_1^2}-\frac{1}{\tau_2^2}\right)} \exp\left[a^\dagger a \ln\left(1 - \frac{1}{2\tau_1^2} - \frac{1}{2\tau_2^2}\right)\right] \mathrm{e}^{-\frac{a^2}{4}\left(\frac{1}{\tau_1^2}-\frac{1}{\tau_2^2}\right)}
\end{aligned} \tag{3.91}
$$

引入实模相干态

$$|z\rangle = \exp\left(-\frac{1}{2}|z|^2 + za^\dagger\right)|0\rangle = \exp\left(-\frac{1}{2}|z|^2\right)\|z\rangle, \quad \|z\rangle = \exp(za^\dagger)|0\rangle \tag{3.92}$$

则式 (3.91) 可表示为

$$\begin{aligned}\rho_s = &\frac{1}{\tau_1\tau_2}\mathrm{e}^{-\frac{a^{\dagger 2}}{4}\left(\frac{1}{\tau_1^2}-\frac{1}{\tau_2^2}\right)}\int\frac{\mathrm{d}^2 z}{\pi} : \exp\left(-|z|^2 - a^\dagger a\right)\\ &\times\exp\left[\left(z^* a^\dagger + za\right)\sqrt{1-\frac{1}{2\tau_1^2}-\frac{1}{2\tau_2^2}}\right] : \mathrm{e}^{-\frac{a^2}{4}\left(\frac{1}{\tau_1^2}-\frac{1}{\tau_2^2}\right)}\end{aligned} \tag{3.93}$$

注意到真空投影算符正规乘积为 $:\mathrm{e}^{-a^\dagger a}: = |0\rangle\langle 0|$, 利用式 (3.92), 将式 (3.93) 变成

$$\begin{aligned}\rho_s = &\frac{1}{\tau_1\tau_2}\int\frac{\mathrm{d}^2 z}{\pi}\mathrm{e}^{-|z|^2}\mathrm{e}^{-\frac{a^{\dagger 2}}{4}\left(\frac{1}{\tau_1^2}-\frac{1}{\tau_2^2}\right)}\\ &\times\left\|z^*\sqrt{1-\frac{1}{2\tau_1^2}-\frac{1}{2\tau_2^2}}\right\rangle\left\langle z\sqrt{1-\frac{1}{2\tau_1^2}-\frac{1}{2\tau_2^2}}\right\|\mathrm{e}^{-\frac{a^2}{4}\left(\frac{1}{\tau_1^2}-\frac{1}{\tau_2^2}\right)}\end{aligned} \tag{3.94}$$

此外, 利用关系式

$$\int\frac{\mathrm{d}^2 z}{\pi}|\tilde{z}\rangle\langle\tilde{z}| = 1, \quad \langle\tilde{0}|\tilde{z}\rangle = \mathrm{e}^{-|z|^2/2}, \quad \tilde{a}|\tilde{z}\rangle = z|\tilde{z}\rangle \tag{3.95}$$

其中, $|\tilde{z}\rangle$ 式虚模对应的相干态, 则式 (3.95) 可写成如下形式:

$$\begin{aligned}\rho_s = &\frac{1}{\tau_1\tau_2}\int\frac{\mathrm{d}^2 z}{\pi}\langle\tilde{z}|\mathrm{e}^{\tilde{a}^\dagger a^\dagger\sqrt{1-\frac{1}{2\tau_1^2}-\frac{1}{2\tau_2^2}}}\mathrm{e}^{-\frac{a^{\dagger 2}}{4}\left(\frac{1}{\tau_1^2}-\frac{1}{\tau_2^2}\right)}|0\tilde{0}\rangle\langle 0\tilde{0}|\\ &\times\mathrm{e}^{-\frac{a^2}{4}\left(\frac{1}{\tau_1^2}-\frac{1}{\tau_2^2}\right)}\mathrm{e}^{\tilde{a}a\sqrt{1-\frac{1}{2\tau_1^2}-\frac{1}{2\tau_2^2}}}|\tilde{z}\rangle\\ = &\frac{1}{\tau_1\tau_2}\widetilde{\mathrm{tr}}\left[\mathrm{e}^{\tilde{a}^\dagger a^\dagger\sqrt{1-\frac{1}{2\tau_1^2}-\frac{1}{2\tau_2^2}}}\mathrm{e}^{-\frac{a^{\dagger 2}}{4}\left(\frac{1}{\tau_1^2}-\frac{1}{\tau_2^2}\right)}|0\tilde{0}\rangle\langle 0\tilde{0}|\mathrm{e}^{-\frac{a^2}{4}\left(\frac{1}{\tau_1^2}-\frac{1}{\tau_2^2}\right)}\mathrm{e}^{\tilde{a}a\sqrt{1-\frac{1}{2\tau_1^2}-\frac{1}{2\tau_2^2}}}\right]\\ \equiv &\widetilde{\mathrm{tr}}\left[|\psi(\beta)\rangle_{ss}\langle\psi(\beta)|\right]\end{aligned} \tag{3.96}$$

所以

$$|\psi(\beta)\rangle_s = \sqrt{\frac{1}{\tau_1\tau_2}}\exp\left[\tilde{a}^\dagger a^\dagger\sqrt{1-\frac{1}{2\tau_1^2}-\frac{1}{2\tau_2^2}}-\frac{a^{\dagger 2}}{4}\left(\frac{1}{\tau_1^2}-\frac{1}{\tau_2^2}\right)\right]|0\tilde{0}\rangle \tag{3.97}$$

此即压缩混沌光的热真空态. 实际上, 式 (3.97) 中 $|\psi(\beta)\rangle_s$ 是实–虚空间中的一种单双模组合压缩态.

特别地, 当 $r=0$ 时, 即无压缩情况, 由式 (3.91) 可知 $\tau_1^2 = \tau_2^2 = \bar{n}+1$, 则 $|\psi(\beta)\rangle_s$ 退化为 $|0(\beta)\rangle$, 即

$$\frac{1}{\sqrt{\bar{n}+1}}\mathrm{e}^{\tilde{a}^\dagger a^\dagger\sqrt{\frac{\bar{n}}{\bar{n}+1}}}|0\tilde{0}\rangle = \sqrt{1-\mathrm{e}^\lambda}\exp\left(\mathrm{e}^{\frac{\lambda}{2}}\tilde{a}^\dagger a^\dagger\right)|0\tilde{0}\rangle = |0(\beta)\rangle \tag{3.98}$$

这意味着压缩混沌态 ρ_s 变成混沌态 ρ_c, 也是所期望的.

热真空态 $\left|\psi(\beta)\right\rangle_s$ 是归一化的. 证明如下:

$$
\begin{aligned}
{}_s\langle\psi(\beta)|\,\psi(\beta)\rangle_s &= \frac{1}{\tau_1\tau_2}\left\langle 0\tilde{0}\right|\mathrm{e}^{\tilde{a}a\sqrt{1-\frac{1}{2\tau_1^2}-\frac{1}{2\tau_2^2}-\frac{a^2}{4}\left(\frac{1}{\tau_1^2}-\frac{1}{\tau_2^2}\right)}} \\
&\quad\times\int\frac{\mathrm{d}^2z_1\mathrm{d}^2z_2}{\pi^2}\left|z_1\tilde{z}_2\right\rangle\left\langle z_1\tilde{z}_2\right|\mathrm{e}^{\tilde{a}^\dagger a^\dagger\sqrt{1-\frac{1}{2\tau_1^2}-\frac{1}{2\tau_2^2}-\frac{a^{\dagger 2}}{4}\left(\frac{1}{\tau_1^2}-\frac{1}{\tau_2^2}\right)}}\left|0\tilde{0}\right\rangle \\
&= \frac{1}{\tau_1\tau_2}\int\frac{\mathrm{d}^2z_1\mathrm{d}^2z_2}{\pi^2}\exp\left[-\left|z_1\right|^2-\left|z_2\right|^2\right. \\
&\quad\left.+\left(z_1^*z_2^*+z_1z_2\right)\sqrt{1-\frac{1}{2\tau_1^2}-\frac{1}{2\tau_2^2}-\left(\frac{z_1^2}{4}+\frac{z_1^{*2}}{4}\right)\left(\frac{1}{\tau_1^2}-\frac{1}{\tau_2^2}\right)}\right] \\
&= \frac{1}{\tau_1\tau_2}\int\frac{\mathrm{d}^2z_1}{\pi}\exp\left[-\left(\frac{1}{\tau_1^2}+\frac{1}{\tau_2^2}\right)\frac{\left|z_1\right|^2}{2}-\left(\frac{z_1^2}{4}+\frac{z_1^{*2}}{4}\right)\left(\frac{1}{\tau_1^2}-\frac{1}{\tau_2^2}\right)\right] \\
&= 1
\end{aligned}
\tag{3.99}
$$

这等价于

$$
{}_s\langle\psi(\beta)|\,\psi(\beta)\rangle_s=\mathrm{tr}\left[\tilde{\mathrm{tr}}\left|\psi(\beta)\right\rangle_{ss}\left\langle\psi(\beta)\right|\right]=\mathrm{Tr}\left|\psi(\beta)\right\rangle_{ss}\left\langle\psi(\beta)\right|=1 \tag{3.100}
$$

实际上, $\left|\psi(\beta)\right\rangle_s$ 的引入对于计算统计平均是十分方便的. 下面, 利用热真空态 $\left|\psi(\beta)\right\rangle_s$ 计算压缩混沌光下的平均光子数. 利用式 (3.94) 和相干态的完备性关系 $\int\frac{\mathrm{d}^2z}{\pi}\left|z\right\rangle\left\langle z\right|=1$, 可得

$$
\begin{aligned}
&{}_s\langle\psi(\beta)\left|aa^\dagger\right|\psi(\beta)\rangle_s \\
&= \frac{1}{\tau_1\tau_2}\int\frac{\mathrm{d}^2z_1}{\pi}\left|z_1\right|^2\exp\left[-\left(\frac{1}{\tau_1^2}+\frac{1}{\tau_2^2}\right)\frac{\left|z_1\right|^2}{2}-\frac{z_1^2+z_1^{*2}}{4}\left(\frac{1}{\tau_1^2}-\frac{1}{\tau_2^2}\right)\right] \\
&= \frac{1}{\tau_1\tau_2}\frac{\partial^2}{\partial f\partial g}\int\frac{\mathrm{d}^2z_1}{\pi}\exp\left[-\left(\frac{1}{\tau_1^2}+\frac{1}{\tau_2^2}\right)\frac{\left|z_1\right|^2}{2}+fz_1+gz_1^*\right. \\
&\quad\left.\left.-\frac{z_1^2+z_1^{*2}}{4}\left(\frac{1}{\tau_1^2}-\frac{1}{\tau_2^2}\right)\right]\right|_{f=g=0} \\
&= \frac{\partial^2}{\partial f\partial g}\exp\left.\left[\frac{fg}{2}\left(\tau_1^2+\tau_2^2\right)+\frac{1}{4}\left(\tau_1^2-\tau_2^2\right)\left(f^2+g^2\right)\right]\right|_{f=g=0} \\
&= \frac{1}{2}\left(\tau_1^2+\tau_2^2\right) \\
&= \left(\bar{n}+\frac{1}{2}\right)\cosh 2r+\frac{1}{2}
\end{aligned}
\tag{3.101}
$$

因此, 平均光子数为

$$ {}_s\langle\psi(\beta)\left|a^\dagger a\right|\psi(\beta)\rangle_s=\left(\bar{n}+\frac{1}{2}\right)\cosh 2r-\frac{1}{2} \tag{3.102} $$

这表明平均光子数随压缩参数 r 的增加而增大.

3.9 光子扣除单模压缩态的归一化

在 1.10 节我们已经指出 $\operatorname{sech}^{\frac{1}{2}}\lambda \mathrm{e}^{\frac{1}{2}a^{\dagger 2}\tanh\lambda}|0\rangle$ 是压缩态, 它可以写作 $S(\lambda)|0\rangle$, 其中 $S(\lambda)=\mathrm{e}^{\lambda\left(a^{\dagger 2}-a^2\right)/2}$ 是压缩算符, $|0\rangle$ 是真空态,

$$ S(\lambda)|0\rangle=\operatorname{sech}^{1/2}\lambda\mathrm{e}^{(\tanh\lambda)a^{\dagger 2}/2}|0\rangle\equiv|\lambda\rangle \tag{3.103} $$

$S^\dagger(\lambda)$ 生成压缩变换

$$ S^\dagger(\lambda)aS(\lambda)=a\cosh\lambda+a^\dagger\sinh\lambda \tag{3.104} $$

于是光子扣除单模压缩态为

$$ a^m S(\lambda)|0\rangle=a^m|\lambda\rangle\equiv|\lambda\rangle_m \tag{3.105} $$

为了归一化量子态 $|\lambda\rangle_m$, 我们先计算 $\left(a\cosh\lambda+a^\dagger\sinh\lambda\right)^m$ 的正规乘积展开. 用 Baker-Hausdorff 算符恒等式

$$ \mathrm{e}^A\mathrm{e}^B=\mathrm{e}^B\mathrm{e}^A\mathrm{e}^{[A,B]} \tag{3.106} $$

它在 $[[A,B],A]=[[A,B],B]=0$ 时成立, 我们得到

$$ \begin{aligned} \exp\left[t\left(\mu a+\nu a^\dagger\right)\right]&=:\mathrm{e}^{t\nu a^\dagger}\mathrm{e}^{t\mu a}\exp\left\{\frac{-1}{2}\left[t\nu a^\dagger,t\mu a\right]\right\}:\\ &=:\mathrm{e}^{t\nu a^\dagger}\mathrm{e}^{t\mu a}\exp\left(\frac{t^2}{2}\mu\nu\right):\\ &=:\mathrm{e}^{-\sqrt{2}\mathrm{i}t\sqrt{\mu\nu}\frac{\mathrm{i}}{\sqrt{2\mu\nu}}\left(\nu a^\dagger+\mu a\right)}:\exp\left[-\frac{\left(-\mathrm{i}t\sqrt{\mu\nu}\right)^2}{2}\right] \end{aligned} \tag{3.107} $$

结合 Hermite 多项式的母函数展开可得

$$ \left(\mu a+\nu a^\dagger\right)^m=\left(-\mathrm{i}\sqrt{\frac{\mu\nu}{2}}\right)^m:H_m\left(\mathrm{i}\sqrt{\frac{\mu}{2\nu}}a+\mathrm{i}\sqrt{\frac{\nu}{2\mu}}a^\dagger\right): \tag{3.108} $$

其中, H_m 是 m 阶 Hermite 多项式, 所以算符 $\left(a\cosh\lambda+a^{\dagger}\sinh\lambda\right)^m$ 的正规乘积可表示为

$$\begin{aligned}&\left(a\cosh\lambda+a^{\dagger}\sinh\lambda\right)^m\\&=(-\mathrm{i})^m\frac{(\sinh2\lambda)^{m/2}}{2^m}:H_m\left(\mathrm{i}\sqrt{\frac{\coth\lambda}{2}}a+\mathrm{i}\sqrt{\frac{\tanh\lambda}{2}}a^{\dagger}\right): \end{aligned}\tag{3.109}$$

因此光子扣除压缩态又可写成

$$\begin{aligned}|\lambda\rangle_m&=S(\lambda)S^{\dagger}(\lambda)a^mS(\lambda)|0\rangle\\&=S(\lambda)\left(a\cosh\lambda+a^{\dagger}\sinh\lambda\right)^m|0\rangle\\&=(-\mathrm{i})^m\frac{\sinh^{m/2}2\lambda}{2^m}S(\lambda)H_m\left(\mathrm{i}\sqrt{\frac{\tanh\lambda}{2}}a^{\dagger}\right)|0\rangle\end{aligned}\tag{3.110}$$

这说明光子扣除单模压缩态恰是压缩 Hermite 多项式激发态.

再用 Hermite 多项式函数关系

$$H_m(x)=\left.\frac{\partial^m}{\partial t^m}\exp\left(2xt-t^2\right)\right|_{t=0}\tag{3.111}$$

我们就有

$$\begin{aligned}&{}_m\langle\lambda|\lambda\rangle_m\\&=\frac{(\sinh2\lambda)^{m/2}}{2^{2m}}\langle0|H_m\left(-\mathrm{i}\sqrt{\frac{\tanh\lambda}{2}}a\right)H_m\left(\mathrm{i}\sqrt{\frac{\tanh\lambda}{2}}a^{\dagger}\right)|0\rangle\\&=\frac{(\sinh2\lambda)^{m/2}}{2^{2m}}\frac{\partial^{2m}}{\partial t^m\partial\tau^m}\exp\left(-t^2-\tau^2\right)\langle0|\mathrm{e}^{-\mathrm{i}\sqrt{2\tanh\lambda}at}\mathrm{e}^{\mathrm{i}\sqrt{2\tanh\lambda}a^{\dagger}\tau}|0\rangle\Big|_{t,\tau=0}\\&=\frac{(\sinh2\lambda)^{m/2}}{2^{2m}}\frac{\partial^{2m}}{\partial t^m\partial\tau^m}\exp\left(-t^2-\tau^2+2\tau t\tanh\lambda\right)\Big|_{t,\tau=0}\end{aligned}\tag{3.112}$$

其中

$$\begin{aligned}&\frac{\partial^{2m}}{\partial t^m\partial\tau^m}\exp\left(-t^2-\tau^2+2x\tau t\right)\Big|_{t,\tau=0}\\&=\sum_{n,l,k=0}^{\infty}\frac{(-)^{n+l}}{n!l!k!}(2x)^k\frac{\partial^{2m}}{\partial t^m\partial\tau^m}\tau^{2n+k}t^{2l+k}\Big|_{t,\tau=0}\\&=2^mx^mm!\sum_{n=0}^{[m/2]}\frac{m!}{2^{2l}(l!)^2(m-2l)!}\left(\frac{1}{x^2}\right)^l\end{aligned}\tag{3.113}$$

所以式 (3.112) 为

$${}_m\langle\lambda|\lambda\rangle_m=(\sinh\lambda)^{2m}\sum_{l=0}^{[m/2]}\frac{m!m!}{2^{2l}(l!)^2(m-2l)!}(\tanh\lambda)^{-2l}\tag{3.114}$$

3

范洪义等曾指出 Legendre 多项式有一个新形式的母函数：

$$x^m \sum_{l=0}^{[m/2]} \frac{m!}{2^{2l}(l!)^2(m-2l)!}\left(1-\frac{1}{x^2}\right)^l = P_m(x) \tag{3.115}$$

故而式 (3.114) 又可改写为如下简洁形式:

$$\begin{aligned} {}_m\langle\lambda|\lambda\rangle_m &= (\sinh\lambda)^{2m} \sum_{l=0}^{[m/2]} \frac{m!m!}{2^{2l}(l!)^2(m-2l)!}\left(1-\frac{-1}{\sinh^2\lambda}\right)^l \\ &= m!(-\mathrm{i}\sinh\lambda)^m P_m(\mathrm{i}\sinh\lambda) \end{aligned} \tag{3.116}$$

于是归一化系数为

$$N_{\lambda,m} = [m!(-\mathrm{i}\sinh\lambda)^m P_m(\mathrm{i}\sinh\lambda)]^{-\frac{1}{2}} \tag{3.117}$$

归一化的态为

$$\|\lambda\rangle_m \equiv N_{\lambda,m}|\lambda\rangle_m \tag{3.118}$$

类似地, 考虑光子增单模压缩态的归一化, 可得

$$\langle 0|S^\dagger(\lambda)a^k a^{\dagger k}S(\lambda)|0\rangle = k!(\cosh\lambda)^k P_k(\cosh\lambda) \tag{3.119}$$

用算符恒等式

$$a^{\dagger k}a^k = \vdots H_{k,k}(a,a^\dagger)\vdots \tag{3.120}$$

其中, $\vdots\ \vdots$ 代表反正规乘积, $H_{k,k}$ 是双变量 Hermite 多项式

$$\vdots H_{k,k}(a,a^\dagger)\vdots = \sum_{l=0}^{k} \frac{k!k!}{(k-l)!l!(k-l)!}(-1)^l a^{m-l}a^{\dagger m-l} \tag{3.121}$$

故

$$\begin{aligned} {}_m\langle\lambda|\lambda\rangle_m &= \langle 0|S^\dagger(\lambda)a^{\dagger m}a^m S(\lambda)|0\rangle \\ &= \langle 0|S^\dagger(\lambda)\vdots H_{m,m}(a,a^\dagger)\vdots S(\lambda)|0\rangle \\ &= \sum_{l=0}^{m} \frac{m!m!}{(m-l)!l!(m-l)!}(-1)^l\langle 0|S^\dagger(\lambda)a^{m-l}a^{\dagger m-l}S(\lambda)|0\rangle \\ &= \sum_{l=0}^{m}\binom{m}{l}(-1)^l(\cosh\lambda)^{m-l}P_{m-l}(\cosh\lambda) \end{aligned} \tag{3.122}$$

联立式 (3.116) 和式 (3.122), 可见

$$(-\mathrm{i}\sinh\lambda)^m P_m(\mathrm{i}\sinh\lambda) = \sum_{l=0}^{m}\binom{m}{l}(-1)^l(\cosh\lambda)^{m-l}P_{m-l}(\cosh\lambda) \tag{3.123}$$

这是一个包含 Legendre 函数的二项式定理

$$\sum_{l=0}^{m}\binom{m}{l}(-1)^l x^{m-l}P_{m-l}(x)=\left(-\mathrm{i}\sqrt{x-1}\right)^m P_m(\mathrm{i}\sqrt{x-1}) \tag{3.124}$$

3.10 光子扣除单模压缩混沌光的热真空态

对于光子扣除压缩混沌光, 其热真空态是什么呢? 光子扣除压缩混沌光的密度算符为

$$\rho=C_{s,r}a^s\left(1-\mathrm{e}^{\lambda}\right)\left[S(r)\mathrm{e}^{\lambda a^\dagger a}S^{-1}(r)\right]a^{\dagger s} \tag{3.125}$$

其中, $C_{s,r}$ 由归一化条件 $\mathrm{Tr}\rho=1$ 确定 , $S(r)$ 为单模压缩算符. 式 (3.125) 中 [ ] 内的算符实际上是压缩混沌场, 即

$$\left(1-\mathrm{e}^{\lambda}\right)S(r)\mathrm{e}^{\lambda a^\dagger a}S^{-1}(r)=S(r)\rho_{\mathrm{c}}S^{-1}(r)\equiv\rho_s \tag{3.126}$$

$$\rho_{\mathrm{c}}=\left(1-\mathrm{e}^{\lambda}\right)\mathrm{e}^{\lambda a^\dagger a},\quad \lambda=-\frac{\hbar\omega}{\kappa T} \tag{3.127}$$

另一方面, 当 $r=0$, $C_{s,r=0}$ 的值应该能使得 $\rho\to\rho_{\mathrm{su}}$ 时, 其中, ρ_{su} 为光子扣除混沌光, 可得

$$\rho_{\mathrm{su}}=\frac{\gamma^{s+1}}{s!(1-\gamma)^s}a^s\rho_{\mathrm{c}}a^{\dagger s} \tag{3.128}$$

且满足 $\mathrm{Tr}\rho_{\mathrm{su}}=1$.

利用式 (3.127)、数态完备性关系以及 $a|n\rangle=\sqrt{n}|n-1\rangle$, ρ_{su} 可表示成

$$\rho_{\mathrm{su}}=\sum_{n=0}^{\infty}\frac{(n+s)!}{n!s!}\gamma^{s+1}(1-\gamma)^n|n\rangle\langle n| \tag{3.129}$$

由于系数 $\dfrac{(n+s)!}{n!s!}\gamma^{s+1}(1-\gamma)^n$ 呈现负二项式分布, 所以 ρ_{su} 为负二项式态. 实验上, 当压缩混沌光的 s 个光子被原子系统吸收后, 输出量子态即为光子扣除压缩混沌光. 为了简化压缩混沌光场与负二项式光场态的系综平均值的计算, 我们进一步寻找光子扣除压缩混沌光对应的热真空态. 与上一节方法相同, 利用 IWOP 方法来实现.

3.10.1 光子扣除压缩混沌光密度算符的反正规乘积

令 $f=\dfrac{1}{2\tau_1^2}$, $g=\dfrac{1}{2\tau_2^2}$, 则由式 (3.89) 知压缩混沌光 ρ_s 的正规乘积为

$$\rho_s=2\sqrt{fg}\colon\exp\left[\frac{1}{2}(g-f)\left(a^2+a^{\dagger 2}\right)-(f+g)\,a^\dagger a\right]\colon \tag{3.130}$$

利用将任意算符转化为反正规乘积公式 (2.73), 可得

$$\begin{aligned}\rho_s&=\int\frac{\mathrm{d}^2\beta}{\pi}\vdots\langle-\beta|\,\rho_s|\beta\rangle\exp\left(|\beta|^2+\beta^*a-\beta a^\dagger+a^\dagger a\right)\vdots\\&=2\sqrt{fg}\int\frac{\mathrm{d}^2\beta}{\pi}\vdots\exp\left[-|\beta|^2-\frac{f}{2}(\beta-\beta^*)^2+\frac{g}{2}(\beta+\beta^*)^2+\beta^*a-\beta a^\dagger+a^\dagger a\right]\vdots\\&=2\sqrt{fg}\int\frac{\mathrm{d}^2\beta}{\pi}\vdots\exp\left[(f+g-1)\,|\beta|^2-\beta a^\dagger+\beta^*a+\frac{1}{2}(g-f)\left(\beta^2+\beta^{*2}\right)+a^\dagger a\right]\vdots\\&=2\sqrt{\frac{fg}{D}}\vdots\exp\left[\frac{g-f}{2D}\left(a^2+a^{\dagger 2}\right)+\frac{4fg-g-f}{D}aa^\dagger\right]\vdots\end{aligned} \tag{3.131}$$

其中

$$D=(f+g-1)^2-(g-f)^2=(2f-1)(2g-1) \tag{3.132}$$

因此, 光子扣除压缩混沌光密度算符的反正规乘积为

$$\begin{aligned}\rho&=C_{r,s}\left(1-\mathrm{e}^{\lambda}\right)a^sS\mathrm{e}^{\lambda a^\dagger a}S^{-1}a^{\dagger s}\\&=2C_{r,s}\sqrt{\frac{fg}{D}}\vdots a^s\exp\left[\frac{g-f}{2D}\left(a^2+a^{\dagger 2}\right)+\frac{4fg-g-f}{D}aa^\dagger\right]a^{\dagger s}\vdots\\&=2C_{r,s}\sqrt{\frac{fg}{D}}a^s\mathrm{e}^{\frac{g-f}{2D}a^2}\vdots\mathrm{e}^{\frac{4fg-g-f}{D}aa^\dagger}\vdots\mathrm{e}^{\frac{g-f}{2D}a^{\dagger 2}}a^{\dagger s}\end{aligned} \tag{3.133}$$

3.10.2 光子扣除压缩混沌光场密度算符的归一化系数

下面, 来确定归一化系数 $C_{r,s}$. 为方便, 令

$$\mathrm{e}^{ua}\mathrm{e}^{\frac{g-f}{2D}a^2}\vdots\mathrm{e}^{\frac{4fg-g-f}{D}aa^\dagger}\vdots\mathrm{e}^{\frac{g-f}{2D}a^{\dagger 2}}\mathrm{e}^{va^\dagger}\equiv W \tag{3.134}$$

则

$$\rho=2C_{r,s}\sqrt{\frac{fg}{D}}\frac{\partial^s}{\partial u^s}\frac{\partial^s}{\partial v^s}W\bigg|_{u=0,v=0} \tag{3.135}$$

为求归一化系数, 需将 W 转化为正规乘积形式. 由式 (3.134) 可知算符 W 的 P-表示, 并利用相干态完备性的正规表示

$$\int \frac{\mathrm{d}^2 z}{\pi} |z\rangle\langle z| = \int \frac{\mathrm{d}^2 z}{\pi} : \exp\left(-|z|^2 + za^\dagger + z^* a - a^\dagger a\right) : = 1 \tag{3.136}$$

可将算符 W 写成

$$\begin{aligned}
W &= \int \frac{\mathrm{d}^2 z}{\pi} \mathrm{e}^{uz} \mathrm{e}^{\frac{g-f}{2D} z^2} \mathrm{e}^{\frac{4fg-g-f}{D}|z|^2} \mathrm{e}^{\frac{g-f}{2D} z^{*2}} \mathrm{e}^{vz^*} \quad |z\rangle\langle z| \\
&= \int \frac{\mathrm{d}^2 z}{\pi} \mathrm{e}^{uz} \mathrm{e}^{\frac{g-f}{2D} z^2} \mathrm{e}^{\frac{4fg-g-f}{D}|z|^2} \mathrm{e}^{\frac{g-f}{2D} z^{*2}} \mathrm{e}^{vz^*} : \exp\left(-|z|^2 + za^\dagger + z^* a - a^\dagger a\right) : \\
&= \int \frac{\mathrm{d}^2 z}{\pi} : \exp\left[\frac{g+f-1}{D}|z|^2 + z\left(a^\dagger + u\right) + z^*(a+v)\right. \\
&\quad \left. + \left(z^2 + z^{*2}\right)\frac{g-f}{2D} - a^\dagger a\right] : \\
&= \sqrt{D} : \exp\left\{-(g+f-1)\left(a^\dagger + u\right)(a+v) + \frac{g-f}{2}\left[\left(a^\dagger + u\right)^2\right.\right. \\
&\quad \left.\left. + (a+v)^2\right] - a^\dagger a\right\} :
\end{aligned} \tag{3.137}$$

则由归一化条件以及式 (3.135) 可得

$$\begin{aligned}
1 &= \mathrm{tr}\rho = 2C_{r,s}\sqrt{\frac{fg}{D}} \frac{\partial^s}{\partial u^s} \frac{\partial^s}{\partial v^s} \mathrm{tr}[W]\Big|_{u=0,v=0} \\
&= 2C_{r,s}\sqrt{fg} \frac{\partial^s}{\partial u^s} \frac{\partial^s}{\partial v^s} \mathrm{tr}\left[\int \frac{\mathrm{d}^2\alpha}{\pi} |\alpha\rangle\langle\alpha|\right. \\
&\quad \left. \times : \exp\left\{-(g+f-1)\left(a^\dagger + u\right)(a+v) + \frac{g-f}{2}\left[\left(a^\dagger + u\right)^2 + (a+v)^2\right] - a^\dagger a\right\} :\right] \\
&= 2C_{r,s}\sqrt{fg} \frac{\partial^s}{\partial u^s} \frac{\partial^s}{\partial v^s} \int \frac{\mathrm{d}^2\alpha}{\pi} \exp\left\{-(g+f)|\alpha|^2 + \alpha u + \alpha^* v\right. \\
&\quad \left. + \frac{g-f}{2}\left(\alpha^{*2} + \alpha^2\right) - uv\right\}\Big|_{u=0,v=0} \\
&= C_{r,s} \frac{\partial^s}{\partial u^s} \frac{\partial^s}{\partial v^s} \exp\left[\frac{g-f}{8gf}u^2 + \frac{g-f}{8gf}v^2 + \frac{uv}{4gf}(g+f-4gf)\right]\Big|_{u=0,v=0} \\
&= C_{r,s}\left(\frac{f-g}{8gf}\right)^s 2^s s! \sum_{n=0}^{[s/2]} \frac{s!}{2^{2n}(n!)^2(s-2n)!}\left(\frac{g+f-4gf}{f-g}\right)^{s-2n} \\
&= C_{r,s} s! \left(\frac{g+f-4gf}{4gf}\right)^s \mathrm{P}_s(1) = C_{r,s} s! \left(\frac{g+f-4gf}{4gf}\right)^s
\end{aligned} \tag{3.138}$$

其中 $P_s(1) = 1$ 是 s 阶 Laguerre 多项式. 因此, 光子扣除压缩混沌光场归一化系数为

$$C_{r,s}^{-1} = s! \left(\frac{g+f-4gf}{4gf}\right)^s \tag{3.139}$$

3.10.3 光子扣除压缩混沌光对应的热真空态

利用算符恒等式公式

$$\mathrm{e}^{\lambda a^\dagger a} =: \exp\left[\left(\mathrm{e}^{\lambda}-1\right)a^\dagger a\right]:$$

以及式 (3.133), 则光子扣除压缩混沌光可写成

$$\rho = \frac{2\sqrt{fgD}}{s!(1-g-f)}\left(\frac{4gf}{g+f-4gf}\right)^s a^s \mathrm{e}^{\frac{g-f}{2D}a^2} : \exp\left[\left(\frac{D}{1-g-f}-1\right)a^\dagger a\right] : \mathrm{e}^{\frac{g-f}{2D}a^{\dagger 2}} a^{\dagger s} \tag{3.140}$$

上式中算符部分中正规乘积内算符可用积分表示, 则

$$\begin{aligned}
&a^s \mathrm{e}^{\frac{g-f}{2D}a^2} : \exp\left[\left(\frac{D}{1-g-f}-1\right)a^\dagger a\right] : \mathrm{e}^{\frac{g-f}{2D}a^{\dagger 2}} a^{\dagger s} \\
&= \int \frac{\mathrm{d}^2 z}{\pi} a^s \mathrm{e}^{Aa^2} : \exp\left(-|z|^2 + z^* a^\dagger\sqrt{\frac{D}{1-g-f}} + za\sqrt{\frac{D}{1-g-f}} - a^\dagger a\right) : \mathrm{e}^{Aa^{\dagger 2}} a^{\dagger s}
\end{aligned} \tag{3.141}$$

其中, $A = \dfrac{g-f}{2D}$. 利用 $:\mathrm{e}^{-a^\dagger a}: = |0\rangle\langle 0|$ 以及为归一化相干态 $\|z\rangle = \exp\left(za^\dagger\right)|0\rangle$, 则式 (3.141) 右边变成

$$\begin{aligned}
&\int \frac{\mathrm{d}^2 z}{\pi} \mathrm{e}^{-|z|^2} a^s \mathrm{e}^{Aa^2} \left\| z^*\sqrt{\frac{D}{1-g-f}} \right\rangle \left\langle z^*\sqrt{\frac{D}{1-g-f}} \right\| \mathrm{e}^{Aa^{\dagger 2}} a^{\dagger s} \\
&= \int \frac{\mathrm{d}^2 z}{\pi} \mathrm{e}^{-|z|^2} \left(z^*\sqrt{\frac{D}{1-g-f}}\right)^s \mathrm{e}^{\frac{AD}{1-g-f}z^{*2}} \\
&\quad \times \left\| z^*\sqrt{\frac{D}{1-g-f}} \right\rangle \left\langle z^*\sqrt{\frac{D}{1-g-f}} \right\| \mathrm{e}^{\frac{AD}{1-g-f}z^2} \left(z\sqrt{\frac{D}{1-g-f}}\right)^s
\end{aligned} \tag{3.142}$$

利用式 (3.95), 则式 (3.140) 改为

$$\begin{aligned}
\rho &= \frac{2\sqrt{fgD}}{s!(1-g-f)}\left[\frac{4gfD}{(g+f-4gf)(1-g-f)}\right]^s \\
&\quad \times \int \frac{\mathrm{d}^2 z}{\pi} \langle \tilde{z} | \tilde{0} \rangle z^{*s} \mathrm{e}^{\frac{AD}{1-g-f}z^{*2}} \mathrm{e}^{z^* a^\dagger \sqrt{\frac{D}{1-g-f}}} |0\rangle\langle 0| \mathrm{e}^{za\sqrt{\frac{D}{1-g-f}}} z^s \langle \tilde{0} | \tilde{z} \rangle \mathrm{e}^{\frac{AD}{1-g-f}z^2} \\
&= \frac{2\sqrt{fgD}}{s!(1-g-f)}\left[\frac{4gfD}{(g+f-4gf)(1-g-f)}\right]^s \\
&\quad \times \int \frac{\mathrm{d}^2 z}{\pi} \langle \tilde{z} | \tilde{a}^{\dagger s} \mathrm{e}^{\frac{AD}{1-g-f}\tilde{a}^{\dagger 2}} \mathrm{e}^{\tilde{a}^\dagger a^\dagger \sqrt{\frac{D}{1-g-f}}} |0\tilde{0}\rangle\langle 0\tilde{0}| \mathrm{e}^{\tilde{a}a\sqrt{\frac{D}{1-g-f}}} \tilde{a}^s \mathrm{e}^{\frac{AD}{1-g-f}\tilde{a}^2} |\tilde{z}\rangle
\end{aligned}$$

$$
\begin{aligned}
&= \frac{2\sqrt{fgD}}{s!(1-g-f)}\left[\frac{4gfD}{(g+f-4gf)(1-g-f)}\right]^s \\
&\quad \times \tilde{\mathrm{tr}}\left[\tilde{a}^{\dagger s}\mathrm{e}^{\frac{AD}{1-g-f}\tilde{a}^{\dagger 2}}\mathrm{e}^{\tilde{a}^\dagger a^\dagger\sqrt{\frac{D}{1-g-f}}}\left|0\tilde{0}\right\rangle\left\langle 0\tilde{0}\right|\mathrm{e}^{\tilde{a}a\sqrt{\frac{D}{1-g-f}}}\tilde{a}^s\mathrm{e}^{\frac{AD}{1-g-f}\tilde{a}^2}\right] \\
&\equiv \widetilde{\mathrm{tr}}\left[\left|\psi(\beta)\right\rangle_{rs\,rs}\left\langle\psi(\beta)\right|\right]
\end{aligned}
\tag{3.143}
$$

故而有

$$
\begin{aligned}
\left|\psi(\beta)\right\rangle_{rs} = &\left\{\frac{2\sqrt{fgD}}{s!(1-g-f)}\left[\frac{4gfD}{(g+f-4gf)(1-g-f)}\right]^s\right\}^{1/2} \\
&\times \tilde{a}^{\dagger s}\mathrm{e}^{\frac{AD}{1-g-f}\tilde{a}^{\dagger 2}}\mathrm{e}^{\tilde{a}^\dagger a^\dagger\sqrt{\frac{D}{1-g-f}}}\left|0\tilde{0}\right\rangle
\end{aligned}
\tag{3.144}
$$

此即光子扣除压缩混沌光对应的热真空态. 实际上, 式 (3.144) 表明 $\left|\psi(\beta)\right\rangle_{rs}$ 可看成是扩展空间里的光子增加单-双模组合压缩真空态.

特别地, 当 $r=0$ 即无压缩时, 由式 (3.9)、式 (3.90) 和式 (3.132) 可知, $\tau_1^2=\tau_2^2=\bar{n}+1$, $f=g=\frac{\gamma}{2}$, $D=(1-\gamma)^2$. 则 $\left|\psi(\beta)\right\rangle_{rs}$ 退化为负二项光场的热真空态 $\left|\psi(\beta)\right\rangle$

$$
\sqrt{\frac{\gamma^{s+1}}{s!}}\tilde{a}^{\dagger s}\mathrm{e}^{\tilde{a}^\dagger a^\dagger\sqrt{1-\gamma}}\left|0\tilde{0}\right\rangle = \left|\psi(\beta)\right\rangle \tag{3.145}
$$

而当 $s=0$ 时, 由式(3.144)可知 $\left|\psi(\beta)\right\rangle_{rs}$ 变成了压缩混沌光的热真空态 $\left(\frac{2\sqrt{fgD}}{1-g-f}\right)^{1/2}\times$ $\mathrm{e}^{\frac{AD}{1-g-f}\tilde{a}^{\dagger 2}}\mathrm{e}^{\tilde{a}^\dagger a^\dagger\sqrt{\frac{D}{1-g-f}}}\left|0\tilde{0}\right\rangle \equiv \left|\psi(\beta)\right\rangle_s$, 这是 $\left|\psi(\beta)\right\rangle_s$ 的另一种表达形式.

3.10.4 利用热真空态计算平均光子数

如前面所说, 热真空态对于计算系综平均是方便的. 系统下的平均光子数可通过 ${}_{rs}\left\langle\psi(\beta)\right|a^\dagger a\left|\psi(\beta)\right\rangle_{rs}$ 计算. 利用热真空态 $\left|\psi(\beta)\right\rangle_{rs}$, 有

$$
\begin{aligned}
a\left|\psi(\beta)\right\rangle_{rs} &= \sqrt{\frac{D}{1-g-f}}\left\{\frac{2\sqrt{fgD}}{s!(1-g-f)}\left[\frac{4gfD}{(g+f-4gf)(1-g-f)}\right]^s\right\}^{1/2} \\
&\quad \times \tilde{a}^{\dagger s+1}\exp\left(\frac{AD}{1-g-f}\tilde{a}^{\dagger 2}\right)\mathrm{e}^{\tilde{a}^\dagger a^\dagger\sqrt{\frac{D}{1-g-f}}}\left|0\tilde{0}\right\rangle \\
&= \sqrt{\frac{(s+1)(g+f-4gf)}{4gf}}\left|\psi(\beta)\right\rangle_{rs+1}
\end{aligned}
\tag{3.146}
$$

故而平均光子数为

$$
{}_{rs}\left\langle\psi(\beta)\right|a^\dagger a\left|\psi(\beta)\right\rangle_{rs} = \frac{(s+1)(g+f-4gf)}{4gf} = (s+1)\left[\left(\bar{n}+\frac{1}{2}\right)\cosh 2r-\frac{1}{2}\right] \tag{3.147}
$$

3.11 双模光子扣除压缩态的归一化

双模压缩算符 $S_2(\lambda)=\exp[\lambda(a^\dagger b^\dagger-ab)]$ 作用于 $|00\rangle$ 得到

$$S_2(\lambda)|00\rangle=\operatorname{sech}\lambda\exp(a^\dagger b^\dagger\tanh\lambda)|00\rangle \tag{3.148}$$

其中, λ 为实数, a, b 是双模湮灭算符, $[a,a^\dagger]=[b,b^\dagger]=1$. 将 a^m 和 b^n 连续作用到 $S_2(\lambda)|00\rangle$, 得

$$|\lambda,m,n\rangle=a^m b^n S_2(\lambda)|00\rangle \tag{3.149}$$

$|\lambda,m,n\rangle$ 并未归一化. 注意到双模压缩算符的变换关系:

$$\begin{aligned}S_2^\dagger(\lambda)aS_2(\lambda)&=a\cosh\lambda+b^\dagger\sinh\lambda\\S_2^\dagger(\lambda)bS_2(\lambda)&=b\cosh\lambda+a^\dagger\sinh\lambda\end{aligned} \tag{3.150}$$

就有

$$\begin{aligned}|\lambda,m,n\rangle&=S_2(\lambda)S_2^\dagger(\lambda)a^m b^n S_2(\lambda)|00\rangle\\&=S_2(\lambda)(a\cosh\lambda+b^\dagger\sinh\lambda)^m(b\cosh\lambda+a^\dagger\sinh\lambda)^n|00\rangle\\&=S_2(\lambda)\sinh^{n+m}\lambda\sum_{l=0}^{m}\frac{m!\coth^l\lambda}{l!(m-l)!}b^{\dagger m-l}a^l a^{\dagger n}|00\rangle\end{aligned} \tag{3.151}$$

鉴于 $a^{\dagger n}|0\rangle=\sqrt{n!}|n\rangle$, $a^l|n\rangle=\dfrac{\sqrt{n!}}{\sqrt{(n-l)!}}|n-l\rangle=\dfrac{\sqrt{n!}}{(n-l)!}a^{\dagger n-l}|0\rangle$, 故

$$a^l a^{\dagger n}|00\rangle=\frac{n!}{(n-l)!}a^{\dagger n-l}|00\rangle \tag{3.152}$$

所以

$$\begin{aligned}&|\lambda,m,n\rangle\\&=S_2(\lambda)\sinh^{n+m}\lambda\sum_{l=0}^{\min(m,n)}\frac{m!n!\coth^l\lambda}{l!(m-l)!(n-l)!}a^{\dagger n-l}b^{\dagger m-l}|00\rangle\\&=\frac{\sinh^{(n+m)/2}2\lambda}{\left(\mathrm{i}\sqrt{2}\right)^{n+m}}S_2(\lambda)\sum_{l=0}^{\min(m,n)}\frac{(-1)^l n!m!\left(\mathrm{i}\sqrt{\tanh\lambda}b^\dagger\right)^{m-l}\left(\mathrm{i}\sqrt{\tanh\lambda}a^\dagger\right)^{n-l}}{l!(n-l)!(m-l)!}|00\rangle\end{aligned}$$

$$= \frac{\sinh^{(n+m)/2} 2\lambda}{\left(\mathrm{i}\sqrt{2}\right)^{n+m}} S_2(\lambda) H_{m,n}\left(\mathrm{i}\sqrt{\tanh\lambda} b^\dagger, \mathrm{i}\sqrt{\tanh\lambda} a^\dagger\right)|00\rangle \tag{3.153}$$

可见, $|\lambda,m,n\rangle$ 等价于双模压缩双变量 Hermite 激发真空态.

为了推导 $|\lambda,m,n\rangle$ 的归一化系数 $N_{\lambda,m,n}$, 首先计算内积 $\langle\lambda,m+s,n+t\,|\lambda,m,n\rangle$. 为此, 利用式 (3.153) 以及双变量 Hermite 多项式定义式 (1.129) 可将态 $|\lambda,m,n\rangle$ 改写为

$$|\lambda,m,n\rangle = S_2(\lambda)\sum_{l=0}^{\min(m,n)} \frac{m!n!\sinh^{n+m}\lambda\coth^l\lambda}{l!\sqrt{(m-l)!(n-l)!}}|n-l,m-l\rangle \tag{3.154}$$

故而有

$$\begin{aligned}\langle\lambda,m+s,n+t\,|\lambda,m,n\rangle &= m!\,(n+s)!\delta_{s,t}\sinh^{2n+2m+2s}\lambda\\ &\quad\times\sum_{l=0}^{\min(m,n)}\frac{(m+s)!n!\coth^{2l+s}\lambda}{l!(m-l)!(n-l)!(l+s)!}\end{aligned} \tag{3.155}$$

其中 $\delta_{s,t}$ 为 Kronecker-Delta 函数. 不失一般性, 设 $m<n$ 并将式 (3.155) 与标准的 Jacobi 多项式比较, 即

$$P_m^{(\alpha,\beta)}(x) = \left(\frac{x-1}{2}\right)^m \sum_{k=0}^{m}\begin{pmatrix} m+\alpha \\ k\end{pmatrix}\begin{pmatrix} m+\beta \\ m-k\end{pmatrix}\left(\frac{x+1}{x-1}\right)^k \tag{3.156}$$

则式 (3.155) 可进一步写为

$$\langle\lambda,m+s,n+t\,|\lambda,m,n\rangle = m!\,(n+s)!\delta_{s,t}\sinh^{2n+s}\lambda\cosh^s\lambda P_m^{(n-m,s)}(\cosh 2\lambda) \tag{3.157}$$

即内积 $\langle\lambda,m+s,n+t\,|\lambda,m,n\rangle$ 与 Jacobi 多项式密切相关. 特别地, 当 $s=t=0$ 时, 态 $|\lambda,m,n\rangle$ 的归一化系数 $N_{m,n,\lambda}$ 为

$$N_{\lambda,m,n} = \langle\lambda,m,n\,|\lambda,m,n\rangle = m!n!\sinh^{2n}\lambda P_m^{(n-m,0)}(\cosh 2\lambda) \tag{3.158}$$

当 $m=n$ 时, 上式将变成关于压缩参数 λ 的 Legendre 多项式, 这是因为 $P_n^{(0,0)}(x) = P_n(x)$, $P_0(x)=1$; 而当 $n\neq 0$, $m=0$ 时, 注意到 $P_0^{(n,0)}(x)=1$, 有 $N_{\lambda,0,n} = n!\sinh^{2n}\lambda$. 因此, 归一化的双模光子扣除态为

$$||\lambda,m,n\rangle \equiv \left[m!n!\sinh^{2n}\lambda P_m^{(n-m,0)}(\cosh 2\lambda)\right]^{-1/2} a^m b^n S_2(\lambda)|00\rangle \tag{3.159}$$

3.12 双模等光子扣除压缩态

本节我们考虑双模等光子扣除双模压缩态 $a^n b^n \mathrm{e}^{a^\dagger b^\dagger \tanh\lambda}|00\rangle$. 鉴于

$$
\begin{aligned}
a^n b^n \mathrm{e}^{a^\dagger b^\dagger \tanh\lambda} &= \sum_{m=0}^{\infty} \frac{\tanh^m \lambda}{m!} a^n a^{\dagger m} b^n b^{\dagger m} \\
&= (-1)^n \sum_{m=0}^{\infty} \frac{(-\tanh\lambda)^m}{m!} \vdots H_{m,n}\left(\mathrm{i}a^\dagger, \mathrm{i}a\right) H_{m,n}\left(\mathrm{i}b^\dagger, \mathrm{i}b\right) \vdots
\end{aligned} \tag{3.160}
$$

所以我们要求证如下恒等式:

$$
\begin{aligned}
&\sum_{m=0}^{\infty} \frac{s^m}{m!} H_{m,n}(x,y) H_{m,n}(x',y') \\
&= (-s)^n H_{n,n}\left[\mathrm{i}\left(\frac{y}{s} - x'\right), \mathrm{i}\left(y' - sx\right)\right] \mathrm{e}^{sx'x}
\end{aligned} \tag{3.161}
$$

这是对于两个双变量 Hermite 多项式的乘积的一个指标的求和公式.

证明 重写双变量 Hermite 多项式的母函数公式为

$$
\begin{aligned}
\sum_{n=0}^{\infty} \frac{s^m t^n}{m!n!} H_{m,n}(x,y) &= \exp[t(y-s) + sx] \\
&= \mathrm{e}^{sx} \sum_{n=0}^{\infty} \frac{t^n (y-s)^n}{n!}
\end{aligned} \tag{3.162}
$$

比较两边 $\frac{t^n}{n!}$ 的系数得到对于一个双变量 Hermite 多项式的一个指标的求和公式

$$
\sum_{m=0}^{\infty} \frac{s^m}{m!} H_{m,n}(x,y) = (y-s)^n \mathrm{e}^{sx} \tag{3.163}
$$

然后我们用算符 Hermite 多项式方法求下式之和

$$
\sum_{m=0}^{\infty} \frac{s^m}{m!} H_{m,n}(x,y) \vdots H_{m,n}(a^\dagger, a) \vdots = ? \tag{3.164}
$$

其中, $\vdots H_{m,n}(a^\dagger, a) \vdots$ 是反正规排序,a 和 $a^\dagger$ 在 $\vdots\ \vdots$ 内部可以交换, 用 $\vdots H_{m,n}(a^\dagger, a) \vdots = : a^{\dagger m} a^n :$ 可以将式 (3.164) 改写为

$$
\sum_{m=0}^{\infty} \frac{s^m}{m!} H_{m,n}(x,y) \vdots H_{m,n}(a^\dagger, a) \vdots
$$

$$
\begin{aligned}
&=\sum_{m=0}^{\infty}\frac{:s^m a^{\dagger m}a^n:}{m!}H_{m,n}(x,y)\\
&=:\left(y-sa^{\dagger}\right)^n \mathrm{e}^{sa^{\dagger}x}a^n:=\left(y-sa^{\dagger}\right)^n(a-sx)^n\mathrm{e}^{sa^{\dagger}x}
\end{aligned}
\tag{3.165}
$$

为比较上式左边第一式和右边最后一式, 我们需要将式 (3.165) 右边算符改写成反正规乘积的形式. 利用将算符 $\rho(a,a^{\dagger})$ 转换为反正规乘积形式的公式（2.73）, 即

$$
\rho(a,a^{\dagger})=\int\frac{\mathrm{d}^2\beta}{\pi}\vdots\langle-\beta|\rho(a,a^{\dagger})|\beta\rangle\exp\left(|\beta|^2+\beta^*a-\beta a^{\dagger}+a^{\dagger}a\right)\vdots \tag{3.166}
$$

其中, $|\beta\rangle=\exp\left(-\frac{|\beta|^2}{2}+\beta a^{\dagger}\right)|0\rangle$ 为相干态, 且有 $\langle-\beta|\,\beta\rangle=\mathrm{e}^{-2|\beta|^2}$, 可见算符 $\left(y-sa^{\dagger}\right)^n\times(a-sx)^n$ 可转换为反正规乘积形式:

$$
\begin{aligned}
&\left(y-sa^{\dagger}\right)^n(a-sx)^n\\
&=\int\frac{\mathrm{d}^2\beta}{\pi}\vdots\langle-\beta|\left(y-sa^{\dagger}\right)^n(a-sx)^n|\beta\rangle\exp\left(|\beta|^2+\beta^*a-\beta a^{\dagger}+a^{\dagger}a\right)\vdots\\
&=s^n\int\frac{\mathrm{d}^2\beta}{\pi}\left(\frac{y}{s}+\beta^*\right)^n(\beta-sx)^n\exp\left(-|\beta|^2+\beta^*a-\beta a^{\dagger}+a^{\dagger}a\right)\vdots\\
&=s^n\mathrm{e}^{xy}\int\frac{\mathrm{d}^2\beta'}{\pi}|\beta'|^{2n}\vdots\exp\left(-|\beta'|^2+\beta'\left(\frac{y}{s}-a^{\dagger}\right)+(a-sx)\beta'^*-sxa^{\dagger}-\frac{y}{s}a+a^{\dagger}a\right)\vdots\\
&=(-s)^n\vdots H_{n,n}\left[\mathrm{i}\left(\frac{y}{s}-a^{\dagger}\right),\mathrm{i}(a-sx)\right]\vdots
\end{aligned}
\tag{3.167}
$$

在上式最后一步计算中, 利用了积分公式

$$
\int\frac{\mathrm{d}^2z}{\pi}z^m z^{*n}\exp\left(-|z|^2+\xi z+\eta z^*\right)=(-\mathrm{i})^{m+n}\mathrm{e}^{\eta\xi}H_{m,n}(\mathrm{i}\eta,\mathrm{i}\xi) \tag{3.168}
$$

将式 (3.167) 代入式 (3.165) 可得

$$
\sum_{m=0}^{\infty}\frac{s^m}{m!}H_{m,n}(x,y)\vdots H_{m,n}(a^{\dagger},a)\vdots=(-s)^n\vdots H_{n,n}\left[\mathrm{i}\left(\frac{y}{s}-a^{\dagger}\right),\mathrm{i}(a-sx)\right]\vdots\mathrm{e}^{sa^{\dagger}x} \tag{3.169}
$$

由于式 (3.169) 两边均处于反正规乘积之中, 在反正规乘积之中算符彼此是可对易的, 即相当于经典的 c 数, 因此, 可做取代 $a^{\dagger}\to x', a\to y'$, 即得式 (3.161). 注意到双变量 Hermite 多项式 $H_{m,m}(x,y)$ 与 Laguerre 多项式 $L_m(xy)$ 的关系式（2.78）, 即

$$
H_{m,m}(x,y)=(-1)^m m!L_m(xy) \tag{3.170}
$$

其中, $L_m(x)$ 的求和定义式为

$$
L_m(x)=\sum_{l=0}^{m}(-1)^l\binom{m}{m-l}\frac{x^l}{l!} \tag{3.171}
$$

则式 (3.161) 又可表示成

$$\sum_{m=0}^{\infty}\frac{s^m}{m!}H_{m,n}(x,y)H_{m,n}(x',y')=s^n n!L_n\left[-\left(\frac{y}{s}-x'\right)(y'-sx)\right]\mathrm{e}^{sx'x} \tag{3.172}$$

类似地, 可以证明

$$\begin{aligned}\sum_{n=0}^{\infty}\frac{t^n}{n!}H_{m,n}(x,y)H_{m,n}(x',y')&=(-t)^m H_{m,m}\left[\mathrm{i}(yt-x'),\mathrm{i}\left(y'-\frac{x}{t}\right)\right]\mathrm{e}^{ty'y}\\&=t^m m!L_m\left[-(yt-x')\left(y'-\frac{x}{t}\right)\right]\mathrm{e}^{ty'y}\end{aligned} \tag{3.173}$$

于是算符 $a^n b^n \mathrm{e}^{a^\dagger b^\dagger \tanh\lambda}$ 可表示为

$$\begin{aligned}a^n b^n \mathrm{e}^{a^\dagger b^\dagger \tanh\lambda}&=(-1)^n\sum_{m=0}^{\infty}\frac{(-\tanh\lambda)^m}{m!}:H_{m,n}\left(\mathrm{i}a^\dagger,\mathrm{i}a\right)H_{m,n}\left(\mathrm{i}b^\dagger,\mathrm{i}b\right):\\&=n!\tanh^n\lambda\mathrm{e}^{a^\dagger b^\dagger \tanh\lambda}:L_n\left(-a^\dagger a-b^\dagger b-ab\coth\lambda-a^\dagger b^\dagger\tanh\lambda\right):\end{aligned} \tag{3.174}$$

且双模等光子扣除压缩真空态可表示为

$$\begin{aligned}|\lambda\rangle_n&\equiv a^n b^n S_2(\lambda)|00\rangle=\operatorname{sech}\lambda a^n b^n \mathrm{e}^{a^\dagger b^\dagger\tanh\lambda}|00\rangle\\&=(\operatorname{sech}\lambda)n!\tanh^n\lambda\mathrm{e}^{a^\dagger b^\dagger\tanh\lambda}L_n\left(-a^\dagger b^\dagger\tanh\lambda\right)|00\rangle\\&=n!\tanh^n\lambda L_n\left(-a^\dagger b^\dagger\tanh\lambda\right)S_2(\lambda)|00\rangle\end{aligned} \tag{3.175}$$

因此, $|\lambda\rangle_n$ 等价于 Laguerre 多项式激发双模压缩真空态. 在上一节我们已经计算了归一化, 即

$$\langle 00|\mathrm{e}^{ab\tanh\lambda}a^{\dagger n}b^{\dagger n}a^n b^n\mathrm{e}^{a^\dagger b^\dagger\tanh\lambda}|00\rangle=(n!)^2\sinh^{2n}\lambda P_n(\cosh 2\lambda) \tag{3.176}$$

其中 $P_n(x)$ 为 Legendre 多项式, 有

$$P_n(x)=\sum_{l=0}^{[n/2]}\frac{(-1)^l(2n-2l)!x^{n-2l}}{2^n l!(n-l)!(n-2l)!} \tag{3.177}$$

利用式 (3.175) 和式 (3.176) 以及相干态完备性 $\int\frac{\mathrm{d}^2\alpha\mathrm{d}^2\beta}{\pi^2}|\alpha,\beta\rangle\langle\alpha,\beta|=1$, 可得

$$\begin{aligned}&\langle 00|\mathrm{e}^{ab\tanh\lambda}a^{\dagger n}b^{\dagger n}a^n b^n\mathrm{e}^{a^\dagger b^\dagger\tanh\lambda}|00\rangle\\&=(n!)^2\tanh^{2n}\lambda\langle 00|L_n(-ab\tanh\lambda)\mathrm{e}^{ab\tanh\lambda}\\&\quad\times\int\frac{\mathrm{d}^2\alpha\mathrm{d}^2\beta}{\pi^2}|\alpha,\beta\rangle\langle\alpha,\beta|\mathrm{e}^{a^\dagger b^\dagger\tanh\lambda}L_n\left(-a^\dagger b^\dagger\tanh\lambda\right)|00\rangle\end{aligned} \tag{3.178}$$

所以

$$\int\frac{\mathrm{d}^2\alpha\mathrm{d}^2\beta}{\pi^2}|L_n(-\alpha\beta\tanh\lambda)|^2\mathrm{e}^{-|\alpha|^2-|\beta|^2+(\alpha\beta+\alpha^*\beta^*)\tanh\lambda}=P_n(\cosh 2\lambda)\cosh^{2n}\lambda \tag{3.179}$$

此即一个新积分公式.

3.13 求和公式 $\sum\limits_{m,n=0}^{\infty}\dfrac{s^m t^n}{m!n!}H_{m,n}(x,y)H_{m,n}(x',y')$

利用 Laguerre 多项式的母函数公式（2.32），可进一步对式 (3.172) 做求和 $\sum\limits_{n=0}^{\infty}\dfrac{t^n}{n!}$, 则有

$$\begin{aligned}\sum_{m,n=0}^{\infty}\frac{s^m t^n}{m!n!}H_{m,n}(x,y)H_{m,n}(x',y') &= \sum_{n=0}^{\infty}t^n s^n L_n\left[-\left(\frac{y}{s}-x'\right)(y'-sx)\right]\mathrm{e}^{sx'x} \\ &= \frac{1}{1-ts}\exp\left[\frac{sxx'+tyy'-ts\left(xy+x'y'\right)}{1-ts}\right]\end{aligned} \tag{3.180}$$

该公式是非常有用的, 如利用上式可得

$$\sum_{n,m=0}^{\infty}\frac{t^n s^m}{n!m!}H_{m,n}(x,y)\vdots H_{m,n}(a^\dagger,a)\vdots = \frac{1}{1-ts}\vdots\exp\left[\frac{sxa^\dagger+tya-ts\left(xy+a^\dagger a\right)}{1-ts}\right]\vdots \tag{3.181}$$

另一方面, 注意到式算符恒等式 $\vdots H_{m,n}(a^\dagger,a)\vdots =: a^{\dagger m}a^n:$, 则上式又可写成

$$\begin{aligned}\sum_{n,m=0}^{\infty}\frac{t^n s^m}{n!m!}H_{m,n}(x,y)\vdots H_{m,n}(a^\dagger,a)\vdots &= \sum_{n,m=0}^{\infty}\frac{:s^m a^{\dagger m}t^n a^n:}{m!n!}H_{m,n}(x,y) \\ &=: \exp(-sta^\dagger a+sa^\dagger x+tay):\end{aligned} \tag{3.182}$$

因此, 我们得到一个联系算符正规与反正规乘积的算符恒等式, 即

$$:\exp(-sta^\dagger a+sa^\dagger x+tay): = \frac{1}{1-ts}\vdots\exp\left[\frac{sxa^\dagger+tya-ts\left[xy+a^\dagger a\right]}{1-ts}\right]\vdots \tag{3.183}$$

特别地, 若 $x=y=0$, 则有

$$:\exp(-sta^\dagger a): = \frac{1}{1-ts}\vdots\exp\left(\frac{-tsa^\dagger a}{1-ts}\right)\vdots \tag{3.184}$$

利用式 (2.29) 以及式 (3.180) 可得

$$\begin{aligned}\mathrm{e}^{sab}\mathrm{e}^{ta^\dagger b^\dagger} &= \sum_{m=0}^{\infty}\frac{s^m}{m!}a^m b^m\sum_{n=0}^{\infty}\frac{t^n}{n!}a^{\dagger n}b^{\dagger n} \\ &= \sum_{m,n=0}^{\infty}\frac{(-1)^{m+n}s^m t^n}{m!n!}:H_{m,n}\left(\mathrm{i}a^\dagger,\mathrm{i}a\right)H_{m,n}\left(\mathrm{i}b^\dagger,\mathrm{i}b\right):\end{aligned}$$

$$= \frac{1}{1-ts} : \exp\left[\frac{ts\left(a^\dagger a + b^\dagger b\right) + sa^\dagger b^\dagger + tab}{1-ts}\right]: \tag{3.185}$$

即反正规乘积算符 $\mathrm{e}^{sab}\mathrm{e}^{ta^\dagger b^\dagger}$ 的正规乘积形式为

$$\mathrm{e}^{sab}\mathrm{e}^{ta^\dagger b^\dagger} = \frac{1}{1-ts}\mathrm{e}^{\frac{s}{1-ts}a^\dagger b^\dagger}\mathrm{e}^{-\left(a^\dagger a + b^\dagger b\right)\ln(1-ts)}\mathrm{e}^{\frac{t}{1-ts}ab} \tag{3.186}$$

算符 $a^n b^n \mathrm{e}^{a^\dagger b^\dagger \tanh\lambda}$ 的正规乘积形式由式 (3.174) 给出.

第 4 章

从Weyl-排序到s-排序以及Wigner算符的Radon变换

4.1 化算符为 Weyl-排序的公式

由式（1.86）可知, 相干态 $|z\rangle\langle z|$ 的经典对应是

$$2\pi\mathrm{Tr}\left[|z\rangle\langle z|\varDelta(q,p)\right]=2\pi\frac{1}{\pi}\langle z|:\mathrm{e}^{-2(a-\alpha)\left(a^{\dagger}-\alpha^{*}\right)}:|z\rangle=2\mathrm{e}^{-2(z^{*}-\alpha^{*})(z-\alpha)} \tag{4.1}$$

其 Weyl 对应式则为 [利用式 (1.84)]

$$|z\rangle\langle z|=4\int\mathrm{d}^{2}\alpha\mathrm{e}^{-2(z^{*}-\alpha^{*})(z-\alpha)}\varDelta(\alpha,\alpha^{*}) \tag{4.2}$$

鉴于式（1.91）给出的 $|z\rangle\langle z|$ 的 Weyl-排序

$$|z\rangle\langle z| = 2\,\vdots\, e^{-2\left(z^*-a^\dagger\right)(z-a)}\,\vdots \tag{4.3}$$

可见式（4.2）中的 Wigner 算符的 Weyl-排序形式是

$$\Delta(\alpha,\alpha^*) = \frac{1}{2}\vdots\,\delta\left(\alpha^*-a^\dagger\right)\delta(\alpha-a)\,\vdots \tag{4.4}$$

求 Wigner 算符的 Weyl-排序形式, 也可以由式（1.77）和 IWOP 方法得到

$$\begin{aligned}
\Delta(x,p) &= \frac{1}{\pi}:\mathrm{e}^{-(x-X)^2-(p-P)^2}: \\
&= \iint \frac{\mathrm{d}u\mathrm{d}v}{4\pi^2}:\mathrm{e}^{-\frac{u^2}{4}+\mathrm{i}u(x-X)-\frac{v^2}{4}+\mathrm{i}v(p-P)}: \\
&= \iint \frac{\mathrm{d}u\mathrm{d}v}{4\pi^2}\mathrm{e}^{\mathrm{i}u(x-X)+\mathrm{i}v(p-P)} \\
&= \iint \frac{\mathrm{d}u\mathrm{d}v}{4\pi^2}\vdots\,\mathrm{e}^{\mathrm{i}u(x-X)+\mathrm{i}v(p-P)}\,\vdots \\
&= \vdots\,\delta(x-X)\delta(p-P)\,\vdots \\
&= \vdots\,\delta(p-P)\delta(x-X)\,\vdots
\end{aligned} \tag{4.5}$$

Wigner 算符的 Weyl-排序形式恰是 δ 函数型, 为范洪义首先导出, 不但凸显了理论的优美与简洁, 而且有广泛的应用. 例如 Weyl 对应式（1.84）就可改写为

$$\begin{aligned}
H\left(a^\dagger,a\right) &= 2\int \mathrm{d}^2\alpha\,\Delta(\alpha,\alpha^*)\,h(\alpha,\alpha^*) \\
&= \int \mathrm{d}^2\alpha\,\vdots\,\delta(a^\dagger-\alpha^*)\delta(a-\alpha)\,\vdots\,h(\alpha,\alpha^*) \\
&= \vdots\,h\left(a,a^\dagger\right)\vdots
\end{aligned} \tag{4.6}$$

表明要得到 $H\left(a^\dagger,a\right)$ 的 Weyl-排序形式只需将其经典 Weyl 对应函数中做替换 $\alpha\to a,\alpha^*\to a^\dagger$ 即可得到.

用算符的 P-表示 $\rho=\int\frac{\mathrm{d}^2z}{\pi}P(z,z^*)|z\rangle\langle z|$, 其中

$$P(z,z^*) = \frac{\mathrm{e}^{|z|^2}}{\pi}\int\frac{\mathrm{d}^2\beta}{\pi}\langle-\beta|\rho|\beta\rangle\,\mathrm{e}^{|\beta|^2}\mathrm{e}^{-\beta z^*+\beta^* z} \tag{4.7}$$

这里, $|\beta\rangle$ 为 Glauber 相干态, 将式 (4.3) 和 (4.7) 代入式 (4.6), 得

$$\begin{aligned}
\rho &= 2\int\frac{\mathrm{d}^2z}{\pi}P(z)\frac{\mathrm{e}^{|z|^2}}{\pi^2}\int\frac{\mathrm{d}^2\beta}{\pi}\langle-\beta|\rho|\beta\rangle\,\mathrm{e}^{|\beta|^2}\mathrm{e}^{-\beta z^*+\beta^* z}\,\vdots\,\exp\left[-2(z^*-\alpha^*)(z-\alpha)\right]\vdots \\
&= 2\int\frac{\mathrm{d}^2\beta}{\pi}\langle-\beta|\rho|\beta\rangle\,\vdots\,\exp\left[-2\left(\beta^*\alpha-\beta a^\dagger+a^\dagger a\right)\right]\vdots
\end{aligned} \tag{4.8}$$

在 $\vdots\ \vdots$ 内部 a 与 $a^\dagger$ 可以交换. 上式 (4.8) 就是为化算符为 Weyl-排序的算符公式. 特别地, 当 $\rho=1$ 时, 是单位算符, 注意到 $\langle-\beta|\beta\rangle=\mathrm{e}^{-2|\beta|^2}$, 式（4.8）将退化为

$$1=2\int\frac{\mathrm{d}^2\beta}{\pi}\vdots\exp\left[-2\left(\beta^*+a^\dagger\right)(\beta-a)\right]\vdots \tag{4.9}$$

此外, Weyl-排序的一般公式还可以通过以下途径得到. 即利用 Wigner 算符的正规乘积表示, 有

$$\begin{aligned}\langle-\beta|\Delta(\alpha,\alpha^*)|\beta\rangle&=\frac{1}{\pi}\langle-\beta|:\mathrm{e}^{-2\left(\alpha^*-a^\dagger\right)(\alpha-a)}:|\beta\rangle\\&=\frac{1}{\pi}\mathrm{e}^{-2(\alpha^*+\beta^*)(\alpha-\beta)}\langle-\beta|\beta\rangle\\&=\frac{1}{\pi}\mathrm{e}^{-2\alpha^*\alpha-2\beta^*\alpha+2\beta\alpha^*}\end{aligned} \tag{4.10}$$

所以

$$\begin{aligned}\langle-\beta|H(a^\dagger,a)|\beta\rangle&=2\int\mathrm{d}^2\alpha\langle-\beta|\Delta(\alpha,\alpha^*)|\beta\rangle h(\alpha,\alpha^*)\\&=2\int\frac{\mathrm{d}^2\alpha}{\pi}h(\alpha,\alpha^*)\mathrm{e}^{-2\alpha^*\alpha}\mathrm{e}^{2\beta\alpha^*-2\beta^*\alpha}\end{aligned} \tag{4.11}$$

此式中 $\mathrm{e}^{2\beta\alpha^*-2\beta^*\alpha}$ 是一个 Fourier 积分变换核, 故其逆变换给出

$$h(\alpha,\alpha^*)=2\mathrm{e}^{2\alpha^*\alpha}\int\frac{\mathrm{d}^2\beta}{\pi}\langle-\beta|H(a^\dagger,a)|\beta\rangle\mathrm{e}^{2\beta^*\alpha-2\beta\alpha^*} \tag{4.12}$$

这也是从已知的算符 $H(a^\dagger,a)$ 求其经典 Weyl 对应的计算公式, 与式（1.86）比较, 就功能而言殊途同归. 再代入式 (1.84) 可得

$$\begin{aligned}H(a^\dagger,a)&=4\int\mathrm{d}^2\alpha\Delta(\alpha,\alpha^*)\mathrm{e}^{2\alpha^*\alpha}\int\frac{\mathrm{d}^2\beta}{\pi}\langle-\beta|H(a^\dagger,a)|\beta\rangle\mathrm{e}^{2\beta^*\alpha-2\beta\alpha^*}\\&=2\int\mathrm{d}^2\alpha\vdots\delta\left(\alpha^*-a^\dagger\right)\delta(\alpha-a)\vdots\mathrm{e}^{2\alpha^*\alpha}\int\frac{\mathrm{d}^2\beta}{\pi}\langle-\beta|H(a^\dagger,a)|\beta\rangle\mathrm{e}^{2\beta^*\alpha-2\beta\alpha^*}\\&=2\int\frac{\mathrm{d}^2\beta}{\pi}\vdots\langle-\beta|H(a^\dagger,a)|\beta\rangle\mathrm{e}^{2\left(\beta^*a-\beta a^\dagger+a^\dagger a\right)}\vdots\end{aligned} \tag{4.13}$$

这与式（4.8）一致.

4.2　Weyl-排序算符化为其他排序

$\mathrm{e}^{\lambda a^\dagger+\mu a}$ 的经典对应是 $\mathrm{e}^{\lambda\alpha^*+\mu\alpha}$, 这可以由式（1.84）验证. 所以用式（4.4）得到

$$\mathrm{e}^{\lambda a^\dagger+\mu a}=2\int\mathrm{d}^2\alpha\frac{1}{2}\vdots\delta\left(\alpha^*-a^\dagger\right)\delta(\alpha-a)\vdots\mathrm{e}^{\lambda\alpha^*+\mu\alpha}$$

$$= \vdots e^{\lambda a^{\dagger}+\mu a} \vdots \tag{4.14}$$

同理, 有

$$e^{\sigma Q+\lambda P} = \vdots e^{\sigma Q+\lambda P} \vdots \tag{4.15}$$

即算符 $e^{\lambda a^{\dagger}+\mu a}$ 与 $e^{\sigma Q+\lambda P}$ 的 Weyl-排序就是其自身. 因此

$$\vdots e^{\sigma Q+\lambda P} \vdots = e^{-i\frac{1}{2}\lambda\sigma} e^{\sigma Q} e^{\lambda P} = \mathfrak{Q}\left[e^{-i\frac{1}{2}\lambda\sigma+\lambda P+\sigma Q}\right] \tag{4.16}$$

这里, $\mathfrak{Q}$ 表示 Q-P 排序算符——所有坐标算符排在动量算符的左边的排序形式, 在 $\mathfrak{Q}$-排序内算符是可对易的.

考虑若要将已是 Weyl-排序的算符 $\vdots P^n Q^m \vdots$ 化为 $\mathfrak{Q}$-排序（坐标在动量算符的左边）, 则用式（4.16）右边展开

$$\mathfrak{Q}\left[e^{-i\frac{1}{2}\lambda\sigma+\lambda P+\sigma Q}\right] = \sum_{n=0}^{\infty} \frac{\left(i\frac{\lambda}{\sqrt{2}}\right)^n \left(\frac{\sigma}{\sqrt{2}}\right)^m}{n!m!} \mathfrak{Q}\left[H_{n,m}\left(-i\sqrt{2}P, \sqrt{2}Q\right)\right] \tag{4.17}$$

比较式

$$\vdots e^{\sigma Q+\lambda P} \vdots = \sum_{n=0}^{\infty} \frac{\lambda^n \sigma^m}{n!m!} \vdots P^n Q^m \vdots \tag{4.18}$$

得到

$$\vdots P^n Q^m \vdots = i^n \left(\frac{1}{\sqrt{2}}\right)^{n+m} \mathfrak{Q}\left[H_{n,m}\left(-i\sqrt{2}P, \sqrt{2}Q\right)\right] \tag{4.19}$$

此即 Weyl-排序的算符 $\vdots P^n Q^m \vdots$ 的 $\mathfrak{Q}$-排序形式. 由式（4.16）和（4.19）不难看出

$$\begin{aligned}
(fP+gQ)^n &= \vdots (fP+gQ)^n \vdots \\
&= \sum_{l=0}^{n} \binom{n}{l} \vdots (fP)^{n-l} (gQ)^l \vdots \\
&= \left(\frac{1}{\sqrt{2}}\right)^n \sum_{l=0}^{n} \binom{n}{l} (if)^{n-l} g^l \mathfrak{Q}\left[H_{n-l,l}\left(-i\sqrt{2}P, \sqrt{2}Q\right)\right]
\end{aligned} \tag{4.20}$$

用关于双变量 Hermite 多项式的二项式定理 [见第 2 章中式（2.88）]

$$\sum_{l=0}^{n} \binom{n}{l} z^l H_{n-l,l}(x,y) = \sqrt{z^n} H_n\left(\frac{x}{\sqrt{z}} + \sqrt{z}y\right)$$

得到

$$(fP+gQ)^n = \left(\frac{if}{\sqrt{2}}\right)^n \sqrt{\left(\frac{g}{if}\right)^n} \mathfrak{Q}\left[H_n\left(\frac{-i\sqrt{2}P}{\sqrt{\frac{g}{if}} + \sqrt{\frac{g}{if}}\sqrt{2}Q}\right)\right] \tag{4.21}$$

令 $g=1$, $f=\mathrm{i}$, 则由式（4.21）得

$$(\mathrm{i}P+Q)^n=\left(\frac{-\mathrm{i}}{\sqrt{2}}\right)^n \mathfrak{Q}\left[H_n\left(-\sqrt{2}P-\mathrm{i}\sqrt{2}Q\right)\right] \tag{4.22}$$

鉴于湮灭算符 $a=\dfrac{\mathrm{i}P+Q}{\sqrt{2}}$, 所以

$$a^n=\left(\frac{-\mathrm{i}}{2}\right)^n \mathfrak{Q}\left[H_n\left(-\sqrt{2}P-\mathrm{i}\sqrt{2}Q\right)\right] \tag{4.23}$$

可见, 湮灭算符 a^n 的 $\mathfrak{Q}$-排序形式恰好是一个单变量 Hermite 多项式, 故而

$$\langle q|\,a^n\,|p\rangle=\left(\frac{\mathrm{i}}{2}\right)^n H_n\left(\sqrt{2}p+\mathrm{i}\sqrt{2}q\right)\langle q\,|p\rangle \tag{4.24}$$

4.3 量子光学相算符的经典对应

在经典谐振子理论中, 位相是振动的三要素（振幅、位相、频率）之一. 量子位相算符最早由狄拉克定义, $a=\sqrt{N}\mathrm{e}^{\mathrm{i}\phi}, N=a^{\dagger}a$, 这可以看作一种复数极分解的量子对应. 稍后 Susskind 和 Glogower 将其修改为

$$\mathrm{e}^{\mathrm{i}\phi}=(N+1)^{-\frac{1}{2}}a,\quad \mathrm{e}^{-\mathrm{i}\phi}=a^{\dagger}(N+1)^{\frac{1}{2}} \tag{4.25}$$

以避免 $N^{-1/2}|0\rangle$ 的尴尬. 容易证明

$$\mathrm{e}^{\mathrm{i}\phi}\mathrm{e}^{-\mathrm{i}\phi}=1,\quad \mathrm{e}^{-\mathrm{i}\phi}\mathrm{e}^{\mathrm{i}\phi}=1-|0\rangle\langle 0| \tag{4.26}$$

故 $\mathrm{e}^{\mathrm{i}\phi}$ 与 $\mathrm{e}^{-\mathrm{i}\phi}$ 不可交换. 容易看出

$$\begin{aligned}&[N,\mathrm{e}^{\mathrm{i}\phi}]=-\mathrm{e}^{\mathrm{i}\phi},\quad [N,\mathrm{e}^{-\mathrm{i}\phi}]=\mathrm{e}^{-\mathrm{i}\phi}\\&[N,\cos\phi]=-\mathrm{i}\sin\phi,\quad [N,\sin\phi]=\mathrm{i}\cos\phi\end{aligned} \tag{4.27}$$

故而有

$$\Delta N\Delta\cos\phi\geqslant\frac{1}{2}|\langle\sin\phi\rangle|,\quad \Delta N\Delta\sin\phi\geqslant\frac{1}{2}|\langle\cos\phi\rangle| \tag{4.28}$$

可以证明相干态是使得数–相测不准关系取极小的态.

一个有趣的问题是，相算符 $e^{i\phi}$ 的经典 Weyl 对应是什么呢？也就是说在下面这个方程中，$h(\alpha,\alpha^*)$ 的具体形式是什么？它能显示一个经典相因子吗？

$$e^{i\phi}=2\int d^2\alpha h(\alpha,\alpha^*)\Delta(\alpha,\alpha^*) \tag{4.29}$$

我们的思路是：只要把 $e^{i\phi}$ 的 Weyl-排序的形式找到，$e^{i\phi}=\vdots h\left(a^\dagger,a\right)\vdots$，那么将其中的 $a^\dagger\to\alpha^*,a\to\alpha$，就得所求，这是因为 $\Delta(\alpha,\alpha^*)=\frac{1}{2}\vdots\delta\left(a^\dagger-\alpha^*\right)\delta(a-\alpha)\vdots$.

将 $e^{i\phi}$ 在 Fock 空间展开

$$e^{i\phi}=\sum_{m,n}^{\infty}|m\rangle\langle n|\langle m|e^{i\phi}|n\rangle \tag{4.30}$$

这里，$|n\rangle=\frac{a^{\dagger n}}{\sqrt{n!}}|0\rangle$，及

$$\langle m|e^{i\phi}|n\rangle=\langle m|(N+1)^{-1/2}a|n\rangle=\delta_{m,n-1} \tag{4.31}$$

而 $|m\rangle\langle n|$ 的 Weyl-排序的形式可通过式（4.8）给出，即

$$\begin{aligned}|m\rangle\langle n|&=2\int\frac{d^2\beta}{\pi}\vdots\langle-\beta|m\rangle\langle n|\beta\rangle\exp\left[2\left(\beta^*a-a^\dagger\beta+a^\dagger a\right)\right]\vdots\\&=2\int\frac{d^2\beta}{\pi}\vdots\frac{\beta^n(-\beta^*)^m}{\sqrt{n!m!}}\exp\left[2\left(\beta^*a-a^\dagger\beta+a^\dagger a\right)\right]\vdots\end{aligned} \tag{4.32}$$

用积分公式

$$\begin{aligned}H_{m,n}(\xi,\eta)&=(-1)^n e^{\xi\eta}\int\frac{d^2z}{\pi}z^nz^{*m}\exp\left(-|z|^2+\xi z-\eta z^*\right)\\&=(-1)^m e^{\xi\eta}\int\frac{d^2z}{\pi}z^nz^{*m}\exp\left(-|z|^2+\xi z-\eta z^*\right)\end{aligned} \tag{4.33}$$

这里 $H_{m,n}$ 是双变量 Hermite 多项式（1.129），即

$$H_{m,n}(\xi,\eta)=\sum_{l=0}^{\min(m,n)}l!\binom{m}{l}\binom{n}{l}(-1)^l\xi^{m-l}\eta^{n-l} \tag{4.34}$$

则 $|m\rangle\langle n|$ 的 Weyl-排序的形式为

$$|m\rangle\langle n|=\frac{2}{\sqrt{n!m!}}\vdots H_{m,n}\left(2a^\dagger,2a\right)e^{-2a^\dagger a}\vdots \tag{4.35}$$

将它代入到式（4.30）中得到 $e^{i\phi}$ 的 Weyl-排序

$$e^{i\phi}=\sum_{m,n}^{\infty}\delta_{m,n-1}\frac{2}{\sqrt{n!m!}}\vdots H_{m,n}\left(2a^\dagger,2a\right)e^{-2a^\dagger a}\vdots$$

$$= \sum_{n=0}^{\infty} \frac{2}{n!\sqrt{n+1}} \vdots H_{n+1,n}\left(2a^{\dagger}, 2a\right) \exp\left(-2a^{\dagger} a\right) \vdots \tag{4.36}$$

于是 $\mathrm{e}^{\mathrm{i}\phi}$ 的经典对应是

$$\begin{aligned} h(\alpha, \alpha^{*}) &= \sum_{n=0}^{\infty} \frac{4}{n!\sqrt{n+1}} H_{n+1,n}(2\alpha^{*}, 2\alpha) \exp\left(-2|\alpha|^{2}\right) \\ &= \sum_{n=0}^{\infty} \frac{8}{n!\sqrt{n+1}} \sum_{l=0}^{n} l! \binom{n+1}{l} \binom{n}{l} (-1)^{l} \left(4|\alpha|^{2}\right)^{n-l+1/2} |\alpha| \mathrm{e}^{\mathrm{i}\varphi} \end{aligned} \tag{4.37}$$

这里除了振幅 $|\alpha|^2$ 以外, 果然出现了经典相 $\mathrm{e}^{\mathrm{i}\varphi}$.

类似地, 我们可导出

$$\begin{aligned} \mathrm{e}^{-\mathrm{i}\phi} &= \sum_{m,n}^{\infty} |m\rangle \langle m| \mathrm{e}^{-\mathrm{i}\phi} |n\rangle \langle n| \\ &= \sum_{m,n}^{\infty} \delta_{m,n+1} \frac{2}{\sqrt{n!m!}} \vdots H_{m,n}\left(2a^{\dagger}, 2a\right) \exp\left(-2a^{\dagger} a\right) \vdots \\ &= \sum_{n=0}^{\infty} \frac{2}{n!\sqrt{n+1}} \vdots H_{n+1,n}\left(2a^{\dagger}, 2a\right) \exp\left(-2a^{\dagger} a\right) \vdots \end{aligned} \tag{4.38}$$

其经典对应是

$$\begin{aligned} \mathrm{e}^{-\mathrm{i}\phi} &\to \sum_{n=0}^{\infty} \frac{4}{n!\sqrt{n+1}} H_{n+1,n}(2\alpha^{*}, 2\alpha) \exp\left(-2|\alpha|^{2}\right) \\ &= \sum_{n=0}^{\infty} \frac{8}{n!\sqrt{n+1}} \sum_{l=0}^{n} l! \binom{n+1}{l} \binom{n}{l} (-1)^{l} \left(4|\alpha|^{2}\right)^{n-l+1/2} |\alpha| \mathrm{e}^{-\mathrm{i}\varphi} \end{aligned} \tag{4.39}$$

这里, $\mathrm{e}^{-\mathrm{i}\varphi}$ 对应于 $\mathrm{e}^{-\mathrm{i}\phi}$.

4.4 相算符的本征态

在第 1 章我们已经指出产生谐振子的相干态的动力学哈密顿量是 $H_0 = \omega a^{\dagger} a + \mathrm{i} f a - \mathrm{i} f^{*} a^{\dagger}$, $\mathrm{i} f a - \mathrm{i} f^{*} a^{\dagger}$ 代表线性外源. 在非线性光学中, 外源项常与光的场强有关时, 相应的哈密顿量是

$$H = \omega a^{\dagger} a + \mathrm{i}\left(f\sqrt{N+1}a - f^{*} a^{\dagger}\sqrt{N+1}\right), \quad f = |f| \mathrm{e}^{\mathrm{i}\omega t} \tag{4.40}$$

对 H 施加幺正变换 $\exp(\mathrm{i}\omega t a^\dagger a)$ 过渡到相互作用表象, 得到相互作用哈密顿量

$$H_I = \mathrm{i}|f|\left(\sqrt{N+1}a - a^\dagger\sqrt{N+1}\right) \tag{4.41}$$

相互作用绘景中的时间演化算符是

$$U_I = \mathrm{e}^{t|f|\left(\sqrt{N+1}a - a^\dagger\sqrt{N+1}\right)} \tag{4.42}$$

若初态为真空 $|0\rangle$, 那么在 t 时刻它就演化为

$$U_I|0\rangle = \mathrm{e}^{t|f|\left(\sqrt{N+1}a - a^\dagger\sqrt{N+1}\right)}|0\rangle \tag{4.43}$$

以下我们讨论由更一般的非线性算符形式:

$$V \equiv \mathrm{e}^{\lambda a^\dagger\sqrt{N+1} - \lambda^*\sqrt{N+1}a} \tag{4.44}$$

这里 $\lambda = \mathrm{e}^{\mathrm{i}\varphi}|\lambda|$, 所生成的态 $V|0\rangle$, 注意到

$$\begin{aligned}
&\left[a^\dagger\sqrt{N+1}, \sqrt{N+1}a\right] = -2\left(N+\frac{1}{2}\right)\\
&\left[\sqrt{N+1}a, N+\frac{1}{2}\right] = \sqrt{N+1}a\\
&\left[a^\dagger\sqrt{N+1}, N+\frac{1}{2}\right] = -a^\dagger\sqrt{N+1}
\end{aligned} \tag{4.45}$$

它们组成 $SU(1,1)$ 李代数, 故而 V 可分解成

$$V = \exp(\mathrm{e}^{\mathrm{i}\varphi}a^\dagger\sqrt{N+1}\tanh|\lambda|)(\mathrm{sech}|\lambda|)^{2(N+\frac{1}{2})}\exp(-\mathrm{e}^{-\mathrm{i}\varphi}\sqrt{N+1}a\tanh|\lambda|) \tag{4.46}$$

将 V 作用于真空态得到

$$V|0\rangle = \mathrm{sech}|\lambda|\exp(\mathrm{e}^{\mathrm{i}\varphi}a^\dagger\sqrt{N+1}\tanh|\lambda|)|0\rangle \equiv |\lambda\rangle_\varphi \tag{4.47}$$

它是归一化的, 即有 ${}_\varphi\langle\lambda|\lambda\rangle_\varphi = 1$.

用式（4.25）可得对易关系

$$\left[\mathrm{e}^{\mathrm{i}\phi}, a^\dagger\sqrt{N+1}\right] = \left[(N+1)^{-1/2}a, a^\dagger\sqrt{N+1}\right] = 1 \tag{4.48}$$

进而证明 $|\lambda\rangle_\varphi$ 是相算符 $\mathrm{e}^{\mathrm{i}\phi}$ 的本征态, 即

$$\mathrm{e}^{\mathrm{i}\phi}|\lambda\rangle_\varphi = \mathrm{sech}|\lambda|\left[\mathrm{e}^{\mathrm{i}\phi}, \exp(\mathrm{e}^{\mathrm{i}\varphi}a^\dagger\sqrt{N+1}\tanh|\lambda|)\right]|0\rangle = \mathrm{e}^{\mathrm{i}\varphi}\tanh|\lambda||\lambda\rangle_\varphi \tag{4.49}$$

当 $|\lambda| \to \infty$ 时, 即 $\tanh|\lambda| \to 1$, 注意到

$$\frac{\left(a^\dagger\sqrt{N+1}\right)^n}{n!}|0\rangle = |n\rangle \tag{4.50}$$

就有

$$|\lambda\rangle_{\varphi} \to \exp\left(\mathrm{e}^{\mathrm{i}\varphi}a^{\dagger}\sqrt{N+1}\right)|0\rangle = \sum_{n=0}^{\infty}\mathrm{e}^{\mathrm{i}n\varphi}|n\rangle \equiv \left|\mathrm{e}^{\mathrm{i}\varphi}\right\rangle \tag{4.51}$$

这里, $\left|\mathrm{e}^{\mathrm{i}\varphi}\right\rangle$ 称为相态, 满足以下本征方程:

$$\mathrm{e}^{\mathrm{i}\phi}\left|\mathrm{e}^{\mathrm{i}\varphi}\right\rangle = \mathrm{e}^{\mathrm{i}\varphi}\left|\mathrm{e}^{\mathrm{i}\varphi}\right\rangle \tag{4.52}$$

其完备性关系是

$$\oint\frac{\mathrm{d}\varphi}{2\pi}\left|\mathrm{e}^{\mathrm{i}\varphi}\right\rangle\left\langle\mathrm{e}^{\mathrm{i}\varphi}\right| = 1 \tag{4.53}$$

下面, 考察光子数算符和相算符在相算符本征态下的涨落情况. 为方便, 令

$$R = \sqrt{N+1}a, \quad R^{\dagger} = a^{\dagger}\sqrt{N+1} \tag{4.54}$$

从式（4.45）可知

$$V^{-1}RV = R\cosh^{2}|\lambda| + R^{\dagger}\sinh^{2}|\lambda|\mathrm{e}^{\mathrm{i}2\varphi} + \left(N+\frac{1}{2}\right)\mathrm{e}^{\mathrm{i}\varphi}\sinh 2|\lambda| \tag{4.55}$$

$$V^{-1}(2N+1)V = (2N+1)\cosh 2|\lambda| + \left(\mathrm{e}^{\mathrm{i}\varphi}R^{\dagger} + \mathrm{e}^{-\mathrm{i}\varphi}R\right)\sinh 2|\lambda| \tag{4.56}$$

所以

$$\begin{aligned}
{}_{\varphi}\langle\lambda|(2N+1)|\lambda\rangle_{\varphi} &= \langle 0|V^{-1}(2N+1)V|0\rangle \\
&= \langle 0|\left[(2N+1)\cosh 2|\lambda| + \left(\mathrm{e}^{\mathrm{i}\varphi}R^{\dagger} + \mathrm{e}^{-\mathrm{i}\varphi}R\right)\sinh 2|\lambda|\right]|0\rangle \\
&= \cosh 2|\lambda|
\end{aligned} \tag{4.57}$$

因此, 处于 $|\lambda\rangle_{\varphi}$ 态的光子数平均值为

$${}_{\varphi}\langle\lambda|N|\lambda\rangle_{\varphi} = \frac{\cosh 2|\lambda| - 1}{2} = \sinh^{2}|\lambda| \tag{4.58}$$

同理, 可得

$$\begin{aligned}
{}_{\varphi}\langle\lambda|(2N+1)^{2}|\lambda\rangle_{\varphi} &= \langle 0|[(2N+1)\cosh 2|\lambda| + (\mathrm{e}^{\mathrm{i}\varphi}R^{\dagger} + \mathrm{e}^{-\mathrm{i}\varphi}R)\sinh 2|\lambda|]^{2}|0\rangle \\
&= \cosh^{2}2|\lambda| + \langle 0|(\mathrm{e}^{\mathrm{i}\varphi}R^{\dagger} + \mathrm{e}^{-\mathrm{i}\varphi}R)^{2}|0\rangle\sinh^{2}2|\lambda| \\
&= \cosh^{2}2|\lambda| + \langle 0|RR^{\dagger}|0\rangle\sinh^{2}2|\lambda| = \cosh 4|\lambda|
\end{aligned} \tag{4.59}$$

注意到

$$\frac{1}{4}\left[{}_{\varphi}\langle\lambda|(2N+1)^{2}|\lambda\rangle_{\varphi} - 4\,{}_{\varphi}\langle\lambda|N|\lambda\rangle_{\varphi} - 1\right] = {}_{\varphi}\langle\lambda|N^{2}|\lambda\rangle_{\varphi} \tag{4.60}$$

故而

$$
\begin{aligned}
{}_{\varphi}\langle\lambda|N^2|\lambda\rangle_{\varphi} &= \frac{1}{4}\cosh 4|\lambda| - \frac{\cosh 2|\lambda|}{2} + \frac{1}{4} \\
&= \cosh 2|\lambda|\sinh^2|\lambda|
\end{aligned} \tag{4.61}
$$

由式（4.58）和式（4.61）可知, 处于 $|\lambda\rangle_{\varphi}$ 态的光子数涨落为

$$
(\Delta N)^2 = {}_{\varphi}\langle\lambda|N^2|\lambda\rangle_{\varphi} - ({}_{\varphi}\langle\lambda|N|\lambda\rangle_{\varphi})^2 = \frac{1}{4}\sinh^2 2|\lambda| \tag{4.62}
$$

可见, $|\lambda|$ 越大 , 处于相算符本征态下光子数的涨落越明显.

再计算相算符在 $|\lambda\rangle_{\varphi}$ 的期望值. 注意到本征方程式（4.49）, 可得

$$
\begin{aligned}
{}_{\varphi}\langle\lambda|\mathrm{e}^{\mathrm{i}\phi}|\lambda\rangle_{\varphi} &= \mathrm{e}^{\mathrm{i}\varphi}\tanh|\lambda| \\
{}_{\varphi}\langle\lambda|\mathrm{e}^{-\mathrm{i}\phi}|\lambda\rangle_{\varphi} &= \mathrm{e}^{-\mathrm{i}\varphi}\tanh|\lambda|
\end{aligned} \tag{4.63}
$$

由此给出

$$
{}_{\varphi}\langle\lambda|\cos\phi|\lambda\rangle_{\varphi} = {}_{\varphi}\langle\lambda|\frac{\mathrm{e}^{\mathrm{i}\phi}+\mathrm{e}^{-\mathrm{i}\phi}}{2}|\lambda\rangle_{\varphi} = \cos\varphi\tanh|\lambda| \tag{4.64}
$$

同理, 有

$$
\begin{aligned}
{}_{\varphi}\langle\lambda|\mathrm{e}^{2\mathrm{i}\phi}|\lambda\rangle_{\varphi} &= \mathrm{e}^{2\mathrm{i}\varphi}\tanh^2|\lambda| \\
{}_{\varphi}\langle\lambda|\mathrm{e}^{-2\mathrm{i}\phi}|\lambda\rangle_{\varphi} &= \mathrm{e}^{-2\mathrm{i}\varphi}\tanh^2|\lambda|
\end{aligned} \tag{4.65}
$$

则

$$
\begin{aligned}
{}_{\varphi}\langle\lambda|\cos 2\phi|\lambda\rangle_{\varphi} &= {}_{\varphi}\langle\lambda|\frac{\mathrm{e}^{2\mathrm{i}\phi}+\mathrm{e}^{-2\mathrm{i}\phi}}{2}|\lambda\rangle_{\varphi} \\
&= \cos 2\varphi\tanh^2|\lambda| \\
&= 2{}_{\varphi}\langle\lambda|\cos^2\phi|\lambda\rangle_{\varphi} - 1
\end{aligned} \tag{4.66}
$$

由此给出

$$
{}_{\varphi}\langle\lambda|\cos^2\phi|\lambda\rangle_{\varphi} = \frac{\cos 2\varphi\tanh^2|\lambda|+1}{2} \tag{4.67}
$$

所以相算符 $\cos\phi$ 在 $|\lambda\rangle_{\varphi}$ 的涨落为

$$
\begin{aligned}
(\Delta\cos\phi)^2 &\equiv {}_{\varphi}\langle\lambda|\cos^2\phi|\lambda\rangle_{\varphi} - ({}_{\varphi}\langle\lambda|\cos\phi|\lambda\rangle_{\varphi})^2 \\
&= \frac{\cos 2\varphi\tanh^2|\lambda|+1}{2} - (\cos\varphi\tanh|\lambda|)^2 \\
&= \frac{1-\tanh^2|\lambda|}{2} = \frac{\mathrm{sech}^2|\lambda|}{2}
\end{aligned} \tag{4.68}
$$

即 $|\lambda|$ 越大，相的涨落越小.

由式（4.62）和式（4.68）可知, 对 $|\lambda\rangle_\varphi$ 而言, 数–相测不准关系为

$$\Delta N\Delta\cos\phi=\frac{1}{2}\sinh 2|\lambda|\cdot\frac{\operatorname{sech}|\lambda|}{\sqrt{2}}=\frac{1}{\sqrt{2}}\sinh|\lambda| \tag{4.69}$$

类似地, 可得

$$\begin{aligned}{}_\varphi\langle\lambda|\cos 2\phi|\lambda\rangle_\varphi&=1-2{}_\varphi\langle\lambda|\sin^2\phi|\lambda\rangle_\varphi\\{}_\varphi\langle\lambda|\sin^2\phi|\lambda\rangle_\varphi&=\frac{1-\cos 2\varphi\tanh^2|\lambda|}{2}\\{}_\varphi\langle\lambda|\sin\phi|\lambda\rangle_\varphi&=\sin\varphi\tanh|\lambda|\end{aligned} \tag{4.70}$$

所以有位相不确定度

$$(\Delta\sin\phi)^2={}_\varphi\langle\lambda|\sin^2\phi|\lambda\rangle_\varphi-({}_\varphi\langle\lambda|\sin\phi|\lambda\rangle_\varphi)^2=\frac{\operatorname{sech}^2|\lambda|}{2} \tag{4.71}$$

和数 – 相测不准关系

$$\Delta N\Delta\sin\phi=\frac{1}{2}\sinh 2|\lambda|\cdot\frac{1}{\sqrt{2}}\operatorname{sech}^2|\lambda|=\frac{1}{\sqrt{2}}\sinh|\lambda| \tag{4.72}$$

根据海森伯不确定性原理, 以及式（4.62）、式（4.64）和式（4.70）, 可知

$$\begin{aligned}\Delta N\Delta\cos\phi&=\frac{1}{\sqrt{2}}\sinh|\lambda|>\frac{\tanh|\lambda|}{2}|\sin\varphi|\\\Delta N\Delta\sin\phi&=\frac{1}{\sqrt{2}}\sinh|\lambda|>\frac{\tanh|\lambda|}{2}|\cos\varphi|\end{aligned} \tag{4.73}$$

即数–相算符的计算结果满足不确定性原理的. 因此, 相算符的本征态 $|\lambda\rangle_\varphi$ 实际上是一个数–相压缩态, 但涨落 $\Delta N\Delta\cos\phi$ 在态 $|\lambda\rangle_\varphi$ 下并未达到最小值, 这一点与通常的相干态是数–相算符的最小不确定态不同.

4.5 双模相算符

鉴于单模相算符 $\mathrm{e}^{\mathrm{i}\phi}$ 是不幺正的, 我们寻求在双模 Fock 空间中是否存在幺正的相算符. 从纠缠态

$$|\xi\rangle=\exp\left(-\frac{1}{2}|\xi|^2+\xi a^\dagger+\xi^* b^\dagger-a^\dagger b^\dagger\right)|00\rangle \tag{4.74}$$

4

及其完备性

$$1=\int\frac{\mathrm{d}^2\xi}{\pi}:\mathrm{e}^{-\left[\xi^*-\left(a^\dagger+b\right)\right]\left[\xi-\left(a+b^\dagger\right)\right]}:=\int\frac{\mathrm{d}^2\xi}{\pi}|\xi\rangle\langle\xi| \tag{4.75}$$

和 $|\xi\rangle$ 所满足的本征方程

$$\left(a^\dagger+b\right)|\xi\rangle=\xi^*|\xi\rangle,\qquad\left(a+b^\dagger\right)|\xi\rangle=\xi|\xi\rangle,\qquad\xi=|\xi|\mathrm{e}^{\mathrm{i}\theta} \tag{4.76}$$

可知

$$\sqrt{\frac{a+b^\dagger}{a^\dagger+b}}|\xi\rangle=\mathrm{e}^{\mathrm{i}\theta}|\xi\rangle,\qquad\sqrt{\frac{a^\dagger+b}{a+b^\dagger}}|\xi\rangle=\mathrm{e}^{-\mathrm{i}\theta}|\xi\rangle \tag{4.77}$$

所以 $\sqrt{\dfrac{a+b^\dagger}{a^\dagger+b}}\equiv\mathrm{e}^{\mathrm{i}\hat{\Theta}}$ 是一个幺正的相算符

$$\mathrm{e}^{\mathrm{i}\hat{\Theta}}=\int\frac{\mathrm{d}^2\xi}{\pi}\mathrm{e}^{\mathrm{i}\theta}|\xi\rangle\langle\xi|,\ \mathrm{e}^{-\mathrm{i}\hat{\Theta}}=\int\frac{\mathrm{d}^2\xi}{\pi}\mathrm{e}^{-\mathrm{i}\theta}|\xi\rangle\langle\xi| \tag{4.78}$$

相角是 Hermite 算符

$$\hat{\Theta}=-\frac{\mathrm{i}}{2}\ln\frac{a+b^\dagger}{a^\dagger+b},\qquad\hat{\Theta}|\xi\rangle=\theta|\xi\rangle \tag{4.79}$$

与 $\hat{\Theta}$ 共轭的算符是

$$h\equiv a^\dagger a-b^\dagger b \tag{4.80}$$

因为

$$\begin{aligned}h|\xi=|\xi|\mathrm{e}^{\mathrm{i}\theta}\rangle&=|\xi|\left(\mathrm{e}^{\mathrm{i}\theta}a^\dagger-\mathrm{e}^{-\mathrm{i}\theta}b^\dagger\right)\exp\left(-\frac{|\xi|^2}{2}+|\xi|\mathrm{e}^{\mathrm{i}\theta}a^\dagger+|\xi|\mathrm{e}^{-\mathrm{i}\theta}b^\dagger-a^\dagger b^\dagger\right)|00\rangle\\&=-\mathrm{i}\frac{\partial}{\partial\theta}|\xi\rangle\end{aligned} \tag{4.81}$$

故

$$\left[\hat{\Theta},h\right]=\mathrm{i} \tag{4.82}$$

4.6 化算符为 s-排序的公式

将化算符为 Weyl-排序的公式（4.8）与把正规乘积排序变为反正规乘积排序的公式（2.73）或式（3.166）相结合，我们引入一个参数 s，将这两个公式统一为

$$\rho(a,a^\dagger)=\frac{2}{1-s}\int\frac{\mathrm{d}^2\beta}{\pi}\langle-\beta|\rho(a,a^\dagger)|\beta\rangle Ⓢ\exp\left[\frac{2}{s-1}\left(s|\beta|^2+\beta a^\dagger-\beta^*a-a^\dagger a\right)\right]Ⓢ \tag{4.83}$$

记号 Ⓢ 代表 s-排序. 当 $s=0$ 时, Ⓢ $\rightarrow \vdots\vdots$, 式（4.83）变为式（4.8）; 当 $s=-1$ 时, Ⓢ $\rightarrow \vdots\vdots$, 式（4.83）变为式（2.76）. 例如, 可以算得真空投影算符的 s-排序形式为

$$|0\rangle\langle 0| = \text{Ⓢ}\exp\left(\frac{-2}{s+1}a^\dagger a\right)\text{Ⓢ} \tag{4.84}$$

又如, 对于宇称算符 $(-1)^N$, 其 s-排序为

$$\begin{aligned}(-1)^N &= \frac{2}{1-s}\int\frac{\mathrm{d}^2\beta}{\pi}\langle-\beta|:\mathrm{e}^{-2a^\dagger a}:|\beta\rangle\text{Ⓢ}\exp\left[\frac{2}{s-1}\left(s|\beta|^2+\beta a^\dagger-\beta^* a-a^\dagger a\right)\right]\text{Ⓢ} \\ &= \frac{2}{1-s}\int\frac{\mathrm{d}^2\beta}{\pi}\text{Ⓢ}\exp\left[\frac{2}{s-1}\left(s|\beta|^2+\beta a^\dagger-\beta^* a-a^\dagger a\right)\right]\text{Ⓢ} \\ &= \frac{1}{s}\text{Ⓢ}\exp\left[\frac{2}{s(s-1)}a^\dagger a-\frac{2}{s-1}a^\dagger a\right]\text{Ⓢ} \\ &= \frac{1}{s}\text{Ⓢ}\exp\left(-\frac{2}{s}a^\dagger a\right)\text{Ⓢ}\end{aligned} \tag{4.85}$$

当 $s=-1$ 时, Ⓢ $\rightarrow \vdots\vdots$, $(-1)^N = -\vdots\mathrm{e}^{2aa^\dagger}\vdots$; 当 $s=1$ 时, Ⓢ $\rightarrow : :$, $(-1)^N =: \mathrm{e}^{-2a^\dagger a}:$; 这些结果与前面的结果一致. 讨论中利用了关系式:

$$\delta(x) = \lim_{\epsilon\rightarrow 0}\frac{1}{\sqrt{\pi\epsilon}}\mathrm{e}^{-x^2/\epsilon} \tag{4.86}$$

4.7 单模 Wigner 算符的 Radon 变换导致坐标–动量中介态表象的建立

近年来, 基于 Radon 变换重构 Wigner 函数的 Tomography（层析）方法备受关注. 根据 Wigner 算符的正规乘积形式（1.77）, 即

$$\varDelta(x,p) = \frac{1}{\pi}:\mathrm{e}^{-(x-X)^2-(p-P)^2}: \tag{4.87}$$

以及 IWOP 方法, 有

$$\iint_{-\infty}^{\infty}\mathrm{d}x\mathrm{d}p\,\delta(u-\lambda x-\tau p)\,\varDelta(x,p)$$

$$= \left[\pi\left(\lambda^2+\tau^2\right)\right]^{-1/2} : \exp\left[-\frac{1}{\lambda^2+\tau^2}\left(u-\lambda X-\tau P\right)^2\right] :$$
$$= |u\rangle_{\lambda,\tau\ \lambda,\tau}\langle u| \tag{4.88}$$

其中, $|u\rangle_{\lambda,\tau}$ 为

$$|u\rangle_{\lambda,\tau} = \left[\pi\left(\lambda^2+\tau^2\right)\right]^{-1/4} \mathrm{e}^{-\frac{u^2}{2(\lambda^2+\tau^2)}+\frac{\sqrt{2}ua^\dagger}{\lambda-\mathrm{i}\tau}-\frac{\lambda+\mathrm{i}\tau}{2(\lambda-\mathrm{i}\tau)}a^{\dagger 2}}|0\rangle \tag{4.89}$$

这正是 $\lambda X+\tau P$ 的本征态, 即

$$(\lambda X+\tau P)|u\rangle_{\lambda,\tau} = u|u\rangle_{\lambda,\tau} \tag{4.90}$$

其中, $X=\dfrac{a+a^\dagger}{\sqrt{2}}$, $P=\dfrac{a-a^\dagger}{\sqrt{2}\mathrm{i}}$, $[a,a^\dagger]=1$. $|u\rangle_{\lambda,\tau}$ 具有完备性, 即

$$\int_{-\infty}^{\infty}\mathrm{d}u|u\rangle_{\lambda,\tau\ \lambda,\tau}\langle u| = \frac{1}{\sqrt{\pi(\lambda^2+\tau^2)}}\int\mathrm{d}u : \mathrm{e}^{-\frac{1}{\lambda^2+\tau^2}(u-\lambda X-\tau P)^2} : =1 \tag{4.91}$$

此外也有正交性

$${}_{\lambda,\tau}\langle u'|\,u\rangle_{\lambda,\tau} = \delta(u-u') \tag{4.92}$$

因此 $|u\rangle_{\lambda,\tau}$ 构成一个量子力学的新表象, 通过观察式 (4.90), 它被称为坐标–动量中介表象. 或是从式 (4.88) 来说, 算符 $|u\rangle_{\lambda,\tau\ \lambda,\tau}\langle u|$ 的经典 Weyl 是 $\delta(u-\lambda x-\tau p)$, 这在 (x,p) 相空间中代表一条射线.

4.8 双模 Wigner 算符的 Radon 变换导致纠缠态表象的建立

由于 $[X_1+X_2,P_1-P_2]=0$, 我们这里通过双模 Wigner 算符的 Radon 变换的途径给出它们的共同本征态的形式, 记为 $|\beta_1,\beta_2\rangle$, 满足本征方程

$$(X_1+X_2)|\beta_1,\beta_2\rangle = \beta_1|\beta_1,\beta_2\rangle \tag{4.93}$$
$$(P_1-P_2)|\beta_1,\beta_2\rangle = \beta_2|\beta_1,\beta_2\rangle$$

具体做法如下：

鉴于

$$(X_1+X_2)(P_1-P_2)=\vdots(X_1+X_2)(P_1-P_2)\vdots$$
$$=\vdots(P_1-P_2)(X_1+X_2)\vdots \tag{4.94}$$

故算符 $(X_1+X_2)(P_1-P_2)$ 的经典对应为 $(x_2+x_1)(p_1-p_2)$. 因此, 参照式 (4.87)、式 (4.88) 与式 (4.93), 可以构造如下的 Radon 积分变换:

$$\begin{aligned}&\int \mathrm{d}p_1\mathrm{d}x_1\mathrm{d}p_2\mathrm{d}x_2\delta\left[\beta_1-(x_1+x_2)\right]\delta\left[\beta_2-(p_1-p_2)\right]\varDelta_1(x_1,p_1)\varDelta_2(x_2,p_2)\\&=\int \mathrm{d}p_1\mathrm{d}x_1\mathrm{d}p_2\mathrm{d}x_2\delta\left[\beta_1-(x_1+x_2)\right]\delta\left[\beta_2-(p_1-p_2)\right]\\&\quad\times\frac{1}{\pi^2}:\mathrm{e}^{-(x_1-X_1)^2-(p_1-P_1)^2-(x_2-X_2)^2-(p_2-P_2)^2}:\\&=\frac{1}{\pi^2}\int \mathrm{d}p_2\mathrm{d}x_2:\mathrm{e}^{-(\beta_1-x_2-X_1)^2-(\beta_2+p_2-P_1)^2-(x_2-X_2)^2-(p_2-P_2)^2}:\end{aligned} \tag{4.95}$$

用积分的卷积公式

$$\frac{\sqrt{2}}{\sqrt{\pi}}\int_{-\infty}^{\infty}\mathrm{d}x\mathrm{e}^{-(x-y)^2-x^2}=\mathrm{e}^{-y^2/2} \tag{4.96}$$

得到

$$\begin{aligned}\text{式}(4.95)&=\frac{1}{\pi^2}\int \mathrm{d}p_2\mathrm{d}x_2:\mathrm{e}^{-(\beta_1-x_2-X_1-X_2)^2-(\beta_2+p_2+P_2-P_1)^2-x_2^2-p_2^2}:\\&=\frac{1}{2\pi}:\mathrm{e}^{-\frac{1}{2}[\beta_1-(X_1+X_2)]^2-\frac{1}{2}[\beta_2-(P_1-P_2)]^2}:\equiv|\beta_1,\beta_2\rangle\langle\beta_1,\beta_2|\end{aligned} \tag{4.97}$$

由 $X_j=\frac{1}{\sqrt{2}}(a_j+a_j^\dagger),P_j=\frac{1}{\mathrm{i}\sqrt{2}}(a_j-a_j^\dagger)$ 与 $:\exp(-a_1^\dagger a_1-a_2^\dagger a_2):=|00\rangle\langle 00|$, 可从 (4.97) 式导出

$$|\beta_1,\beta_2\rangle=\frac{1}{\sqrt{2\pi}}\mathrm{e}^{-\frac{\beta_1^2+\beta_2^2}{4}+\frac{\beta_1+\mathrm{i}\beta_2}{\sqrt{2}}a_1^\dagger+\frac{\beta_1-\mathrm{i}\beta_2}{\sqrt{2}}a_2^\dagger-a_1^\dagger a_2^\dagger}|00\rangle \tag{4.98}$$

令 $\xi=\frac{1}{\sqrt{2}}(\beta_1+\mathrm{i}\beta_2)$, 上式就变为

$$|\xi\rangle\equiv\sqrt{2\pi}|\beta_1,\beta_2\rangle=\mathrm{e}^{-\frac{|\xi|^2}{2}+\xi a_1^\dagger+\xi^* a_2^\dagger-a_1^\dagger a_2^\dagger}|00\rangle \tag{4.99}$$

对式 (4.97) 再积分, 有

$$\int \mathrm{d}\beta_1\mathrm{d}\beta_2|\beta_1,\beta_2\rangle\langle\beta_1,\beta_2|=1 \tag{4.100}$$

或

$$\int\frac{\mathrm{d}^2\xi}{\pi}|\xi\rangle\langle\xi|=1 \tag{4.101}$$

这说明 $|\xi\rangle$ 具有完备性.

另一方面, 由于 $[X_1+P_2,P_1+X_2]=0$, 它们也存在共同本征态, 令其为 $|\kappa_1,\kappa_2\rangle$, 满足如下方程:

$$(X_1+P_2)|\kappa_1,\kappa_2\rangle=\kappa_1|\kappa_1,\kappa_2\rangle \qquad (4.102)$$
$$(P_1+X_2)|\kappa_1,\kappa_2\rangle=\kappa_2|\kappa_1,\kappa_2\rangle$$

对照式 (4.102) 就构造如下的 Radon 积分变换:

$$\begin{aligned}|\kappa_1,\kappa_2\rangle\langle\kappa_1,\kappa_2|=&\int \mathrm{d}p_1\mathrm{d}x_1\mathrm{d}p_2\mathrm{d}x_2\delta[\kappa_1-(x_1+p_2)]\delta[\kappa_2-(p_1+x_2)]\\&\times\frac{1}{\pi^2}:\mathrm{e}^{-(x_1-X_1)^2-(p_1-P_1)^2-(x_2-X_2)^2-(p_2-P_2)^2}:\\=&\frac{1}{\pi^2}\int\mathrm{d}p_2\mathrm{d}x_2:\mathrm{e}^{-(\kappa_1-p_2-X_1)^2-(\kappa_2-x_2-P_1)^2-(x_2-X_2)^2-(p_2-P_2)^2}:\\=&\frac{1}{2\pi}:\mathrm{e}^{-\frac{1}{2}[\kappa_1-(P_2+X_1)]^2-\frac{1}{2}[\kappa_2-(P_1+X_2)]^2}:\end{aligned} \qquad (4.103)$$

将 $X_j=\frac{1}{\sqrt{2}}\left(a_j+a_j^\dagger\right),P_j=\frac{1}{\mathrm{i}\sqrt{2}}\left(a_j-a_j^\dagger\right)$ 与 $:\exp(-a_1^\dagger a_1-a_2^\dagger a_2):\;=|00\rangle\langle00|$ 代入式 (4.103), 就看出

$$|\kappa_1,\kappa_2\rangle=\frac{1}{\sqrt{2\pi}}\mathrm{e}^{-\frac{\kappa_2^2+\kappa_1^2}{4}+\frac{\kappa_1+\mathrm{i}\kappa_2}{\sqrt{2}}a_1^\dagger+\frac{\mathrm{i}(\kappa_1-\mathrm{i}\kappa_2)}{\sqrt{2}}a_2^\dagger-\mathrm{i}a_1^\dagger a_2^\dagger}|00\rangle \qquad (4.104)$$

设 $\gamma=\frac{\kappa_1+\mathrm{i}\kappa_2}{\sqrt{2}}=\gamma_1+\mathrm{i}\gamma_2$, 则有

$$\sqrt{2\pi}|\kappa_1,\kappa_2\rangle=\mathrm{e}^{-\frac{|\gamma|^2}{2}+\gamma a_1^\dagger+\mathrm{i}\gamma^* a_2^\dagger-\mathrm{i}a_1^\dagger a_2^\dagger}|00\rangle\equiv|\gamma\rangle \qquad (4.105)$$

同样对式 (4.103) 再积分, 有

$$\int_{-\infty}^{\infty}\mathrm{d}\kappa_1\mathrm{d}\kappa_2|\kappa_1,\kappa_2\rangle\langle\kappa_1,\kappa_2|=1 \qquad (4.106)$$

或

$$\int\frac{\mathrm{d}^2\gamma}{\pi}|\gamma\rangle\langle\gamma|=1 \qquad (4.107)$$

$|\gamma\rangle$ 是纠缠态表象.

以上讨论表明, 利用 Wigner 算符的 Radon 变换和算符的 Weyl 对应, 可以方便构建量子力学纠缠态表象. 这为表象的构造提供了新的途径. 有兴趣的读者可以将以上讨论推广至多模情形.

4.9 热 Wigner 函数

本节利用热纠缠态表象 $\langle\eta|$ 引入热 Wigner 算符. 引入带虚模的纠缠态（热纠缠态表象）

$$|\eta\rangle=\exp\left(-\frac{1}{2}|\eta|^2+\eta a^\dagger-\eta^*\tilde{a}^\dagger+a^\dagger\tilde{a}^\dagger\right)|0\tilde{0}\rangle \tag{4.108}$$

$\tilde{a}^\dagger$ 是虚模的产生算符, $\left[\tilde{a},\tilde{a}^\dagger\right]=1,\tilde{a}|\tilde{0}\rangle=0$, $|\eta\rangle$ 遵守本征方程

$$\langle\eta|(a^\dagger-\tilde{a})=\eta^*\langle\eta|,\quad \langle\eta|(a-\tilde{a}^\dagger)=\eta\langle\eta| \tag{4.109}$$

与完备性关系

$$\int\frac{\mathrm{d}^2\eta}{\pi}|\eta\rangle\langle\eta|=\int\frac{\mathrm{d}^2\eta}{\pi}:\exp[-|\eta|^2+\eta(a^\dagger-\tilde{a})+\eta^*(a-\tilde{a}^\dagger)-a^\dagger a-\tilde{a}^\dagger\tilde{a}]:=1 \tag{4.110}$$

利用热纠缠态表象, 热 Wigner 算符可表示为

$$\Delta_T(\sigma,\gamma)=\int\frac{\mathrm{d}^2\eta}{\pi^3}\left|\sigma-\eta\right\rangle\left\langle\sigma+\eta\right|\mathrm{e}^{\eta\gamma^*-\gamma\eta^*} \tag{4.111}$$

其中, σ,η 均为复数, 下标 T 表示 thermal. 为确定 $\Delta(\sigma,\gamma)$ 的确是一个热 Wigner 算符, 利用投影算符的正规乘积

$$\left|0,\tilde{0}\right\rangle\left\langle 0,\tilde{0}\right|=:\exp\left(-a^\dagger a-\tilde{a}^\dagger\tilde{a}\right): \tag{4.112}$$

以及 IWOP 方法, 对式 (4.111) 积分可得其正规乘积形式为

$$\begin{aligned}\Delta_T(\sigma,\gamma)=&\int\frac{\mathrm{d}^2\eta}{\pi^3}\exp[-|\sigma|^2-|\eta|^2+(\sigma-\eta)a^\dagger-(\sigma^*-\eta^*)\tilde{a}^\dagger+a^\dagger\tilde{a}^\dagger]\left|0,\tilde{0}\right\rangle\\&\left\langle 0,\tilde{0}\right|\exp[(\sigma^*+\eta^*)a-(\sigma+\eta)\tilde{a}+a\tilde{a}+\eta\gamma^*-\gamma\eta^*]\\=&:\exp[-|\sigma|^2+\sigma\left(a^\dagger-\tilde{a}\right)+\sigma^*\left(a-\tilde{a}^\dagger\right)]\int\frac{\mathrm{d}^2\eta}{\pi^3}\\&:\exp[-|\eta|^2-\eta\left(a^\dagger+\tilde{a}-\gamma^*\right)\\&+\eta^*\left(\tilde{a}^\dagger+a-\gamma\right)+a^\dagger\tilde{a}^\dagger+a\tilde{a}-a^\dagger a-\tilde{a}^\dagger\tilde{a}]:\\=&\pi^{-2}:\exp\left[-|\sigma|^2-|\gamma|^2+\sigma\left(a^\dagger-\tilde{a}\right)+\sigma^*\left(a-\tilde{a}^\dagger\right)+\gamma\left(a^\dagger+\tilde{a}\right)\right.\\&\left.+\gamma^*\left(\tilde{a}^\dagger+a\right)-2a^\dagger a-2\tilde{a}^\dagger\tilde{a}\right]:\end{aligned} \tag{4.113}$$

令

$$\gamma = \alpha + \tau^*, \quad \sigma = \alpha - \tau^* \tag{4.114}$$

则式 (4.113) 变成

$$\Delta_T(\sigma,\gamma) = \pi^{-2} \colon \exp[-2(a^\dagger - \alpha^*)(a-\alpha) - 2(\tilde{a}^\dagger - \tau^*)(\tilde{a} - \tau)] \colon \tag{4.115}$$

上式是实模与虚模组成的热 Wigner 算符的正规乘积. 不难看出, 在形式上与双模 Wigner 算符相同. 因此, 式 (4.115) 可表示成两个单模 Wigner 算符的乘积形式, 即

$$\Delta_T(\sigma,\gamma) = \Delta(\alpha) \otimes \tilde{\Delta}(\tau),\ \alpha = \frac{\gamma+\sigma}{2},\ \tau^* = \frac{\gamma-\sigma}{2} \tag{4.116}$$

故而, $\Delta_T(\sigma,\gamma)$ 即我们所需的热 Wigner 算符. 热纠缠态 $|\eta\rangle$ 的热 Wigner 算符为

$$\begin{aligned}\langle\eta|\,\Delta_T(\sigma,\gamma)\,|\eta\rangle &= \langle\eta|\int \frac{\mathrm{d}^2\eta'}{\pi^3}\,|\sigma-\eta'\rangle\,\langle\sigma+\eta'|\,\mathrm{e}^{\eta'\gamma^*-\gamma\eta'^*}\,|\eta\rangle \\ &= \frac{1}{\pi}\delta^{(2)}\,(2\eta-2\sigma)\end{aligned} \tag{4.117}$$

当然, 我们也可以直接引入直积形式 $\Delta(\alpha)\otimes\tilde{\Delta}(\tau)$ 作为热 Wigner 算符, 但如此则难以看出 $\Delta(\alpha)\otimes\tilde{\Delta}(\tau)$ 在纠缠态表象中的纠缠形式. 应该注意的是, 利用热 Wigner 算符的纠缠态表象表示 (4.111) 以及 $|\eta\rangle$ 的正交关系, 不难证明

$$4\pi^2\mathrm{Tr}\,[\Delta_T(\sigma,\gamma)\Delta_T(\sigma',\gamma')] = \delta(\sigma-\sigma')\delta(\sigma^*-\sigma'^*)\delta(\gamma-\gamma')\delta(\gamma^*-\gamma'^*) \tag{4.118}$$

和

$$\begin{aligned}2\pi\mathrm{Tr}_\tau\Delta_T(\sigma,\gamma) &= 2\int\frac{\mathrm{d}^2\tau}{\pi^2}\colon \exp[-2(a^\dagger-\alpha^*)(a-\alpha)-2(\tilde{a}^\dagger-\tau^*)(\tilde{a}-\tau)]\colon \\ &= \Delta(\alpha)\end{aligned} \tag{4.119}$$

因此, 量子态 ρ 的 Wigner 函数可以通过热 Wigner 函数来求得, 即

$$W_\rho(\alpha) = \mathrm{Tr}_a\,[\rho\Delta(\alpha)] = 2\pi\mathrm{Tr}_\tau\mathrm{Tr}_a\,[\Delta_T(\sigma,\gamma)\rho] \tag{4.120}$$

其中, $\mathrm{Tr}\equiv\mathrm{Tr}_a\mathrm{Tr}_{\tilde{a}}$. 若密度算符 ρ 利用热场动力学方法改写成了热纯态的对应形式, 即 $\rho=\mathrm{Tr}_{\tilde{a}}\,|\psi\rangle\,\langle\psi|$, 则

$$W_\rho(\alpha) = 2\pi\mathrm{Tr}_\tau\,\langle\psi|\,\Delta_T(\sigma,\gamma)\,|\psi\rangle = 2\pi\mathrm{Tr}_\tau W_T(\sigma,\gamma) \tag{4.121}$$

称 $W_T(\sigma,\gamma)$ 为热 Wigner 函数. 因此, 从式 (4.121) 出发计算热态的 Wigner 函数将是十分方便的.

下面计算一些热态的 Wigner 函数. 首先, 利用式 (4.111) 计算

$$\begin{aligned}\langle 0\tilde{0}|\,\Delta_T(\sigma,\gamma)\,|0\tilde{0}\rangle &= \langle 0\tilde{0}|\int \frac{\mathrm{d}^2\eta}{\pi^3}\,|\sigma-\eta\rangle\,\langle\sigma+\eta|\,\mathrm{e}^{\eta\gamma^*-\eta^*\gamma}\,|0\tilde{0}\rangle \\ &= \int \frac{\mathrm{d}^2\eta}{\pi^3}\exp\left(-|\sigma|^2-|\eta|^2+\eta\gamma^*-\eta^*\gamma\right) \\ &= \pi^{-2}\exp(-|\sigma|^2-|\gamma|^2)\end{aligned} \tag{4.122}$$

因此, 热真空态 (见 3.1 节) 的热 Wigner 函数为

$$\begin{aligned}\langle 0(\beta)|\,\Delta_T(\sigma,\gamma)\,|0(\beta)\rangle &= \langle 0\tilde{0}|\,S^\dagger(\mu)\,\Delta_T(\sigma,\gamma)\,S(\mu)\,|0\tilde{0}\rangle \\ &= \langle 0\tilde{0}|\,\Delta_T\left(\mu\sigma,\frac{\gamma}{\mu}\right)|0\tilde{0}\rangle \\ &= \pi^{-2}\exp\left(-|\mu\sigma|^2-\left|\frac{\gamma}{\mu}\right|^2\right)\end{aligned} \tag{4.123}$$

则热真空态对应的 Wigner 函数为 $\left(\text{注意}\dfrac{\gamma+\sigma}{2}=\alpha,\ \tau^*=\dfrac{\gamma-\sigma}{2}\right)$

$$\begin{aligned}\langle 0(\beta)|\,\Delta(\alpha)\,|0(\beta)\rangle &= 2\pi\mathrm{Tr}_\tau W_T(\sigma,\gamma) \\ &= 2\int\frac{\mathrm{d}^2\tau}{\pi^2}\exp\left[-|(\alpha-\tau^*)\,\mu|^2-\frac{|\alpha+\tau^*|^2}{\mu^2}\right] \\ &= \frac{2\mu^2}{\pi(\mu^4+1)}\exp\left(-\frac{4\mu^2}{\mu^4+1}|\alpha|^2\right)\end{aligned} \tag{4.124}$$

令

$$\mu^2=\frac{1+\tanh\theta}{1-\tanh\theta},\quad \tanh\theta=\exp\left(-\frac{\hbar\omega}{2kT}\right) \tag{4.125}$$

则式 (4.124) 变成

$$\begin{aligned}\langle 0(\beta)|\,\Delta(\alpha)\,|0(\beta)\rangle &= \frac{1}{2\pi}\mathrm{sech}2\theta\exp[-2|\alpha|^2\mathrm{sech}2\theta] \\ &= \frac{1-\mathrm{e}^{-\omega\beta}}{\pi(1+\mathrm{e}^{-\omega\beta})}\exp\left[\frac{-2\left(1-\mathrm{e}^{-\omega\beta}\right)}{1+\mathrm{e}^{-\omega\beta}}|\alpha|^2\right]\end{aligned} \tag{4.126}$$

即热态的 Wigner 函数具有 Bose 统计分布.

为验证上述方法与结果的准确性, 我们利用初始 Wigner 算符定义来计算热态的 Wigner 函数. 热态表示为

$$\rho=\left(1-\mathrm{e}^{-\omega\beta}\right)\sum_{n=0}^{\infty}\mathrm{e}^{-n\beta\omega}\,|n\rangle\,\langle n| \tag{4.127}$$

其中, $|n\rangle=\dfrac{a^{\dagger n}}{\sqrt{n!}}|0\rangle$. 注意到 Wigner 算符的坐标态表象表示

$$\Delta(p,q)=\frac{1}{2\pi}\int\mathrm{d}u\left|q-\frac{u}{2}\right\rangle\left\langle q+\frac{u}{2}\right|\mathrm{e}^{\mathrm{i}pu} \tag{4.128}$$

则经计算可得

$$
\begin{aligned}
W(p,q) &= \frac{1}{2\pi}\left(1-\mathrm{e}^{-\omega\beta}\right)\sum_{n=0}^{\infty}\mathrm{e}^{-n\beta\omega}\int\left\langle q+\frac{u}{2}\right| n\rangle\langle n\left|q-\frac{u}{2}\right\rangle\mathrm{e}^{\mathrm{i}pu}\mathrm{d}u \\
&= \frac{1-\mathrm{e}^{-\omega\beta}}{\pi\left(1+\mathrm{e}^{-\omega\beta}\right)}\exp\left[\frac{-\left(1-\mathrm{e}^{-\omega\beta}\right)}{1+\mathrm{e}^{-\omega\beta}}\left(q^2+p^2\right)\right]
\end{aligned}
\tag{4.129}
$$

注意到 $\alpha=\dfrac{q+\mathrm{i}p}{\sqrt{2}}$, 可见式 (4.129) 与式 (4.126) 完全相同.

第 5 章

由扩散引起的光场

5.1 从经典扩散导出量子扩散方程

经典扩散方程是

$$\frac{\partial P(z,t)}{\partial t} = -\kappa \frac{\partial^2 P(z,t)}{\partial z \partial z^*} \tag{5.1}$$

其中, κ 是扩散率. 那么相应的量子扩散方程是什么? 用密度算符的 P-表示:

$$\rho = \int \frac{\mathrm{d}^2 z}{\pi} P(z,t) |z\rangle\langle z|$$

5

则密度算符的时间演化满足方程

$$\frac{\mathrm{d}\rho}{\mathrm{d}t}=\int\frac{\mathrm{d}^2z}{\pi}\frac{\partial P(z,t)}{\partial t}|z\rangle\langle z| \tag{5.2}$$

将式（5.1）代入式（5.2）即有

$$\frac{\mathrm{d}\rho}{\mathrm{d}t}=-\kappa\int\frac{\mathrm{d}^2z}{\pi}\frac{\partial^2 P(z,t)}{\partial z\partial z^*}|z\rangle\langle z| \tag{5.3}$$

利用相干态投影算符的正规乘积表示, 即 $|z\rangle\langle z|=:\mathrm{e}^{-|z|^2+za^\dagger+z^*a-a^\dagger a}:$ 可得

$$a^\dagger|z\rangle\langle z|=a^\dagger:\mathrm{e}^{-|z|^2+za^\dagger+z^*a-a^\dagger a}:=\left(z^*+\frac{\partial}{\partial z}\right)|z\rangle\langle z| \tag{5.4}$$

$$|z\rangle\langle z|a=\left(z+\frac{\partial}{\partial z^*}\right)|z\rangle\langle z| \tag{5.5}$$

则有

$$\begin{aligned}&-\frac{\partial^2}{\partial z\partial z^*}|z\rangle\langle z|\\&=z\left(z^*+\frac{\partial}{\partial z}\right)|z\rangle\langle z|-\left(z^*+\frac{\partial}{\partial z}\right)\left(z+\frac{\partial}{\partial z^*}\right)|z\rangle\langle z|-|z|^2|z\rangle\langle z|+\left(z+\frac{\partial}{\partial z^*}\right)\left(z^*|z\rangle\langle z|\right)\\&=za^\dagger|z\rangle\langle z|-\left(z^*+\frac{\partial}{\partial z}\right)|z\rangle\langle z|a-|z|^2|z\rangle\langle z|+\left(z+\frac{\partial}{\partial z^*}\right)|z\rangle\langle z|a^\dagger\\&=a^\dagger a|z\rangle\langle z|-a^\dagger|z\rangle\langle z|a-a|z\rangle\langle z|a^\dagger+|z\rangle\langle z|aa^\dagger\end{aligned} \tag{5.6}$$

利用分步积分法, 并注意到无穷远处 $P(z,t)$ 消失, 则可得

$$\int\frac{\mathrm{d}^2z}{\pi}\frac{\partial^2 P(z,t)}{\partial z\partial z^*}|z\rangle\langle z|=\int\frac{\mathrm{d}^2z}{\pi}P(z,t)\frac{\partial^2}{\partial z\partial z^*}|z\rangle\langle z| \tag{5.7}$$

事实上, 将式（5.6）代入式（5.7）得到

$$\frac{\mathrm{d}\rho}{\mathrm{d}t}=\kappa\int\frac{\mathrm{d}^2z}{\pi}P(z,t)(a^\dagger a|z\rangle\langle z|-a^\dagger|z\rangle\langle z|a-a|z\rangle\langle z|a^\dagger+|z\rangle\langle z|aa^\dagger) \tag{5.8}$$

这说明量子扩散方程为

$$\frac{\mathrm{d}\rho}{\mathrm{d}t}=\kappa(a^\dagger a\rho-a^\dagger\rho a-a\rho a^\dagger+\rho aa^\dagger) \tag{5.9}$$

5.2 相空间中 Wigner 函数所满足的扩散方程

本节考察 Wigner 函数是如何扩散的. 由 Wigner 算符的正规乘积表达式

$$\Delta(\alpha,\alpha^*)=\frac{1}{\pi}:\mathrm{e}^{-2\left(\alpha^*-a^\dagger\right)(\alpha-a)}: \tag{5.10}$$

可算出

$$\begin{aligned}\frac{\partial}{\partial\alpha}\Delta(\alpha,\alpha^*)&=\frac{1}{\pi}\frac{\partial}{\partial\alpha}:\mathrm{e}^{-2\left(\alpha^*-a^\dagger\right)(\alpha-a)}:\\&=2\left(a^\dagger-\alpha^*\right)\Delta(\alpha,\alpha^*)\end{aligned} \tag{5.11}$$

$$\frac{\partial}{\partial\alpha^*}\Delta(\alpha,\alpha^*)=\Delta(\alpha,\alpha^*)\,2\,(a-\alpha) \tag{5.12}$$

故而

$$a^\dagger\Delta(\alpha,\alpha^*)=\left(\frac{\partial}{2\partial\alpha}+\alpha^*\right)\Delta(\alpha,\alpha^*) \tag{5.13}$$

$$\Delta(\alpha,\alpha^*)\,a=\left(\frac{\partial}{2\partial\alpha^*}+\alpha\right)\Delta(\alpha,\alpha^*) \tag{5.14}$$

另一方面, 从 Wigner 算符的反正规乘积表达式

$$\Delta(\alpha,\alpha^*)=-\frac{1}{\pi}\vdots\mathrm{e}^{2\left(\alpha^*-a^\dagger\right)(\alpha-a)}\vdots \tag{5.15}$$

给出

$$\frac{\partial}{\partial\alpha^*}\Delta(\alpha,\alpha^*)=2\,(\alpha-a)\,\Delta(\alpha,\alpha^*)=\Delta(\alpha,\alpha^*)\,2\,(a-\alpha) \tag{5.16}$$

$$\frac{\partial}{\partial\alpha}\Delta(\alpha,\alpha^*)=2\Delta(\alpha,\alpha^*)\left(\alpha^*-a^\dagger\right)=2\left(a^\dagger-\alpha^*\right)\Delta(\alpha,\alpha^*) \tag{5.17}$$

所以

$$\left(\alpha-\frac{\partial}{2\partial\alpha^*}\right)\Delta(\alpha,\alpha^*)=a\Delta(\alpha,\alpha^*) \tag{5.18}$$

$$\left(\alpha^*-\frac{\partial}{2\partial\alpha}\right)\Delta(\alpha,\alpha^*)=\Delta(\alpha,\alpha^*)\,a^\dagger \tag{5.19}$$

因此, 将式 (5.13)、式 (5.14)、式 (5.18)、式 (5.19), 代入 Wigner 函数式 $W=\mathrm{tr}(\rho\Delta)$, 同时利用到以下关系式:

$$\Delta a^{\dagger}a=\left(\alpha^{*}-\frac{\partial}{2\partial\alpha}\right)\Delta(\alpha,\alpha^{*})a=\left(\alpha^{*}-\frac{\partial}{2\partial\alpha}\right)\left(\frac{\partial}{2\partial\alpha^{*}}+\alpha\right)\Delta(\alpha,\alpha^{*}) \tag{5.20}$$

和

$$\begin{aligned}\mathrm{tr}\left(\Delta a^{\dagger}\rho a\right)=\mathrm{tr}\left(a\Delta a^{\dagger}\rho\right)&=\mathrm{tr}\left[\left(\alpha-\frac{\partial}{2\partial\alpha^{*}}\right)\Delta a^{\dagger}\rho\right]\\&=\mathrm{tr}\left[\left(\alpha-\frac{\partial}{2\partial\alpha^{*}}\right)\left(\alpha^{*}-\frac{\partial}{2\partial\alpha}\right)\Delta\rho\right]\\&=\left(\alpha-\frac{\partial}{2\partial\alpha^{*}}\right)\left(\alpha^{*}-\frac{\partial}{2\partial\alpha}\right)W\end{aligned} \tag{5.21}$$

$$\begin{aligned}\mathrm{tr}\left(\Delta a\rho a^{\dagger}\right)=\mathrm{tr}\left(a^{\dagger}\Delta a\rho\right)&=\mathrm{tr}\left[\left(\frac{\partial}{2\partial\alpha}+\alpha^{*}\right)\Delta a\rho\right]\\&=\mathrm{tr}\left[\left(\frac{\partial}{2\partial\alpha}+\alpha^{*}\right)\left(\frac{\partial}{2\partial\alpha^{*}}+\alpha\right)\Delta(\alpha,\alpha^{*})\rho\right]\\\mathrm{tr}\left(\Delta\rho aa^{\dagger}\right)=\mathrm{tr}\left(aa^{\dagger}\Delta\rho\right)&=\mathrm{tr}\left[\left(\frac{\partial}{2\partial\alpha}+\alpha^{*}\right)\left(\alpha-\frac{\partial}{2\partial\alpha^{*}}\right)\Delta\rho\right]\\&=\left(\frac{\partial}{2\partial\alpha}+\alpha^{*}\right)\left(\alpha-\frac{\partial}{2\partial\alpha^{*}}\right)W\end{aligned} \tag{5.22}$$

以及

$$\left[\alpha,\frac{\partial}{2\partial\alpha}\right]=-\frac{1}{2} \tag{5.23}$$

将以上结果代入式 (5.9) , 最终得到关于 Wigner 函数的扩散方程:

$$\begin{aligned}\frac{\partial W}{\partial t}&=\mathrm{tr}\left(\Delta\frac{\partial}{\partial t}\rho\right)=\kappa\mathrm{tr}\left[\Delta(a^{\dagger}a\rho-a^{\dagger}\rho a-a\rho a^{\dagger}+\rho aa^{\dagger})\right]\\&=\kappa\left[\left(\alpha^{*}-\frac{\partial}{2\partial\alpha}\right)\left(\frac{\partial}{2\partial\alpha^{*}}+\alpha\right)-\left(\alpha-\frac{\partial}{2\partial\alpha^{*}}\right)\left(\alpha^{*}-\frac{\partial}{2\partial\alpha}\right)\right.\\&\quad\left.-\left(\frac{\partial}{2\partial\alpha}+\alpha^{*}\right)\left(\frac{\partial}{2\partial\alpha^{*}}+\alpha\right)+\left(\frac{\partial}{2\partial\alpha}+\alpha^{*}\right)\left(\alpha-\frac{\partial}{2\partial\alpha^{*}}\right)\right]W\\&=\kappa\left(-\frac{\partial^{2}}{\partial\alpha\partial\alpha^{*}}+\alpha\frac{\partial}{2\partial\alpha}-\frac{\partial}{2\partial\alpha}\alpha+\frac{\partial}{2\partial\alpha^{*}}\alpha^{*}-\alpha^{*}\frac{\partial}{2\partial\alpha^{*}}\right)W\\&=-\kappa\frac{\partial^{2}}{\partial\alpha\partial\alpha^{*}}W\end{aligned} \tag{5.24}$$

与式 (5.1) 一致.

5.3 量子扩散方程的解

利用带虚模的纠缠态, 即热纠缠态 (4.108), 并记 $|\eta=0\rangle \equiv |I\rangle$, 它具有性质

$$a|I\rangle = \tilde{a}^\dagger|I\rangle, \quad a^\dagger|I\rangle = \tilde{a}|I\rangle, \quad (a^\dagger a)^n|I\rangle = (\tilde{a}^\dagger\tilde{a})^n|I\rangle \tag{5.25}$$

将式 (5.9) 的两边同时作用于 $|I\rangle$, 注意式 (5.25), 并记 $|\rho\rangle = \rho|I\rangle$, 就得到关于 $|\rho(t)\rangle$ 的类薛定谔方程

$$\begin{aligned}\frac{\mathrm{d}}{\mathrm{d}t}|\rho(t)\rangle &= -\kappa(a^\dagger a\rho - a^\dagger\rho a - a\rho a^\dagger + \rho a a^\dagger)|I\rangle \\ &= -\kappa(a^\dagger - \tilde{a})(a - \tilde{a}^\dagger)|\rho(t)\rangle\end{aligned} \tag{5.26}$$

其形式解是

$$|\rho(t)\rangle = \exp[-\kappa t(a^\dagger - \tilde{a})(a - \tilde{a}^\dagger]|\rho_0\rangle \tag{5.27}$$

用式 (4.109) 和式 (5.27) 得到内积 $\langle\eta|\rho\rangle$, 即

$$\langle\eta|\rho\rangle = \langle\eta|\exp[-\kappa t(a^\dagger - \tilde{a})(a - \tilde{a}^\dagger)]|\rho_0\rangle = \mathrm{e}^{-\kappa t|\eta|^2}\langle\eta|\rho_0\rangle \tag{5.28}$$

再用 $|\eta\rangle$ 的完备性和算符恒等式

$$:\exp[f(a^\dagger a + \tilde{a}^\dagger\tilde{a})]: = (f+1)^{a^\dagger a + \tilde{a}^\dagger\tilde{a}} \tag{5.29}$$

可导出

$$\begin{aligned}|\rho(t)\rangle &= \int\frac{\mathrm{d}^2\eta}{\pi}\mathrm{e}^{-\kappa t|\eta|^2}|\eta\rangle\langle\eta|\rho_0\rangle \\ &= \int\frac{\mathrm{d}^2\eta}{\pi}:\exp[-(1+\kappa t)|\eta|^2 + \eta(a^\dagger - \tilde{a}) + \eta^*(a - \tilde{a}^\dagger) \\ &\quad + a^\dagger\tilde{a}^\dagger + a\tilde{a} - a^\dagger a - \tilde{a}^\dagger\tilde{a}]:|\rho_0\rangle \\ &= \frac{1}{1+\kappa t}:\exp\left[\frac{\kappa t}{1+\kappa t}(a^\dagger\tilde{a}^\dagger + a\tilde{a} - a^\dagger a - \tilde{a}^\dagger\tilde{a})\right]:|\rho_0\rangle \\ &= \frac{1}{1+\kappa t}\mathrm{e}^{\frac{\kappa t}{1+\kappa t}a^\dagger\tilde{a}^\dagger}\left(\frac{1}{1+\kappa t}\right)^{a^\dagger a + \tilde{a}^\dagger\tilde{a}}\mathrm{e}^{\frac{\kappa t}{1+\kappa t}a\tilde{a}}|\rho_0\rangle\end{aligned} \tag{5.30}$$

再用式 (5.25) 可知

$$\mathrm{e}^{\frac{\kappa t}{1+\kappa t}a\tilde{a}}|\rho_0\rangle = \sum_{n=0}^{\infty}\frac{1}{n!}\left(\frac{\kappa t}{1+\kappa t}a\right)^n\rho_0 a^{\dagger n}|I\rangle \tag{5.31}$$

所以式 (5.30) 改写为

$$
\begin{aligned}
|\rho(t)\rangle &= \mathrm{e}^{\frac{\kappa t}{1+\kappa t}a^\dagger\tilde{a}^\dagger}\left(\frac{1}{1+\kappa t}\right)^{a^\dagger a+1}\sum_{n=0}^{\infty}\frac{1}{n!}\left(\frac{\kappa t}{1+\kappa t}a\right)^n\rho_0 a^{\dagger n}\left(\frac{1}{1+\kappa t}\right)^{a^\dagger a}|I\rangle \\
&= \sum_{m,n=0}^{\infty}\frac{1}{m!n!}\frac{(\kappa t)^{m+n}}{(\kappa t+1)^{m+n+1}}a^{\dagger m}\left(\frac{1}{1+\kappa t}\right)^{a^\dagger a}a^n\rho_0 a^{\dagger n}\left(\frac{1}{1+\kappa t}\right)^{a^\dagger a}a^m|I\rangle
\end{aligned}\tag{5.32}
$$

因此, $\rho(t)$ 等于

$$
\begin{aligned}
\rho(t) &= \sum_{m,n=0}^{\infty}\frac{1}{m!n!}\frac{(\kappa t)^{m+n}}{(\kappa t+1)^{m+n+1}}a^{\dagger m}\left(\frac{1}{1+\kappa t}\right)^{a^\dagger a}a^n\rho_0 a^{\dagger n}\left(\frac{1}{1+\kappa t}\right)^{a^\dagger a}a^m \\
&\equiv \sum_{m,n=0}^{\infty}M_{m,n}\rho_0 M_{m,n}^\dagger
\end{aligned}\tag{5.33}
$$

其中, $M_{m,n}$ 为 Kraus 算符:

$$
M_{m,n}=\sqrt{\frac{1}{m!n!}\frac{(\kappa t)^{m+n}}{(\kappa t+1)^{m+n+1}}}a^{\dagger m}\left(\frac{1}{1+\kappa t}\right)^{a^\dagger a}a^n \tag{5.34}
$$

满足 $\sum\limits_{m,n=0}^{\infty}M_{m,n}^\dagger M_{m,n}=1$. 式 (5.33) 是扩散方程的量子解.

对于 $M_{m,n}$, 要证明 $\sum\limits_{m,n=0}^{\infty}M_{m,n}^\dagger M_{m,n}=1$. 鉴于

$$
\vdots\,\mathrm{e}^{xaa^\dagger}\,\vdots=\frac{1}{1-x}\mathrm{e}^{a^\dagger a\ln\frac{1}{1-x}} \tag{5.35}
$$

这里 $\vdots\;\vdots$ 表示反正规排序, 有

$$
\begin{aligned}
\sum_{m,n=0}^{\infty}\frac{1}{m!}\frac{(\kappa t)^m}{(\kappa t+1)^m}a^m a^{\dagger m} &= \vdots\exp\left(\frac{\kappa t}{\kappa t+1}aa^\dagger\right)\vdots \\
&= (\kappa t+1)\mathrm{e}^{a^\dagger a\ln(\kappa t+1)}
\end{aligned}\tag{5.36}
$$

则 $\sum\limits_{m,n=0}^{\infty}M_{m,n}^\dagger M_{m,n}$ 可改写成

$$
\begin{aligned}
\sum_{m,n=0}^{\infty}M_{m,n}^\dagger M_{m,n} &= \sum_{m,n=0}^{\infty}\frac{1}{m!n!}\frac{(\kappa t)^{m+n}}{(\kappa t+1)^{m+n+1}}a^{\dagger n}\left(\frac{1}{1+\kappa t}\right)^{a^\dagger a}a^m a^{\dagger m}\left(\frac{1}{1+\kappa t}\right)^{a^\dagger a}a^n \\
&= \sum_{n=0}^{\infty}\frac{1}{n!}\frac{(\kappa t)^n}{(\kappa t+1)^n}a^{\dagger n}\left(\frac{1}{1+\kappa t}\right)^{2a^\dagger a}\mathrm{e}^{a^\dagger a\ln(\kappa t+1)}a^n
\end{aligned}
$$

$$
\begin{aligned}
&=\sum_{n=0}^{\infty}\frac{1}{n!}\frac{(\kappa t)^n}{(\kappa t+1)^n}a^{\dagger n}\mathrm{e}^{a^\dagger a\ln(\kappa t+1)}\mathrm{e}^{2a^\dagger a\ln\frac{1}{1+\kappa t}}a^n\\
&=\sum_{n=0}^{\infty}\frac{1}{n!}\frac{(\kappa t)^n}{(\kappa t+1)^n}a^{\dagger n}\mathrm{e}^{a^\dagger a\left[\ln(\kappa t+1)+2\ln\frac{1}{1+\kappa t}\right]}a^n\\
&=\sum_{n=0}^{\infty}\frac{1}{n!}\frac{(\kappa t)^n}{(\kappa t+1)^n}a^{\dagger n}\mathrm{e}^{a^\dagger a\ln\frac{1}{1+\kappa t}}a^n\\
&=\sum_{n=0}^{\infty}\frac{1}{n!}\frac{(\kappa t)^n}{(\kappa t+1)^n}a^{\dagger n}\colon \mathrm{e}^{a^\dagger a\left(\frac{1}{1+\kappa t}-1\right)}\colon a^n\\
&=\colon \mathrm{e}^{a^\dagger a\frac{\kappa t}{1+\kappa t}}\mathrm{e}^{a^\dagger a\ln\frac{-\kappa t}{1+\kappa t}}\colon =1
\end{aligned}
\tag{5.37}
$$

证明完毕.

5.4 Wigner 算符在扩散过程中的演化

为了求量子态的 Wigner 函数在扩散过程中的演化, 我们不妨讨论 Wigner 算符的演化, 因为用式（5.33）得到

$$
\begin{aligned}
W_{\rho(t)}(\alpha,\alpha^*)&=\mathrm{Tr}\left[\rho(t)\Delta(\alpha,\alpha^*)\right]\\
&=\mathrm{Tr}\left[\sum_{m,n=0}^{\infty}M_{m,n}\rho_0M_{m,n}^{\dagger}\Delta(\alpha,\alpha^*)\right]\\
&=\mathrm{Tr}\left[\sum_{m,n=0}^{\infty}\rho_0M_{m,n}^{\dagger}\Delta(\alpha,\alpha^*)M_{m,n}\right]\\
&=\mathrm{Tr}\left[\rho_0\Delta(\alpha,\alpha^*,t)\right]
\end{aligned}
\tag{5.38}
$$

注意这里 $\alpha=\dfrac{q+\mathrm{i}p}{\sqrt{2}}$, 且

$$
\Delta(\alpha,\alpha^*,t)=\sum_{m,n=0}^{\infty}M_{m,n}^{\dagger}\Delta(\alpha,a^*)M_{m,n}
\tag{5.39}
$$

所以求 t 时刻的 Wigner 函数 $W_{\rho(t)}(\alpha,\alpha^*)$ 归结于计算 $\Delta(\alpha,a^*,t)$. 考虑到

$$
\Delta(\alpha,\alpha^*)=\frac{1}{\pi}\colon \mathrm{e}^{-2(a^\dagger-\alpha^*)(a-\alpha)}\colon =\frac{1}{\pi}\mathrm{e}^{-2\alpha\alpha^*}\mathrm{e}^{2a^\dagger\alpha}(-1)^N\mathrm{e}^{2\alpha^*a}
\tag{5.40}
$$

和

$$(-1)^N a = -a(-1)^N, \quad N = a^\dagger a \tag{5.41}$$

以及

$$\begin{aligned}&\exp(a^\dagger a \ln A) f(a^\dagger) \exp(-a^\dagger a \ln A) = f(A a^\dagger)\\&\exp(a^\dagger a \ln A) f(a) \exp(-a^\dagger a \ln A) = f(a/A)\end{aligned} \tag{5.42}$$

故有

$$\begin{aligned}\varDelta(\alpha,\alpha^*,t) =& \frac{\mathrm{e}^{-2|\alpha|^2}}{\pi}\sum_{m,n=0}^{\infty}\frac{1}{m!n!}\frac{(\kappa t)^{m+n}}{(\kappa t+1)^{m+n+1}}a^{\dagger n}\left(\frac{1}{1+\kappa t}\right)^{a^\dagger a}a^m\\&\times \mathrm{e}^{2a^\dagger\alpha}(-1)^N\mathrm{e}^{2\alpha^* a}a^{\dagger m}\left(\frac{1}{1+\kappa t}\right)^{a^\dagger a}a^n\\=&\frac{\mathrm{e}^{-2|\alpha|^2}}{\pi(1+\kappa t)}\sum_{m,n=0}^{\infty}\frac{1}{m!n!}\left(1-\frac{1}{1+\kappa t}\right)^{m+n}a^{\dagger n}[(1+\kappa t)a]^m\left(\frac{1}{1+\kappa t}\right)^{a^\dagger a}\\&\times \mathrm{e}^{2a^\dagger\alpha}(-1)^N\mathrm{e}^{2\alpha^* a}\left(\frac{1}{1+\kappa t}\right)^{a^\dagger a}[(1+\kappa t)a^\dagger]^m a^n\end{aligned} \tag{5.43}$$

令

$$T_1 = 1-\frac{1}{1+\kappa t}, \quad T_2 = \frac{1}{1+\kappa t} \tag{5.44}$$

可将式 (5.43) 变化为

$$\begin{aligned}&\varDelta(\alpha,\alpha^*,t)\\&=\frac{T_2\mathrm{e}^{-2|\alpha|^2}}{\pi}\sum_{m,n=0}^{\infty}\frac{T_1^{m+n}}{m!n!T_2^{2m}}a^{\dagger n}a^m\mathrm{e}^{a^\dagger a\ln T_2}\mathrm{e}^{2a^\dagger\alpha}(-1)^N\mathrm{e}^{2\alpha^* a}\mathrm{e}^{a^\dagger a\ln T_2}a^{\dagger m}a^n\\&=\frac{\mathrm{e}^{-2|\alpha|^2}T_2}{\pi}\sum_{m,n=0}^{\infty}\frac{T_1^{m+n}}{m!n!T_2^{2m}}a^{\dagger n}a^m\mathrm{e}^{2\alpha T_2 a^\dagger}\mathrm{e}^{a^\dagger a\ln T_2}(-1)^N\mathrm{e}^{a^\dagger a\ln T_2}\mathrm{e}^{2\alpha^* T_2 a}a^{\dagger m}a^n\\&=\frac{\mathrm{e}^{-2|\alpha|^2}T_2}{\pi}\sum_{m,n=0}^{\infty}\frac{T_1^{m+n}}{m!n!T_2^{2m}}a^{\dagger n}a^m\mathrm{e}^{2\alpha T_2 a^\dagger}\mathrm{e}^{-2\alpha^* a/T_2}\exp\left[a^\dagger a\ln\left(-T_2^2\right)\right]a^{\dagger m}a^n\\&=\frac{\mathrm{e}^{-2|\alpha|^2}T_2}{\pi}\sum_{m,n=0}^{\infty}\frac{T_1^{m+n}}{m!n!T_2^{2m}}a^{\dagger n}a^m\mathrm{e}^{2\alpha T_2 a^\dagger}\mathrm{e}^{-2\alpha^* a/T_2}a^{\dagger m}a^n\\&\quad\times\exp\left[a^\dagger a\ln\left(-T_2^2\right)\right]\left(-T_2^2\right)^{m-n}\end{aligned} \tag{5.45}$$

再用

$$\mathrm{e}^{Aa}f\left(a^\dagger\right)\mathrm{e}^{-Aa} = \sum_{n=0}^{\infty}\frac{A^n}{n!}f^{(n)}\left(a^\dagger\right) = f\left(a^\dagger + A\right)$$

$$\mathrm{e}^{Aa^{\dagger}}f(a)\mathrm{e}^{-Aa^{\dagger}}=\sum_{n=0}^{\infty}\frac{A^{n}}{n!}(-1)^{n}f^{(n)}\left(a^{\dagger}\right)=f(a-A) \tag{5.46}$$

能把式 (5.45) 化为

$$\begin{aligned}
&\Delta(\alpha,\alpha^{*},t)\\
&=\frac{\exp\left(-2|\alpha|^{2}\right)T_{2}}{\pi}\sum_{m,n=0}^{\infty}\frac{T_{1}^{m+n}}{m!n!T_{2}^{2m}}a^{\dagger n}\exp\left(2\alpha T_{2}a^{\dagger}\right)\left(a+2\alpha T_{2}\right)^{m}\left(a^{\dagger}-2\alpha^{*}/T_{2}\right)^{m}\\
&\quad\times\exp\left(-2\alpha^{*}a/T_{2}\right)a^{n}\exp\left[a^{\dagger}a\ln\left(-T_{2}^{2}\right)\right]\left(-T_{2}^{2}\right)^{m-n}
\end{aligned} \tag{5.47}$$

再插入相干态的完备性关系 [式 (2.35)]:

$$\int\frac{\mathrm{d}^{2}z}{\pi}|z\rangle\langle z|=\int\frac{\mathrm{d}^{2}z}{\pi}:\exp\left(-|z|^{2}+za^{\dagger}+z^{*}a-a^{\dagger}a\right):=1 \tag{5.48}$$

及 $a|z\rangle=z|z\rangle$ 导出

$$\begin{aligned}
&\Delta(\alpha,\alpha^{*},t)\\
&=\frac{\exp\left(-2|\alpha|^{2}\right)T_{2}}{\pi}\sum_{n,m=0}^{\infty}\frac{T_{1}^{m+n}(-1)^{m-n}}{m!n!T_{2}^{2n}}\mathrm{e}^{2\alpha T_{2}a^{\dagger}}a^{\dagger n}\int\frac{\mathrm{d}^{2}z}{\pi}\left(z+2\alpha T_{2}\right)^{m}|z\rangle\\
&\quad\times\langle z|\left(\frac{z^{*}-2\alpha^{*}}{T_{2}}\right)^{m}a^{n}\mathrm{e}^{-2\alpha^{*}a/T_{2}}\exp\left[a^{\dagger}a\ln\left(-T_{2}^{2}\right)\right]\\
&=\frac{\exp\left(-2|\alpha|^{2}\right)T_{2}}{\pi}\sum_{n=0}^{\infty}\frac{T_{1}^{n}}{n!\left(-T_{2}^{2}\right)^{n}}\mathrm{e}^{2\alpha T_{2}a^{\dagger}}a^{\dagger n}\int\frac{\mathrm{d}^{2}z}{\pi}\exp\left[-T_{1}\left(z+2\alpha T_{2}\right)\left(\frac{z^{*}-2\alpha^{*}}{T_{2}}\right)\right]\\
&\quad\times|z\rangle\langle z|a^{n}\mathrm{e}^{-2\alpha^{*}a/T_{2}}\exp\left[a^{\dagger}a\ln\left(-T_{2}^{2}\right)\right]\\
&=\frac{\exp\left(-2|\alpha|^{2}\right)T_{2}}{\pi}\sum_{n=0}^{\infty}\frac{T_{1}^{n}}{n!\left(-T_{2}^{2}\right)^{n}}\mathrm{e}^{2\alpha T_{2}a^{\dagger}}:a^{\dagger n}\int\frac{\mathrm{d}^{2}z}{\pi}\exp[-\left(T_{1}+1\right)|z|^{2}\\
&\quad+2z\alpha^{*}T_{1}/T_{2}-2z^{*}\alpha T_{1}T_{2}+za^{\dagger}+z^{*}a-a^{\dagger}a+4|\alpha|^{2}T_{1}]a^{n}:\\
&\quad\times\mathrm{e}^{-2\alpha^{*}a/T_{2}}\exp\left[a^{\dagger}a\ln\left(-T_{2}^{2}\right)\right]
\end{aligned} \tag{5.49}$$

用 IWOP 方法对其进行积分可得

$$\begin{aligned}
&\Delta(\alpha,\alpha^{*},t)\\
&=\frac{\mathrm{e}^{-2|\alpha|^{2}}T_{2}}{\pi\left(1+T_{1}\right)}\sum_{n=0}^{\infty}\frac{T_{1}^{n}}{n!\left(-T_{2}^{2}\right)^{n}}\mathrm{e}^{2\alpha T_{2}a^{\dagger}}\\
&\quad\times:a^{\dagger n}\exp\left[\frac{T_{1}\left(2\alpha^{*}a/T_{2}-a^{\dagger}a-2\alpha T_{2}a^{\dagger}+4\alpha^{*}\alpha\right)}{1+T_{1}}\right]a^{n}:\\
&\quad\times\mathrm{e}^{-2\alpha^{*}a/T_{2}}\exp\left[a^{\dagger}a\ln\left(-T_{2}^{2}\right)\right]
\end{aligned}$$

$$
\begin{aligned}
&= \frac{T_2}{\pi(1+T_1)} e^{\frac{T_1-1}{1+T_1}2|\alpha|^2} e^{2\alpha T_2 a^\dagger} :\exp\left[\frac{T_1\left(2\alpha^* a/T_2 - a^\dagger a - 2\alpha T_2 a^\dagger\right)}{1+T_1} - \frac{T_1}{T_2^2} a^\dagger a\right]: \\
&\quad \times e^{-2\alpha^* a/T_2} \exp\left[a^\dagger a \ln\left(-T_2^2\right)\right] \\
&= \frac{T_2}{\pi(1+T_1)} e^{\frac{T_1-1}{1+T_1}2|\alpha|^2} e^{\frac{2\alpha T_2 a^\dagger}{1+T_1}} :\exp\left[\left(\frac{1}{1+T_1} - \frac{T_1}{T_2^2} - 1\right) a^\dagger a\right]: \\
&\quad \times e^{-\frac{2\alpha^* a}{T_2(1+T_1)}} \exp\left[a^\dagger a \ln\left(-T_2^2\right)\right] \\
&= \frac{T_2}{\pi(1+T_1)} e^{\frac{T_1-1}{1+T_1}2|\alpha|^2} e^{\frac{2\alpha T_2 a^\dagger}{1+T_1}} \exp\left[\ln\left(\frac{1}{1+T_1} - \frac{T_1}{T_2^2}\right) a^\dagger a\right] \exp\left[a^\dagger a \ln\left(-T_2^2\right)\right] e^{\frac{2\alpha^* T_2 a}{1+T_1}} \\
&= \frac{T_2}{\pi(1+T_1)} e^{\frac{T_1-1}{1+T_1}2|\alpha|^2} e^{\frac{2\alpha T_2 a^\dagger}{1+T_1}} \exp\left[\ln\left(T_1 - \frac{T_2^2}{1+T_1}\right) a^\dagger a\right] e^{\frac{2\alpha^* T_2 a}{1+T_1}}
\end{aligned} \tag{5.50}
$$

进一步化简为

$$
\begin{aligned}
\Delta(\alpha,\alpha^*,t) &= \frac{T_2 \exp\left(2\frac{T_1-1}{T_1+1}|\alpha|^2\right)}{\pi(T_1+1)} \exp\left[\frac{2\alpha(1-T_1)a^\dagger}{T_1+1}\right] \\
&\quad :\exp\left(2\frac{T_1-1}{T_1+1} a^\dagger a\right): \exp\left[\frac{2\alpha^*(1-T_1)a}{T_1+1}\right] \\
&= \frac{1-T_1}{\pi(T_1+1)} :\exp\left[2\frac{T_1-1}{T_1+1}(a^\dagger - \alpha^*)(a-\alpha)\right]: \\
&= \frac{1}{\pi(2\kappa t+1)} :\exp\left[\frac{-2}{2\kappa t+1}(a^\dagger - \alpha^*)(a-\alpha)\right]: \\
&= \frac{1}{\pi(2\kappa t+1)} e^{\frac{2\alpha a^\dagger}{2\kappa t+1}} :\exp\left(\frac{-2}{2\kappa t+1} a^\dagger a\right): e^{\frac{2\alpha^* a}{2\kappa t+1}} e^{\frac{-2}{2\kappa t+1}|\alpha|^2} \\
&= \frac{1}{\pi(2\kappa t+1)} e^{\frac{2\alpha a^\dagger}{2\kappa t+1}} \exp\left(a^\dagger a \ln\frac{2\kappa t-1}{2\kappa t+1}\right) e^{\frac{2\alpha^* a}{2\kappa t+1}} e^{\frac{-2}{2\kappa t+1}|\alpha|^2}
\end{aligned} \tag{5.51}
$$

此式明显地反映了 Wigner 算符随时间的变化. 当 $t=0$ 时, 上式回归 $\Delta(\alpha,\alpha^*,0) = \frac{1}{\pi}:\exp\left[-2(a^\dagger-\alpha^*)(a-\alpha)\right]:$.

以下量子态 Wigner 函数随时间演化的例子:

当初态是一个纯粒子态 $|n\rangle\langle n|$ 时, 其 Wigner 函数是

$$
\langle n|\Delta(\alpha,\alpha^*)|n\rangle = \frac{1}{\pi} e^{-2|\alpha|^2} L_n\left(4|\alpha|^2\right)(-1)^n \tag{5.52}
$$

$L_n(x)$ 是 Laguerre 多项式（3.171）并注意到 $a|n\rangle = \sqrt{n}|n-1\rangle$, 则参照式（5.51）有

$$
e^{\lambda a}|n\rangle = \sum_{l=0}^{n} \frac{(\lambda a)^l}{l!}|n\rangle = \sum_{l=0}^{n} \frac{\lambda^l}{l!}\sqrt{\frac{n!}{(n-l)!}}|n-l\rangle, \quad \lambda \equiv \frac{2\alpha^*}{2\kappa t+1} \tag{5.53}
$$

所以终态的 Wigner 函数是

$$
W_{\rho(t)}(\alpha,\alpha^*) = \mathrm{Tr}\left[\rho_0 \Delta(\alpha,\alpha^*,t)\right] = \langle n|\Delta(\alpha,\alpha^*,t)|n\rangle
$$

$$
\begin{aligned}
&= \frac{1}{\pi(2\kappa t+1)} \mathrm{e}^{\frac{-2}{2\kappa t+1}|\alpha|^2} \sum_{m=0,l=0}^{n} \frac{\lambda^l \lambda^{*m}}{l!m!} \sqrt{\frac{n!n!}{(n-m)!(n-l)!}} \\
&\quad \times \langle n-m| \exp\left(a^\dagger a \ln \frac{2\kappa t-1}{2\kappa t+1}\right) |n-l\rangle \\
&= \frac{1}{\pi(2\kappa t+1)} \mathrm{e}^{\frac{-2}{2\kappa t+1}|\alpha|^2} \sum_{m=0,l=0}^{n} \frac{\lambda^l \lambda^{*m}}{l!m!} \sqrt{\frac{n!n!}{(n-m)!(n-l)!}} \\
&\quad \times \exp\left[(n-l) \ln \frac{2\kappa t-1}{2\kappa t+1}\right] \delta_{m,l} \\
&= \frac{1}{\pi(2\kappa t+1)} \left(\frac{2\kappa t-1}{2\kappa t+1}\right)^n \mathrm{e}^{\frac{-2}{2\kappa t+1}|\alpha|^2} \sum_{l=0}^{n} \frac{|\lambda|^{2l}}{l!l!} \frac{n!}{(n-l)!} \left(\frac{2\kappa t+1}{2\kappa t-1}\right)^l \\
&= \frac{1}{\pi} \frac{(2\kappa t-1)^n}{(2\kappa t+1)^{n+1}} \mathrm{e}^{\frac{-2}{2\kappa t+1}|\alpha|^2} L_n\left(\frac{4|\alpha|^2}{1-4\kappa^2 t^2}\right)
\end{aligned} \tag{5.54}
$$

取 $t=0$, 则上式回归到式 (5.52).

5.5 相干光场的扩散

当初态是相干光场时, $\rho_0 = |z\rangle\langle z|$, 其 P-表示为

$$
P_0 = \delta(z^* - \alpha^*)\delta(z-\alpha) \tag{5.55}
$$

扩散方程 $\frac{\partial P(z,t)}{\partial t} = -\kappa \frac{\partial^2 P(z,t)}{\partial z \partial z^*}$ 的解是

$$
P_t = \frac{1}{\kappa t} \exp\left[\frac{-1}{\kappa t}(z^* - \alpha^*)(z-\alpha)\right] \tag{5.56}
$$

它是密度算符在相干态表象中的表示, 所以密度算符为

$$
\rho_t = \frac{1}{\kappa t} \vdots \exp\left[\frac{-1}{\kappa t}(z^* - a^\dagger)(z-a)\right] \vdots \tag{5.57}
$$

用 IWOP 方法将其转变为正规乘积

$$
\begin{aligned}
\rho_t &= \frac{1}{\kappa t} \vdots \exp\left[\frac{-1}{\kappa t}(z^* - a^\dagger)(z-a)\right] \vdots \\
&= \frac{1}{\kappa t} \int \frac{\mathrm{d}^2\alpha}{\pi} |\alpha\rangle\langle\alpha| \exp\left[\frac{-1}{\kappa t}(z^* - \alpha^*)(z-\alpha)\right]
\end{aligned}
$$

5

$$
\begin{aligned}
&= \frac{1}{\kappa t}\int \frac{\mathrm{d}^2\alpha}{\pi} : \exp\left[\frac{-1}{\kappa t}(z^*-\alpha^*)(z-\alpha)-|\alpha|^2+\alpha a^\dagger+\alpha^* a-a^\dagger a\right]: \\
&= \frac{1}{1+\kappa t}\mathrm{e}^{\frac{z}{1+\kappa t}a^\dagger}:\mathrm{e}^{\left(\frac{\kappa t}{1+\kappa t}-1\right)a^\dagger a}:\mathrm{e}^{\frac{z^*}{1+\kappa t}a}\mathrm{e}^{-\frac{|z|^2}{1+\kappa t}} \\
&= \frac{1}{1+\kappa t}\mathrm{e}^{\frac{z}{1+\kappa t}a^\dagger}\mathrm{e}^{a^\dagger a\ln\frac{\kappa t}{1+\kappa t}}\mathrm{e}^{\frac{z^*}{1+\kappa t}a}\mathrm{e}^{-\frac{|z|^2}{1+\kappa t}}
\end{aligned} \tag{5.58}
$$

可知 ρ_t 不再是纯态. 可以验证 $\mathrm{tr}\rho_t=1$, 故而相干光场经过扩散后变成一个广义的混沌光场.

5.6 对应相干光场扩散后的热真空态

用第 3 章介绍的 IWOP 方法我们求 ρ_t 对应的热真空态. 鉴于

$$
\begin{aligned}
&\mathrm{e}^{\frac{z^*a}{\kappa t}}\mathrm{e}^{a^\dagger a\ln\frac{\kappa t}{1+\kappa t}}\mathrm{e}^{\frac{za^\dagger}{\kappa t}} \\
&= \mathrm{e}^{\frac{z^*a}{\kappa t}}:\mathrm{e}^{\frac{\kappa t}{1+\kappa t}a^\dagger a-a^\dagger a}:\mathrm{e}^{\frac{za^\dagger}{\kappa t}} \\
&= \mathrm{e}^{\frac{z^*a}{\kappa t}}\int\frac{\mathrm{d}^2\beta}{\pi}:\mathrm{e}^{-|\beta|^2+\beta^*\sqrt{\frac{\kappa t}{1+\kappa t}}a^\dagger+\beta\sqrt{\frac{\kappa t}{1+\kappa t}}a-a^\dagger a}:\mathrm{e}^{\frac{za^\dagger}{\kappa t}} \\
&= \int\frac{\mathrm{d}^2\beta}{\pi}\langle\tilde{\beta}|\,\tilde{0}\rangle\mathrm{e}^{\frac{z^*\beta^*}{\kappa t}\sqrt{\frac{\kappa t}{1+\kappa t}}}\left\|\beta^*\sqrt{\frac{\kappa t}{1+\kappa t}}\right\rangle\left\langle\beta^*\sqrt{\frac{\kappa t}{1+\kappa t}}\right\|\mathrm{e}^{\frac{z\beta}{\kappa t}\sqrt{\frac{\kappa t}{1+\kappa t}}}\langle\tilde{0}|\,\tilde{\beta}\rangle \\
&= \int\frac{\mathrm{d}^2\beta}{\pi}\langle\tilde{\beta}|\mathrm{e}^{\frac{z^*\beta^*}{\kappa t}\sqrt{\frac{\kappa t}{1+\kappa t}}+\beta^*\sqrt{\frac{\kappa t}{1+\kappa t}}a^\dagger}\left|0,\tilde{0}\right\rangle\left\langle 0,\tilde{0}\right|\mathrm{e}^{\frac{z\beta}{\kappa t}\sqrt{\frac{\kappa t}{1+\kappa t}}+\beta\sqrt{\frac{\kappa t}{1+\kappa t}}a}\left|\tilde{\beta}\right\rangle \\
&= \int\frac{\mathrm{d}^2\beta}{\pi}\langle\tilde{\beta}|\mathrm{e}^{z^*\tilde{a}^\dagger\sqrt{\frac{1}{\kappa t(1+\kappa t)}}+\sqrt{\frac{\kappa t}{1+\kappa t}}\tilde{a}^\dagger a^\dagger}\left|0,\tilde{0}\right\rangle\left\langle 0,\tilde{0}\right|\mathrm{e}^{z\tilde{a}\sqrt{\frac{1}{\kappa t(1+\kappa t)}}+\sqrt{\frac{\kappa t}{1+\kappa t}}\tilde{a}a}\left|\tilde{\beta}\right\rangle \\
&= \tilde{\mathrm{tr}}\int\frac{\mathrm{d}^2\beta}{\pi}\left|\tilde{\beta}\right\rangle\langle\tilde{\beta}|\mathrm{e}^{z^*\tilde{a}^\dagger\sqrt{\frac{1}{\kappa t(1+\kappa t)}}+\sqrt{\frac{\kappa t}{1+\kappa t}}\tilde{a}^\dagger a^\dagger}\left|0,\tilde{0}\right\rangle\left\langle 0,\tilde{0}\right|\mathrm{e}^{z\tilde{a}\sqrt{\frac{1}{\kappa t(1+\kappa t)}}+\sqrt{\frac{\kappa t}{1+\kappa t}}\tilde{a}a}
\end{aligned} \tag{5.59}
$$

比较式（3.5）可知热真空态是

$$
\frac{1}{\sqrt{1+\kappa t}}\mathrm{e}^{-\frac{|z|^2}{2\kappa t}}\mathrm{e}^{z^*\tilde{a}^\dagger\sqrt{\frac{1}{\kappa t(1+\kappa t)}}+\sqrt{\frac{\kappa t}{1+\kappa t}}\tilde{a}^\dagger a^\dagger}\left|0,\tilde{0}\right\rangle=|\psi\rangle \tag{5.60}
$$

形式上它是一个双模平移压缩态, 是归一化的, 即

$$
\begin{aligned}
\langle\psi|\psi\rangle &= \frac{1}{1+\kappa t}\mathrm{e}^{-\frac{|z|^2}{\kappa t}}\langle 0,\tilde{0}|\mathrm{e}^{z\tilde{a}\sqrt{\frac{1}{\kappa t(1+\kappa t)}}+\sqrt{\frac{\kappa t}{1+\kappa t}}\tilde{a}a}\mathrm{e}^{z^*\tilde{a}^\dagger\sqrt{\frac{1}{\kappa t(1+\kappa t)}}+\sqrt{\frac{\kappa t}{1+\kappa t}}\tilde{a}^\dagger a^\dagger}|0,\tilde{0}\rangle \\
&= \frac{1}{1+\kappa t}\mathrm{e}^{-\frac{|z|^2}{\kappa t}}\int\frac{\mathrm{d}^2z_1'\mathrm{d}^2z_2'}{\pi^2}\langle 0,\tilde{0}|\mathrm{e}^{z\tilde{a}\sqrt{\frac{1}{\kappa t(1+\kappa t)}}+\sqrt{\frac{\kappa t}{1+\kappa t}}\tilde{a}a}|z_1',\tilde{z}_2'\rangle
\end{aligned}
$$

$$\times \langle z_1', \tilde{z}_2'| \mathrm{e}^{z^* \tilde{a}^\dagger \sqrt{\frac{1}{\kappa t(1+\kappa t)}} + \sqrt{\frac{\kappa t}{1+\kappa t}} \tilde{a}^\dagger a^\dagger} |0, \tilde{0}\rangle$$

$$= \frac{1}{1+\kappa t} \mathrm{e}^{-\frac{|z|^2}{\kappa t}} \int \frac{\mathrm{d}^2 z_1' \mathrm{d}^2 z_2'}{\pi^2} \mathrm{e}^{-|z_1'|^2 - |z_2'|^2 + z z_2' \sqrt{\frac{1}{\kappa t(1+\kappa t)}} + \sqrt{\frac{\kappa t}{1+\kappa t}} z_2' z_1'}$$

$$+ z^* z_2'^* \sqrt{\frac{1}{\kappa t(1+\kappa t)}} + \sqrt{\frac{\kappa t}{1+\kappa t}} z_2'^* z_1'^*$$

$$= \frac{1}{1+\kappa t} \mathrm{e}^{-\frac{|z|^2}{\kappa t}} \int \frac{\mathrm{d}^2 z_2'}{\pi} \mathrm{e}^{-\frac{1}{1+\kappa t}|z_2'|^2 + z z_2' \sqrt{\frac{1}{\kappa t(1+\kappa t)}} + z^* z_2'^* \sqrt{\frac{1}{\kappa t(1+\kappa t)}}} = 1 \tag{5.61}$$

知道了热真空态, 就容易计算相干态扩散过程中的光子数变化. 先算 $\langle \psi\, \tilde{a}\tilde{a}^\dagger |\psi\rangle$, 即

$$\langle \psi| \tilde{a}\tilde{a}^\dagger |\psi\rangle = \frac{1}{1+\kappa t} \mathrm{e}^{-\frac{|z|^2}{\kappa t}} \langle 0, \tilde{0}| \mathrm{e}^{z\tilde{a} \sqrt{\frac{1}{\kappa t(1+\kappa t)}} + \sqrt{\frac{\kappa t}{1+\kappa t}} \tilde{a} a}$$

$$\times \int \frac{\mathrm{d}^2 z_1' \mathrm{d}^2 z_2'}{\pi^2} \tilde{a} |z_1', \tilde{z}_2'\rangle \langle z_1', \tilde{z}_2'| \tilde{a}^\dagger \mathrm{e}^{z^* \tilde{a}^\dagger \sqrt{\frac{1}{\kappa t(1+\kappa t)}} + \sqrt{\frac{\kappa t}{1+\kappa t}} \tilde{a}^\dagger a^\dagger} |0, \tilde{0}\rangle$$

$$= \frac{1}{1+\kappa t} \mathrm{e}^{-\frac{|z|^2}{\kappa t}} \int \frac{\mathrm{d}^2 z_2'}{\pi} \mathrm{e}^{-\frac{1}{1+\kappa t}|z_2'|^2 + z z_2' \sqrt{\frac{1}{\kappa t(1+\kappa t)}} + z^* z_2'^* \sqrt{\frac{1}{\kappa t(1+\kappa t)}}} |z_2'|^2$$

$$= (1+\kappa t) \mathrm{e}^{-\frac{|z|^2}{\kappa t}} \int \frac{\mathrm{d}^2 z_2'}{\pi} \mathrm{e}^{-|z_2'|^2 + z z_2' \sqrt{\frac{1}{\kappa t}} + z^* z_2'^* \sqrt{\frac{1}{\kappa t}}} |z_2'|^2$$

$$= \mathrm{e}^{-\frac{|z|^2}{\kappa t}} \left(-\frac{\partial}{\partial f}\right) \int \frac{\mathrm{d}^2 z_2'}{\pi} \mathrm{e}^{-f|z_2'|^2 + z z_2' \sqrt{\frac{1}{\kappa t}} + z^* z_2'^* \sqrt{\frac{1}{\kappa t}}} \Big|_{f=1}$$

$$= -(1+\kappa t) \mathrm{e}^{-\frac{|z|^2}{\kappa t}} \frac{\partial}{\partial f} \left(\frac{1}{f} \exp \frac{|z|^2}{f\kappa t}\right) \Big|_{f=1}$$

$$= -\mathrm{e}^{-\frac{|z|^2}{\kappa t}} \left(-\frac{1}{f^2} \exp \frac{|z|^2}{f\kappa t} - \frac{1}{f^3} \frac{|z|^2}{\kappa t} \exp \frac{|z|^2}{f\kappa t}\right) \Big|_{f=1}$$

$$= (1+\kappa t) \left(1 + \frac{|z|^2}{\kappa t}\right) \tag{5.62}$$

再根据

$$a|\psi\rangle = \sqrt{\frac{\kappa t}{1+\kappa t}} \tilde{a}^\dagger |\psi\rangle \tag{5.63}$$

可得

$$\langle \psi| a^\dagger a |\psi\rangle = \frac{\kappa t}{1+\kappa t} \langle \psi\, \tilde{a}\tilde{a}^\dagger |\psi\rangle = \kappa t \left(1 + \frac{|z|^2}{\kappa t}\right) = |z|^2 + \kappa t \tag{5.64}$$

比较初态的 $\mathrm{tr}\left[a^\dagger a \rho_{|z\rangle\langle z|}(0)\right] = |z|^2$, 可见光子数增加了 κt, 这可以用于量子调控. 当扩散系数 κ 很小时, 可以体现扩散的本意.

5.7 Laguerre 多项式权重混沌光场光子数态的扩散

本节用算符排序论和有序算符内的积分理论来研究数态 $\rho_0 = |l\rangle\langle l|$, 历经一个量子扩散通道的演化 ($|l\rangle = \frac{a^{\dagger l}}{\sqrt{l!}}|0\rangle$), 我们发现其终态密度算符在以正规排序后能以特殊函数的面貌呈现, 成为有律可循的新光场. 将 ρ_0 代入式（5.33）后, 先考虑对 n 部分的求和, 用

$$\left(\frac{1}{1+\kappa t}\right)^{a^\dagger a} a^n = [a(1+\kappa t)]^n \left(\frac{1}{1+\kappa t}\right)^{a^\dagger a}$$
$$a^{\dagger n}\left(\frac{1}{1+\kappa t}\right)^{a^\dagger a} = \left(\frac{1}{1+\kappa t}\right)^{a^\dagger a}\left[a^\dagger(1+\kappa t)\right]^n \tag{5.65}$$

和

$$a^n|l\rangle = \sqrt{\frac{l!}{n!(l-n)!}}|l-n\rangle \tag{5.66}$$

以及双变量 Hermite 多项式的定义式（1.129）即

$$H_{m,n}(x,y) = \sum_{l=0}^{\min(m,n)} \frac{m!n!(-1)^l}{l!(m-l)!(n-l)!} x^{m-l} y^{n-l} \tag{5.67}$$

得到

$$\begin{aligned}
\mathfrak{I} &\equiv \sum_{n=0}^{l} \frac{(\kappa t)^n}{n!(\kappa t+1)^n}\left(\frac{1}{1+\kappa t}\right)^{a^\dagger a} a^n|l\rangle\langle l|a^{\dagger n}\left(\frac{1}{1+\kappa t}\right)^{a^\dagger a} \\
&= \sum_{n=0}^{l} \frac{(\kappa t)^n(\kappa t+1)^{n-2l}}{n!} a^n|l\rangle\langle l|a^{\dagger n} \\
&= \sum_{n=0}^{l} \frac{(\kappa t)^n(\kappa t+1)^{n-2l}l!}{n!(l-n)!}|l-n\rangle\langle l-n| \\
&=: \sum_{n=0}^{l} \frac{l!(\kappa t)^n(\kappa t+1)^{n-2l}}{n!(l-n)!(l-n)!} a^{\dagger l-n}a^{l-n}\mathrm{e}^{-a^\dagger a}: \\
&= \frac{1}{l!}\left(\frac{-\kappa t}{\kappa t+1}\right)^l : H_{l,l}\left[\frac{\mathrm{i}a^\dagger}{\sqrt{\kappa t(\kappa t+1)}}, \frac{\mathrm{i}a}{\sqrt{\kappa t(\kappa t+1)}}\right]\mathrm{e}^{-a^\dagger a}:
\end{aligned} \tag{5.68}$$

再把式（5.68）代入式（5.33）并用正规乘积算符内的求和方法得到

$$\begin{aligned}\rho(t)=&\sum_{m,n=0}^{\infty}\frac{(\kappa t)^m}{m!(\kappa t+1)^{m+1}}a^{\dagger m}\frac{1}{l!}\left(\frac{-\kappa t}{\kappa t+1}\right)^l\\&\times:H_{l,l}\left[\frac{\mathrm{i}a^\dagger}{\sqrt{\kappa t(\kappa t+1)}},\frac{\mathrm{i}a}{\sqrt{\kappa t(\kappa t+1)}}\right]\mathrm{e}^{-a^\dagger a}:a^m\\&=\frac{(-\kappa t)^l}{l!(\kappa t+1)^{l+1}}:\mathrm{e}^{\frac{-1}{\kappa t+1}a^\dagger a}H_{l,l}\left[\frac{\mathrm{i}a^\dagger}{\sqrt{\kappa t(\kappa t+1)}},\frac{\mathrm{i}a}{\sqrt{\kappa t(\kappa t+1)}}\right]:\\&=\frac{(\kappa t)^l}{(\kappa t+1)^{l+1}}:L_l\left[\frac{-a^\dagger a}{\kappa t(\kappa t+1)}\right]\mathrm{e}^{\frac{-1}{\kappa t+1}a^\dagger a}:\end{aligned}\tag{5.69}$$

其中用到了式 (2.78) 和 Laguerre 多项式的定义式（3.171）.

令

$$\frac{1}{\kappa t+1}=\lambda,\qquad \kappa t=\frac{1-\lambda}{\lambda},\qquad \frac{1}{\kappa t(\kappa t+1)}=\frac{\lambda^2}{1-\lambda}\tag{5.70}$$

则

$$\rho(t)=\lambda(1-\lambda)^l:L_l\left(\frac{-\lambda^2a^\dagger a}{1-\lambda}\right)\mathrm{e}^{-\lambda a^\dagger a}:\tag{5.71}$$

可见, 粒子态 $|l\rangle\langle l|$ 在扩散通道中演化为正规乘积内 Laguerre 多项式权重型的混沌光场密度算符, 正是有序的排列, 才使得此密度算符以特殊函数的面貌而露出端倪, 形成一个可以继续深入研究的新光场. 密度算符的有序排列理论上使得光场的熵取极小, 使得人们更容易发现或研究新的光场.

用相干态表象和积分公式:

$$\int_0^\infty \mathrm{e}^{-bx}L_l(x)\,\mathrm{d}x=\sum_{k=0}^{l}\binom{l}{l-k}\int_0^\infty \mathrm{e}^{-bx}\frac{(-x)^k}{k!}\mathrm{d}x=(b-1)^l b^{-l-1}\tag{5.72}$$

可证 $\rho(t)$ 满足密度算符的基本条件:

$$\begin{aligned}\mathrm{Tr}\rho(t)&=\int\frac{\mathrm{d}^2\alpha}{\pi}\langle\alpha|\lambda(1-\lambda)^l:L_l\left(\frac{-\lambda^2a^\dagger a}{1-\lambda}\right)\mathrm{e}^{-\lambda a^\dagger a}:|\alpha\rangle\\&=\lambda(1-\lambda)^l\int\frac{\mathrm{d}^2\alpha}{\pi}\mathrm{e}^{-\lambda|\alpha|^2}L_l\left(\frac{-\lambda^2|\alpha|^2}{1-\lambda}\right)\\&=\lambda(1-\lambda)^l\int_0^\infty \mathrm{d}\left(\frac{\lambda-1}{\lambda^2}x\right)\mathrm{e}^{-\frac{\lambda-1}{\lambda}x}L_l(x)=1\end{aligned}\tag{5.73}$$

所以它有资格成为新光场.

下面, 我们考察处于 Laguerre 多项式混沌光场的平均光子数. 用相干态的完备性和关于 Laguerre 多项式的积分公式:

$$\int_0^\infty \mathrm{e}^{-bx}xL_l(x)\,dx=-\frac{\partial}{\partial b}\left[(b-1)^l b^{-l-1}\right]$$

$$
\begin{aligned}
&= -l\left(b-1\right)^{l-1} b^{-l-1} + \left(b-1\right)^{l} \left(l+1\right) b^{-l-2} \\
&= \frac{1}{b^{l+2}} \left(b-1\right)^{l-1} \left(b-l-1\right)
\end{aligned}
\tag{5.74}
$$

先计算

$$
\begin{aligned}
\operatorname{tr}\left[\rho(t) a a^{\dagger}\right] &= \lambda(1-\lambda)^{l} \operatorname{tr}\left[\int \frac{\mathrm{d}^2\alpha}{\pi} |\alpha\rangle \langle\alpha| a^{\dagger} \colon L_l\left(\frac{-\lambda^2 a^{\dagger} a}{1-\lambda}\right) \mathrm{e}^{-\lambda a^{\dagger} a} \colon a\right] \\
&= \lambda(1-\lambda)^{l} \int \frac{\mathrm{d}^2\alpha}{\pi} |\alpha|^2 \mathrm{e}^{-\lambda|\alpha|^2} L_l\left(\frac{-\lambda^2|\alpha|^2}{1-\lambda}\right) \\
&= \lambda(1-\lambda)^{l} \int_0^{\infty} \mathrm{d}\left(\frac{\lambda-1}{\lambda^2} x\right) \frac{\lambda-1}{\lambda^2} x \mathrm{e}^{-\frac{\lambda-1}{\lambda} x} L_l(x) \\
&= \lambda(1-\lambda)^{l} \left(\frac{\lambda-1}{\lambda^2}\right)^2 \int_0^{\infty} \mathrm{d}x x \mathrm{e}^{-\frac{\lambda-1}{\lambda} x} L_l(x) \\
&= \frac{1}{\lambda} + l
\end{aligned}
\tag{5.75}
$$

所以

$$
\operatorname{Tr}\left[\rho(t) a^{\dagger} a\right] = \operatorname{Tr}\left[\rho(t) a a^{\dagger}\right] - 1 = \frac{1}{\lambda} + l - 1 = \kappa t + l \tag{5.76}
$$

即经过扩散通道后, 初始态的光子数 l 变为 $l+\kappa t$. 当 κ 很小时, 要经历长时间 t 增量 κt 才明显. 所以扩散过程可以被作为增光子性的量子控制.

5.8 Laguerre 多项式权重混沌光场的光子计数

那么, 怎样来确定一个光场是 Laguerre 多项式权重混沌光场呢? 通常量子光场的性质是通过该场的光子计数来认证. 量子力学光子计数分布公式最早由 Kelley 和 Kleiner 导出. 对于单模辐射场, 在时间间隔 T 内测量到 m 个光电子的概率分布 $\mathfrak{p}(m,T)$ 为

$$
\mathfrak{p}(m,T) = \operatorname{Tr}\left[\rho \colon \frac{\left(\xi a^{\dagger} a\right)^m}{m!} \mathrm{e}^{-\xi a^{\dagger} a} \colon\right] \tag{5.77}
$$

其中, ξ 称为探测器的检测效率, 符号 $\colon\,\colon$ 表示算符的正规排序. ρ 为所考察的单模光场的密度算符. 利用有序算符内的积分计数, 式 (5.77) 已转化成如下形式:

$$
\mathfrak{p}(m,T) = \left(\frac{\xi}{\xi-1}\right)^m \int \frac{\mathrm{d}^2 z}{\pi} \mathrm{e}^{-\xi|z|^2} L_m\left(|z|^2\right) \left\langle \sqrt{1-\xi} z \right| \rho \left| \sqrt{1-\xi} z \right\rangle \tag{5.78}
$$

这里, $\left|\sqrt{1-\xi}z\right\rangle$ 是相干态, L_m 是 m 阶 Laguerre 多项式. 当已知密度算符 ρ 的正规乘积时, 利用式 (5.78) 计算光子数分布是十分便利的. 将 Laguerre 多项式权重混沌光场正规乘积表示式 (5.69) 代入式 (5.78), 则其光子分布可由下式计算:

$$\begin{aligned}&\mathfrak{p}(m,T)\\&=\lambda(1-\lambda)^l\left(\frac{\xi}{\xi-1}\right)^m\int\frac{\mathrm{d}^2z}{\pi}\mathrm{e}^{-(\lambda-\lambda\xi+\xi)|z|^2}L_m\left(|z|^2\right)L_l\left[\frac{-\lambda^2(1-\xi)|z|^2}{1-\lambda}\right]\end{aligned}\tag{5.79}$$

利用 Laguerre 多项式的积分公式

$$\begin{aligned}&\int_0^\infty\mathrm{e}^{-bx}L_m(\nu x)L_l(\mu x)\mathrm{d}x\\&=\frac{(m+l)!(b-\nu)^m(b-\mu)^l}{m!k!b^{m+l+1}}F\left[-m,-l;-m-l,\frac{b(b-\nu-\mu)}{(b-\nu)(b-\mu)}\right]\end{aligned}\tag{5.80}$$

其中, F 是合流超几何函数, 且

$$b=\lambda-\lambda\xi+\xi,\quad \nu=1,\quad \mu=\frac{-\lambda^2}{1-\lambda}(1-\xi)\tag{5.81}$$

可见, Laguerre 多项式权重混沌光场的光子计数分布为

$$\begin{aligned}\mathfrak{p}(m,T)=\lambda(1-\lambda)^l&\left[\frac{\xi(b-\nu)}{\xi-1}\right]^m\frac{(m+l)!(b-\mu)^l}{m!k!b^{m+l+1}}\\&\times F\left[-m,-l;-m-l,\frac{b(b-\nu-\mu)}{(b-\nu)(b-\mu)}\right]\end{aligned}\tag{5.82}$$

因此, 实验物理学家可以根据式 (5.82) 来探究 Laguerre 多项式权重混沌光场.

因此, 通过考察粒子数态在扩散环境下的演化, 我们理论上提出了 Laguerre 多项式权重混沌光场.

5.9 混沌光的扩散

本节讨论混沌光的扩散, 将 $\rho_0=\gamma\mathrm{e}^{a^\dagger a\ln(1-\gamma)}$ 代入扩散方程解（5.33）中得

$$\begin{aligned}\rho(t)=\gamma&\sum_{m,n=0}^\infty\frac{1}{m!n!}\frac{(\kappa t)^{m+n}}{(\kappa t+1)^{m+n+1}}\\&\times a^{\dagger m}\left(\frac{1}{1+\kappa t}\right)^{a^\dagger a}a^n\mathrm{e}^{a^\dagger a\ln(1-\gamma)}a^{\dagger n}\left(\frac{1}{1+\kappa t}\right)^{a^\dagger a}a^m\end{aligned}\tag{5.83}$$

首先考察上式中对 n 的求和. 利用算符恒等式

$$\left(\frac{1}{1+\kappa t}\right)^{a^{\dagger}a}=\mathrm{e}^{-a^{\dagger}a\ln(1+\kappa t)},\quad \mathrm{e}^{fa^{\dagger}a}a\mathrm{e}^{-fa^{\dagger}a}=a\mathrm{e}^{-f} \tag{5.84}$$

有

$$\begin{aligned}&\sum_{n=0}^{\infty}\frac{1}{n!}\frac{(\kappa t)^n}{(\kappa t+1)^n}\mathrm{e}^{-a^{\dagger}a\ln(1+\kappa t)}a^n\mathrm{e}^{a^{\dagger}a\ln(1-\gamma)}a^{\dagger n}\mathrm{e}^{-a^{\dagger}a\ln(1+\kappa t)}\\&\quad=\sum_{n=0}^{\infty}\frac{(\kappa t)^n(1+\kappa t)^n}{n!}\left\{a^n\mathrm{e}^{a^{\dagger}a\ln\left[(1-\gamma)/(1+\kappa t)^2\right]}a^{\dagger n}\right\}\end{aligned} \tag{5.85}$$

另一方面, 利用相干态完备性 $\int\frac{\mathrm{d}^2z}{\pi}|z\rangle\langle z|=1$, $|z\rangle=\mathrm{e}^{\frac{-|z|^2}{2}}\mathrm{e}^{za^{\dagger}}|0\rangle$, 以及 IWOP 方法可得算符恒等式:

$$\begin{aligned}a^n\mathrm{e}^{ga^{\dagger}a}a^{\dagger n}&=\int\frac{\mathrm{d}^2z}{\pi}a^n\mathrm{e}^{ga^{\dagger}a}|z\rangle\langle z|a^{\dagger n}\\&=\int\frac{\mathrm{d}^2z}{\pi}\mathrm{e}^{\frac{-|z|^2}{2}}a^n\mathrm{e}^{ga^{\dagger}a}\mathrm{e}^{za^{\dagger}}\mathrm{e}^{-ga^{\dagger}a}|0\rangle\langle z|z^{*n}\\&=\int\frac{\mathrm{d}^2z}{\pi}\mathrm{e}^{\frac{-|z|^2}{2}}a^n\mathrm{e}^{za^{\dagger}\mathrm{e}^g}|0\rangle\langle z|z^{*n}\\&=\int\frac{\mathrm{d}^2z}{\pi}(z\mathrm{e}^g)^nz^{*n}:\mathrm{e}^{-|z|^2+za^{\dagger}\mathrm{e}^g+z^*a-a^{\dagger}a}:\\&=\mathrm{e}^{gn}:\sum_{l=0}^{n}\mathrm{e}^{(\mathrm{e}^g-1)a^{\dagger}a}\frac{(n!)^2(a^{\dagger}a\mathrm{e}^g)^{n-l}}{l![(n-l)!]^2}:\\&=n!\mathrm{e}^{gn}:\mathrm{e}^{(\mathrm{e}^g-1)a^{\dagger}a}L_s(-a^{\dagger}a\mathrm{e}^g):\end{aligned} \tag{5.86}$$

因此, 利用上式可将式 (5.85) 中$\{a^n\mathrm{e}^{a^{\dagger}a\ln\left[(1-\gamma)/(1+\kappa t)^2\right]}a^{\dagger n}\}$ 改写成

$$\begin{aligned}&a^n\mathrm{e}^{a^{\dagger}a[\ln(1-\gamma)-2\ln(1+\kappa t)]}a^{\dagger n}\\&\quad=n!\mathrm{e}^{n\ln\left[(1-\gamma)/(1+\kappa t)^2\right]}:\mathrm{e}^{\left[(1-\gamma)/(1+\kappa t)^2-1\right]a^{\dagger}a}L_n\left[a^{\dagger}a\frac{\gamma-1}{(1+\kappa t)^2}\right]:\end{aligned} \tag{5.87}$$

因而将式 (5.87) 代入式 (5.85) 可得

$$\begin{aligned}&\sum_{n=0}^{\infty}(\kappa t+1)^n(\kappa t)^n\mathrm{e}^{n\ln\left[(1-\gamma)/(1+\kappa t)^2\right]}:\mathrm{e}^{\left[(1-\gamma)/(1+\kappa t)^2-1\right]a^{\dagger}a}L_n\left[a^{\dagger}a\frac{\gamma-1}{(1+\kappa t)^2}\right]:\\&\quad=\sum_{n=0}^{\infty}\frac{[\kappa t(1-\gamma)]^n}{(\kappa t+1)^n}:\mathrm{e}^{\left[(1-\gamma)/(1+\kappa t)^2-1\right]a^{\dagger}a}L_n\left[a^{\dagger}a\frac{\gamma-1}{(1+\kappa t)^2}\right]:\end{aligned} \tag{5.88}$$

再利用 Laguerre 多项式的母函数公式（2.32）则

$$
\begin{aligned}
\text{式}(5.85) &= \frac{\kappa t+1}{1+\kappa t\gamma} : \mathrm{e}^{a^\dagger a \frac{\kappa t(1-\gamma)^2}{(1+\kappa t\gamma)(1+\kappa t)^2}} \mathrm{e}^{\left[(1-\gamma)/(1+\kappa t)^2-1\right]a^\dagger a} : \\
&= \frac{\kappa t+1}{1+\kappa t\gamma} : \mathrm{e}^{\left[\frac{1-\gamma}{(t\kappa+1)(t\kappa\gamma+1)}-1\right]a^\dagger a} :
\end{aligned}
\tag{5.89}
$$

将式 (5.89) 代入 $\rho(t)$[即式 (5.83)], 注意到式中还保留了对 m 的求和, 并利用正规乘积内的求和方法可得

$$
\begin{aligned}
\rho(t) &= \frac{\gamma(\kappa t+1)}{1+\kappa t\gamma} \sum_{m=0}^{\infty} \frac{(\kappa t)^m}{m!(\kappa t+1)^{m+1}} \times : a^{\dagger m} \mathrm{e}^{\left[\frac{1-\gamma}{(t\kappa+1)(t\kappa\gamma+1)}-1\right]a^\dagger a} a^m : \\
&= \frac{\gamma}{1+\kappa t\gamma} : \mathrm{e}^{-\frac{\gamma}{\kappa t\gamma+1}a^\dagger a} :
\end{aligned}
\tag{5.90}
$$

此即混沌光在扩散通道中的量子态. 与初始时刻的密度算符 $\rho_0 = \gamma : \mathrm{e}^{-\gamma a^\dagger a} :$ 相比较容易发现, 混沌光在扩散通道中仍然保持混沌光的特性, 且只要做替换

$$
\gamma \to \gamma' \equiv \frac{\gamma}{1+\kappa t\gamma}
\tag{5.91}
$$

即可得到扩散后的混沌光场.

显然, $\rho(t)$ 具有保迹性, 即

$$
\begin{aligned}
\mathrm{Tr}\rho(t) &= \frac{\gamma}{1+\kappa t\gamma} \mathrm{Tr}\left(: \mathrm{e}^{-\frac{\gamma}{\kappa t\gamma+1}a^\dagger a} : \int \frac{\mathrm{d}^2 z}{\pi} |z\rangle\langle z| \right) \\
&= \frac{\gamma}{1+\kappa t\gamma} \int \frac{\mathrm{d}^2 z}{\pi} \mathrm{e}^{-\frac{\gamma}{t\kappa\gamma+1}|z|^2} = 1
\end{aligned}
\tag{5.92}
$$

以及由扩散引起的混沌光的能量变化

$$
\begin{aligned}
\mathrm{tr}[\rho(t) H] &= \omega \mathrm{tr}\left[\rho(t)\left(a^\dagger a + \frac{1}{2}\right)\right] \\
&= \omega\left(\frac{1}{\gamma'} - \frac{1}{2}\right) \\
&= \omega\left(\frac{1}{\gamma} + \kappa t - \frac{1}{2}\right) \\
&= \omega \frac{1+\mathrm{e}^{-\beta\omega\hbar}}{2(1-\mathrm{e}^{-\beta\omega\hbar})} + \omega\kappa t
\end{aligned}
\tag{5.93}
$$

表明经扩散后, 混沌光的能量增加 $\omega\kappa t$, 这与式（5.64）一致. 通过引入一个等价的频率

$$
\gamma' = 1 - \mathrm{e}^{-\beta\omega'\hbar}
\tag{5.94}
$$

即

$$
\omega' = \frac{1}{\beta\hbar}\ln\frac{1}{1-\gamma'} = \frac{1}{\beta\hbar}\ln\frac{1}{1-\frac{\gamma}{1+\kappa t\gamma}} = \frac{1}{\beta\hbar}\ln\frac{1+\kappa t\gamma}{1+\kappa t\gamma-\gamma}
\tag{5.95}
$$

就可以得到经扩散后熵的变化:

$$-k\mathrm{Tr}\left[\rho(t)\ln\rho(t)\right]=-k\left[\ln\left(1-\mathrm{e}^{-\beta\omega'\hbar}\right)+\frac{\beta\omega'\mathrm{e}^{-\beta\omega'\hbar}}{\mathrm{e}^{-\beta\omega'\hbar}-1}\right] \tag{5.96}$$

5.10 压缩混沌光场的扩散

本节讨论初始压缩混沌光场在扩散通道中的演化. 我们发现在 t 时刻仍然保持压缩混沌光场, 此演化中有两个特征参数 τ 和 θ, 它们分别变为 $\tau\to\tau'=\dfrac{\tau}{1+2\kappa t\tau},\theta\to\theta'=\dfrac{\theta}{1+2\kappa t\theta}$. 以下我们给出证明.

初始密度算符 ρ_0 为

$$\begin{aligned}\rho_0&=\left(1-\mathrm{e}^{k}\right)S^{\dagger}(r)\mathrm{e}^{ka^{\dagger}a}S(r)\\&=\left(1-\mathrm{e}^{k}\right)\sum_{n=0}^{\infty}\mathrm{e}^{kn}S^{-1}(r)|n\rangle\langle n|S(r)\end{aligned} \tag{5.97}$$

其中, $|n\rangle=\dfrac{a^{\dagger n}}{\sqrt{n!}}|0\rangle$ 是粒子数态, $\left(1-\mathrm{e}^{k}\right)\mathrm{e}^{ka^{\dagger}a}$ 是混沌光场, $S^{-1}|n\rangle$ 是压缩数态. 在坐标表象中压缩算符的表示为

$$\begin{aligned}S(r)&=\exp\left[\frac{r}{2}\left(a^{2}-a^{\dagger2}\right)\right]\\&=\int_{-\infty}^{\infty}\frac{\mathrm{d}x}{\sqrt{\mu}}\left|\frac{x}{\mu}\right\rangle\langle x|\quad\left[\mu=\mathrm{e}^{r},\ S^{\dagger}(r)=S^{-1}(r)\right]\end{aligned} \tag{5.98}$$

$|x\rangle$ 是坐标本征态 [见式（1.68）]

$$|x\rangle=\pi^{-\frac{1}{4}}\exp\left(-\frac{x^{2}}{2}+\sqrt{2}xa^{\dagger}-\frac{a^{\dagger2}}{2}\right)|0\rangle \tag{5.99}$$

它与 $\langle n|$ 的内积是

$$\langle n|x\rangle=\langle x|n\rangle=\frac{1}{\sqrt{\sqrt{\pi}2^{n}n!}}\mathrm{e}^{-\frac{x^{2}}{2}}H_{n}(x) \tag{5.100}$$

其中, $H_n(x)$ 是 Hermite 多项式, 故用积分公式

$$\int_{-\infty}^{\infty}\mathrm{e}^{-\frac{(x-y)^{2}}{2d}}H_{n}(x)\mathrm{d}x=\sqrt{2\pi d}(1-2d)^{n/2}H_{n}\left[y(1-2d)^{-1/2}\right] \tag{5.101}$$

可将压缩数态改成

$$
\begin{aligned}
S(r)|n\rangle &= \int_{-\infty}^{+\infty} \frac{\mathrm{d}x}{\sqrt{\mu}} \left|\frac{x}{\mu}\right\rangle \langle x|\, n\rangle \\
&= \int_{-\infty}^{\infty} \frac{\mathrm{d}x}{\sqrt{\mu\pi 2^n n!}} \exp\left[-\frac{x^2}{2}\left(1+\frac{1}{\mu^2}\right)+\sqrt{2}\left(\frac{x}{\mu}\right)a^\dagger-\frac{a^{\dagger 2}}{2}\right]|0\rangle H_n(x) \\
&= \int_{-\infty}^{\infty} \frac{\mathrm{d}x}{\sqrt{\mu\pi 2^n n!}} \exp\left\{\left(-\frac{\mu^2+1}{2\mu^2}\right)\left[\left(x-\frac{\sqrt{2}\mu a^\dagger}{\mu^2+1}\right)^2\right.\right. \\
&\quad \left.\left. -\frac{2\mu^2}{(\mu^2+1)^2}a^{\dagger 2}+\frac{\mu^2}{\mu^2+1}a^{\dagger 2}\right]\right\} H_n(x)|0\rangle \\
&= \frac{\sqrt{\operatorname{sech} r}}{\sqrt{2^n n!}}(-\tanh r)^{n/2} H_n\left[\frac{a^\dagger}{\sqrt{-2\sin(2r)}}\right]\exp\left(-\frac{\tanh r}{2}a^{\dagger 2}\right)|0\rangle
\end{aligned} \tag{5.102}
$$

可见, 压缩数态实际上可以看成是 Hermite 多项式压缩真空态.

令 $r\to -r$, $S\to S^{-1}$, 就有

$$
S^{-1}(r)|n\rangle = \frac{\sqrt{\operatorname{sech} r}}{\sqrt{2^n n!}}(\tanh r)^{n/2} H_n\left[\frac{a^\dagger}{\sqrt{2\sin(2r)}}\right]\exp\left(\frac{\tanh r}{2}a^{\dagger 2}\right)|0\rangle \tag{5.103}
$$

代入方程 (5.97) 并用 $|0\rangle\langle 0| =: \mathrm{e}^{-a^\dagger a}:$ 以及 Hermite 多项式的母函数公式（1.126）, 得到

$$
\begin{aligned}
&\left(1-\mathrm{e}^k\right)S^\dagger(r)\mathrm{e}^{ka^\dagger a}S(r) \\
&= \frac{1-\mathrm{e}^k}{\sqrt{\cosh^2 r-\mathrm{e}^{2k}\sinh^2 r}}\exp\left[\frac{-a^{\dagger 2}\left(\mathrm{e}^{2k}-1\right)\tanh r}{2\left(1-\mathrm{e}^{2k}\tanh^2 r\right)}\right] \\
&\quad \times :\exp\left[a^\dagger a\left(\frac{\mathrm{e}^k}{\cosh^2 r-\mathrm{e}^{2k}\sinh^2 r}-1\right)\right]:\exp\left[\frac{-a^2\left(\mathrm{e}^{2k}-1\right)\tanh r}{2\left(1-\mathrm{e}^{2k}\tanh^2 r\right)}\right]
\end{aligned} \tag{5.104}
$$

鉴于混沌光场的参数 $k=-\dfrac{\omega\hbar}{KT}$,

$$
\frac{1}{\mathrm{e}^{-k}-1}=\frac{1}{\mathrm{e}^{\frac{\omega\hbar}{KT}}-1}\equiv\bar{n} \tag{5.105}
$$

是平均光子数, 我们引入两个特征参数 τ 和 θ

$$
\begin{aligned}
\tau &= \frac{1}{(2\bar{n}+1)\mathrm{e}^{-2r}+1} \\
\theta &= \frac{1}{(2\bar{n}+1)\mathrm{e}^{2r}+1}
\end{aligned} \tag{5.106}
$$

于是结合式 (5.97) 和式 (5.104) 有

$$
\rho_0 = 2\sqrt{\tau\theta}:\exp\left[\frac{1}{2}(\tau-\theta)\left(a^{\dagger 2}+a^2\right)-(\tau+\theta)a^\dagger a\right]: \tag{5.107}
$$

此即压缩热态的正规乘积. 以下我们将看到此演化过程反映在 τ 和 θ 随时间的改变, 而压缩混沌光场的形式保持不变.

根据第 3 章将 ρ_0 化为反正规排序公式（3.166）以及积分公式 (1.36), 我们导出 ρ_0 的反正规排序是

$$\begin{aligned}\rho_0 &= 2\sqrt{\tau\theta}\int\frac{\mathrm{d}^2\beta}{\pi}\vdots\exp\left[-|\beta|^2-\frac{\theta}{2}(\beta-\beta^*)^2+\frac{\tau}{2}(\beta+\beta^*)^2+\beta^*a-\beta a^\dagger+a^\dagger a\right]\vdots\\ &= 2\sqrt{\tau\theta}\int\frac{\mathrm{d}^2\beta}{\pi}\vdots\exp\left[(\tau+\theta-1)|\beta|^2-a^\dagger\beta+a\beta^*+\frac{1}{2}(\tau-\theta)\left(\beta^2+\beta^{*2}\right)+a^\dagger a\right]\vdots\\ &= 2\sqrt{\frac{\tau\theta}{W}}\vdots\exp\left[\frac{\tau-\theta}{2W}\left(a^{\dagger 2}+a^2\right)+\frac{4\tau\theta-\tau-\theta}{W}a^\dagger a\right]\vdots\end{aligned}\tag{5.108}$$

其中

$$W=(2\tau-1)(2\theta-1)\tag{5.109}$$

用算符恒等式

$$\mathrm{e}^{\beta a^\dagger a}=\mathrm{e}^{-\beta}\vdots\exp\left[\left(1-\mathrm{e}^{-\beta}\right)aa^\dagger\right]\vdots\tag{5.110}$$

式（5.108）变为

$$\rho_0=\frac{2\sqrt{\tau\theta W}}{1-\tau-\theta}\exp\left(\frac{\tau-\theta}{2W}a^2\right)\exp\left(a^\dagger a\ln\frac{W}{1-\tau-\theta}\right)\exp\left(\frac{\tau-\theta}{2W}a^{\dagger 2}\right)\tag{5.111}$$

将方程式 (5.111) 代入式 (5.33) 中，得到

$$\begin{aligned}\rho(t)=&\sum_{m,n=0}^{\infty}\frac{(\kappa t)^{m+n}}{m!n!(\kappa t+1)^{m+n+1}}a^{\dagger m}\left(\frac{1}{1+\kappa t}\right)^{a^\dagger a}a^n\frac{2\sqrt{\tau\theta W}}{1-\tau-\theta}\exp\left(\frac{\tau-\theta}{2W}a^2\right)\\ &\times\exp\left(a^\dagger a\ln\frac{W}{1-\tau-\theta}\right)\exp\left(\frac{\tau-\theta}{2W}a^{\dagger 2}\right)a^{\dagger n}\left(\frac{1}{1+\kappa t}\right)^{a^\dagger a}a^m\end{aligned}\tag{5.112}$$

先考虑对 n 的求和定义

$$\begin{aligned}\mathrm{Im}\equiv&\sum_{n=0}^{\infty}\frac{(\kappa t)^n}{n!(\kappa t+1)^n}\left(\frac{1}{1+\kappa t}\right)^{a^\dagger a}a^n\exp\left(\frac{\tau-\theta}{2W}a^2\right)\\ &\times\exp\left(a^\dagger a\ln\frac{W}{1-\tau-\theta}\right)\exp\left(\frac{\tau-\theta}{2W}a^{\dagger 2}\right)a^{\dagger n}\left(\frac{1}{1+\kappa t}\right)^{a^\dagger a}\end{aligned}\tag{5.113}$$

并用恒等式

$$\left(\frac{1}{1+\kappa t}\right)^{a^\dagger a}a^n=(\kappa t+1)^n a^n\exp\left[a^\dagger a\ln\left(\frac{1}{1+\kappa t}\right)\right]\tag{5.114}$$

就有

$$\mathrm{Im}=\sum_{n=0}^{\infty}\frac{[\kappa t(\kappa t+1)]^n}{n!}a^n\exp\left[a^\dagger a\ln\left(\frac{1}{1+\kappa t}\right)\right]\exp\left(\frac{\tau-\theta}{2W}a^2\right)$$

$$\times \exp\left(a^\dagger a \ln \frac{W}{1-\tau-\theta}\right)\exp\left(\frac{\tau-\theta}{2W}a^{\dagger 2}\right)\exp\left[a^\dagger a \ln\left(\frac{1}{1+\kappa t}\right)\right]a^{\dagger n}$$

$$=\sum_{n=0}^{\infty}\frac{[\kappa t(1+\kappa t)]^n}{n!}a^n \exp\left[\frac{(\tau-\theta)(1+\kappa t)^2}{2W}a^2\right]$$

$$\times \exp\left[a^\dagger a \ln \frac{W}{(1+\kappa t)^2(1-\tau-\theta)}\right]\exp\left[\frac{(\tau-\theta)(1+\kappa t)^2}{2W}a^{\dagger 2}\right]a^{\dagger n} \tag{5.115}$$

再用式 (5.110) 得到

$$\mathrm{Im}=\frac{(1+\kappa t)^2(1-\tau-\theta)}{W}\sum_{n=0}^{\infty}\frac{[\kappa t(1+\kappa t)]^n}{n!}\vdots a^n \exp\left[\frac{(\tau-\theta)(1+\kappa t)^2 a^2}{2W}\right]$$

$$\times \exp\left[\frac{W-(1+\kappa t)^2(1-\tau-\theta)}{W}a^\dagger a\right]\exp\left[\frac{(\tau-\theta)(1+\kappa t)^2 a^{\dagger 2}}{2W}\right]a^{\dagger n}\vdots$$

$$=\frac{(1+\kappa t)^2(1-\tau-\theta)}{W}\vdots \exp\left[\kappa t(1+\kappa t)aa^\dagger\right]\exp\left[\frac{(\tau-\theta)(1+\kappa t)^2}{2W}a^2\right]$$

$$\times \exp\left[\frac{W-(1+\kappa t)^2(1-\tau-\theta)}{W}a^\dagger a\right]\exp\left[\frac{(\tau-\theta)(1+\kappa t)^2}{2W}a^{\dagger 2}\right]\vdots \tag{5.116}$$

进一步用相干态表象完备性, 以及相干态投影算符的正规乘积表示

$$|z\rangle\langle z| =: \exp(-|z|^2+za^\dagger+z^*a-a^\dagger a): \tag{5.117}$$

利用积分公式 (1.36) 我们将 Im 转化为正规乘积

$$\mathrm{Im}=\int\frac{\mathrm{d}^2 z}{\pi}\mathrm{Im}|z\rangle\langle z|$$

$$=\frac{(1+\kappa t)^2(1-\tau-\theta)}{W}\int\frac{\mathrm{d}^2 z}{\pi}:\exp\left[\frac{\kappa t(1+\kappa t)W-(1+\kappa t)^2(1-\tau-\theta)}{W}|z|^2\right.$$

$$\left.+za^\dagger+z^*a+\frac{(\tau-\theta)(1+\kappa t)^2}{2W}\left(z^2+z^{*2}\right)-a^\dagger a\right]:$$

$$=\frac{(1+\kappa t)(1-\tau-\theta)}{\sqrt{D(1+2\kappa t\tau)(1+2\kappa t\theta)}}:\exp\left[\frac{\left(a^{\dagger 2}+a^2\right)(\tau-\theta)}{2(1+2\kappa t\tau)(1+2\kappa t\theta)}\right.$$

$$\left.+\frac{(1-\tau-\theta)-\kappa t(4\tau\theta-\tau-\theta)}{(1+\kappa t)(1+2\kappa t\tau)(1+2\kappa t\theta)}a^\dagger a-a^\dagger a\right]: \tag{5.118}$$

将结果式 (5.118) 代入式 (5.112) 完成对 m 的求和, 即

$$\rho(t)=\frac{2\sqrt{\tau\theta W}}{1-\theta-\tau}\sum_{m=0}^{\infty}\frac{(\kappa t)^m}{m!(\kappa t+1)^{m+1}}a^{\dagger m}\mathrm{Im}a^m$$

$$=\frac{2\sqrt{\tau\theta}}{\sqrt{(1+2\kappa t\tau)(1+2\kappa t\theta)}}:\exp\left\{\frac{(\tau-\theta)\left(a^{\dagger 2}+a^2\right)}{2(1+2\kappa t\tau)(1+2\kappa t\theta)}\right.$$

$$+\left[\frac{(1-\tau-\theta)-\kappa t(4\tau\theta-\tau-\theta)}{(1+\kappa t)(1+2\kappa t\tau)(1+2\kappa t\theta)}-\frac{1}{(\kappa t+1)}\right]a^{\dagger}a\Big\}:$$

$$=\frac{2\sqrt{\tau\theta}}{\sqrt{(1+2\kappa t\tau)(1+2\kappa t\theta)}}:\exp\left[\frac{(\tau-\theta)\left(a^{\dagger 2}+a^{2}\right)}{2(1+2\kappa t\tau)(1+2\kappa t\theta)}\right.$$

$$\left.-\left(\frac{\tau}{1+2\kappa t\tau}+\frac{\theta}{1+2\kappa t\theta}\right)a^{\dagger}a\right]: \tag{5.119}$$

记

$$\tau'=\frac{\tau}{1+2\kappa t\tau},\ \theta'=\frac{\theta}{1+2\kappa t\theta},\ W=(2\tau-1)(2\theta-1) \tag{5.120}$$

则

$$\rho(t)=2\sqrt{\tau'\theta'}:\exp\{\frac{1}{2}(\tau'-\theta')\left(a^{\dagger 2}+a^{2}\right)-(\tau'+\theta')a^{\dagger}a\}:$$

$$=\left(1-\mathrm{e}^{k'}\right)S^{\dagger}(r')\mathrm{e}^{k'a^{\dagger}a}S(r') \tag{5.121}$$

与式（5.107）中的 ρ_0 形式相同, 只是$\tau\to\tau'=\dfrac{\tau}{1+2\kappa t\tau},\theta\to\theta'=\dfrac{\theta}{1+2\kappa t\theta}$, 而

$$k'=\frac{1}{4}\ln\frac{\tau'(1-\theta')}{\theta'(1-\tau')}$$

$$r'=\ln\left[1-\frac{2\sqrt{\tau'\theta'(1-\tau')(1-\theta')}}{1-\tau'-\theta'}\right] \tag{5.122}$$

这表明初始的压缩混沌态在历经了扩散通道后仍然是压缩混沌态, 其参数从 $k\to k',r\to r'$.

若令

$$\delta=-(\tau'+\theta'),\quad \gamma=\frac{1}{2}(\tau'-\theta') \tag{5.123}$$

则

$$\delta^2-4\gamma^2=4\tau'\theta' \tag{5.124}$$

因此, 可进一步简化表达式 (5.121) 为

$$\rho(t)=\sqrt{\delta^2-4\gamma^2}:\exp\left[\delta a^{\dagger}a+\gamma\left(a^{\dagger 2}+a^{2}\right)\right]: \tag{5.125}$$

当 $t=0$ 时, 显然有$\rho(t)\to\rho(0)$. 对于式 (5.125) 我们将证明 $\mathrm{tr}[\rho(t)]=1$. 实际上, 利用相干态完备性可得

$$\mathrm{tr}\rho(t)=\sqrt{\delta^2-4\gamma^2}\mathrm{tr}:\exp\left[\delta a^{\dagger}a+\gamma\left(a^{\dagger 2}+a^{2}\right)\right]:$$

$$=\sqrt{\delta^2-4\gamma^2}\int\frac{\mathrm{d}\alpha}{\pi}\langle\alpha|:\exp\left[\delta a^{\dagger}a+\gamma\left(a^{\dagger 2}+a^{2}\right)\right]:|\alpha\rangle$$

$$=1 \tag{5.126}$$

下面, 进一步考虑压缩热态在扩散通道中光子数分布的演化情况.

利用式 (5.107) 可知, 初始时刻的平均光子数为

$$\begin{aligned}\langle N\rangle_0 &= \mathrm{tr}\left[\rho_0 a^\dagger a\right] = \mathrm{tr}\left(\rho_0 a a^\dagger\right) - 1 \\ &= 2\sqrt{\tau\theta}\mathrm{tr}\left\{: a^\dagger a \exp\left[\frac{1}{2}(\tau-\theta)\left(a^{\dagger 2}+a^2\right)-(\tau+\theta)a^\dagger a\right]:\right\} - 1 \\ &= 2\sqrt{\tau\theta}\int\frac{\mathrm{d}^2 z}{\pi}|z|^2\exp\left[\frac{1}{2}(\tau-\theta)\left(z^{*2}+z^2\right)-(\tau+\theta)|z|^2\right]-1\end{aligned} \tag{5.127}$$

取 $\sigma=\frac{1}{2}(\tau-\theta)$, $\epsilon=-(\tau+\theta)$, 则上式变成

$$\begin{aligned}\langle N\rangle_0 &= 2\sqrt{\tau\theta}\int\frac{\mathrm{d}^2 z}{\pi}|z|^2\exp\left[\sigma\left(z^{*2}+z^2\right)+\epsilon|z|^2\right]-1 \\ &= 2\sqrt{\tau\theta}\int\frac{\mathrm{d}^2 z}{\pi}\frac{\partial}{\partial\epsilon}\exp\left[\sigma\left(z^{*2}+z^2\right)+\epsilon|z|^2\right]-1 \\ &= 2\sqrt{\tau\theta}\frac{\partial}{\partial\epsilon}\frac{1}{\sqrt{\epsilon^2-4\sigma^2}}-1 \\ &= -\frac{2\epsilon\sqrt{\tau\theta}}{\sqrt{\left(\epsilon^2-4\sigma^2\right)^3}}-1=\frac{\tau+\theta}{4\tau\theta}-1\end{aligned} \tag{5.128}$$

此即初始时刻的光子数分布.

当压缩热态在扩散通道中演化时, 其密度算符由式 (5.125) 给出, 注意到密度算符形式的相似性, 则 t 时刻平均光子数分布可直接导出, 为

$$\langle N\rangle_t=\mathrm{Tr}\left[\rho(t)a^\dagger a\right]=\frac{\tau+\theta}{4\tau\theta}-1+\kappa t=\langle N\rangle_0+\kappa t \tag{5.129}$$

由此可见, 经过扩散通道后, 与初始时刻的平均光子数式 (5.128) 相比, 演化后态的平均光子数增加了 κt. 因此, 该扩散过程可以看成是增加平均光子数的一个量子控制方案, κ 就是控制参数.

5.11 热真空光场在单模扩散通道中的演化

本节讨论初始热真空光场 [见第 3 章式 (3.8)]

$$\rho(0)=\mathrm{sech}^2\lambda\,\mathrm{e}^{a^\dagger\tilde{a}^\dagger\tanh\lambda}\left|0\tilde{0}\right\rangle\left\langle 0\tilde{0}\right|\mathrm{e}^{a\tilde{a}\tanh\lambda} \tag{5.130}$$

在单模扩散通道中的演化, 这里 $\tilde{a}^\dagger$ 是虚模. 将它代入式 (5.33) 得到

$$\rho(t)=\operatorname{sech}^2\lambda\sum_{m,n=0}^{\infty}\frac{(\kappa t)^{m+n}}{m!n!(\kappa t+1)^{m+n+1}}a^{\dagger m}\left(\frac{1}{1+\kappa t}\right)^{a^\dagger a}\times a^n\mathrm{e}^{a^\dagger\tilde{a}^\dagger\tanh\lambda}\left|0\tilde{0}\right\rangle\left\langle 0\tilde{0}\right|\mathrm{e}^{a\tilde{a}\tanh\lambda}a^{\dagger n}\left(\frac{1}{1+\kappa t}\right)^{a^\dagger a}a^m \tag{5.131}$$

先分析

$$a^n\mathrm{e}^{a^\dagger\tilde{a}^\dagger\tanh\lambda}\left|0\tilde{0}\right\rangle=\left(\tilde{a}^\dagger\tanh\lambda\right)^m\mathrm{e}^{a^\dagger\tilde{a}^\dagger\tanh\lambda}\left|0\tilde{0}\right\rangle \tag{5.132}$$

故

$$\begin{aligned}\left(\frac{1}{1+\kappa t}\right)^{a^\dagger a}a^n\mathrm{e}^{a^\dagger\tilde{a}^\dagger\tanh\lambda}\left|0\tilde{0}\right\rangle&=\left(\tilde{a}^\dagger\tanh\lambda\right)^n\mathrm{e}^{a^\dagger a\ln\frac{1}{1+\kappa t}}\mathrm{e}^{a^\dagger\tilde{a}^\dagger\tanh\lambda}\left|0\tilde{0}\right\rangle\\&=\left(\tilde{a}^\dagger\tanh\lambda\right)^n\mathrm{e}^{a^\dagger\tilde{a}^\dagger\frac{\tanh\lambda}{1+\kappa t}}\left|0\tilde{0}\right\rangle\end{aligned} \tag{5.133}$$

用双模真空投影算符正规乘积 $\left|0\tilde{0}\right\rangle\left\langle 0\tilde{0}\right|=:\mathrm{e}^{-a^\dagger a-\tilde{a}^\dagger\tilde{a}}:$, 则式（5.131）变成

$$\begin{aligned}\rho(t)&=\operatorname{sech}^2\lambda\sum_{m,n=0}^{\infty}\frac{(\kappa t)^{m+n}}{m!n!(\kappa t+1)^{m+n+1}}:a^{\dagger m}\left(\tilde{a}^\dagger\tanh\lambda\right)^n\\&\quad\times\mathrm{e}^{\left(a^\dagger\tilde{a}^\dagger+a\tilde{a}\right)\frac{\tanh\lambda}{1+\kappa t}-a^\dagger a-\tilde{a}^\dagger\tilde{a}}\left(\tilde{a}\tanh\lambda\right)^n a^m:\\&=\frac{\operatorname{sech}^2\lambda}{\kappa t+1}:\mathrm{e}^{\left(a^\dagger\tilde{a}^\dagger+a\tilde{a}\right)\frac{\tanh\lambda}{1+\kappa t}+\left(\frac{\kappa t}{1+\kappa t}-1\right)a^\dagger a+\left(\frac{\kappa t}{1+\kappa t}\tanh^2\lambda-1\right)\tilde{a}^\dagger\tilde{a}}:\\&=\frac{\operatorname{sech}^2\lambda}{\kappa t+1}\mathrm{e}^{a^\dagger\tilde{a}^\dagger\frac{\tanh\lambda}{1+\kappa t}}:\mathrm{e}^{\left(\frac{\kappa t}{1+\kappa t}-1\right)a^\dagger a+\left(\frac{\kappa t\tanh^2\lambda}{1+\kappa t}-1\right)\tilde{a}^\dagger\tilde{a}}:\mathrm{e}^{a\tilde{a}\frac{\tanh\lambda}{1+\kappa t}}\\&=\frac{\operatorname{sech}^2\lambda}{\kappa t+1}\mathrm{e}^{a^\dagger\tilde{a}^\dagger\frac{\tanh\lambda}{1+\kappa t}}\mathrm{e}^{a^\dagger a\ln\frac{\kappa t}{1+\kappa t}+\tilde{a}^\dagger\tilde{a}\ln\frac{\kappa t\tanh^2\lambda}{1+\kappa t}}\mathrm{e}^{a\tilde{a}\frac{\tanh\lambda}{1+\kappa t}}\end{aligned} \tag{5.134}$$

这是一个混态. 对实在场求部分迹

$$\begin{aligned}\operatorname{tr}_a\rho(t)&=\frac{\operatorname{sech}^2\lambda}{\kappa t+1}\int\frac{\mathrm{d}^2z_1}{\pi}\langle z|\mathrm{e}^{a^\dagger\tilde{a}^\dagger\frac{\tanh\lambda}{1+\kappa t}}:\mathrm{e}^{\frac{-1}{1+\kappa t}a^\dagger a+\left(\frac{\kappa t\tanh^2\lambda}{1+\kappa t}-1\right)\tilde{a}^\dagger\tilde{a}}:\mathrm{e}^{a\tilde{a}\frac{\tanh\lambda}{1+\kappa t}}|z\rangle\\&=\frac{\operatorname{sech}^2\lambda}{\kappa t+1}\int\frac{\mathrm{d}^2z}{\pi}\mathrm{e}^{\frac{-1}{1+\kappa t}|z|^2}\mathrm{e}^{z^*\tilde{a}^\dagger\frac{\tanh\lambda}{1+\kappa t}}:\mathrm{e}^{\left(\frac{\kappa t\tanh^2\lambda}{1+\kappa t}-1\right)\tilde{a}^\dagger\tilde{a}}:\mathrm{e}^{z\tilde{a}\frac{\tanh\lambda}{1+\kappa t}}\\&=\operatorname{sech}^2\lambda:\mathrm{e}^{\tilde{a}^\dagger\tilde{a}\frac{\tanh^2\lambda}{1+\kappa t}+\left(\frac{\kappa t\tanh^2\lambda}{1+\kappa t}-1\right)\tilde{a}^\dagger\tilde{a}}:\\&=\operatorname{sech}^2\lambda:\mathrm{e}^{\left(\tanh^2\lambda-1\right)\tilde{a}^\dagger\tilde{a}}:\end{aligned} \tag{5.135}$$

则 $\operatorname{tr}\rho(t)=\operatorname{sech}^2\lambda\operatorname{tr}_{\tilde{a}}[:\mathrm{e}^{(\tanh^2\lambda-1)\tilde{a}^\dagger\tilde{a}}:]=1$; 而对虚模求部分迹有

$$\operatorname{tr}_{\tilde{a}}\rho(t)=\frac{\operatorname{sech}^2\lambda}{\kappa t+1}\int\frac{\mathrm{d}^2z_2}{\pi}\langle\tilde{z}|\mathrm{e}^{a^\dagger\tilde{a}^\dagger\frac{\tanh\lambda}{1+\kappa t}}:\mathrm{e}^{\frac{-1}{1+\kappa t}a^\dagger a+\left(\frac{\kappa t\tanh^2\lambda}{1+\kappa t}-1\right)\tilde{a}^\dagger\tilde{a}}:\mathrm{e}^{a\tilde{a}\frac{\tanh\lambda}{1+\kappa t}}|\tilde{z}\rangle$$

$$
\begin{aligned}
&= \frac{\operatorname{sech}^2\lambda}{\kappa t+1}\int \frac{\mathrm{d}^2 z_2}{\pi}\mathrm{e}^{-\left(1-\frac{\kappa t\tanh^2\lambda}{1+\kappa t}\right)|z_2|^2}\mathrm{e}^{z^* a^\dagger \frac{\tanh\lambda}{1+\kappa t}} : \mathrm{e}^{\frac{-1}{1+\kappa t}a^\dagger a} : \mathrm{e}^{za\frac{\tanh\lambda}{1+\kappa t}} \\
&= f\colon \exp\left(-fa^\dagger a\right) \colon = \rho_a(t)
\end{aligned} \tag{5.136}
$$

其中

$$
f = \frac{\operatorname{sech}^2\lambda}{1+\kappa t \operatorname{sech}^2\lambda} \tag{5.137}
$$

因此, 热真空态在扩散通道下的光子数为

$$
\begin{aligned}
\operatorname{Tr}\left[\rho_a(t)\,a^\dagger a\right] &= \operatorname{Tr}\left[\rho_a(t)\left(aa^\dagger-1\right)\right] = \int \frac{\mathrm{d}^2 z}{\pi}\langle z|\,a^\dagger \rho_a(t)\,a\,|z\rangle - 1 \\
&= f\int \frac{\mathrm{d}^2 z}{\pi}|z|^2\exp\left(-f|z|^2\right) \\
&= f\frac{\partial}{\partial(-f)}\int \frac{\mathrm{d}^2 z}{\pi}\exp\left(-f|z|^2\right) \\
&= -f\frac{\partial}{\partial f}\frac{1}{f} = \frac{1}{f} = \cosh^2\lambda + \kappa t
\end{aligned} \tag{5.138}
$$

可见, 扩散导致热真空态的光子数增加 κt.

5.12 受迫振子在扩散通道中的演化

量子谐振子受与时间有关的外场力作用, 哈密顿量为

$$
H_s = \hbar\Omega a^\dagger a + \hbar f(t)\left(a + a^\dagger\right) \tag{5.139}
$$

这里, Ω 为谐振子故有频率, $f(t)$ 为实数. 若受外力的含时谐振子经历一个扩散通道, 则相应主方程为

$$
\frac{\mathrm{d}\rho_s}{\mathrm{d}t} = \frac{1}{\mathrm{i}\hbar}\left[H_s\ ,\rho_s\right] - \kappa\left(a^\dagger a\rho_s - a\rho_s a^\dagger - a^\dagger \rho_s a + \rho_s aa^\dagger\right) \tag{5.140}
$$

其中, κ 为衰减常数. 利用变换关系 $\rho(t) = \mathrm{e}^{\mathrm{i}\Omega t a^\dagger a}\rho_s \mathrm{e}^{-\mathrm{i}\Omega t a^\dagger a}$, 可将上述主方程改成更简单的形式, 即

$$
\frac{\mathrm{d}\rho}{\mathrm{d}t} = -\mathrm{i}f(t)\left[\left(a\mathrm{e}^{-\mathrm{i}\Omega t} + a^\dagger \mathrm{e}^{\mathrm{i}\Omega t}\right),\rho\right] - \kappa\left(a^\dagger a\rho - a\rho a^\dagger - a^\dagger \rho a + \rho aa^\dagger\right) \tag{5.141}
$$

采用 5.3 节的相同方法, 将上式作用于纠缠态表象 $|I\rangle \equiv |\eta=0\rangle$, 并利用式 (5.25) 可得关于态矢 $|\rho\rangle \equiv \rho|I\rangle$ 的类薛定谔方程:

$$\begin{aligned}\frac{\mathrm{d}}{\mathrm{d}t}|\rho\rangle &= -\mathrm{i}f(t)\left[\left(a-\tilde{a}^{\dagger}\right)\mathrm{e}^{-\mathrm{i}\Omega t}+\left(a^{\dagger}-\tilde{a}\right)\mathrm{e}^{\mathrm{i}\Omega t}\right]|\rho\rangle \\ &\quad +\kappa\left(a^{\dagger}\tilde{a}^{\dagger}+a\tilde{a}-a^{\dagger}a-\tilde{a}\tilde{a}^{\dagger}\right)|\rho\rangle \\ &= \left[g(t)+G_0\right]|\rho\rangle \end{aligned} \tag{5.142}$$

这里

$$\begin{aligned} &G_0=\kappa\left(a^{\dagger}\tilde{a}^{\dagger}+a\tilde{a}-a^{\dagger}a-\tilde{a}\tilde{a}^{\dagger}\right)=-\kappa\hat{\eta}^{\dagger}\hat{\eta} \\ &g(t)=-\mathrm{i}f(t)\left[\left(a-\tilde{a}^{\dagger}\right)\mathrm{e}^{-\mathrm{i}\Omega t}+\left(a^{\dagger}-\tilde{a}\right)\mathrm{e}^{\mathrm{i}\Omega t}\right] \\ &\hat{\eta}^{\dagger}=a^{\dagger}-\tilde{a},\ \hat{\eta}=a-\tilde{a}^{\dagger} \end{aligned} \tag{5.143}$$

注意到以下对易关系:

$$\begin{aligned}\left[G_0,g(t)\right] &= -\mathrm{i}\kappa f(t)\mathrm{e}^{-\mathrm{i}\Omega t}\left[a^{\dagger}\tilde{a}^{\dagger}+a\tilde{a}-a^{\dagger}a-\tilde{a}\tilde{a}^{\dagger},a-\tilde{a}^{\dagger}\right] \\ &\quad -\mathrm{i}\kappa f(t)\mathrm{e}^{\mathrm{i}\Omega t}\left[a^{\dagger}\tilde{a}^{\dagger}+a\tilde{a}-a^{\dagger}a-\tilde{a}\tilde{a}^{\dagger},a^{\dagger}-\tilde{a}\right] \\ &= -\mathrm{i}\kappa f(t)\mathrm{e}^{-\mathrm{i}\Omega t}\left\{\left[a^{\dagger}\tilde{a}^{\dagger},a\right]+\left[a\tilde{a},-\tilde{a}^{\dagger}\right]+\left[-a^{\dagger}a,a\right]+\left[-\tilde{a}\tilde{a}^{\dagger},-\tilde{a}^{\dagger}\right]\right\} \\ &\quad -\mathrm{i}\kappa f(t)\mathrm{e}^{\mathrm{i}\Omega t}\left\{\left[a^{\dagger}\tilde{a}^{\dagger},-\tilde{a}\right]+\left[a\tilde{a},a^{\dagger}\right]+\left[-a^{\dagger}a,a^{\dagger}\right]+\left[-\tilde{a}\tilde{a}^{\dagger},-\tilde{a}\right]\right\} \\ &= -\mathrm{i}\kappa f(t)\left[\mathrm{e}^{-\mathrm{i}\Omega t}\left(-\tilde{a}^{\dagger}-a+a+\tilde{a}^{\dagger}\right)+\mathrm{e}^{\mathrm{i}\Omega t}\left(a^{\dagger}+\tilde{a}-a^{\dagger}-\tilde{a}\right)\right] \\ &= 0 \end{aligned} \tag{5.144}$$

和

$$\begin{aligned}\left[g(t),g(t')\right] &= \Big[-\mathrm{i}f(t)\mathrm{e}^{-\mathrm{i}\Omega t}\left(a-\tilde{a}^{\dagger}\right)-\mathrm{i}f(t)\mathrm{e}^{\mathrm{i}\Omega t}\left(a^{\dagger}-\tilde{a}\right), \\ &\quad -\mathrm{i}f(t')\mathrm{e}^{-\mathrm{i}\Omega t'}\left(a-\tilde{a}^{\dagger}\right)-\mathrm{i}f(t')\mathrm{e}^{\mathrm{i}\Omega t'}\left(a^{\dagger}-\tilde{a}\right)\Big] \\ &= 0 \end{aligned} \tag{5.145}$$

以及

$$\left[g(t)+G_0,g(t')+G_0\right]=0 \tag{5.146}$$

故利用式 (5.144)~式 (5.146) 可得方程 (5.142) 的形式解为

$$\begin{aligned}|\rho(t)\rangle &= \exp\left\{\int_0^t\left[g(t')+G_0\right]\mathrm{d}t'\right\}|\rho_0\rangle \\ &= \exp\left[\int_0^t g(t')\,\mathrm{d}t'\right]\exp\left(G_0 t\right)|\rho_0\rangle \end{aligned}$$

$$
\begin{aligned}
&= \exp\left[\lambda(t)\hat{\eta}^{\dagger} - \lambda^{*}(t)\hat{\eta}\right]\exp\left(-\kappa t\hat{\eta}^{\dagger}\hat{\eta}\right)|\rho_0\rangle \\
&= \exp\left[\lambda(t)\hat{\eta}^{\dagger}\right]\exp\left[-\lambda^{*}(t)\hat{\eta}\right]\exp\left(-\kappa t\hat{\eta}^{\dagger}\hat{\eta}\right)|\rho_0\rangle
\end{aligned} \tag{5.147}
$$

其中, $\lambda(t)$ 与外力有关

$$
\lambda(t) \equiv -\mathrm{i}\int_0^t \mathrm{d}t' f(t')\,\mathrm{e}^{\mathrm{i}\Omega t'} \tag{5.148}
$$

将式 (5.147) 投影到热纠缠态表象 $\langle\eta|$, 可得

$$
\begin{aligned}
\langle\eta|\rho(t)\rangle &= \langle\eta|\exp\left[\lambda(t)\hat{\eta}^{\dagger}\right]\exp\left[-\lambda^{*}(t)\hat{\eta}\right]\exp\left(-\kappa t\hat{\eta}^{\dagger}\hat{\eta}\right)|\rho_0\rangle \\
&= \mathrm{e}^{\lambda(t)\eta^{*}-\lambda^{*}(t)\eta-\kappa t|\eta|^2}\langle\eta|\rho_0\rangle
\end{aligned} \tag{5.149}
$$

利用热纠缠态表象的完备性关系, 有 (证明见本章附录)

$$
\begin{aligned}
|\rho(t)\rangle &= \int\frac{\mathrm{d}^2\eta}{\pi}\mathrm{e}^{\lambda(t)\eta^{*}-\lambda^{*}(t)\eta-\kappa t|\eta|^2}|\eta\rangle\langle\eta|\rho_0\rangle \\
&= \mathrm{e}^{\frac{-|\lambda(t)|^2}{1+\kappa t}}\sum_{m,n=0}^{\infty}\frac{1}{m!n!}\frac{(\kappa t)^{m+n}}{(1+\kappa t)^{m+n+1}}a^{\dagger m}\mathrm{e}^{\frac{\lambda(t)a^{\dagger}}{1+\kappa t}}\left(\frac{1}{1+\kappa t}\right)^{a^{\dagger}a}a^{n}\mathrm{e}^{\frac{-\lambda^{*}(t)a}{1+\kappa t}}\rho_0 \\
&\quad\times\mathrm{e}^{\frac{-\lambda(t)a^{\dagger}}{1+\kappa t}}a^{\dagger n}\left(\frac{1}{1+\kappa t}\right)^{a^{\dagger}a}\mathrm{e}^{\frac{\lambda^{*}(t)a}{1+\kappa t}}a^{m}|I\rangle
\end{aligned} \tag{5.150}
$$

因此, 密度算符 $\rho(t)$ 的无限算符和表示为

$$
\begin{aligned}
\rho(t) &= \sum_{m,n=0}^{\infty}\frac{\mathrm{e}^{\frac{-|\lambda(t)|^2}{1+\kappa t}}}{m!n!}\frac{(\kappa t)^{m+n}}{(1+\kappa t)^{m+n+1}}a^{\dagger m}\mathrm{e}^{\frac{\lambda(t)a^{\dagger}}{1+\kappa t}}\left(\frac{1}{1+\kappa t}\right)^{a^{\dagger}a}a^{n}\mathrm{e}^{\frac{-\lambda^{*}(t)a}{1+\kappa t}}\rho_0 \\
&\quad\times\mathrm{e}^{\frac{-\lambda(t)a^{\dagger}}{1+\kappa t}}a^{\dagger n}\left(\frac{1}{1+\kappa t}\right)^{a^{\dagger}a}\mathrm{e}^{\frac{\lambda^{*}(t)a}{1+\kappa t}}a^{m} \\
&= \sum_{m,n=0}^{\infty}M_{m,n}\rho_0 M_{m,n}^{\dagger}
\end{aligned} \tag{5.151}
$$

这里 Kraus 算符 $M_{m,n}$ 为

$$
M_{m,n} = \sqrt{\frac{\mathrm{e}^{\frac{-|\lambda(t)|^2}{1+\kappa t}}}{m!n!}\frac{(\kappa t)^{m+n}}{(1+\kappa t)^{m+n+1}}}a^{\dagger m}\mathrm{e}^{\frac{\lambda(t)a^{\dagger}}{1+\kappa t}}\left(\frac{1}{1+\kappa t}\right)^{a^{\dagger}a}a^{n}\mathrm{e}^{\frac{-\lambda^{*}(t)a}{1+\kappa t}} \tag{5.152}
$$

由于

$$
\sum_{m,n=0}^{\infty}M_{m,n}^{\dagger}M_{m,n} = 1 \quad (\text{证明见本章附录}) \tag{5.153}
$$

则

$$
\mathrm{Tr}\rho(t) = \mathrm{Tr}\sum_{m,n=0}^{\infty}M_{m,n}^{\dagger}M_{m,n}\rho_0 = \mathrm{Tr}\rho_0 = 1 \tag{5.154}
$$

因此 $M_{m,n}$ 是一个保迹的量子算符.

5.13 受迫振子初始相干态在扩散通道中的演化

假定初始态为相干态, 即 $\rho_0=|z\rangle\langle z|$, 以及 $a|z\rangle=z|z\rangle$, $|z\rangle=\exp\left(za^\dagger-z^*a\right)|0\rangle$, 则由式 (5.151) 可得终态密度算符 $\rho(t)$ 为 (证明见本章附录)

$$\rho(t)=GV\left(\frac{\kappa t}{1+\kappa t}\right)^{a^\dagger a}V^\dagger \tag{5.155}$$

这里

$$G=\frac{\mathrm{e}^{\frac{|\lambda(t)|^2\left(|z|^2-1\right)+\kappa t|z|^2}{1+\kappa t}-|z|^2}}{1+\kappa t},\quad V=\mathrm{e}^{\frac{[\lambda(t)+z]a^\dagger}{1+\kappa t}} \tag{5.156}$$

V 既与 $\lambda(t)$ 有关, 也与衰减常数 κ 有关. 由于 $\left(\dfrac{\kappa t}{1+\kappa t}\right)^{a^\dagger a}$ 是一个混沌场, 算符 V 起一个平移作用, 故 ρ_0 演化成一个平移混沌态——这明显呈现出了退相干特性.

总之, 利用热纠缠态表象和 IWOP 方法, 我们导出了在经典含时外力作用下谐振子系统经过扩散通道的密度算符主方程的精确解——Kraus 算符和表示. 结果表明, 若系统初始处于相干态, 则系统演化为平移混沌态.

附录 式 (5.150)、式 (5.153) 与式 (5.155) 的证明

式 (5.150) 的证明:

$$\begin{aligned}
|\rho(t)\rangle &= \int\frac{\mathrm{d}^2\eta}{\pi}\mathrm{e}^{\lambda(t)\eta^*-\lambda^*(t)\eta-\kappa t|\eta|^2}|\eta\rangle\langle\eta|\rho_0\rangle \\
&= \int\frac{\mathrm{d}^2\eta}{\pi}:\mathrm{e}^{-(1+\kappa t)|\eta|^2+\eta\left[a^\dagger-\tilde{a}+\lambda^*(t)\right]+\eta^*\left[a-\tilde{a}^\dagger+\lambda(t)\right]+a^\dagger\tilde{a}^\dagger+a\tilde{a}-a^\dagger a-\tilde{a}^\dagger\tilde{a}}:|\rho_0\rangle \\
&= \frac{1}{1+\kappa t}:\mathrm{e}^{\frac{1}{1+\kappa t}\left[\kappa t\left(a^\dagger\tilde{a}^\dagger+a\tilde{a}-a^\dagger a-\tilde{a}^\dagger\tilde{a}\right)+\lambda(t)\left(a^\dagger-\tilde{a}\right)-\lambda^*(t)\left(a-\tilde{a}^\dagger\right)-|\lambda(t)|^2\right]}:|\rho_0\rangle \\
&= \frac{\mathrm{e}^{\frac{-|\lambda(t)|^2}{1+\kappa t}}}{1+\kappa t}\mathrm{e}^{\frac{\kappa ta^\dagger\tilde{a}^\dagger+\lambda(t)a^\dagger+\lambda^*(t)\tilde{a}^\dagger}{1+\kappa t}}:\mathrm{e}^{\frac{-\kappa t}{1+\kappa t}\left(a^\dagger a+\tilde{a}^\dagger\tilde{a}\right)}:\mathrm{e}^{\frac{\kappa ta\tilde{a}-\lambda^*(t)a-\lambda(t)\tilde{a}}{1+\kappa t}}|\rho_0\rangle \\
&= \frac{\mathrm{e}^{\frac{-|\lambda(t)|^2}{1+\kappa t}}}{1+\kappa t}\mathrm{e}^{\frac{\kappa ta^\dagger\tilde{a}^\dagger+\lambda(t)a^\dagger+\lambda^*(t)\tilde{a}^\dagger}{1+\kappa t}}\left(\frac{1}{1+\kappa t}\right)^{a^\dagger a+\tilde{a}^\dagger\tilde{a}}\mathrm{e}^{\frac{\kappa ta\tilde{a}-\lambda(t)\tilde{a}-\lambda^*(t)a}{1+\kappa t}}|\rho_0\rangle \\
&= \frac{\mathrm{e}^{\frac{-|\lambda(t)|^2}{1+\kappa t}}}{1+\kappa t}\mathrm{e}^{\frac{\kappa ta^\dagger\tilde{a}^\dagger}{1+\kappa t}}\mathrm{e}^{\frac{\lambda(t)a^\dagger}{1+\kappa t}}\mathrm{e}^{\frac{\lambda^*(t)\tilde{a}^\dagger}{1+\kappa t}}\left(\frac{1}{1+\kappa t}\right)^{a^\dagger a+\tilde{a}^\dagger\tilde{a}}\mathrm{e}^{\frac{\kappa ta\tilde{a}}{1+\kappa t}}\mathrm{e}^{\frac{-\lambda(t)\tilde{a}}{1+\kappa t}}\mathrm{e}^{\frac{-\lambda^*(t)a}{1+\kappa t}}\rho_0|I\rangle
\end{aligned}$$

$$
\begin{aligned}
&= \frac{e^{\frac{-|\lambda(t)|^2}{1+\kappa t}}}{1+\kappa t} \sum_{m=0}^{\infty} \frac{1}{m!} \left(\frac{\kappa t a^\dagger}{1+\kappa t}\right)^m e^{\frac{\lambda(t) a^\dagger}{1+\kappa t}} \left(\frac{1}{1+\kappa t}\right)^{a^\dagger a} \sum_{n=0}^{\infty} \frac{1}{n!} \left(\frac{\cdot\ \kappa t a}{1+\kappa t}\right)^n e^{\frac{-\lambda^*(t) a}{1+\kappa t}} \rho_0 \\
&\quad \times e^{\frac{-\lambda(t) a^\dagger}{1+\kappa t}} a^{\dagger n} \left(\frac{1}{1+\kappa t}\right)^{a^\dagger a} e^{\frac{\lambda^*(t) a}{1+\kappa t}} a^m |I\rangle \\
&= e^{\frac{-|\lambda(t)|^2}{1+\kappa t}} \sum_{m,n=0}^{\infty} \frac{1}{m!n!} \frac{(\kappa t)^{m+n}}{(1+\kappa t)^{m+n+1}} a^{\dagger m} e^{\frac{\lambda(t) a^\dagger}{1+\kappa t}} \left(\frac{1}{1+\kappa t}\right)^{a^\dagger a} a^n e^{\frac{-\lambda^*(t) a}{1+\kappa t}} \rho_0 \\
&\quad \times e^{\frac{-\lambda(t) a^\dagger}{1+\kappa t}} a^{\dagger n} \left(\frac{1}{1+\kappa t}\right)^{a^\dagger a} e^{\frac{\lambda^*(t) a}{1+\kappa t}} a^m |I\rangle
\end{aligned} \tag{5.157}
$$

其中利用了 $|0\tilde{0}\rangle\langle 0\tilde{0}| =: e^{-a^\dagger a - \tilde{a}^\dagger \tilde{a}}:$, $:\exp\left[\frac{-\kappa t}{1+\kappa t}(a^\dagger a + \tilde{a}^\dagger \tilde{a})\right]: = \left(\frac{1}{1+\kappa t}\right)^{a^\dagger a + \tilde{a}^\dagger \tilde{a}}$, $[\tilde{a}, \rho_0] = 0$, $\tilde{a}|I\rangle = a^\dagger |I\rangle$ 以及物理模与虚模是对易的特点.

式 (5.153) 的证明:

$$
\begin{aligned}
\sum_{m,n=0}^{\infty} M_{m,n}^\dagger M_{m,n} &= \sum_{m,n=0}^{\infty} \frac{e^{\frac{-|\lambda(t)|^2}{1+\kappa t}}}{m!n!} \frac{(\kappa t)^{m+n}}{(1+\kappa t)^{m+n+1}} e^{\frac{-\lambda(t) a^\dagger}{1+\kappa t}} a^{\dagger n} \left(\frac{1}{1+\kappa t}\right)^{a^\dagger a} e^{\frac{\lambda^*(t) a}{1+\kappa t}} a^m \\
&\quad \times a^{\dagger m} e^{\frac{\lambda(t) a^\dagger}{1+\kappa t}} \left(\frac{1}{1+\kappa t}\right)^{a^\dagger a} a^n e^{\frac{-\lambda^*(t) a}{1+\kappa t}} \\
&= \sum_{n=0}^{\infty} \frac{e^{\frac{-|\lambda(t)|^2}{1+\kappa t}}}{n!} \frac{(\kappa t)^n}{(1+\kappa t)^{n+1}} e^{\frac{-\lambda(t) a^\dagger}{1+\kappa t}} a^{\dagger n} \left(\frac{1}{1+\kappa t}\right)^{a^\dagger a} \\
&\quad \times e^{\frac{\lambda^*(t) a}{1+\kappa t}} \vdots \sum_{m=0}^{\infty} \frac{1}{m!} \left(\frac{\kappa t}{1+\kappa t} a a^\dagger\right)^m \vdots e^{\frac{\lambda(t) a^\dagger}{1+\kappa t}} \left(\frac{1}{1+\kappa t}\right)^{a^\dagger a} a^n e^{\frac{-\lambda^*(t) a}{1+\kappa t}} \\
&= \sum_{n=0}^{\infty} \frac{e^{\frac{-|\lambda(t)|^2}{1+\kappa t}}}{n!} \frac{(\kappa t)^n}{(1+\kappa t)^{n+1}} e^{\frac{-\lambda(t) a^\dagger}{1+\kappa t}} a^{\dagger n} \left(\frac{1}{1+\kappa t}\right)^{a^\dagger a} \\
&\quad \times e^{\frac{\lambda^*(t) a}{1+\kappa t}} \vdots e^{\frac{\kappa t a a^\dagger}{1+\kappa t}} \vdots e^{\frac{\lambda(t) a^\dagger}{1+\kappa t}} \left(\frac{1}{1+\kappa t}\right)^{a^\dagger a} a^n e^{\frac{-\lambda^*(t) a}{1+\kappa t}} \\
&= \sum_{n=0}^{\infty} \frac{e^{\frac{-|\lambda(t)|^2}{1+\kappa t}}}{n!} \frac{(\kappa t)^n}{(1+\kappa t)^n} e^{\frac{-\lambda(t) a^\dagger}{1+\kappa t}} a^{\dagger n} \left(\frac{1}{1+\kappa t}\right)^{a^\dagger a} e^{\frac{\lambda^*(t) a}{1+\kappa t}} \\
&\quad \times \frac{1}{1+\kappa t} \vdots e^{\left(1-\frac{1}{1+\kappa t}\right) a a^\dagger} \vdots e^{\frac{\lambda(t) a^\dagger}{1+\kappa t}} \left(\frac{1}{1+\kappa t}\right)^{a^\dagger a} a^n e^{\frac{-\lambda^*(t) a}{1+\kappa t}} \\
&= \sum_{n=0}^{\infty} \frac{e^{\frac{-|\lambda(t)|^2}{1+\kappa t}}}{n!} \frac{(\kappa t)^n}{(1+\kappa t)^n} e^{\frac{-\lambda(t) a^\dagger}{1+\kappa t}} a^{\dagger n} \left(\frac{1}{1+\kappa t}\right)^{a^\dagger a} e^{\frac{\lambda^*(t) a}{1+\kappa t}} \\
&\quad \times \left(\frac{1}{1+\kappa t}\right)^{-a^\dagger a} e^{\frac{\lambda(t) a^\dagger}{1+\kappa t}} \left(\frac{1}{1+\kappa t}\right)^{a^\dagger a} a^n e^{\frac{-\lambda^*(t) a}{1+\kappa t}}
\end{aligned}
$$

$$
\begin{aligned}
&=\sum_{n=0}^{\infty}\frac{\mathrm{e}^{\frac{-|\lambda(t)|^2}{1+\kappa t}}}{n!}\frac{(\kappa t)^n}{(1+\kappa t)^n}a^{\dagger n}\mathrm{e}^{\frac{-\lambda(t)a^{\dagger}}{1+\kappa t}}\\
&\quad\times\mathrm{e}^{\lambda^*(t)a}\mathrm{e}^{\frac{\lambda(t)a^{\dagger}}{1+\kappa t}}\left(\frac{1}{1+\kappa t}\right)^{a^{\dagger}a}a^n\mathrm{e}^{\frac{-\lambda^*(t)a}{1+\kappa t}}\\
&=\sum_{n=0}^{\infty}\frac{1}{n!}\frac{(\kappa t)^n}{(1+\kappa t)^n}a^{\dagger n}\mathrm{e}^{\lambda^*(t)a}\left(\frac{1}{1+\kappa t}\right)^{a^{\dagger}a}\mathrm{e}^{\frac{-\lambda^*(t)a}{1+\kappa t}}a^n\\
&=\sum_{n=0}^{\infty}\frac{1}{n!}\frac{(\kappa t)^n}{(1+\kappa t)^n}a^{\dagger n}\left(\frac{1}{1+\kappa t}\right)^{a^{\dagger}a}\left(\frac{1}{1+\kappa t}\right)^{-a^{\dagger}a}\\
&\quad\times\mathrm{e}^{\lambda^*(t)a}\left(\frac{1}{1+\kappa t}\right)^{a^{\dagger}a}\mathrm{e}^{\frac{-\lambda^*(t)a}{1+\kappa t}}a^n\\
&=\sum_{n=0}^{\infty}\frac{1}{n!}\frac{(\kappa t)^n}{(1+\kappa t)^n}a^{\dagger n}\left(\frac{1}{1+\kappa t}\right)^{a^{\dagger}a}a^n\\
&=:\sum_{n=0}^{\infty}\frac{1}{n!}\frac{\left(\kappa t a^{\dagger}a\right)^n}{(1+\kappa t)^n}\mathrm{e}^{-\frac{\kappa t}{1+\kappa t}a^{\dagger}a}:\\
&=:\mathrm{e}^{\frac{\kappa t}{1+\kappa t}a^{\dagger}a}\mathrm{e}^{-\frac{\kappa t}{1+\kappa t}a^{\dagger}a}:\\
&=1
\end{aligned}
\tag{5.158}
$$

式 (5.155) 的证明：

$$
\begin{aligned}
\rho(t)=&\sum_{m,n=0}^{\infty}M_{m,n}|z\rangle\langle z|M_{m,n}^{\dagger}\\
=&\sum_{m,n=0}^{\infty}\frac{\mathrm{e}^{\frac{-|\lambda(t)|^2}{1+\kappa t}}(\kappa t)^{m+n}a^{\dagger m}\mathrm{e}^{\frac{\lambda(t)a^{\dagger}}{1+\kappa t}}}{m!n!(1+\kappa t)^{m+n+1}}\left(\frac{1}{1+\kappa t}\right)^{a^{\dagger}a}a^n\mathrm{e}^{\frac{-\lambda^*(t)a}{1+\kappa t}}|z\rangle\\
&\times\langle z|\mathrm{e}^{\frac{-\lambda(t)a^{\dagger}}{1+\kappa t}}a^{\dagger n}\left(\frac{1}{1+\kappa t}\right)^{a^{\dagger}a}\mathrm{e}^{\frac{\lambda^*(t)a}{1+\kappa t}}a^m\\
=&\sum_{m,n=0}^{\infty}\frac{\mathrm{e}^{\frac{-|\lambda(t)|^2}{1+\kappa t}}(\kappa t)^{m+n}}{m!n!(1+\kappa t)^{m+n+1}}a^{\dagger m}\mathrm{e}^{\frac{\lambda(t)a^{\dagger}}{1+\kappa t}}\left(\frac{1}{1+\kappa t}\right)^{a^{\dagger}a}\\
&\times z^n\mathrm{e}^{\frac{-\lambda^*(t)z}{1+\kappa t}}|z\rangle\langle z|\mathrm{e}^{\frac{-\lambda(t)z^*}{1+\kappa t}}(z^*)^n\left(\frac{1}{1+\kappa t}\right)^{a^{\dagger}a}\mathrm{e}^{\frac{\lambda^*(t)a}{1+\kappa t}}a^m\\
=&\sum_{m,n=0}^{\infty}\frac{|z|^{2n}\mathrm{e}^{\frac{|\lambda(t)|^2\left(|z|^2-1\right)}{1+\kappa t}}(\kappa t)^{m+n}}{m!n!(1+\kappa t)^{m+n+1}}a^{\dagger m}\mathrm{e}^{\frac{\lambda(t)a^{\dagger}}{1+\kappa t}}\left(\frac{1}{1+\kappa t}\right)^{a^{\dagger}a}\\
&\times\mathrm{e}^{-\frac{1}{2}|z|^2+za^{\dagger}}|0\rangle\langle 0|\mathrm{e}^{-\frac{1}{2}|z|^2+z^*a}\left(\frac{1}{1+\kappa t}\right)^{a^{\dagger}a}\mathrm{e}^{\frac{\lambda^*(t)a}{1+\kappa t}}a^m
\end{aligned}
$$

$$
\begin{aligned}
&= \sum_{m,n=0}^{\infty} \frac{|z|^{2n} \mathrm{e}^{\frac{|\lambda(t)|^2\left(|z|^2-1\right)}{1+\kappa t}-|z|^2} (\kappa t)^{m+n}}{m!n!(1+\kappa t)^{m+n+1}} a^{\dagger m} \mathrm{e}^{\frac{\lambda(t)a^\dagger}{1+\kappa t}} \\
&\quad \times \left(\frac{1}{1+\kappa t}\right)^{a^\dagger a} \mathrm{e}^{z a^\dagger} \left(\frac{1}{1+\kappa t}\right)^{-a^\dagger a} |0\rangle\langle 0| \left(\frac{1}{1+\kappa t}\right)^{-a^\dagger a} \\
&\quad \times \mathrm{e}^{z^* a} \left(\frac{1}{1+\kappa t}\right)^{a^\dagger a} \mathrm{e}^{\frac{\lambda^*(t)a}{1+\kappa t}} a^m \\
&= \frac{\mathrm{e}^{\frac{|\lambda(t)|^2\left(|z|^2-1\right)}{1+\kappa t}-|z|^2}}{1+\kappa t} \sum_{n=0}^{\infty} \frac{1}{n!} \left(\frac{\kappa t|z|^2}{1+\kappa t}\right)^n \sum_{m=0}^{\infty} \frac{1}{m!} \left(\frac{\kappa t}{1+\kappa t}\right)^m \\
&\quad \times \mathrm{e}^{\frac{[\lambda(t)+z]a^\dagger}{1+\kappa t}} a^{\dagger m} |0\rangle\langle 0| a^m \mathrm{e}^{\frac{[\lambda^*(t)+z^*]a}{1+\kappa t}} \\
&= \frac{\mathrm{e}^{\frac{|\lambda(t)|^2\left(|z|^2-1\right)+\kappa t|z|^2}{1+\kappa t}-|z|^2}}{1+\kappa t} \mathrm{e}^{\frac{[\lambda(t)+z]a^\dagger}{1+\kappa t}} : \sum_{m=0}^{\infty} \frac{1}{m!} \left(\frac{\kappa t}{1+\kappa t} a^\dagger a\right)^m \mathrm{e}^{-a^\dagger a} : \mathrm{e}^{\frac{[\lambda^*(t)+z^*]a}{1+\kappa t}} \\
&= \frac{\mathrm{e}^{\frac{|\lambda(t)|^2\left(|z|^2-1\right)+\kappa t|z|^2}{1+\kappa t}-|z|^2}}{1+\kappa t} \mathrm{e}^{\frac{[\lambda(t)+z]a^\dagger}{1+\kappa t}} : \mathrm{e}^{\left(\frac{\kappa t}{1+\kappa t}-1\right)a^\dagger a} : \mathrm{e}^{\frac{[\lambda^*(t)+z^*]a}{1+\kappa t}} \\
&= \frac{\mathrm{e}^{\frac{|\lambda(t)|^2\left(|z|^2-1\right)+\kappa t|z|^2}{1+\kappa t}-|z|^2}}{1+\kappa t} \mathrm{e}^{\frac{[\lambda(t)+z]a^\dagger}{1+\kappa t}} \left(\frac{\kappa t}{1+\kappa t}\right)^{a^\dagger a} \mathrm{e}^{\frac{[\lambda^*(t)+z^*]a}{1+\kappa t}}
\end{aligned} \tag{5.159}
$$

其中, 利用了 $|0\rangle\langle 0| =: \mathrm{e}^{-a^\dagger a}:$ 和算符恒等式

$$
: \exp\left[\left(\frac{\kappa t}{1+\kappa t}-1\right)a^\dagger a\right] : = \left(\frac{1}{1+\kappa t}\right)^{a^\dagger a}
$$

6

第 6 章

由量子耗散导致的光场

6.1 从相干态的耗散看量子耗散遵循的演化方程

由于自然界中任何系统都不能是完全孤立于其环境，系统与环境的耦合总有噪声产生，那么描述系统的振幅衰减通道的动力学演化方程是什么呢?

让我们从一个相干态 $|\alpha\rangle\langle\alpha|$ 的振幅衰减着手讨论.

$$|\alpha\rangle\langle\alpha| \to \left|\alpha \mathrm{e}^{-\kappa t}\right\rangle\left\langle\alpha \mathrm{e}^{-\kappa t}\right| \tag{6.1}$$

的演化受什么方程支配呢（κ 是衰减率）？用正规乘积性质及

$$\left|\alpha \mathrm{e}^{-\kappa t}\right\rangle\left\langle\alpha \mathrm{e}^{-\kappa t}\right| =: \exp\left(-|\alpha|^2 \mathrm{e}^{-2\kappa t} + \alpha \mathrm{e}^{-\kappa t} a^\dagger + \alpha^* \mathrm{e}^{-\kappa t} a - a^\dagger a\right): \tag{6.2}$$

得到

$$
\begin{aligned}
&\frac{\mathrm{d}}{\mathrm{d}t}\left|\alpha \mathrm{e}^{-\kappa t}\right\rangle\left\langle\alpha \mathrm{e}^{-\kappa t}\right| \\
&\quad=\frac{\mathrm{d}}{\mathrm{d}t}:\exp\left(-|\alpha|^{2}\mathrm{e}^{-2\kappa t}+\alpha \mathrm{e}^{-\kappa t}a^{\dagger}+\alpha^{*}\mathrm{e}^{-\kappa t}a-a^{\dagger}a\right): \\
&\quad=2\kappa|\alpha|^{2}\mathrm{e}^{-2\kappa t}\left|\alpha \mathrm{e}^{-\kappa t}\right\rangle\left\langle\alpha \mathrm{e}^{-\kappa t}\right|-\kappa a^{\dagger}\alpha \mathrm{e}^{-\kappa t}\left|\alpha \mathrm{e}^{-\kappa t}\right\rangle\left\langle\alpha \mathrm{e}^{-\kappa t}\right| \\
&\qquad-\kappa\left|\alpha \mathrm{e}^{-\kappa t}\right\rangle\left\langle\alpha \mathrm{e}^{-\kappa t}\right|\alpha^{*}\mathrm{e}^{-\kappa t}a \\
&\quad=2\kappa a\left|\alpha \mathrm{e}^{-\kappa t}\right\rangle\left\langle\alpha \mathrm{e}^{-\kappa t}\right|a^{\dagger}-\kappa a^{\dagger}a\left|\alpha \mathrm{e}^{-\kappa t}\right\rangle\left\langle\alpha \mathrm{e}^{-\kappa t}\right|-\kappa\left|\alpha \mathrm{e}^{-\kappa t}\right\rangle\left\langle\alpha \mathrm{e}^{-\kappa t}\right|a^{\dagger}a
\end{aligned}
\tag{6.3}
$$

令 $\left|\alpha \mathrm{e}^{-\kappa t}\right\rangle\left\langle\alpha \mathrm{e}^{-\kappa t}\right|=\rho(t)$, 式 (6.3) 就等价于

$$
\frac{\mathrm{d}}{\mathrm{d}t}\rho(t)=\kappa\left(2a\rho a^{\dagger}-a^{\dagger}a\rho-\rho a^{\dagger}a\right)
\tag{6.4}
$$

这就是量子耗散遵循的演化方程.

6.2 耗散过程中 Wigner 函数的演化

下面, 考察在由主方程式 (6.4) 描述的耗散环境中, Wigner 函数是如何演化的. 注意到 $W=\mathrm{tr}(\Delta\rho)$, 则 Wigner 函数的时间演化可表示成

$$
\frac{\partial W}{\partial t}=\mathrm{tr}\left(\Delta\frac{\partial}{\partial t}\rho\right)=\kappa\mathrm{tr}\left[\left(2a^{\dagger}\Delta a\rho-\Delta a^{\dagger}a\rho-a^{\dagger}a\Delta\rho\right)\right]
\tag{6.5}
$$

利用式 (5.20) 和式 (5.21) 得到

$$
\begin{aligned}
\frac{\partial W}{\partial t}&=\kappa\left[2\left(\frac{\partial}{2\partial\alpha}+\alpha^{*}\right)\left(\frac{\partial}{2\partial\alpha^{*}}+\alpha\right)-\left(\alpha^{*}-\frac{\partial}{2\partial\alpha}\right)\left(\frac{\partial}{2\partial\alpha^{*}}+\alpha\right)\right. \\
&\qquad\left.-\left(\alpha-\frac{\partial}{2\partial\alpha^{*}}\right)\left(\frac{\partial}{2\partial\alpha}+\alpha^{*}\right)\right]W \\
&=\kappa\left(\frac{\partial^{2}}{\partial\alpha\partial\alpha^{*}}+2\alpha^{*}\frac{\partial}{2\partial\alpha^{*}}+2\frac{\partial}{2\partial\alpha}\alpha-\alpha^{*}\frac{\partial}{2\partial\alpha^{*}}+\frac{\partial}{2\partial\alpha^{*}}\alpha^{*}+\frac{\partial}{2\partial\alpha}\alpha-\alpha\frac{\partial}{2\partial\alpha}\right)W \\
&=\kappa\left(\frac{\partial^{2}}{\partial\alpha\partial\alpha^{*}}+\alpha^{*}\frac{\partial}{2\partial\alpha^{*}}+\frac{\partial}{\partial\alpha}\alpha+\frac{\partial}{2\partial\alpha^{*}}\alpha^{*}+\frac{1}{2}\right)W \\
&=\kappa\left(\frac{\partial^{2}}{\partial\alpha\partial\alpha^{*}}+\alpha^{*}\frac{\partial}{\partial\alpha^{*}}+\frac{\partial}{\partial\alpha}\alpha+1\right)W \\
&=\kappa\left(\frac{\partial^{2}}{\partial\alpha\partial\alpha^{*}}+\alpha^{*}\frac{\partial}{\partial\alpha^{*}}+\alpha\frac{\partial}{\partial\alpha}+2\right)W
\end{aligned}
\tag{6.6}
$$

这即是 Wigner 函数在量子耗散主方程式 (6.4) 下的时间演化方程.

6.3 将耗散主方程化为类薛定谔方程

为了解量子主方程式 (6.4), 我们也可以避免用其 Wigner 函数对应, 或 P-表示. 我们引入热纠缠态（4.108）, 即

$$|\eta\rangle=\exp\left(-\frac{1}{2}|\eta|^2+\eta a^\dagger-\eta^*\tilde{a}^\dagger+a^\dagger\tilde{a}^\dagger\right)|0,\tilde{0}\rangle \tag{6.7}$$

其中, $\tilde{a}^\dagger$ 是与真实的光子产生算符 $a^\dagger$ 相伴的虚模产生算符, $|\tilde{0}\rangle$ 为虚模真空态, $\tilde{a}|\tilde{0}\rangle=0$, $[\tilde{a},\tilde{a}^\dagger]=1$, $|n,\tilde{n}\rangle=\dfrac{(a^\dagger\tilde{a}^\dagger)^n|0,\tilde{0}\rangle}{n!}$, $[a,\tilde{a}^\dagger]=0$. $|\eta\rangle$ 是完备的, 即 $\int\dfrac{\mathrm{d}^2\eta}{\pi}|\eta\rangle\langle\eta|=1$. 将密度算符 ρ 作用于态 $|I\rangle=|\eta=0\rangle$ 上, 构建一个纯态 $|\rho\rangle$,

$$|\rho\rangle=\rho|I\rangle,\quad |I\rangle=\exp\left(a^\dagger\tilde{a}^\dagger\right)|0,\tilde{0}\rangle=\sum_{n=0}^{\infty}|n,\tilde{n}\rangle \tag{6.8}$$

由式 (6.8) 易知

$$a|I\rangle=\tilde{a}^\dagger|I\rangle,\quad a^\dagger|I\rangle=\tilde{a}|I\rangle,\quad \left(a^\dagger a\right)^n|I\rangle=\left(\tilde{a}^\dagger\tilde{a}\right)^n|I\rangle \tag{6.9}$$

利用上式可以实现实模与虚模之间的转换. 将式 (6.4) 左作用于 $|I\rangle$ 得

$$\frac{\mathrm{d}}{\mathrm{d}t}|\rho\rangle=\kappa\left(2a\rho a^\dagger-a^\dagger a\rho-\rho a^\dagger a\right)|I\rangle \tag{6.10}$$

利用实模与虚模之间的转换关系式 (6.9), 并注意到 ρ 只是实模空间的密度算符且与虚模是可对易的, 则式 (6.10) 变成

$$\frac{\mathrm{d}}{\mathrm{d}t}|\rho\rangle=\kappa\left(2a\tilde{a}-a^\dagger a-\tilde{a}^\dagger\tilde{a}\right)|\rho\rangle \tag{6.11}$$

上述方程的形式解为

$$|\rho\rangle=\exp[\kappa t\left(2a\tilde{a}-a^\dagger a-\tilde{a}^\dagger\tilde{a}\right)]|\rho_0\rangle \tag{6.12}$$

这里 $|\rho_0\rangle\equiv\rho_0|I\rangle$ 为初始时刻定义的纯态. 因此, 通过引入与系统实模相对应的虚模, 可将密度算符主方程转换成纯态的演化方程, 且给出了其形式解.

注意到算符的关系式

$$\left[\frac{a^\dagger a+\tilde{a}^\dagger\tilde{a}}{2},a\tilde{a}\right]=-a\tilde{a} \tag{6.13}$$

因此可利用一下算符恒等式

$$e^{\lambda(A+\sigma B)} = e^{\lambda A} \exp\left[\frac{\sigma\left(1-e^{-\lambda\tau}\right)B}{\tau}\right] \tag{6.14}$$

（当 $[A,B]=\tau B$ 时, 上式成立）来分解式 (6.12) 的指数算符, 即

$$\exp\left[-2\kappa t\left(\frac{a^\dagger a+\tilde{a}^\dagger\tilde{a}}{2}-a\tilde{a}\right)\right] = \exp\left[-\kappa t\left(a^\dagger a+\tilde{a}^\dagger\tilde{a}\right)\right]\exp\left(Ta\tilde{a}\right) \tag{6.15}$$

其中, $T=1-e^{-2\kappa t}$. 因而式 (6.12) 可写成

$$\begin{aligned}|\rho(t)\rangle &= \rho(t)|\tau=0\rangle = \exp\left[-\kappa t\left(a^\dagger a+\tilde{a}^\dagger\tilde{a}\right)\right]\exp\left(Ta\tilde{a}\right)|\rho_0\rangle \\ &= \exp\left[-\kappa t\left(a^\dagger a+\tilde{a}^\dagger\tilde{a}\right)\right]\sum_{n=0}^{\infty}\frac{T^n}{n!}a^n\tilde{a}^n\rho_0|I\rangle\end{aligned} \tag{6.16}$$

由关系式 (6.9) 知

$$\tilde{a}^n\rho_0|I\rangle = \rho_0\tilde{a}^n|I\rangle = \rho_0 a^{\dagger n}|I\rangle \tag{6.17}$$

以及

$$\begin{aligned}\exp\left(-\kappa t\tilde{a}^\dagger\tilde{a}\right)a^n\rho_0 a^{\dagger n}|I\rangle &= a^n\rho_0 a^{\dagger n}\exp\left(-\kappa t\tilde{a}^\dagger\tilde{a}\right)|I\rangle \\ &= a^n\rho_0 a^{\dagger n}\exp\left(-\kappa t a^\dagger a\right)|I\rangle\end{aligned} \tag{6.18}$$

可得

$$\begin{aligned}\rho(t)|I\rangle &= \exp\left(-\kappa t a^\dagger a\right)\sum_{n=0}^{\infty}\frac{T^n}{n!}a^n\rho_0 a^{\dagger n}\exp\left(-\kappa t\tilde{a}^\dagger\tilde{a}\right)|I\rangle \\ &= \sum_{n=0}^{\infty}\frac{T^n}{n!}\exp\left(-\kappa t a^\dagger a\right)a^n\rho_0 a^{\dagger n}\exp\left(-\kappa t a^\dagger a\right)|I\rangle\end{aligned} \tag{6.19}$$

所以密度算符的解为

$$\rho(t) = \sum_{n=0}^{\infty}\frac{T^n}{n!}\exp\left(-\kappa t a^\dagger a\right)a^n\rho_0 a^{\dagger n}\exp\left(-\kappa t a^\dagger a\right) \tag{6.20}$$

与标准的算符和表示相比较, 得

$$\rho(t) = \sum_{m=0}^{\infty}M_m\rho_0 M_m^\dagger \tag{6.21}$$

可见, 以上耗散过程的 Kraus 算符 M_m 为

$$M_m = \sqrt{\frac{T^m}{m!}}e^{-\kappa t a^\dagger a}a^m \tag{6.22}$$

可以证明, Kraus 算符 M_m 满足归一条件:

$$\sum_{m=0}^{\infty}M_m^\dagger M_m = 1 \tag{6.23}$$

6.4 平移 Fock 态在耗散通道中的演化

本节考虑平移 Fock 态 $\rho_0 = D(\alpha)|m\rangle\langle m|D^\dagger(\alpha)$ 在耗散通道中的演化 $\rho(t)$, 我们将用 IWOP 方法来实现这一目标. 利用

$$a^n|m\rangle = \sqrt{\frac{m!}{(m-n)!}}|m-n\rangle \tag{6.24}$$

和

$$\begin{aligned} D(\alpha)|m\rangle &= \frac{1}{\sqrt{m!}}\left(a^\dagger - \alpha^*\right)^m D(\alpha)|0\rangle \\ &= \frac{1}{\sqrt{m!}}\sum_{l=0}^{m}\binom{m}{l}(-\alpha^*)^{m-l}a^{\dagger l}|\alpha\rangle \end{aligned} \tag{6.25}$$

以及算符恒等式

$$a^n a^{\dagger l} = (-\mathrm{i})^{n+l} :H_{l,n}\left(\mathrm{i}a^\dagger, \mathrm{i}a\right): \tag{6.26}$$

这里, $H_{l,n}$ 是双变量 Hermite 多项式, 其定义见式 (4.34), 相应的产生函数为式 (1.128), 可得

$$\begin{aligned} a^n D(\alpha)|m\rangle &= \frac{1}{\sqrt{m!}}\sum_{l=0}^{m}\binom{m}{l}(-\alpha^*)^{m-l}a^n a^{\dagger l}|\alpha\rangle \\ &= \frac{1}{\sqrt{m!}}\sum_{l=0}^{m}(-\mathrm{i})^{n+l}\binom{m}{l}(-\alpha^*)^{m-l} :H_{l,n}\left(\mathrm{i}a^\dagger, \mathrm{i}a\right): |\alpha\rangle \\ &= \frac{1}{\sqrt{m!}}\sum_{l=0}^{m}(-\mathrm{i})^{n+l}\binom{m}{l}(-\alpha^*)^{m-l} H_{l,n}\left(\mathrm{i}a^\dagger, \mathrm{i}\alpha\right)|\alpha\rangle \end{aligned} \tag{6.27}$$

注意到 $\mathrm{e}^{-kta^\dagger a}a^\dagger \mathrm{e}^{kta^\dagger a} = a^\dagger \mathrm{e}^{-kt}$, 则

$$\begin{aligned} &\mathrm{e}^{-kta^\dagger a}a^n D(\alpha)|m\rangle \\ &= \frac{1}{\sqrt{m!}}(-1)^m(-\mathrm{i})^n\sum_{l=0}^{m}\mathrm{i}^l\binom{m}{l}\alpha^{*m-l}H_{l,n}\left(\mathrm{i}a^\dagger \mathrm{e}^{-kt}, \mathrm{i}\alpha\right)\mathrm{e}^{-kta^\dagger a}|\alpha\rangle \end{aligned} \tag{6.28}$$

将 ρ_0 代入式 (6.20), 并利用

$$\mathrm{e}^{-kta^\dagger a}|\alpha\rangle = \mathrm{e}^{-|\alpha|^2/2+\alpha a^\dagger \mathrm{e}^{-kt}}|0\rangle \tag{6.29}$$

及 $|0\rangle\langle 0| =: \mathrm{e}^{-a^\dagger a}:$ 可得

$$
\begin{aligned}
\rho(t) &= \sum_{n=0}^{\infty} \frac{T^n}{n!} \mathrm{e}^{-kta^\dagger a} a^n D(\alpha)|m\rangle\langle m| D^\dagger(\alpha) a^{\dagger n} \mathrm{e}^{-kta^\dagger a} \\
&= \frac{1}{m!} \sum_{n=0}^{\infty} \frac{T^n}{n!} \sum_{l=0}^{m} \mathrm{i}^l \binom{m}{l} \alpha^{*m-l} H_{l,n}\left(\mathrm{i}a^\dagger \mathrm{e}^{-kt}, \mathrm{i}\alpha\right) \\
&\quad \times \mathrm{e}^{-kta^\dagger a} |\alpha\rangle\langle\alpha| \mathrm{e}^{-kta^\dagger a} \sum_{j=0}^{m} (-\mathrm{i})^j \binom{m}{j} H_{j,n}\left(-\mathrm{i}a\mathrm{e}^{-kt}, -\mathrm{i}\alpha^*\right) \alpha^{m-j} \\
&= \frac{1}{m!} \sum_{j,l=0}^{m} \mathrm{i}^l (-\mathrm{i})^j \binom{m}{j} \binom{m}{l} \alpha^{m-j} \alpha^{*m-l} \\
&\quad \times : \sum_{n=0}^{\infty} \frac{T^n}{n!} H_{l,n}\left(\mathrm{i}a^\dagger \mathrm{e}^{-kt}, \mathrm{i}\alpha\right) H_{j,n}\left(-\mathrm{i}a\mathrm{e}^{-kt}, -\mathrm{i}\alpha^*\right) \mathrm{e}^{-|\alpha|^2 + \alpha a^\dagger \mathrm{e}^{-kt} + \alpha^* a \mathrm{e}^{-kt} - a^\dagger a} :
\end{aligned}
\tag{6.30}
$$

为进一步计算上式, 我们需导出新的关于双变量 Hermite 多项式 $H_{j,n}$ 的新求和公式:

$$
\begin{aligned}
&\sum_{n=0}^{\infty} \frac{T^n}{n!} H_{l,n}(x,y) H_{j,n}(x',y') \\
&\quad = \mathrm{i}^{l+j} \sqrt{T^{l+j}} \mathrm{e}^{Tyy'} H_{l,j}\left[\mathrm{i}\left(\sqrt{T}y' - x/\sqrt{T}\right), \mathrm{i}(\sqrt{T}y - x'/\sqrt{T}\right)\right]
\end{aligned}
\tag{6.31}
$$

证明如下:

用双变量多项式 $H_{m,n}(x,y)$ 的母函数表示

$$
H_{m,n}(x,y) = \frac{\partial^{n+m}}{\partial t^m \partial \tau^n} \exp(-t\tau + tx + \tau y)|_{t=0,\tau=0} \tag{6.32}
$$

我们有

$$
\begin{aligned}
&\sum_{n=0}^{\infty} \frac{z^n}{n!} H_{m,n}(x,y) H_{m',n}(x',y') \\
&= \sum_{n=0}^{\infty} \frac{z^n}{n!} \frac{\partial^{n+m}}{\partial t^m \partial \tau^n} \mathrm{e}^{-t\tau + tx + \tau y} \frac{\partial^{n+m'}}{\partial t'^{m'} \partial \tau'^n} \mathrm{e}^{-t'\tau' + t'x' + \tau' y'}|_{t=0,\tau=0,t'=0,\tau'=0} \\
&= \frac{\partial^{m+m'}}{\partial t^m \partial t'^{m'}} \mathrm{e}^{tx + t'x'} \sum_{n=0}^{\infty} \frac{z^n}{n!} \frac{\partial^{2n}}{\partial \tau'^n \partial \tau^n} \mathrm{e}^{\tau(y-t) + \tau'(y'-t')}|_{t=0,\tau=0,t'=0,\tau'=0} \\
&= \frac{\partial^{m+m'}}{\partial t^m \partial t'^{m'}} \mathrm{e}^{tx + t'x'} \exp\left(z \frac{\partial^2}{\partial \tau' \partial \tau}\right) \mathrm{e}^{\tau(y-t) + \tau'(y'-t')}|_{t=0,\tau=0,t'=0,\tau'=0} \\
&= \frac{\partial^{m+m'}}{\partial t^m \partial t'^{m'}} \mathrm{e}^{tx + t'x'} \exp[z(y'-t')(y-t)]|_{t=0,t'=0} \\
&= \exp(zy'y) \frac{\partial^{m+m'}}{\partial t^m \partial t'^{m'}} \mathrm{e}^{zt't + tx + t'x' - t'zy - tzy'}|_{t=0,t'=0}
\end{aligned}
$$

$$=\mathrm{i}^{m+m'}\sqrt{z^{m+m'}}\exp(zy'y)H_{m,m'}\left[\mathrm{i}(\sqrt{z}y'-x/\sqrt{z}),\mathrm{i}(\sqrt{z}y-x'/\sqrt{z})\right] \tag{6.33}$$

于是

式 (6.30) 右边

$$\begin{aligned}&=\frac{1}{m!}\sum_{j,l=0}^{m}\mathrm{i}^{l}(-\mathrm{i})^{j}\binom{m}{j}\binom{m}{l}\alpha^{m-j}\alpha^{*m-l}(\mathrm{i}\sqrt{T})^{l+j}\\&\quad\times\colon H_{l,j}\left[\left(\sqrt{T}\alpha^{*}+\frac{a^{\dagger}\mathrm{e}^{-kt}}{\sqrt{T}}\right),\left(-\sqrt{T}\alpha-\frac{a\mathrm{e}^{-kt}}{\sqrt{T}}\right)\right]\mathrm{e}^{-|\mathrm{e}^{-\kappa t}\alpha|^{2}+\alpha a^{\dagger}\mathrm{e}^{-kt}+\alpha^{*}a\mathrm{e}^{-kt}-a^{\dagger}a}\colon\end{aligned} \tag{6.34}$$

接下来我们要证明含双变量 Hermite 多项式的新二项式定理:

$$\sum_{l=0}^{m}\binom{m}{l}\tau^{l}q^{m-l}\sum_{j=0}^{n}\binom{n}{j}\sigma^{j}p^{n-j}H_{l,j}(x,y)=\tau^{m}\sigma^{n}H_{m,n}\left(\frac{q}{\tau}+x,\frac{p}{\sigma}+y\right) \tag{6.35}$$

证明 注意到

$$\begin{aligned}\sum_{n,m=0}^{\infty}\frac{\tau^{n}t^{m}}{n!m!}a^{\dagger n}a^{m}&=\mathrm{e}^{\tau a^{\dagger}}\mathrm{e}^{ta}=\mathrm{e}^{-t\tau}\mathrm{e}^{ta}\mathrm{e}^{\tau a^{\dagger}}\\&=\vdots\exp(-t\tau+ta+\tau a^{\dagger})\vdots\\&=\sum_{n,m=0}^{\infty}\frac{\tau^{n}t^{m}}{n!m!}\vdots H_{m,n}(a,a^{\dagger})\vdots\end{aligned} \tag{6.36}$$

这里, $\vdots\ \vdots$ 表示算符的反正规排序, 在 $\vdots\ \vdots$ 内算符 a 与 $a^{\dagger}$ 是可对易的. 比较式 (6.36) 两边的同系数, 可得算符 $a^{\dagger n}a^{m}$ 的反正规乘积为

$$a^{\dagger n}a^{m}=\vdots H_{m,n}(a,a^{\dagger})\vdots=\vdots H_{n,m}(a^{\dagger},a)\vdots \tag{6.37}$$

利用式 (6.37) 考虑求和

$$\begin{aligned}&\sum_{l=0}^{m}\binom{m}{l}\tau^{m-l}q^{l}\sum_{k=0}^{n}\binom{n}{k}\sigma^{n-k}p^{k}\vdots H_{m-l,n-k}(a^{\dagger},a)\vdots\\&=\sum_{l=0}^{m}\binom{m}{l}\tau^{m-l}q^{l}\sum_{k=0}^{n}\binom{n}{k}\sigma^{n-k}p^{k}\colon a^{\dagger m-l}a^{n-k}\colon\\&=\colon(q+\tau a^{\dagger})^{m}(p+\sigma a)^{n}\colon\end{aligned} \tag{6.38}$$

考虑上式两边用 $\sum\limits_{m,n=0}^{\infty}\dfrac{t^{m}s^{n}}{m!n!}$ 求和, 其右边变成

$$\sum_{m,n=0}^{\infty}\frac{t^{m}s^{n}}{m!n!}\colon(q+\tau a^{\dagger})^{m}(p+\sigma a)^{n}\colon$$

$$= \mathrm{e}^{t\left(q+\tau a^{\dagger}\right)}\mathrm{e}^{s(p+\sigma a)}$$

$$= \vdots \mathrm{e}^{s(p+\sigma a)}\mathrm{e}^{t\left(q+\tau a^{\dagger}\right)-t\tau s\sigma} \vdots$$

$$= \vdots \mathrm{e}^{\sigma s\left(\frac{p}{\sigma}+a\right)+t\tau\left(\frac{q}{\tau}+a^{\dagger}\right)-(t\tau)(s\sigma)} \vdots$$

$$= \sum_{m,n=0}^{\infty}\frac{(t\tau)^{m}(s\sigma)^{n}}{m!n!} \vdots H_{m,n}\left(\frac{q}{\tau}+a^{\dagger},\frac{p}{\sigma}+a\right) \vdots \tag{6.39}$$

比较式 (6.39) 与用 $\sum\limits_{m,n=0}^{\infty}\dfrac{t^m s^n}{m!n!}$ 对式 (6.38) 左边求和后的同次幂, 可得

$$\sum_{l=0}^{m}\binom{m}{l}\tau^{m-l}q^{l}\sum_{k=0}^{n}\binom{n}{k}\sigma^{n-k}p^{k} \vdots H_{m-l,n-k}\left(a^{\dagger},a\right) \vdots = \tau^{m}\sigma^{n} \vdots H_{m,n}\left(\frac{q}{\tau}+a^{\dagger},\frac{p}{\sigma}+a\right) \vdots \tag{6.40}$$

上式两边均处于算符的反正规排序之中, 故而证得式 (6.35), 它是一个包含双变量 Hermite 多项式的新的二项式定理.

所以, 利用式 (6.35), 则式 (6.30) 中的求和为

$$\begin{aligned}
\rho(t) = & \frac{1}{m!}\left(\mathrm{i}\sqrt{T}\right)^{2m}\sum_{j=0}^{m}\mathrm{i}^{m-j}\binom{m}{j}\left(\frac{1}{\mathrm{i}\sqrt{T}}\right)^{m-j}\alpha^{m-j}\sum_{l=0}^{m}(-\mathrm{i})^{m-l}\binom{m}{l}\alpha^{*m-l}\left(\frac{1}{\mathrm{i}\sqrt{T}}\right)^{m-l} \\
& \times : H_{l,j}\left[\left(\sqrt{T}\alpha^{*}+\frac{a^{\dagger}\mathrm{e}^{-kt}}{\sqrt{T}}\right),\left(-\sqrt{T}\alpha-\frac{a\mathrm{e}^{-kt}}{\sqrt{T}}\right)\right] \\
& \times \mathrm{e}^{-\mathrm{e}^{-2\kappa t}|\alpha|^{2}+\alpha a^{\dagger}\mathrm{e}^{-kt}+\alpha^{*}a\mathrm{e}^{-kt}-a^{\dagger}a} : \\
= & \frac{1}{m!}\left(\mathrm{i}\sqrt{T}\right)^{2m} : H_{m,m}\left[\left(\sqrt{T}\alpha^{*}+\frac{a^{\dagger}\mathrm{e}^{-kt}}{\sqrt{T}}-\frac{1}{\sqrt{T}}\alpha^{*}\right),(-\sqrt{T}\alpha-\frac{a\mathrm{e}^{-kt}}{\sqrt{T}}+\frac{1}{\sqrt{T}}\alpha\right] \\
& \times \mathrm{e}^{-\mathrm{e}^{-2\kappa t}|\alpha|^{2}+\alpha a^{\dagger}\mathrm{e}^{-kt}+\alpha^{*}a\mathrm{e}^{-kt}-a^{\dagger}a} : \\
= & \frac{1}{m!}\left(\mathrm{i}\sqrt{T}\right)^{2m} : H_{m,m}\left(\frac{a^{\dagger}\mathrm{e}^{-kt}-\mathrm{e}^{-2\kappa t}\alpha^{*}}{\sqrt{T}},-\frac{a\mathrm{e}^{-kt}-\mathrm{e}^{-2\kappa t}\alpha}{\sqrt{T}}\right) \\
& \times \mathrm{e}^{-\mathrm{e}^{-2\kappa t}|\alpha|^{2}+\alpha a^{\dagger}\mathrm{e}^{-kt}+\alpha^{*}a\mathrm{e}^{-kt}-a^{\dagger}a} : \\
= & T^{m} : L_{m}\left[-\frac{\mathrm{e}^{-2kt}}{T}\left(a^{\dagger}-\mathrm{e}^{-\kappa t}\alpha^{*}\right)\left(a-\mathrm{e}^{-\kappa t}\alpha\right)\right]\left|\alpha\mathrm{e}^{-\kappa t}\right\rangle\left\langle\alpha\mathrm{e}^{-\kappa t}\right| :
\end{aligned} \tag{6.41}$$

上式最后一步利用了 Laguerre 多项式和双变量 Hermite 多项式的关系式 (2.78). 式 (6.41) 代表一个新光场 (Laguerre 权重相干态), 它由平移 Fock 态在振幅耗散通道中产生. 该衰减过程明显体现了量子的退相干效应.

几点讨论:

(1) 对于新的密度算符, 我们必须验证 $\mathrm{Tr}\rho(t)=1$ 是否成立. 实际上, 利用式 (6.41)

以及相干态的完备性关系, 有

$$\begin{aligned}\mathrm{Tr}\rho(t) &= T^m\int\frac{\mathrm{d}^2z}{\pi}\langle z|:L_m\left[-\frac{\mathrm{e}^{-2kt}}{T}\left(a^\dagger-\mathrm{e}^{-\kappa t}\alpha^*\right)\left(a-\mathrm{e}^{-\kappa t}\alpha\right)\right]\left|\alpha\mathrm{e}^{-\kappa t}\right\rangle\left\langle\alpha\mathrm{e}^{-\kappa t}\right|:|z\rangle\\ &= T^m\int\frac{\mathrm{d}^2z}{\pi}L_m\left[-\frac{\mathrm{e}^{-2\kappa t}}{T}\left(z^*-\mathrm{e}^{-\kappa t}\alpha^*\right)\left(z-\mathrm{e}^{-\kappa t}\alpha\right)\right]\mathrm{e}^{-\left(z^*-\mathrm{e}^{-\kappa t}\alpha^*\right)\left(z-\mathrm{e}^{-\kappa t}\alpha\right)}\\ &= T^m\int\frac{\mathrm{d}^2z}{\pi}L_m\left(-\frac{\mathrm{e}^{-2\kappa t}}{T}|z|^2\right)\mathrm{e}^{-|z|^2}\\ &= T^{m+1}\mathrm{e}^{2\kappa t}\int\frac{\mathrm{d}^2z}{\pi}L_m\left(-|z|^2\right)\mathrm{e}^{-T\mathrm{e}^{2\kappa t}|z|^2}\\ &= -T^{m+1}\mathrm{e}^{2\kappa t}\left(-T\mathrm{e}^{2\kappa t}-1\right)^m\left(-T\mathrm{e}^{2\kappa t}\right)^{-m-1}=1\end{aligned}\tag{6.42}$$

上式计算中使用了积分公式 (5.72). 显然 $\mathrm{Tr}\rho(t)=1$ 是成立的.

(2) 式 (6.41) 的几种特殊情况.

当 $m=0$, $L_{m=0}(x)-1$ 时, 式 (6.41) 退化为 $:\left|\alpha\mathrm{e}^{-\kappa t}\right\rangle\left\langle\alpha\mathrm{e}^{-\kappa t}\right|:=\left|\alpha\mathrm{e}^{-\kappa t}\right\rangle\left\langle\alpha\mathrm{e}^{-\kappa t}\right|$, 它显示了初始的相干态在振幅衰减通道中的变化——仍然是相干态, 只是振幅随时间衰减. 另一方面, 当 $\alpha=0$ 时, 式 (6.41) 退化为

$$\begin{aligned}\rho(t)_{\alpha=0} &= T^m:L_m\left[-\frac{1}{T}\left(a^\dagger\mathrm{e}^{-kt}\right)\left(a\mathrm{e}^{-kt}\right)\right]|0\rangle\langle 0|:\\ &= \sum_{n'=0}^{m}\binom{m}{m-n'}\left(\mathrm{e}^{-2kt}\right)^{n'}\left(1-\mathrm{e}^{-2kt}\right)^{m-n'}:\frac{a^{\dagger n'}a^{n'}}{n'!}\mathrm{e}^{-a^\dagger a}:\\ &= \sum_{n'=0}^{m}\binom{m}{m-n'}\left(\mathrm{e}^{-2kt}\right)^{n'}\left(1-\mathrm{e}^{-2kt}\right)^{m-n'}|n'\rangle\langle n'|\end{aligned}\tag{6.43}$$

它是一个二项式态. 这表明: 处于数态 $|m\rangle\langle m|$ 的初态, 经过振幅衰减通道后变成了一个二项式态.

(3) 处于新光场的光子数期望值.

利用式 (6.41) 以及积分公式

$$\int_0^\infty x\mathrm{e}^{-bx}L_l(x)\,\mathrm{d}x=(b-1)^{l-1}b^{-l-2}(b-l-1)\tag{6.44}$$

得

$$\begin{aligned}\mathrm{Tr}\left[\rho(t)a^\dagger a\right] &= \mathrm{Tr}\left[\rho(t)aa^\dagger\right]-1\\ &= T^m\int\frac{\mathrm{d}^2z}{\pi}\langle z|:a^\dagger L_m\left[-\frac{\mathrm{e}^{-2kt}}{T}\left(a^\dagger-\mathrm{e}^{-\kappa t}\alpha^*\right)\left(a-\mathrm{e}^{-\kappa t}\alpha\right)\right]\left|\alpha\mathrm{e}^{-\kappa t}\right\rangle\\ &\quad\times\left\langle\alpha\mathrm{e}^{-\kappa t}\right|a:|z\rangle-1\\ &= T^m\int\frac{\mathrm{d}^2z}{\pi}|z|^2L_m\left(-\frac{\mathrm{e}^{-2kt}}{T}|z-\mathrm{e}^{-\kappa t}\alpha|^2\right)\mathrm{e}^{-\left(z^*-\mathrm{e}^{-\kappa t}\alpha^*\right)\left(z-\mathrm{e}^{-\kappa t}\alpha\right)}-1\end{aligned}$$

$$
\begin{aligned}
&= T^m \int \frac{\mathrm{d}^2 z}{\pi} |z + \mathrm{e}^{-\kappa t}\alpha|^2 L_m \left(-\frac{\mathrm{e}^{-2kt}}{T}|z|^2\right) \mathrm{e}^{-|z|^2} - 1 \\
&= T^m \int \frac{\mathrm{d}^2 z}{\pi} \left(|z|^2 + \mathrm{e}^{-2\kappa t}|\alpha|^2\right) L_m \left(-\frac{\mathrm{e}^{-2kt}}{T}|z|^2\right) \mathrm{e}^{-|z|^2} - 1 \\
&= T^{m+2}\mathrm{e}^{4\kappa t} \int \frac{\mathrm{d}^2 z}{\pi} |z|^2 L_m \left(-|z|^2\right) \mathrm{e}^{-T\mathrm{e}^{2\kappa t}|z|^2} + \mathrm{e}^{-2\kappa t}|\alpha|^2 - 1 \\
&= \left(m + |\alpha|^2\right) \mathrm{e}^{-2\kappa t}
\end{aligned} \tag{6.45}
$$

式 (6.45) 表明, 平均光子数随时间指数衰减. 正如光场的许多特点可以用光子计数来判断一样, 我们可以用这种方式来研究该新的 Laguerre 多项式权重的噪声光场.

总之, 我们首次获得了一类新光场 [式 (6.41)], 也揭示了平移数态在振幅衰减通道中的时间演化规律; 光子数分布 $\left(m + |\alpha|^2\right)\mathrm{e}^{-2\kappa t}$ 表明可以通过控制 m 或 $|\alpha|^2$ 来实现光子数的控制.

6.5 光子增混沌光场的衰减

设有一光腔, 内储混沌光场, 并有外光源向腔内注射光子, 其密度算符是

$$
\rho_0 = C a^{\dagger s} \mathrm{e}^{\lambda a^\dagger a} a^s \tag{6.46}
$$

这里 C 是归一化系数, 待定. 此光场称为光子增（加）混沌光. 本节讨论此光场如何在热环境中的耗散. 我们将指出, 它演化为一个 Laguerre 多项式权重的混沌光场 $\rho_{\mathrm{c}} = \left(1 - \mathrm{e}^\lambda\right)\mathrm{e}^{\lambda a a^\dagger}$.

先决定归一化系数. 用相干态的完备性得

$$
\begin{aligned}
1 = \mathrm{Tr}\rho_0 &= C\mathrm{Tr}\left(\int \frac{\mathrm{d}^2 z}{\pi} |z\rangle\langle z| a^{\dagger s} \mathrm{e}^{\lambda a^\dagger a} a^s\right) \\
&= C \int \frac{\mathrm{d}^2 z}{\pi} \langle z| a^{\dagger s} \colon \exp\left[\left(\mathrm{e}^\lambda - 1\right) a^\dagger a\right] \colon a^s |z\rangle \\
&= C \int \frac{\mathrm{d}^2 z}{\pi} |z|^{2s} \exp\left[-\left(1 - \mathrm{e}^\lambda\right)|z|^2\right] \\
&= C s! \left(\frac{1}{1 - \mathrm{e}^\lambda}\right)^{s+1}
\end{aligned} \tag{6.47}
$$

6

可见, $C=\frac{1}{s!}\left(1-\mathrm{e}^{\lambda}\right)^{s+1}$. 于是

$$\rho_0=\frac{1}{s!}\left(1-\mathrm{e}^{\lambda}\right)^{s+1}a^{\dagger s}\mathrm{e}^{\lambda a^{\dagger}a}a^{s} \tag{6.48}$$

显然, 当 $s=0$ 时, $\rho_0\to\rho_{\mathrm{c}}=\left(1-\mathrm{e}^{\lambda}\right)\mathrm{e}^{\lambda a^{\dagger}a}$, 恰是混沌场. 处于 ρ_0 的平均光子数是

$$\begin{aligned}
\operatorname{tr}\left[\rho_0 a^{\dagger}a\right]&=C\int\frac{\mathrm{d}^2z}{\pi}\langle z|a^{\dagger s}\mathrm{e}^{\lambda a^{\dagger}a}a^{s}a^{\dagger}a|z\rangle\\
&=C\int\frac{\mathrm{d}^2z}{\pi}z^{*s}z\langle z|\mathrm{e}^{\lambda a^{\dagger}a}\left(a^{\dagger}a^{s}+sa^{s-1}\right)|z\rangle\\
&=C\int\frac{\mathrm{d}^2z}{\pi}z^{*s}z^{s+1}\langle z|\mathrm{e}^{\lambda a^{\dagger}a}a^{\dagger}|z\rangle+Cs\int\frac{\mathrm{d}^2z}{\pi}z^{*s}z^{s}\langle z|:\mathrm{e}^{\left(\mathrm{e}^{\lambda}-1\right)aa^{\dagger}}:|z\rangle\\
&=\frac{1}{s!}\left(1-\mathrm{e}^{\lambda}\right)^{s+1}\int\frac{\mathrm{d}^2z}{\pi}\left(z^{*s+1}z^{s+1}\mathrm{e}^{\lambda}+sz^{*s}z^{s}\right)\mathrm{e}^{\left(\mathrm{e}^{\lambda}-1\right)|z|^2}\\
&=\frac{s+\mathrm{e}^{\lambda}}{1-\mathrm{e}^{\lambda}}
\end{aligned} \tag{6.49}$$

当 $s=0$ 时, 它约化为 $\operatorname{tr}\left[\rho_{\mathrm{c}}a^{\dagger}a\right]=\left(\mathrm{e}^{-\lambda}-1\right)^{-1}$, 如所期待.

将 ρ_0 代入式(6.20)得到

$$\begin{aligned}
\rho(t)&=\frac{1}{s!}\left(1-\mathrm{e}^{\lambda}\right)^{s+1}\sum_{n=0}^{\infty}\frac{T^n}{n!}\mathrm{e}^{-\kappa ta^{\dagger}a}a^{n}a^{\dagger s}\mathrm{e}^{\lambda a^{\dagger}a}a^{s}a^{\dagger n}\mathrm{e}^{-\kappa ta^{\dagger}a}\\
&=\frac{1}{s!}\left(1-\mathrm{e}^{\lambda}\right)^{s+1}\sum_{n=0}^{\infty}\frac{T^n}{n!}\mathrm{e}^{2\kappa t(n-s)}a^{n}a^{\dagger s}\mathrm{e}^{\lambda' a^{\dagger}a}a^{s}a^{\dagger n}\qquad(\lambda'=\lambda-2\kappa t)
\end{aligned} \tag{6.50}$$

在这一阶段, 我们须将 $a^{\dagger s}\mathrm{e}^{\lambda' aa^{\dagger}}a^{s}$ 转化为反正规乘积, 以便求和能够进行. 根据转换反正规乘积公式(3.166), 我们展开

$$\begin{aligned}
a^{\dagger s}\mathrm{e}^{\lambda' a^{\dagger}a}a^{s}&=\vdots\int\frac{\mathrm{d}^2\beta}{\pi}\langle-\beta|:a^{\dagger s}\exp\left[\left(\mathrm{e}^{\lambda'}-1\right)a^{\dagger}a\right]a^{s}:|\beta\rangle\\
&\quad\times\exp\left(|\beta|^2+\beta^{*}a-\beta a^{\dagger}+aa^{\dagger}\right)\vdots\\
&=(-1)^{s}\vdots\int\frac{\mathrm{d}^2\beta}{\pi}|\beta|^{2s}\exp\left(-\mathrm{e}^{\lambda'}|\beta|^2+\beta^{*}a-\beta a^{\dagger}+aa^{\dagger}\right)\vdots
\end{aligned} \tag{6.51}$$

再用积分公式(其证明在本节最后给出)

$$\begin{aligned}
&(-1)^{n}\int\frac{\mathrm{d}^2z}{\pi}z^{n}z^{*m}\mathrm{e}^{-f|z|^2+\mu z-\nu z^{*}}\\
&\quad=(-1)^{n}\frac{1}{\sqrt{f}^{m+n}}\int\frac{\mathrm{d}^2z}{f\pi}z^{n}z^{*m}\mathrm{e}^{-|z|^2+\mu z/\sqrt{f}-\nu z^{*}/\sqrt{f}}\\
&\quad=\frac{1}{\sqrt{f}^{m+n+2}}\mathrm{e}^{-\mu\nu/f}H_{m,n}\left(\mu/\sqrt{f},\nu/\sqrt{f}\right)
\end{aligned} \tag{6.52}$$

(这里, $H_{m,n}$ 是双变量 Hermite 多项式) 将式 (6.51) 化为

$$a^{\dagger s}\mathrm{e}^{\lambda' a^\dagger a}a^s=\frac{1}{\mathrm{e}^{\lambda'(s+1)}}\vdots\mathrm{e}^{\left(1-\mathrm{e}^{-\lambda'}\right)a^\dagger a}H_{s,s}\left(\mathrm{e}^{-\lambda'/2}a,\mathrm{e}^{-\lambda'/2}a^\dagger\right)\vdots \tag{6.53}$$

把它代入式 (6.50) 并用反正规乘积内的求和方法 (在 $\vdots\ \vdots$ 内部 a 与 $a^\dagger$ 可交换) 得到

$$\begin{aligned}\rho(t)&=\left(\frac{1-\mathrm{e}^{\lambda}}{\mathrm{e}^{\lambda'}}\right)^{s+1}\frac{1}{s!}\sum_{n=0}^{\infty}\frac{T^n}{n!}\mathrm{e}^{2\kappa t(n-s)}\vdots a^n\exp\left[\left(1-\mathrm{e}^{-\lambda'}\right)aa^\dagger\right]\\&\quad\times H_{s,s}\left(\mathrm{e}^{-\lambda'/2}a,\mathrm{e}^{-\lambda'/2}a^\dagger\right)a^{\dagger n}\vdots\\&=\left(\mathrm{e}^{-\lambda}-1\right)^{s+1}\frac{\mathrm{e}^{2\kappa t}}{s!}\vdots\exp\left[\left(1-\mathrm{e}^{-\lambda'}+T\mathrm{e}^{2\kappa t}\right)aa^\dagger\right]H_{s,s}\left(\mathrm{e}^{-\lambda'/2}a,\mathrm{e}^{-\lambda'/2}a^\dagger\right)\vdots\\&=\left(\mathrm{e}^{-\lambda}-1\right)^{s+1}\frac{\mathrm{e}^{2\kappa t}}{s!}\vdots\exp\left[\mathrm{e}^{2\kappa t}\left(1-\mathrm{e}^{-\lambda}\right)a^\dagger a\right]H_{s,s}\left(\mathrm{e}^{-\lambda'/2}a,\mathrm{e}^{-\lambda'/2}a^\dagger\right)\vdots\end{aligned} \tag{6.54}$$

从反正规乘积算符立即得到其在相干态表象中的 $\mathcal{P}$-表示, 进而用 $|z\rangle\langle z|=\,:\exp(-|z|^2+za^\dagger+z^*a-a^\dagger a):$ (正规乘积) 求得 $\rho(t)$ 的正规乘积, 即

$$\begin{aligned}\rho(t)&=\left(\mathrm{e}^{-\lambda}-1\right)^{s+1}\frac{\mathrm{e}^{2\kappa t}}{s!}\int\frac{\mathrm{d}^2z}{\pi}\exp\left[\mathrm{e}^{2\kappa t}\left(1-\mathrm{e}^{-\lambda}\right)|z|^2\right]H_{s,s}\left(\mathrm{e}^{-\lambda'/2}z,\mathrm{e}^{-\lambda'/2}z^*\right)|z\rangle\langle z|\\&=\left(\mathrm{e}^{-\lambda}-1\right)^{s+1}\frac{\mathrm{e}^{2\kappa t}}{s!}\int\frac{\mathrm{d}^2z}{\pi}H_{s,s}\left(\mathrm{e}^{-\lambda'/2}z,\mathrm{e}^{-\lambda'/2}z^*\right)\\&\quad\times:\exp\{[\mathrm{e}^{2\kappa t}\left(1-\mathrm{e}^{-\lambda}\right)-1]|z|^2+za^\dagger+z^*a-a^\dagger a\}:\end{aligned} \tag{6.55}$$

于是用积分公式

$$\begin{aligned}&\int\frac{\mathrm{d}^2\xi}{\pi}H_{m,n}(\xi,\xi^*)\exp(-h|\xi|^2+f\xi+g\xi^*)\\&\quad=\frac{1}{h}\left(\frac{h-1}{h}\right)^{\frac{m+n}{2}}H_{m,n}\left[\frac{g}{\sqrt{h(h-1)}},\frac{f}{\sqrt{h(h-1)}}\right]\mathrm{e}^{\frac{fg}{h}}\end{aligned} \tag{6.56}$$

和 IWOP 方法得到

$$\begin{aligned}\rho(t)&=\left(\mathrm{e}^{-\lambda}-1\right)^{s+1}\frac{\mathrm{e}^{2\kappa t}}{s!}\mathrm{e}^{\lambda'}\\&\quad\times\int\frac{\mathrm{d}^2z}{\pi}:\exp\{-[(1-\mathrm{e}^{\lambda})+\mathrm{e}^{\lambda-2\kappa t}]|z|^2+za^\dagger\mathrm{e}^{\lambda'/2}+z^*a\mathrm{e}^{\lambda'/2}-a^\dagger a\}H_{s,s}(z,z^*):\\&=\frac{(-1)^s}{Ts!}\left[\frac{\left(1-\mathrm{e}^{\lambda}\right)T}{1-T\mathrm{e}^{\lambda}}\right]^{s+1}:H_{s,s}\left[\frac{a^\dagger\mathrm{e}^{-\kappa t}}{\sqrt{(T\mathrm{e}^{\lambda}-1)T}},\frac{a\mathrm{e}^{-\kappa t}}{\sqrt{(T\mathrm{e}^{\lambda}-1)T}}\right]\\&\quad\times\exp\left[\left(\frac{\mathrm{e}^{\lambda'}}{1-T\mathrm{e}^{\lambda}}-1\right)a^\dagger a\right]:\end{aligned} \tag{6.57}$$

进一步用式 (2.78) 有

$$\rho(t)=\frac{1}{T}\left[\frac{\left(1-\mathrm{e}^{\lambda}\right)T}{1-T\mathrm{e}^{\lambda}}\right]^{s+1}:L_s\left[\frac{a^\dagger a\mathrm{e}^{-2\kappa t}}{(T\mathrm{e}^{\lambda}-1)T}\right]\exp\left[\left(\frac{\mathrm{e}^{\lambda}-1}{1-T\mathrm{e}^{\lambda}}\right)a^\dagger a\right]: \tag{6.58}$$

即光子增混沌光场在衰减通道中演化为 Laguerre 多项式权重的混沌光场, 这也是一个新光场, 其中 $T \equiv 1 - \mathrm{e}^{-2\kappa t}$. 用积分公式 (5.72) 可以算出

$$\begin{aligned}
\mathrm{Tr}\rho(t) &= \mathrm{Tr}\left[\int \frac{\mathrm{d}^2 z}{\pi} |z\rangle\langle z| \rho(t)\right] \\
&= \frac{1}{T}\left[\frac{(1-\mathrm{e}^{\lambda})T}{1-T\mathrm{e}^{\lambda}}\right]^{s+1} \int \frac{\mathrm{d}^2 z}{\pi} L_s\left[\frac{|z|^2 \mathrm{e}^{-2\kappa t}}{(T\mathrm{e}^{\lambda}-1)T}\right] \exp\left[\left(\frac{-1+\mathrm{e}^{\lambda}}{1-T\mathrm{e}^{\lambda}}\right)|z|^2\right] \\
&= \left[\frac{(1-\mathrm{e}^{\lambda})T}{1-T\mathrm{e}^{\lambda}}\right]^{s+1} (T\mathrm{e}^{\lambda}-1)\mathrm{e}^{2\kappa t} \int \frac{\mathrm{d}^2 z}{\pi} L_s(|z|^2) \exp\left[-(\mathrm{e}^{\lambda}-1)T\mathrm{e}^{2\kappa t}|z|^2\right] \\
&= \left[\frac{(1-\mathrm{e}^{\lambda})T}{1-T\mathrm{e}^{\lambda}} \frac{1}{(\mathrm{e}^{\lambda}-1)T\mathrm{e}^{2\kappa t}}\right]^{s+1} (T\mathrm{e}^{\lambda}-1)\mathrm{e}^{2\kappa t} \left[(\mathrm{e}^{\lambda}-1)T\mathrm{e}^{2\kappa t}-1\right]^s \\
&= \left[\frac{(\mathrm{e}^{\lambda}-1)T - \mathrm{e}^{-2\kappa t}}{(T\mathrm{e}^{\lambda}-1)}\right]^s \\
&= 1
\end{aligned} \tag{6.59}$$

$\rho(t)$ 即式 (6.58) 就是密度算符. 特别, 当 $s = 0$ 时, 没有增加光子, $H_{s,s} = 1$, 从式 (6.58) 看出

$$\begin{aligned}
\rho_{s=0}(t) &= \frac{1-\mathrm{e}^{\lambda}}{1-T\mathrm{e}^{\lambda}} \colon \exp\left[\left(\frac{\mathrm{e}^{\lambda'}}{1-T\mathrm{e}^{\lambda}} - 1\right) a^{\dagger} a\right] \colon \\
&= \frac{1-\mathrm{e}^{\lambda}}{1-T\mathrm{e}^{\lambda}} \exp\left[-a^{\dagger} a \ln \frac{1-(1-\mathrm{e}^{-2\kappa t})\mathrm{e}^{\lambda}}{\mathrm{e}^{\lambda}\mathrm{e}^{-2\kappa t}}\right] \\
&= \frac{1-\mathrm{e}^{\lambda}}{1-(1-\mathrm{e}^{-2\kappa t})\mathrm{e}^{\lambda}} \mathrm{e}^{-a^{\dagger} a \ln[(\mathrm{e}^{-\lambda}-1)\mathrm{e}^{2\kappa t}+1]} \\
&= (1-\mathrm{e}^{f}) \exp(f a^{\dagger} a)
\end{aligned} \tag{6.60}$$

其中

$$f = -\ln[(\mathrm{e}^{-\lambda}-1)\mathrm{e}^{2\kappa t}+1] \tag{6.61}$$

将它与初始密度算符 $\rho_{s=0}(0) = \rho_{\mathrm{c}} = (1-\mathrm{e}^{\lambda})\mathrm{e}^{\lambda a a^{\dagger}}$ 比较, 可见 $\rho_{s=0}(t)$ 仍然是一个混沌场, 只是参数从 λ 变成了 f.

以下证明式 (6.56):

用双变量 Hermite 多项式的积分表示

$$(-1)^n \mathrm{e}^{\mu\nu} \int \frac{\mathrm{d}^2 z}{\pi} z^n z^{*m} \mathrm{e}^{-|z|^2 + \mu z - \nu z^*} = H_{m,n}(\mu, \nu) \tag{6.62}$$

有

$$(-1)^n \int \frac{\mathrm{d}^2 z}{\pi} z^n z^{*m} \mathrm{e}^{-f|z|^2 + \mu z - \nu z^*} = \frac{1}{\sqrt{f}^{m+n+2}} \mathrm{e}^{-\mu\nu/f} H_{m,n}\left(\frac{\mu}{\sqrt{f}}, \frac{\nu}{\sqrt{f}}\right) \tag{6.63}$$

于是

$$
\begin{aligned}
&\int \frac{\mathrm{d}^2\xi}{\pi} H_{m,n}(\xi,\xi^*)\exp(-h|\xi|^2+f\xi+g\xi^*)\\
&=\int \frac{\mathrm{d}^2\xi}{\pi}\exp(-h|\xi|^2+f\xi+g\xi^*)(-1)^n \mathrm{e}^{|\xi|^2}\int \frac{\mathrm{d}^2 z}{\pi} z^n z^{*m}\mathrm{e}^{-|z|^2+\xi z-\xi^* z^*}\\
&=(-1)^n\int \frac{\mathrm{d}^2 z}{\pi} z^n z^{*m}\mathrm{e}^{-|z|^2}\int \frac{\mathrm{d}^2\xi}{\pi}\exp[-(h-1)|\xi|^2+(f+z)\xi+(g-z^*)\xi^*]\\
&=\frac{(-1)^n}{h-1}\int \frac{\mathrm{d}^2 z}{\pi} z^n z^{*m}\mathrm{e}^{-|z|^2+\frac{1}{h-1}(f+z)(g-z^*)}\\
&=\frac{(-1)^n}{h-1}\int \frac{\mathrm{d}^2 z}{\pi} z^n z^{*m}\mathrm{e}^{-|z|^2\frac{h}{h-1}+\frac{zg-fz^*}{h-1}+\frac{fg}{h-1}}\\
&=\frac{1}{h}\left(\frac{h-1}{h}\right)^{\frac{m+n}{2}} H_{m,n}\left[\frac{g}{\sqrt{h(h-1)}},\frac{f}{\sqrt{h(h-1)}}\right]\exp\left[\frac{fg}{h}\right]
\end{aligned}
\tag{6.64}
$$

故式（6.56）得证.

6.6 衰减机制在相空间中的描述

本节讨论在相空间中如何描述量子衰减. 初始光场的密度算符在相空间中的 Weyl 对应是 $h_0(\alpha,\alpha^*)$, 则密度算符可表示为（见第 1 章）

$$
\rho_0=2\int \mathrm{d}^2\alpha\Delta(\alpha,\alpha^*)h_0(\alpha,\alpha^*) \tag{6.65}
$$

经过振幅衰减通道, $\rho_0\to\rho(t)$, $\rho(t)$ 在相空间中的 Weyl 对应记为 $h_t(\alpha,\alpha^*)$, 则

$$
\rho(t)=2\int \mathrm{d}^2\alpha\Delta(\alpha,\alpha^*)h_t(\alpha,\alpha^*) \tag{6.66}
$$

我们要求 $h_t(\alpha,\alpha^*)$ 和 $h_0(\alpha,\alpha^*)$ 之间的关系, 有什么积分变换能把这两者联系起来呢?

鉴于式（1.86）我们知道

$$
h_t(\alpha,\alpha^*)=2\pi\mathrm{tr}[\rho(t)\Delta(\alpha,\alpha^*)] \tag{6.67}
$$

将式 (6.20) 代入式 (6.67) 得

$$
h_t(\alpha,\alpha^*)=2\pi\mathrm{tr}\left[\sum_{n=0}^{\infty}M_n\rho_0M_n^\dagger\Delta(\alpha,\alpha^*)\right]
$$

$$= 2\pi\mathrm{tr}\left[\rho_0 \sum_{n=0}^{\infty} M_n^\dagger \Delta(\alpha,\alpha^*) M_n\right]$$
$$= 2\pi\mathrm{tr}\left[\rho_0 \Delta(\alpha,\alpha^*,t)\right] \tag{6.68}$$

这里定义

$$\Delta(\alpha,\alpha^*,t) = \sum_{n=0}^{\infty} M_n^\dagger \Delta(\alpha,\alpha^*) M_n \tag{6.69}$$

用式（6.22）我们计算得

$$\begin{aligned}
\Delta(\alpha,\alpha^*,t) &= \frac{1}{\pi}\mathrm{e}^{-2\alpha^*\alpha}\sum_{n=0}^{\infty}\frac{T^n}{n!}a^{\dagger n}\mathrm{e}^{-\kappa t a^\dagger a}\mathrm{e}^{2a^\dagger\alpha}\mathrm{e}^{\mathrm{i}\pi a^\dagger a}\mathrm{e}^{2\alpha^* a}\mathrm{e}^{-\kappa t a^\dagger a}a^n \\
&= \frac{1}{\pi}\mathrm{e}^{-2\alpha^*\alpha}\sum_{n=0}^{\infty}\frac{T^n}{n!}a^{\dagger n}\mathrm{e}^{2a^\dagger\alpha\mathrm{e}^{-\kappa t}}\mathrm{e}^{(\mathrm{i}\pi-2\kappa t)a^\dagger a}\mathrm{e}^{2\alpha^* a\mathrm{e}^{-\kappa t}}a^n \\
&= \frac{1}{\pi}\mathrm{e}^{-2\alpha^*\alpha}\sum_{n=0}^{\infty}\frac{T^n}{n!}a^{\dagger n}\mathrm{e}^{2a^\dagger\alpha\mathrm{e}^{-\kappa t}} : \exp\left\{\left[\mathrm{e}^{(\mathrm{i}\pi-2\kappa t)}-1\right]a^\dagger a\right\} : \mathrm{e}^{2\alpha^* a\mathrm{e}^{-\kappa t}}a^n \\
&= \frac{1}{\pi}\mathrm{e}^{-2\alpha^*\alpha}\sum_{n=0}^{\infty}\frac{T^n}{n!} : a^{\dagger n}a^n\mathrm{e}^{2a^\dagger\alpha\mathrm{e}^{-\kappa t}}\exp\left\{\left[\mathrm{e}^{(\mathrm{i}\pi-2\kappa t)}-1\right]a^\dagger a\right\}\mathrm{e}^{2\alpha^* a\mathrm{e}^{-\kappa t}} : \\
&= \frac{1}{\pi}\mathrm{e}^{-2\alpha^*\alpha} : \mathrm{e}^{2a^\dagger\alpha\mathrm{e}^{-\kappa t}}\exp\left\{\left[T+\mathrm{e}^{(\mathrm{i}\pi-2\kappa t)}-1\right]a^\dagger a\right\}\mathrm{e}^{2\alpha^* a\mathrm{e}^{-\kappa t}} : \\
&= \frac{1}{\pi}\mathrm{e}^{-2\alpha^*\alpha} : \mathrm{e}^{2a^\dagger\alpha\mathrm{e}^{-\kappa t}}\exp\left(\mathrm{e}^{-2\kappa t}a^\dagger a\right)\mathrm{e}^{2\alpha^* a\mathrm{e}^{-\kappa t}} : \\
&= \frac{1}{\pi} : \mathrm{e}^{-2\left(\alpha^*-a^\dagger\mathrm{e}^{-\kappa t}\right)\left(\alpha-a\mathrm{e}^{-\kappa t}\right)} :
\end{aligned} \tag{6.70}$$

于是式（6.68）变成

$$h_t(\alpha,\alpha^*) = 2\mathrm{Tr}\left[\rho_0 : \mathrm{e}^{-2\left(\alpha^*-a^\dagger\mathrm{e}^{-\kappa t}\right)\left(\alpha-a\mathrm{e}^{-\kappa t}\right)} :\right] \tag{6.71}$$

此即密度算符 ρ_t 的经典 Weyl 对应.

(1) 算符 $\Delta(\alpha,\alpha^*,t)$ 的 Weyl-排序形式:

要将一个算符转化为 Weyl-排序的形式, 可利用公式（3.83）即

$$\rho = 2 \,\vdots \int \frac{\mathrm{d}^2\beta}{\pi}\langle -\beta|\rho|\beta\rangle \mathrm{e}^{2(a^\dagger a + a\beta^* - \beta a^\dagger)} \vdots \tag{6.72}$$

这里 $|\beta\rangle = \exp\left(-|\beta|^2/2 + \beta a^\dagger\right)|0\rangle$ 为相干态, 则利用 $\Delta(\alpha,\alpha^*,t)$ 的正规乘积（6.70）得

$$\begin{aligned}
\Delta(\alpha,\alpha^*,t) &= \frac{2}{\pi}\vdots \int \frac{\mathrm{d}^2\beta}{\pi}\langle -\beta| : \mathrm{e}^{-2\left(\alpha^*-a^\dagger\mathrm{e}^{-\kappa t}\right)\left(\alpha-a\mathrm{e}^{-\kappa t}\right)} : |\beta\rangle \mathrm{e}^{2(a^\dagger a + a\beta^* - \beta a^\dagger)} \vdots \\
&= \frac{2}{\pi}\vdots \exp\left(-2|\alpha|^2 + 2a^\dagger a\right)\int \frac{\mathrm{d}^2\beta}{\pi} \\
&\quad \times \exp\left[-2|\beta|^2\left(1-\mathrm{e}^{-2\kappa t}\right) + 2\beta\left(\alpha^*\mathrm{e}^{-\kappa t} - a^\dagger\right) + 2\beta^*\left(a - \alpha\mathrm{e}^{-\kappa t}\right)\right]\vdots
\end{aligned}$$

$$= \frac{1}{\pi T} \vdots \exp\left[-\frac{2}{T}\left(\alpha^* - a^\dagger e^{-\kappa t}\right)\left(\alpha - a e^{-\kappa t}\right)\right] \vdots \quad \left(T = 1 - e^{-2\kappa t}\right) \tag{6.73}$$

因此, 式 (6.71) 变成

$$h_t(\alpha,\alpha^*) = \frac{2}{T}\mathrm{Tr}\left\{\rho_0 \vdots \exp\left[-\frac{2}{T}\left(\alpha^* - a^\dagger e^{-\kappa t}\right)\left(\alpha - a e^{-\kappa t}\right)\right] \vdots\right\} \tag{6.74}$$

(2) $h_t(\alpha,\alpha^*)$ 与 $h_0(\alpha,\alpha^*)$ 间的积分变换关系:

由式 (6.74) 和式 (6.65) 可得

$$\begin{aligned} h_t(\alpha,\alpha^*) &= \frac{2}{T}\mathrm{Tr}\Big\{\rho_0 \int d^2\alpha' \vdots \delta\left(\alpha'^* - a^\dagger\right)\delta\left(\alpha' - a\right) \vdots \\ &\quad \times \exp\left[-\frac{2}{T}\left(\alpha^* - \alpha'^* e^{-\kappa t}\right)\left(\alpha - \alpha' e^{-\kappa t}\right)\right]\Big\} \\ &= \frac{2}{T}\int d^2\beta d^2\alpha' h_0(\beta,\beta^*)\,\mathrm{Tr}\left[4\Delta(\beta,\beta^*)\Delta(\alpha',\alpha'^*)\right] \\ &\quad \times \exp\left[-\frac{2}{T}\left(\alpha^* - \alpha'^* e^{-\kappa t}\right)\left(\alpha - \alpha' e^{-\kappa t}\right)\right] \end{aligned} \tag{6.75}$$

注意到, 两个 Wigner 算符乘积的迹为 δ 函数 [见式 (1.85)], 则式 (6.75) 可进一步写成

$$\begin{aligned} h_t(\alpha,\alpha^*) &= \frac{2}{T\pi}\int d^2\beta \int d^2\alpha' h_0(\beta,\beta^*)\delta\left(\alpha'^* - \beta^*\right)\delta\left(\alpha' - \beta\right) \\ &\quad \times \exp\left[-\frac{2}{T}\left(\alpha^* - \alpha'^* e^{-\kappa t}\right)\left(\alpha - \alpha' e^{-\kappa t}\right)\right] \\ &= \frac{2}{T}\int \frac{d^2\beta}{\pi} h_0(\beta,\beta^*)\exp\left[-\frac{2}{T}\left(\alpha^* - \beta^* e^{-\kappa t}\right)\left(\alpha - \beta e^{-\kappa t}\right)\right] \end{aligned} \tag{6.76}$$

此即任意时刻密度算符的经典对应与初始时刻经典对应之间的关系, 通道导致 h_0 的衰减由高斯衰减因子描述.

借助以上关系式 (6.76) 和式 (6.66), Weyl 规则又可表示为

$$\begin{aligned} \rho(t) &= 2\int d^2\alpha \Delta(\alpha,\alpha^*) h_t(\alpha,\alpha^*) \\ &= \frac{2}{T}\int d^2\alpha \vdots \delta\left(\alpha^* - a^\dagger\right)(\alpha - a) \vdots \\ &\quad \times \int \frac{d^2\beta}{\pi} h_0(\beta,\beta^*)\exp\left[-\frac{2}{T}\left(\alpha^* - \beta^* e^{-\kappa t}\right)\left(\alpha - \beta e^{-\kappa t}\right)\right] \\ &= \frac{2}{T}\int \frac{d^2\beta}{\pi} h_0(\beta,\beta^*) \vdots \exp\left[-\frac{2}{T}\left(a^\dagger - \beta^* e^{-\kappa t}\right)\left(a - \beta e^{-\kappa t}\right)\right] \vdots \end{aligned} \tag{6.77}$$

特别地, 当 $\rho_0 = |z\rangle\langle z|$ 即相干态时, 其经典对应为

$$\begin{aligned} h_0(\alpha,\alpha^*) &= 2\pi\mathrm{Tr}\left[|z\rangle\langle z|\Delta(\alpha,\alpha^*)\right] \\ &= 2\langle z| : e^{-2\left(\alpha^* - a^\dagger\right)(\alpha - a)} : |z\rangle \end{aligned}$$

$$= 2\mathrm{e}^{-2(\alpha^*-z^*)(\alpha-z)} \tag{6.78}$$

将上式代入式 (6.76) 得

$$\begin{aligned}h_t &= \frac{4}{T}\mathrm{e}^{-2|z|^2-\frac{2}{T}|\alpha|^2}\int\frac{\mathrm{d}^2\beta}{\pi}\mathrm{e}^{-\frac{2}{T}|\beta|^2+2\beta^*\left(\frac{\mathrm{e}^{-\kappa t}}{T}\alpha+z\right)+2\beta\left(\frac{\mathrm{e}^{-\kappa t}}{T}\alpha^*+z^*\right)}\\ &= 2\exp\left[-2\left(\alpha^*-z^*\mathrm{e}^{-\kappa t}\right)\left(\alpha-z\mathrm{e}^{-\kappa t}\right)\right]\end{aligned} \tag{6.79}$$

可见, 上式以经典的方式展现了量子通道的衰减.

本节中, 我们建立了初始时刻密度算符 ρ_0 的经典对应 h_0 与它经历量子耗散通道后的经典对应 h_t 的积分变换关系. 该方式有助于在经典的框架下考察振幅衰减情况. 此方法亦可推广至其他耗散情况, 有兴趣的读者可试一试.

6.7 用光束分离器和条件测量制备 Laguerre 多项式权重相干态

在本章第 4 节, 我们考察了平移 Fock 态在耗散通道中的演化, 结果表明：该耗散过程可以用来制备 Laguerre 权重相干态. 那么, 是否存在其他的理论方案可以制备此类多项式态呢? 本节简要介绍一种有效方法——光束分离器和条件测量, 它不仅可以用于制备 Laguerre 多项式权重的量子态, 还可以用于制备其他多项式权重的量子态, 如 Hermite 特多项式权重量子态.

制备 Laguerre 多项式权重量子态理论方案如图 6.1 所示. 任意纯态 $|\varphi\rangle_{\text{in}}$ 和数态 $|m\rangle$ 作为不对称光束分离器的两个输入, 在数态所对应的输出模上进行光子数测量, 且测量取与输入数态 $|m\rangle$ 相同的结果, 此时在另一输出端即得到了 Laguerre 多项式权重的量子态.

若在数态 $|m\rangle$ 对应的输出端进行一次 m 个光子的条件测量, 则另一端输出量子态可表示成

$$|\Psi\rangle_{\text{out}} = N_m\ {}_a\langle m|\,B(\theta)\,|m\rangle_a\,|\varphi\rangle_{\text{in}} \tag{6.80}$$

其中, N_m 为归一化常数, $B(\theta)=\exp\left[\theta(a^\dagger b-ab^\dagger)\right]$ 为光束分离器算符, $r=\sin\theta$, $t=\cos\theta$. 光束分离器算符实际上是一个纠缠算子. 当 $\theta=\pi/4$ 时, $B(\pi/4)$ 就是对称的光束分离器, 即透射与反射系数相同. 由于无损光束分离器算子的矩阵表示满足 $SU(2)$

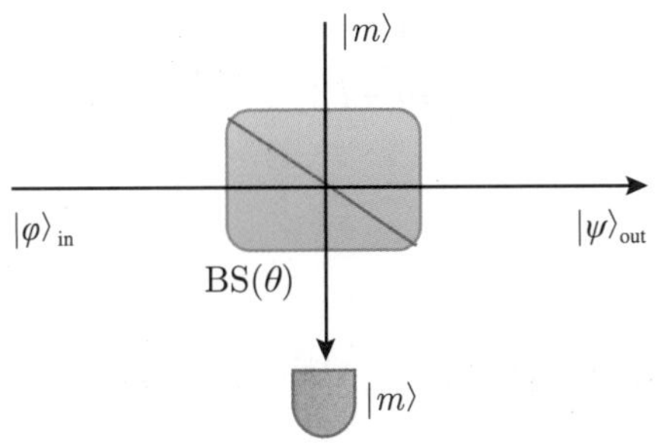

图 6.1 拉盖尔多项式权重态 $|\Psi\rangle_{\text{out}}$ 产生的理论方案. 光束分离器反射率 t 和透射率 t 满足 $|r|^2=1-|t|^2$. 在输出的一端进行 m 光子测量.

群关系, 故可以用广义 $SU(2)$ 相干态使计算式 (6.80). 这里, 我们使用另一种方法——光束分离器算符 $B(\theta)$ 的正规乘积表示来计算矩阵元 ${}_a\langle m|B(\theta)|m\rangle_a$. 光束分离器 $B(\theta)$ 的正规乘积表示为

$$B(\theta)=:\exp\left[(\cos\theta-1)\left(a^\dagger a+b^\dagger b\right)+\left(a^\dagger b-ab^\dagger\right)\sin\theta\right]: \tag{6.81}$$

利用数态的相干态表示, 即

$$|m\rangle=\frac{1}{\sqrt{m!}}\frac{\partial^m}{\partial\alpha^m}\left.\|\alpha\rangle\right|_{\alpha=0},\|\alpha\rangle=\exp\left(\alpha a^\dagger\right)|0\rangle,\langle\alpha\|\,\alpha\rangle=\mathrm{e}^{|\alpha|^2} \tag{6.82}$$

可得矩阵元

$$\begin{aligned}\hat{B}_m&\equiv{}_a\langle m|B(\beta)|m\rangle_a\\&=\frac{1}{m!}\frac{\partial^{2m}}{\partial\alpha^m\partial\alpha^{*m}}\langle\alpha\|:\exp\left[(\cos\beta-1)\left(a^\dagger a+b^\dagger b\right)+\left(a^\dagger b-ab^\dagger\right)\sin\beta\right]\\&\quad\times:\left.\|\alpha\rangle\right|_{\alpha=0,\alpha^*=0}\\&=\frac{1}{m!}\frac{\partial^{2m}}{\partial\alpha^m\partial\alpha^{*m}}:\exp\left[\alpha^*\alpha\cos\beta+\left(\alpha^*b-\alpha b^\dagger\right)\sin\beta\right]\mathrm{e}^{(\cos\beta-1)b^\dagger b}:\big|_{\alpha=0,\alpha^*=0}\\&=\frac{1}{m!}\frac{(-1)^m\cos^m\beta\,\partial^{2m}}{\partial\left(\alpha^*\cos\beta\right)^m\partial(-\alpha)^m}:\exp[-\left(\alpha^*\cos\beta\right)(-\alpha)+\left(\alpha^*\cos\beta\right)b\tan\beta\\&\quad+(-\alpha)\,b^\dagger\sin\beta]\,\mathrm{e}^{(\cos\beta-1)b^\dagger b}:\big|_{\alpha=0,\alpha^*=0}\end{aligned} \tag{6.83}$$

对照双变量 Hermite 多项式 $H_{m,n}$ 的母函数公式 (1.128) 及其级数表示式 (1.129), 可得

$$\begin{aligned}\hat{B}_m&=\frac{(-1)^m\cos^m\beta}{m!}:H_{m,m}\left(b\tan\beta,b^\dagger\sin\beta\right)\mathrm{e}^{(\cos\beta-1)b^\dagger b}:\\&=\frac{(-1)^m\cos^m\beta}{m!}:\sum_{l=0}^{m}\frac{m!m!(-1)^l}{l!(m-l)!(m-l)!}(b\tan\beta)^{m-l}\left(b^\dagger\sin\beta\right)^{m-l}\mathrm{e}^{(\cos\beta-1)b^\dagger b}:\end{aligned}$$

$$= \frac{(-1)^m \cos^m \beta}{m!} \sum_{l=0}^{m} \frac{m!m!(-1)^l}{l!(m-l)!(m-l)!} \left(b^\dagger \sin\beta\right)^{m-l} : \mathrm{e}^{(\cos\beta-1)b^\dagger b} : (b\tan\beta)^{m-l} \tag{6.84}$$

再用算符恒等式

$$: \exp[\left(\mathrm{e}^{\lambda}-1\right)b^\dagger b]: = \mathrm{e}^{\lambda b^\dagger b},\ \mathrm{e}^{\lambda b^\dagger b} b \mathrm{e}^{-\lambda b^\dagger b} = b\mathrm{e}^{-\lambda}$$

就有

$$\begin{aligned}
\hat{B}_m &= \frac{(-1)^m \cos^m \beta}{m!} \sum_{l=0}^{m} \frac{m!m!(-1)^l}{l!(m-l)!(m-l)!} \left(b^\dagger \sin\beta\right)^{m-l} \mathrm{e}^{b^\dagger b \ln\cos\beta} (b\tan\beta)^{m-l} \\
&= \frac{(-1)^m \cos^m \beta}{m!} \sum_{l=0}^{m} \frac{m!m!(-1)^l}{l!(m-l)!(m-l)!} \left(b^\dagger \tan\beta\right)^{m-l} (b\tan\beta)^{m-l} \mathrm{e}^{b^\dagger b \ln\cos\beta} \\
&= \frac{(-1)^m \cos^m \beta}{m!} : H_{m,m}\left(b^\dagger \tan\theta, b\tan\theta\right) : \mathrm{e}^{b^\dagger b \ln\cos\beta}
\end{aligned} \tag{6.85}$$

$H_{m,m}(x,y)$ 为双变量 Hermite 多项式, 与 Laguerre 多项式 L_m 二者存在关系式 (2.78), 所以

$$\hat{B}_m = \cos^m\beta : L_m\left(b^\dagger b \tan^2\theta\right) : \mathrm{e}^{b^\dagger b \ln\cos\beta} \tag{6.86}$$

而

$$|\Psi\rangle_{\text{out}} = \cos^m\beta : L_m\left(b^\dagger b \tan^2\theta\right) : \mathrm{e}^{b^\dagger b \ln\cos\beta} |\varphi\rangle_{\text{in}} \tag{6.87}$$

因此, 对于任意输入态 $|\varphi\rangle_{\text{in}}$, 输出态均可表示为 $|\Psi\rangle_{\text{out}} \to \hat{B}_m |\varphi\rangle_{\text{in}}$. 利用式 (6.87) 讨论输出量子态的特点是非常方便的. 由式 (6.87) 可知, 伴随 m-光子数态输入与 m-光子测量的过程可以看成是正规乘积下一种数态的 Laguerre 多项式操作. 特别地, 当 $m=0,1$ 时, 有 $\hat{B}_0 = \mathrm{e}^{b^\dagger b \ln\cos\beta}$ 及 $\hat{B}_1 = (1-b^\dagger b \tan^2\beta)\mathrm{e}^{b^\dagger b \ln\cos\beta}\cos\beta$.

当输入态 $|\varphi\rangle_{\text{in}}$ 是压缩态 $\operatorname{sech}^{1/2}\lambda \mathrm{e}^{\frac{b^{\dagger 2}}{2}\tanh\lambda}|0\rangle$ 时, λ 是压缩参数, 那么输出态

$$|\Psi\rangle_{\text{out}} = \operatorname{sech}^{1/2}\lambda \cos^m\beta : L_m\left(b^\dagger b \tan^2\theta\right) : \mathrm{e}^{b^\dagger b \ln\cos\beta} \mathrm{e}^{b^{\dagger 2}\tanh\lambda} |0\rangle \tag{6.88}$$

就是一个 Laguerre 多项式权重非高斯态.

下面, 具体考虑相干态作为输入态的情形, 即 $|\varphi\rangle_{\text{in}} = |z\rangle$. 在此情形下, 由式 (6.80) 和式 (6.87) 可知, 输出态为

$$\begin{aligned}
|\Psi\rangle_{\text{out}} &= N_m \cos^m\theta : L_m\left(b^\dagger b \tan^2\theta\right) : \mathrm{e}^{b^\dagger b \ln\cos\theta} |z\rangle \\
&= N_m \mathrm{e}^{-\frac{1}{2}|z|^2 \sin^2\theta} \cos^m\theta L_m\left(\mu b^\dagger\right) |z\cos\theta\rangle \\
&\equiv \bar{N}_m L_m\left(\mu b^\dagger\right) |z\cos\theta\rangle
\end{aligned} \tag{6.89}$$

这里 $\mu = z\cos\theta\tan^2\theta$, $\bar{N}_m = N_m\cos^m\theta\exp\left(-\frac{1}{2}|z|^2\sin^2\theta\right)$, 上式计算中利用了以下公式:

$$g^{b^\dagger b}|\alpha\rangle = \exp\left[\frac{1}{2}\left(g^2-1\right)|\alpha|^2\right]|g\alpha\rangle \tag{6.90}$$

显然, 式 (6.89) 就是 Laguerre 多项式激发相干态, 式 (6.89) 中相干态为 $|z\cos\theta\rangle$, 振幅较输入时减小, 可理解为相干态经历了一个损失过程. 当 $\theta=0$ 时, 即完美的透射 $(t=1, r=0)$, 有 $\mu=0$ 及 $|\varPsi\rangle_{\text{out}}\to|z\rangle$. 当 $m=0$ 时, 输出态变成 $|\varPsi\rangle_{\text{out}}=|z\cos\theta\rangle$, 它仍然是个相干态 (高斯态), 但振幅减小. 尽管在辅助的测量端口测得的光子数和输入数态数相同 (或说光子数目没有改变), 但在另一输出端的平均光子数由 $|z|^2$ 减为 $|z|^2\cos^2\theta$. 这点可以通过将相干态在数态下展开而更为清楚, 即 $|z\rangle=\sum\limits_{n=0}^{\infty}c_n|n\rangle$, 其中

$$c_n=\frac{z^n\mathrm{e}^{-|z|^2/2}}{\sqrt{n!}}$$

利用式 (6.89) 可将输出态写成

$$|\varPsi\rangle_{\text{out}} = N_m\cos^m\theta\sum_{n=0}^{\infty}c_n\cos^n\theta : L_m\left(b^\dagger b\tan^2\theta\right) : |n\rangle \tag{6.91}$$

因此, 当 $m=0$ 时, 有

$$|\varPsi\rangle_{\text{out}} = \sum_{n=0}^{\infty}c_n\cos^n\theta|n\rangle$$

因为 $\cos^n\theta\leqslant\cos\theta\leqslant1$, 故在输出端测到光子态 $|n\rangle$ 的概率随 n 的增加而减少, 这表明零光子辅助探测 $(m=0)$ 使得平均光子数减小. 所以, 在以上制备过程中, 测量的存在使得平均光子数不守恒.

当 $m=1$ 时, 输出态变成

$$|\varPsi\rangle_{\text{out}} = \bar{N}_1\left(1-\mu b^\dagger\right)|z\cos\theta\rangle \tag{6.92}$$

它是相干态和激发相干态的超叠加. 在数态表象下, 该输出态可写成

$$|\varPsi\rangle_{\text{out}} = N_1\sum_{n=0}^{\infty}c_n\cos^{n+1}\theta\left(1-n\tan^2\theta\right)|n\rangle \tag{6.93}$$

有趣的是, 若取 $\tan^2\theta=1/n$ 或 $t^2=n/(n+1)$, 则在输出态中将不在包含数态 $|n\rangle$. 当 $m=2$ 时, 若取 $\tan\theta=1/\sqrt{2}$, 态 $|1\rangle$ 将不会被检测到. 若 $\tan\theta$ 取其他值, 输出态中 $|n\geqslant2\rangle$ 也可能不存在. 基于式 (6.89), 我们可以进一步讨论该量子态的非经典特性, 如光子数分布、Mandel Q 参数、二阶关联函数、压缩特性等等. 这里, 我们就不一一介绍了. 下面, 以 Wigner 函数为例做一讨论.

6

1. 归一化

为了获得 Laguerre 多项式激发相干态的 Wigner 函数的解析表示, 推导归一化是必不可少的. 利用归一化条件 $1 = {}_{\text{out}}\langle\Psi|\Psi\rangle_{\text{out}}$ 和相干态 $\langle\alpha|$ 的完备性关系 $\int \mathrm{d}^2\alpha|\alpha\rangle\langle\alpha|/\pi=1$ 以及

$$\langle z\cos\theta|\,\alpha\rangle = \exp\left(-\frac{1}{2}|z|^2\cos^2\theta - \frac{1}{2}|\alpha|^2 + z^*\alpha\cos\theta\right) \tag{6.94}$$

可得式 (6.89) 中的

$$\begin{aligned}\bar{N}_m^{-2} &= \langle z\cos\theta|\,L_m(\mu^* b)\,L_m(\mu b^\dagger)\,|z\cos\theta\rangle \\ &= \int\frac{\mathrm{d}^2\alpha}{\pi}\,|L_m(\mu^*\alpha)|^2\,|\langle z\cos\theta|\,\alpha\rangle|^2 \\ &= \int\frac{\mathrm{d}^2\alpha}{\pi}\,|L_m(\mu^*\alpha)|^2\,\mathrm{e}^{-|z|^2\cos^2\theta-|\alpha|^2+(z^*\alpha+z\alpha^*)\cos\theta}\end{aligned} \tag{6.95}$$

利用 Laguerre 多项式的级数和可将上式写为

$$\begin{aligned}\bar{N}_m^{-2} &= \sum_{l,k=0}^{m}\binom{m}{l}\binom{m}{k}\frac{(-1)^{l+k}}{l!k!}\mu^k\mu^{*l} \\ &\quad\times\mathrm{e}^{-|z|^2\cos^2\theta}\int\frac{\mathrm{d}^2\alpha}{\pi}\alpha^{*k}\alpha^l\mathrm{e}^{-|\alpha|^2+(z^*\alpha+z\alpha^*)\cos\theta} \\ &= \sum_{l,k=0}^{m}\binom{m}{l}\binom{m}{k}\frac{(-1)^k\mu^k\mu^{*l}}{l!k!}H_{k,l}(z^*\cos\theta,-z\cos\theta)\end{aligned} \tag{6.96}$$

上式计算中利用了积分公式 (6.62). 式 (6.96) 就是输出量子态 $|\Psi\rangle_{\text{out}}$ 的归一化系数. 注意 $\bar{N}_m^{-2}$ 是一个实数, 可从式 (6.95) 看出. 特别地, 当 $m=1$ 时, 有 $\bar{N}_1^{-2} = (1-|z|^2\sin^2\theta)^2+|z|^2\cos^2\theta\tan^4\theta$.

2. Wigner 函数

Wigner 函数的负部特征是非经典性的一个很好的标志. 对于单模量子系统, Wigner 函数可用 $W(\gamma)=\mathrm{tr}[\rho\Delta(\gamma)]$ 来计算, 其中, $\Delta(\gamma)$ 是单模 Wigner 算符, 其相干态表象下表示为

$$\Delta(\gamma) = \mathrm{e}^{2|\gamma|^2}\int\frac{\mathrm{d}^2\alpha}{\pi^2}|\alpha\rangle\langle-\alpha|\,\mathrm{e}^{-2(\alpha\gamma^*-\gamma\alpha^*)} \tag{6.97}$$

将式 (6.89) 和式 (6.94) 代入 $W(\gamma)$ 可得 Laguerre 多项式激发相干态的 Wigner 函数

$$W_m(\gamma) = \left|\bar{N}_m\right|^2\mathrm{e}^{2|\gamma|^2-|z|^2\cos^2\theta}\Theta(\mu,\mu^*) \tag{6.98}$$

其中

$$\Theta(\mu,\mu^*) = \int\frac{\mathrm{d}^2\alpha}{\pi^2}L_m(-\mu\alpha^*)\,L_m(\mu^*\alpha)$$

$$\times \mathrm{e}^{-|\alpha|^2+\alpha(z^*\cos\theta-2\gamma^*)-\alpha^*(z\cos\theta-2\gamma)} \tag{6.99}$$

不难看出, 相空间 Wigner 函数 $W_m(\gamma)$ 是一个实数, 因为 $\Theta^*(\mu,\mu^*)=\Theta(\mu,\mu^*)$.

进一步积分上式可得

$$W_m(\gamma)=W_0(\gamma)F_m(\gamma) \tag{6.100}$$

其中, $W_0(\gamma)=1/\pi\exp(-2|\gamma-z\cos\theta|^2)$ 是相干态 $|z\cos\theta\rangle$ 对应的 Wigner 函数, 非高斯项 $F_m(\gamma)$ 为

$$\begin{aligned}F_m(\gamma)=&\left|\bar{N}_m\right|^2\sum_{j,l=0}^{m}\frac{\mu^l\mu^{*j}}{l!j!}\binom{m}{j}\binom{m}{l}\\&\times H_{l,j}(z^*\cos\theta-2\gamma^*,z\cos\theta-2\gamma)\end{aligned} \tag{6.101}$$

它源自条件测量的存在. 特别地, 当 $m=1$ 时, 上式变成

$$\begin{aligned}F_1(\gamma)=&\left|\bar{N}_1\right|^2\{1+|\mu|^2(1-|z\cos\theta-2\gamma|^2)\\&+[\mu(z^*\cos\theta-2\gamma^*)+c.c]\}\end{aligned} \tag{6.102}$$

由于 $W_0(\gamma)$ 总是正的, 所以 Wigner 函数的负部区域由 $F_1(\gamma)<0$ 确定.

如图 6.2 所示, 我们绘制了 Wigner 函数的相空间分布图. 由图可知, 在相空间中存在明显的负部体积, 这表明了非经典特性的存在. 此外, 负部体积不仅受到不同数 m 的调制, 而且受 θ 的调制. 例如, 当 $\theta=\pi/5$ 时, 由图 6.2(a) 和 (d) 可知, $m=2$ 比 $m=1$ 对应的 Wigner 函数具有更大的负部体积.

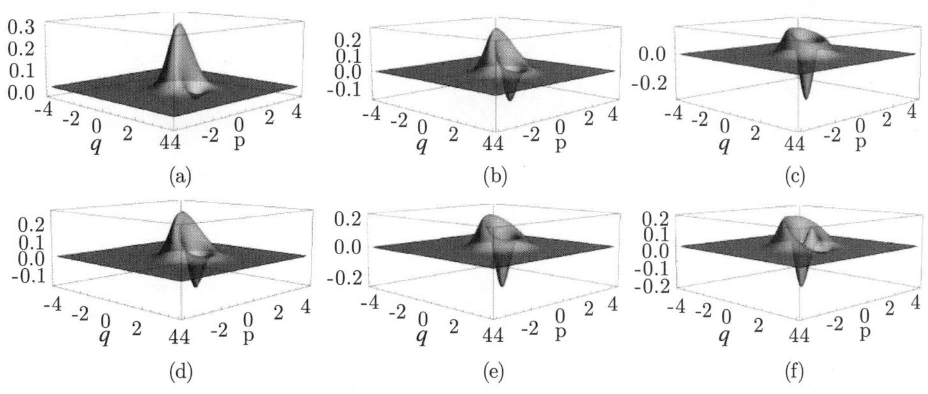

图 6.2 相空间中 Wigner 函数分布. 其中 $z=1$. 第 1, 2 行分别对应于 $m=1,2$. 左起每列 θ 分别为 $\pi/5,\pi/4,\pi/3$.

本节提供的制备 Laguerre 多项式态的方法具有一般性, 即利用多光子探测可知实现多项式量子态的制备. 有兴趣的读者可以考虑如两个单模压缩态作为光束分离器是两输入端、一个双模压缩态作为非对称光束分离器的输入端等情况, 实现 Hermite 多项式权重量子态的制备. 注意到双模压缩变换与光束分离器具有一定的相似性特点, 故也可以结合多光子条件测量用于制备多项式量子态. 此外, 以上过程可以进一步用于与多模情况, 实现纠缠态或量子隐态传输保真度的改善等方面的应用.

第 7 章

用二项式和负二项式表征的光场

本章将指出 Fock 空间可按光场的二项式态和负二项式态来划分, 我们还要讨论这两种光场的演化.

7.1 用二项式态表征 Fock 空间完备性

二项分布是 $\binom{n}{l}\sigma^{l}(1-\sigma)^{n-l}$, 光场的二项式态的密度算符是

$$\sum_{l=0}^{n}\binom{n}{l}\sigma^{l}(1-\sigma)^{n-l}|l\rangle\langle l|\equiv\rho_{n}(\sigma) \tag{7.1}$$

式中, $|l\rangle$ 是粒子数态, 由二项式定理知 $\mathrm{tr}\rho_n=1$. 注意到 Laguerre 多项式的母函数公式 (2.32), 我们有如下形式的 1 的分解:

$$
\begin{aligned}
1 &=: \mathrm{e}^{a^\dagger a}\mathrm{e}^{-a^\dagger a}: \\
&=\sigma\frac{1}{1-(1-\sigma)}: \mathrm{e}^{\frac{1-\sigma}{-\sigma}\left(\frac{\sigma}{\sigma-1}a^\dagger a\right)}\mathrm{e}^{-a^\dagger a}: \\
&=\sigma\sum_{n=0}^{\infty}(1-\sigma)^n : L_n\left(\frac{\sigma}{\sigma-1}a^\dagger a\right)\mathrm{e}^{-a^\dagger a}:
\end{aligned} \tag{7.2}
$$

利用 Laguerre 多项式 $L_n(x)$ 的求和表示式 (1.135), 所以式 (7.2) 展开为

$$
\begin{aligned}
1 &=\sigma\sum_{n=0}^{\infty}(1-\sigma)^n\sum_{l=0}^{n}\binom{n}{l}\frac{(-1)^l}{l!}: \left(\frac{\sigma}{\sigma-1}a^\dagger a\right)^l\mathrm{e}^{-a^\dagger a}: \\
&=\sigma\sum_{n=0}^{\infty}(1-\sigma)^n\sum_{l=0}^{n}\binom{n}{l}\frac{(-1)^l}{l!}\left(\frac{\sigma}{\sigma-1}\right)^l a^{\dagger l}|0\rangle\langle 0|a^l \\
&=\sigma\sum_{n=0}^{\infty}\sum_{l=0}^{n}\binom{n}{l}\sigma^l(1-\sigma)^{n-l}|l\rangle\langle l|
\end{aligned} \tag{7.3}
$$

即 1 的分解写成

$$
1=\sigma\sum_{n=0}^{\infty}\rho_n \tag{7.4}
$$

这说明 Fock 空间的完备性可以用二项式态来表征和划分. 或是说：二项式态可以用 1 的分解得到. 事实上, 可以证明, 当一个粒子数态经历一个衰减通道时, 就会演化为二项式态.

7.2 奇二项式态和偶二项式态

若把 1 分解为

$$
1=\frac{1}{2}[1+(1-2\sigma)^n]+\frac{1}{2}[1-(1-2\sigma)^n] \tag{7.5}
$$

右边第一部分可表达为

$$
\begin{aligned}
\frac{1}{2}[1+(1-2\sigma)^n] &=\frac{1}{2}[(1-\sigma+\sigma)^n+(1-\sigma-\sigma)^n] \\
&=\frac{1}{2}\sum_{m=0}^{n}\binom{n}{m}\sigma^m(1-\sigma)^{n-m}+\frac{1}{2}\sum_{m=0}^{n}\binom{n}{m}(-\sigma)^m(1-\sigma)^{n-m}
\end{aligned}
$$

$$=\sum_{m=0}^{[n/2]}\binom{n}{2m}\sigma^{2m}(1-\sigma)^{n-2m} \tag{7.6}$$

而第二部分展开为

$$\begin{aligned}\frac{1}{2}[1-(1-2\sigma)^n] &= \frac{1}{2}[(1-\sigma+\sigma)^n-(1-\sigma-\sigma)^n] \\ &= \frac{1}{2}\sum_{m=0}^{n}\binom{n}{m}\sigma^m(1-\sigma)^{n-m}-\frac{1}{2}\sum_{m=0}^{n}\binom{n}{m}(-\sigma)^m(1-\sigma)^{n-m} \\ &= \sum_{m=0}^{[(n-1)/2]}\binom{n}{2m+1}\sigma^{2m+1}(1-\sigma)^{n-2m-1}\end{aligned} \tag{7.7}$$

相应地, 我们可以引入偶二项式态

$$\sum_{m=0}^{[n/2]}\binom{n}{2m}\sigma^{2m}(1-\sigma)^{n-2m}|2m\rangle\langle 2m|\equiv\rho_{\text{even}}(\sigma) \tag{7.8}$$

其迹是

$$\text{tr}\rho_{\text{even}}(\sigma)=\frac{1}{2}[1+(1-2\sigma)^n] \tag{7.9}$$

和奇二项式态

$$\sum_{m=0}^{[(n-1)/2]}\binom{n}{2m+1}\sigma^{2m+1}(1-\sigma)^{n-2m-1}|2m+1\rangle\langle 2m+1|\equiv\rho_{\text{odd}}(\sigma) \tag{7.10}$$

其迹是

$$\text{tr}\rho_{\text{odd}}(\sigma)=\frac{1}{2}[1-(1-2\sigma)^n] \tag{7.11}$$

7.3 用负二项式态表征 Fock 空间完备性

我们可以进一步利用式（7.4）把 Fock 空间完备性转化为负二项式态分解. 用求和再分配公式

$$\sum_{n=0}^{\infty}\sum_{l=0}^{n}A_{n-l}B_l=\sum_{s=0}^{\infty}\sum_{m=0}^{\infty}A_sB_m \tag{7.12}$$

可将式（7.4）改写

$$
\begin{aligned}
1&=\sigma\sum_{n=0}^{\infty}\rho_n \\
&=\sigma\sum_{n=0}^{\infty}\sum_{l=0}^{n}\binom{n}{n-l}(1-\sigma)^{n-l}\sigma^{l}|l\rangle\langle l| \\
&=\sum_{m=0}^{\infty}\sum_{s=0}^{\infty}\binom{m+s}{s}(1-\sigma)^{s}\sigma^{m+1}|m\rangle\langle m|
\end{aligned}
\tag{7.13}
$$

其中, $\binom{m+s}{s}=\frac{(m+s)!}{s!m!}=\binom{m+s}{m}$, 再令 $1-\sigma=\gamma$, 则

$$
1=\sum_{s=0}^{\infty}\sum_{m=0}^{\infty}\binom{m+s}{m}\gamma^{s}(1-\gamma)^{m+1}|m\rangle\langle m| \tag{7.14}
$$

记

$$
\sum_{m=0}^{\infty}\binom{m+s}{m}\gamma^{s+1}(1-\gamma)^{m}|m\rangle\langle m|\equiv\rho_s \tag{7.15}
$$

它代表一个负二项式态, 则式（7.13）变为

$$
1=\frac{1-\gamma}{\gamma}\sum_{s=0}^{\infty}\rho_s \tag{7.16}
$$

即 Fock 空间也可按负二项式态划分. 进一步用 $a|m\rangle=\sqrt{m}|m-1\rangle$ 可证明

$$
\begin{aligned}
\rho_s&=\frac{\gamma^{s+1}}{s!(1-\gamma)^{s}}a^{s}\sum_{m=0}^{\infty}(1-\gamma)^{m}m\rangle\langle m|a^{\dagger s} \\
&=\frac{1}{s!(n_{\mathrm{c}})^{s}}a^{s}\rho_{c}a^{\dagger s}
\end{aligned}
\tag{7.17}
$$

这里

$$
n_{\mathrm{c}}=\frac{1-\gamma}{\gamma},\quad \rho_{\mathrm{c}}=\sum_{m=0}^{\infty}\gamma(1-\gamma)^{m}m\rangle\langle m| \tag{7.18}
$$

我们将混沌光场 $\rho_{\mathrm{c}}=\gamma\mathrm{e}^{a^{\dagger}a\ln(1-\gamma)}$ 改写为

$$
\rho_{\mathrm{c}}=\frac{\gamma}{1-\gamma}\vdots\mathrm{e}^{\frac{\gamma}{\gamma-1}aa^{\dagger}}\vdots \tag{7.19}
$$

于是式（7.17）就是

$$
\rho_s=\frac{1}{s!(n_{\mathrm{c}})^{s+1}}\vdots a^{s}\mathrm{e}^{\frac{\gamma}{\gamma-1}aa^{\dagger}}a^{\dagger s}\vdots \tag{7.20}
$$

7.4 二项式态作为粒子数态在振幅衰减通道中的演化

我们赋予二项式态以实在的物理意义. 改写 $\rho_n(\sigma)$ 为

$$
\begin{aligned}
\rho_n(\sigma) &= \sum_{m=0}^{n} \sigma^{n-m} \binom{n}{m} (1-\sigma)^m |n-m\rangle \langle n-m| \\
&= \sum_{m=0}^{n} \binom{n}{m} (1-\sigma)^m \frac{1}{(n-m)!} \sigma^{n-m} a^{\dagger n-m} |0\rangle \langle 0| a^{n-m} \\
&= \frac{(-1)^{n+1}}{1-\sigma} \sum_{m=0}^{n} : \frac{n!(\sigma-1)^{2n-m+1}}{(n-m)!m!(n-m)!} \left(\frac{a^\dagger\sqrt{\sigma}}{1-\sigma}\right)^{n-m} \left(\frac{-a\sqrt{\sigma}}{1-\sigma}\right)^{n-m} \\
&\quad \times \exp\left(-a^\dagger a\right) : \\
&= \frac{-1}{1-\sigma} \int \frac{\mathrm{d}^2\beta}{\pi} \frac{(-1)^n |\beta|^{2n}}{n!} : \exp\left\{\frac{1}{1-\sigma} \left[|\beta|^2 + \sqrt{\sigma}\left(\beta a^\dagger - \beta^* a\right) - a^\dagger a\right]\right\} :
\end{aligned} \tag{7.21}
$$

在最后一步中用了积分公式

$$
\begin{aligned}
&\int \frac{\mathrm{d}^2\beta}{\pi} \beta^n \beta^{*n} \exp\left(\zeta|\beta|^2 + \xi\beta + \eta\beta^*\right) \\
&= \mathrm{e}^{-\xi\eta} \sum_{m=0}^{n} \frac{n!n!}{(n-m)!m!(n-m)!(-\zeta)^{2n-m+1}} \xi^{n-m} \eta^{n-m}
\end{aligned} \tag{7.22}
$$

注意到

$$
\frac{(-1)^n |\beta|^{2n}}{n!} \mathrm{e}^{-|\beta|^2} = \langle -\beta | n\rangle \langle n | \beta\rangle \tag{7.23}
$$

这里 $|\beta\rangle$ 是相干态, 于是

$$
\begin{aligned}
\rho_n(\sigma) = \frac{-1}{1-\sigma} \int \frac{\mathrm{d}^2\beta}{\pi} \langle -\beta | n\rangle \langle n | \beta\rangle \mathrm{e}^{|\beta|^2} \\
\times : \exp\left[\frac{1}{\sigma-1} \left(a^\dagger\sqrt{\sigma} + \beta^*\right)\left(a\sqrt{\sigma} - \beta\right) - a^\dagger a\right] :
\end{aligned} \tag{7.24}
$$

其中

$$
\frac{1}{\sigma-1} : \exp\left[\frac{1}{\sigma-1} \left(a^\dagger\sqrt{\sigma} + \beta^*\right)\left(a\sqrt{\sigma} - \beta\right) - a^\dagger a\right] :
$$

$$=\int\frac{\mathrm{d}^2\alpha}{\pi}\mathrm{e}^{-|\alpha|^2(\sigma-1)}:\mathrm{e}^{\beta^*\alpha-\beta\alpha^*+a^\dagger\alpha\sqrt{\sigma}+a\alpha^*\sqrt{\sigma}-a^\dagger a}:\tag{7.25}$$

令

$$P(\alpha,0)=\mathrm{e}^{|\alpha|^2}\int\frac{\mathrm{d}^2\beta}{\pi}\langle-\beta|n\rangle\langle n|\beta\rangle\mathrm{e}^{|\beta|^2+\beta^*\alpha-\beta\alpha^*}\tag{7.26}$$

此式说明 $P(\alpha,0)$ 是纯粒子数态 $|n\rangle\langle n$ 在相干态表象中的 P-表示, 则式 (7.24) 又可写成

$$\begin{aligned}\rho_n(\sigma)&=\int\frac{\mathrm{d}^2\beta}{\pi}\langle-\beta|n\rangle\langle n|\beta\rangle\mathrm{e}^{|\beta|^2}\int\frac{\mathrm{d}^2\alpha}{\pi}\mathrm{e}^{-|\alpha|^2(\sigma-1)}:\mathrm{e}^{\beta^*\alpha-\beta\alpha^*+a^\dagger\alpha\sqrt{\sigma}+a\alpha^*\sqrt{\sigma}-a^\dagger a}:\\&=\int\frac{\mathrm{d}^2\alpha}{\pi}P(\alpha,0)\mathrm{e}^{-|\alpha|^2\sigma}:\mathrm{e}^{a^\dagger\alpha\sqrt{\sigma}+a\alpha^*\sqrt{\sigma}-a^\dagger a}:\end{aligned}\tag{7.27}$$

注意到对于相干态 $|\alpha\rangle=\exp\left(-\frac{|\alpha|^2}{2}+\alpha a^\dagger\right)|0\rangle$ 有完备性关系

$$\int\frac{\mathrm{d}^2\alpha}{\pi}|\alpha\rangle\langle\alpha|=\int\frac{\mathrm{d}^2\alpha}{\pi}:\mathrm{e}^{-|\alpha|^2+a^\dagger\alpha+a\alpha^*-a^\dagger a}:=1\tag{7.28}$$

和

$$\mathrm{e}^{a^\dagger a\ln\sqrt{\sigma}}|\alpha\rangle=\mathrm{e}^{-|\alpha|^2/2+\alpha a^\dagger\sqrt{\sigma}}|0\rangle\tag{7.29}$$

所以式（7.27）表示为

$$\begin{aligned}\rho_n(\sigma)&=\int\frac{\mathrm{d}^2\alpha}{\pi}\mathrm{e}^{(1-\sigma)|\alpha|^2}P(\alpha,0)\mathrm{e}^{a^\dagger a\ln\sqrt{\sigma}}|\alpha\rangle\langle\alpha|\mathrm{e}^{a^\dagger a\ln\sqrt{\sigma}}\\&=\sum_{m=0}^{\infty}\frac{(1-\sigma)^n}{n!}\mathrm{e}^{\ln\sqrt{\sigma}a^\dagger a}\int\frac{\mathrm{d}^2\alpha}{\pi}P(\alpha,0)|\alpha|^{2m}|\alpha\rangle\langle\alpha|\mathrm{e}^{\ln\sqrt{\sigma}a^\dagger a}\\&=\sum_{m=0}^{\infty}\frac{(1-\sigma)^m}{m!}\mathrm{e}^{\ln\sqrt{\sigma}a^\dagger a}a^m\int\frac{\mathrm{d}^2\alpha}{\pi}P(\alpha,0)|\alpha\rangle\langle\alpha|a^{\dagger m}\mathrm{e}^{\ln\sqrt{\sigma}a^\dagger a}\end{aligned}\tag{7.30}$$

鉴于式（7.26）的逆关系是

$$\int\frac{\mathrm{d}^2\alpha}{\pi}P(\alpha,0)|\alpha\rangle\langle\alpha|=|n\rangle\langle n|\tag{7.31}$$

故

$$\rho_n(\sigma)=\sum_{m=0}^{n}\frac{(1-\sigma)^m}{m!}\mathrm{e}^{\ln\sqrt{\sigma}a^\dagger a}a^m|n\rangle\langle n|a^{\dagger m}\mathrm{e}^{\ln\sqrt{\sigma}a^\dagger a}\tag{7.32}$$

对照振幅衰减通道的解的形式 [式 (6.20)], 上式可以被认同与初始粒子数态 $|n\rangle\langle n|\equiv\rho_0$ 演化为终态 $\rho_n(\sigma)$, 只要让 $\sigma=\mathrm{e}^{-2\kappa t}$, κ 是衰减率, 即二项式态作为粒子数态在振幅衰减通道中的演化

$$\rho_n(\sigma)\longrightarrow\rho_n(t)=\sum_{m=0}^{n}\frac{\left(1-\mathrm{e}^{-2\kappa t}\right)^m}{m!}\mathrm{e}^{-\kappa ta^\dagger a}a^m|n\rangle\langle n|a^{\dagger m}\mathrm{e}^{-\kappa ta^\dagger a}\tag{7.33}$$

由此, 易得 t 时刻的粒子数为

$$\mathrm{Tr}\left[\rho_n(t)\,a^\dagger a\right]=\sum_{m=0}^{n}\binom{n}{m}\left(\mathrm{e}^{-2kt}\right)^m\left(1-\mathrm{e}^{-2kt}\right)^{n-m}\langle n|\,a^\dagger a\,|n\rangle=n\mathrm{e}^{-2kt}\tag{7.34}$$

这恰恰体现了耗散通道对光子数态的影响——光子数的减少. 同理, 可得

$$\mathrm{Tr}\left[\rho(t)\left(a^\dagger a\right)^2\right]=\left(n\mathrm{e}^{-2kt}\right)^2+n\mathrm{e}^{-2kt}\left(1-\mathrm{e}^{-2kt}\right)\tag{7.35}$$

故粒子数态在振幅衰减通道中的 Mandel-Q_M 参数为

$$Q_M=\frac{\mathrm{Tr}\left[\rho(t)\left(a^\dagger a\right)^2\right]-\left\{\mathrm{Tr}\left[\rho(t)\,a^\dagger a\right]\right\}^2}{\mathrm{Tr}\left[\rho(t)\,a^\dagger a\right]}-1=-\mathrm{e}^{-2kt}\overset{t\to\infty}{\longrightarrow}0\tag{7.36}$$

可见, 任意 t 时刻, $Q_M<0$ 即量子态服从亚泊松分布. 在时间无穷大的情况下, $Q_M=0$ 服从泊松统计.

7.5 负二项式态在振幅衰减通道中的演化

将式 (7.17) 作为初始密度算符代入振幅衰减通道主方程的解 [式 (6.20)] 中, 并用算符恒等式

$$\mathrm{e}^{fa^\dagger a}a\mathrm{e}^{-fa^\dagger a}=a\mathrm{e}^{-f}\tag{7.37}$$

得到

$$\begin{aligned}
s!\left(n_{\mathrm{c}}\right)^s\rho(t)&=\sum_{m=0}^{\infty}\frac{T^m}{m!}\mathrm{e}^{-\kappa ta^\dagger a}a^m a^s\rho_{\mathrm{c}}a^{\dagger s}a^{\dagger m}\mathrm{e}^{-\kappa ta^\dagger a}\\
&=\sum_{m=0}^{\infty}\frac{T^m}{m!}\mathrm{e}^{2\kappa t(m+s)}a^{m+s}\mathrm{e}^{-\kappa ta^\dagger a}\rho_{\mathrm{c}}\mathrm{e}^{-\kappa ta^\dagger a}a^{\dagger m+s}\\
&=\gamma\sum_{m=0}^{\infty}\frac{T^m}{m!}\mathrm{e}^{2\kappa t(m+s)}a^{m+s}\mathrm{e}^{(\lambda-2\kappa t)a^\dagger a}a^{\dagger m+s}\quad[\lambda=\ln(1-\gamma)]
\end{aligned}\tag{7.38}$$

此处在对 m 求和时遇到了障碍, 因为有 $\mathrm{e}^{(\lambda-2\kappa t)a^\dagger a}$ 项夹在 a^{m+s} 和 $a^{\dagger m+s}$ 中间. 于是, 我们从算符的反正规乘积的恒等式

$$\mathrm{e}^{\lambda a^\dagger a}=\mathrm{e}^{-\lambda}\vdots\exp\left[\left(1-\mathrm{e}^{-\lambda}\right)aa^\dagger\right]\vdots$$

或

$$\vdots e^{\lambda a a^{\dagger}} \vdots = \frac{1}{1-\lambda} e^{a^{\dagger} a \ln \frac{1}{1-\lambda}} \tag{7.39}$$

将其改为

$$s!\left(n_{\mathrm{c}}\right)^{s} \rho(t) = \gamma e^{-(\lambda-2\kappa t)} \sum_{m=0}^{\infty} \frac{T^{m}}{m!} e^{2\kappa t(m+s)} \vdots a^{m+s} \exp\left[\left(1-e^{2\kappa t-\lambda}\right) a a^{\dagger}\right] a^{\dagger m+s} \vdots \tag{7.40}$$

现在在 $\vdots\ \vdots$ 内部, a 与 $a^{\dagger}$ 可以交换了, 所以可施行对 m 求和, 结果是

$$\begin{aligned}
& s!\left(n_{\mathrm{c}}\right)^{s} \rho(t) \\
& = \gamma e^{-(\lambda-2\kappa t)} e^{2\kappa t s} a^{s} \vdots \exp\left\{\left[T e^{2\kappa t}+\left(1-e^{2\kappa t-\lambda}\right)\right] a a^{\dagger}\right\} \vdots a^{\dagger s} \\
& = \gamma e^{-(\lambda-2\kappa t)} e^{2\kappa t s} a^{s} \vdots \exp\left[e^{2\kappa t}\left(1-e^{-\lambda}\right) a a^{\dagger}\right] \vdots a^{\dagger s} \\
& = \frac{\gamma e^{2\kappa t}}{1-\gamma} e^{2\kappa t s} a^{s} \vdots \exp\left(\frac{\gamma e^{2\kappa t}}{\gamma-1} a a^{\dagger}\right) \vdots a^{\dagger s}
\end{aligned} \tag{7.41}$$

其中

$$\begin{aligned}
\frac{\gamma e^{2\kappa t}}{1-\gamma} \vdots \exp\left(\frac{\gamma e^{2\kappa t}}{\gamma-1} a a^{\dagger}\right) \vdots & = \frac{\gamma e^{2\kappa t}}{1-\gamma(1-e^{2\kappa t})} \exp\left[a a^{\dagger} \ln \frac{\gamma-1}{\gamma(1-e^{2\kappa t})-1}\right] \\
& = \frac{\gamma e^{2\kappa t}}{1-\gamma(1-e^{2\kappa t})} \exp\left\{a a^{\dagger} \ln\left[1-\frac{\gamma e^{2\kappa t}}{1-\gamma(1-e^{2\kappa t})}\right]\right\} \\
& = \gamma' e^{a^{\dagger} a \ln\left(1-\gamma'\right)}
\end{aligned} \tag{7.42}$$

这里的

$$\gamma' = \frac{\gamma e^{2\kappa t}}{1-\gamma(1-e^{2\kappa t})} = \frac{1}{e^{-2\kappa t}(1-\gamma)+\gamma} \gamma < \gamma \tag{7.43}$$

于是式（7.40）变成

$$\begin{aligned}
\rho(t) & = \frac{1}{s!\left(n_{\mathrm{c}} e^{-2\kappa t}\right)^{s}} a^{s} \gamma' e^{a^{\dagger} a \ln\left(1-\gamma'\right)} a^{\dagger s} \\
& = \frac{1}{s!\left(n_{\mathrm{c}} e^{-2\kappa t}\right)^{s}} a^{s} \rho_{\mathrm{c}}' a^{\dagger s} \\
& = \frac{1}{s!\left(n_{\mathrm{c}} e^{-2\kappa t}\right)^{s}} \sum_{n=0}^{\infty} \gamma'\left(1-\gamma'\right)^{n} a^{s}|n\rangle\langle n| a^{\dagger s} \\
& = \frac{1}{s!\left(n_{\mathrm{c}} e^{-2\kappa t}\right)^{s}} \sum_{n=0}^{\infty} \gamma'\left(1-\gamma'\right)^{n} \frac{n!}{(n-s)!}|n-s\rangle\langle n-s| \\
& = \frac{\left(1-\gamma'\right)^{s}}{\gamma'^{s}} \frac{1}{\left(\frac{1-\gamma}{\gamma} e^{-2\kappa t}\right)^{s}} \sum_{n'=0}^{\infty} \gamma'^{s+1}\left(1-\gamma'\right)^{n'} \binom{n'+s}{n'}\left|n'\right\rangle\left\langle n'\right|
\end{aligned}$$

$$= \sum_{n=0}^{\infty} \gamma'^{s+1} (1-\gamma')^n \binom{n+s}{n} |n\rangle \langle n| \tag{7.44}$$

显然 $\mathrm{Tr}\rho(t) = 1$, 在最后一步我们注意到了以下关系:

$$\frac{1-\gamma'}{1-\gamma}\frac{\gamma}{\gamma'} = \mathrm{e}^{-2\kappa t} \tag{7.45}$$

结论是：负二项式态在通过振幅衰减通道后仍然演化为负二项式态, 只是参数从 γ 变为 γ', $\gamma' < 1$. t 时刻的平均光子数是

$$\mathrm{Tr}\left[\rho(t)\, a^\dagger a\right] = \frac{1-\gamma'}{\gamma'} = \frac{1-\gamma}{\gamma}\mathrm{e}^{-2\kappa t} = n_{\mathrm{c}}\mathrm{e}^{-2\kappa t} \tag{7.46}$$

即光子数 n_{c} 在耗散通道中呈现指数衰减.

7.6 光子增双模压缩态的部分求迹导致的负二项式态

我们研究发现, 光场负二项式态可以通过对光子增加双模压缩真空态 ($C_l b^{\dagger l} S_2 |00\rangle$, 一种非高斯量子态）的部分求迹获得, 其中 C_l 为归一化系数, $S_2 = \exp\left[\lambda\left(a^\dagger b^\dagger - ab\right)\right]$ 为双模压缩算符，且部分求迹是对 b-模而言的. 双模压缩真空态 $S_2|00\rangle$ 的简洁表示为

$$S_2|00\rangle = \mathrm{sech}\,\lambda \mathrm{e}^{a^\dagger b^\dagger \tanh\lambda}|00\rangle, \quad |00\rangle = |0\rangle_a |0\rangle_b \tag{7.47}$$

7.6.1 光子增双模压缩态的归一化

首先, 我们计算归一化常数 C_l. 为此, 引入双模相干态

$$|z\rangle = \exp\left(-\frac{|z|^2}{2} + za^\dagger\right)|0\rangle_a, \quad |\tilde{z}'\rangle = \exp\left(-\frac{|z'|^2}{2} + z'b^\dagger\right)|0\rangle_b \tag{7.48}$$

它们满足完备性关系

$$\int \frac{\mathrm{d}^2 z \mathrm{d}^2 z'}{\pi^2} |z, \tilde{z}'\rangle \langle z, \tilde{z}'| = 1 \tag{7.49}$$

则有

$$
\begin{aligned}
&\langle 00|\, S_2^{\dagger} b^l b^{\dagger l} S_2 \,|00\rangle \\
&= \operatorname{sech}^2\lambda \,\langle 00|\, \mathrm{e}^{ab\tanh\lambda} b^l b^{\dagger l} \mathrm{e}^{a^{\dagger}b^{\dagger}\tanh\lambda} \,|00\rangle \\
&= \operatorname{sech}^2\lambda \,\langle 00|\, \mathrm{e}^{ab\tanh\lambda} b^l \int \frac{\mathrm{d}^2 z \mathrm{d}^2 z'}{\pi^2} \,|z,\tilde{z}'\rangle \langle z,\tilde{z}'|\, b^{\dagger l} \mathrm{e}^{a^{\dagger}b^{\dagger}\tanh\lambda} \,|00\rangle \\
&= \operatorname{sech}^2\lambda \int \frac{\mathrm{d}^2 z \mathrm{d}^2 z'}{\pi^2} |z'|^{2l} \mathrm{e}^{-|z|^2-|z'|^2+\left(z^* z'^* + z z'\right)\tanh\lambda} \\
&= \operatorname{sech}^2\lambda \int \frac{\mathrm{d}^2 z'}{\pi^2} |z'|^{2l} \mathrm{e}^{-|z'|^2 \operatorname{sech}^2\lambda} = l!\cosh^{2l}\lambda
\end{aligned} \tag{7.50}
$$

所以, $C_l = \dfrac{\operatorname{sech}^l \lambda}{\sqrt{l!}}$, 以及相应的密度算符为

$$
\rho_0 = \frac{\operatorname{sech}^{2l}\lambda}{l!} b^{\dagger l} S_2 \,|00\rangle \langle 00|\, S_2^{\dagger} b^l \equiv |\psi\rangle_{ll} \langle\psi| \tag{7.51}
$$

其中

$$
\begin{aligned}
|\psi\rangle_l &= \frac{\operatorname{sech}^l\lambda}{\sqrt{l!}} b^{\dagger l} S_2 \,|00\rangle \\
&= \frac{\operatorname{sech}^{l+1}\lambda}{\sqrt{l!}} b^{\dagger l} \mathrm{e}^{a^{\dagger}b^{\dagger}\tanh\lambda} \,|00\rangle \\
&= \frac{\operatorname{sech}^{l+1}\lambda}{\sqrt{l!}} b^{\dagger l} \sum_{n=0}^{\infty} \frac{\left(a^{\dagger}b^{\dagger}\tanh\lambda\right)^n}{n!} \,|00\rangle \\
&= \sum_{n=0}^{\infty} \sqrt{\binom{n+l}{l} \operatorname{sech}^{l+1}\lambda \left(1-\operatorname{sech}^2\lambda\right)^n} \,|n, l+n\rangle
\end{aligned} \tag{7.52}
$$

显然, $\sqrt{\binom{n+l}{l}\operatorname{sech}^{l+1}\lambda\left(1-\operatorname{sech}^2\lambda\right)^n}$ 就是负二项式分布, 且

$$
\begin{aligned}
b\,|\psi(\beta)\rangle_s &= \sum_{n=0}^{\infty} \sqrt{\binom{n+s}{s} \gamma^{s+1} (1-\gamma)^n n} \,|n-1, \tilde{s}+1+\tilde{n}-1\rangle \\
&= \sum_{n=0}^{\infty} \sqrt{\binom{n+1+s}{s} \gamma^{s+1} (1-\gamma)^{n+1}} \,|n, \tilde{s}+1+\tilde{n}\rangle \\
&= \sqrt{1-\gamma} \sqrt{\frac{s+1}{\gamma}} \,|\psi(\beta)\rangle_{s+1}
\end{aligned} \tag{7.53}
$$

7.6.2 对比态的增光子模的部分求迹

对 b-模做部分求迹, 则有

$$\begin{aligned}
\mathrm{tr}_b\rho_0 &= \frac{\mathrm{sech}^{2l}\lambda}{l!}\mathrm{tr}_b\left(b^{\dagger l}S_2\left|00\right\rangle\left\langle 00\right|S_2^{\dagger}b^l\right) \\
&= \frac{\mathrm{sech}^{2(l+1)}\lambda}{l!}\mathrm{tr}_b\left(\int\frac{\mathrm{d}^2z'}{\pi}b^{\dagger l}\mathrm{e}^{b^{\dagger}a^{\dagger}\tanh\lambda}\left|00\right\rangle\left\langle 00\right|\mathrm{e}^{ba\tanh\lambda}b^l\left|z'\right\rangle\left\langle z'\right|\right) \\
&= \frac{\mathrm{sech}^{2(l+1)}\lambda}{l!}\int\frac{\mathrm{d}^2z'}{\pi}\left\langle z'\right|b^{\dagger l}\mathrm{e}^{b^{\dagger}a^{\dagger}\tanh\lambda}\left|00\right\rangle\left\langle 00\right|\mathrm{e}^{ba\tanh\lambda}b^l\left|z'\right\rangle \\
&= \frac{\mathrm{sech}^{2l}\lambda}{l!}\int\frac{\mathrm{d}^2z'}{\pi}\left\langle z'\right|z'^l z'^{*l}\mathrm{e}^{z'^{*}a^{\dagger}\tanh\lambda}\left|00\right\rangle\left\langle 00\right|\mathrm{e}^{z'a\tanh\lambda}\left|z'\right\rangle \\
&= \frac{\mathrm{sech}^{2l}\lambda}{l!}\int\frac{\mathrm{d}^2z'}{\pi}z'^l z'^{*l}\mathrm{e}^{z'^{*}a^{\dagger}\tanh\lambda}\left|0\right\rangle_{aa}\left\langle 0\right|\mathrm{e}^{z'a\tanh\lambda}\left\langle z'\right|\left.0\right\rangle_{bb}\left\langle 0\right|\left.z'\right\rangle
\end{aligned} \tag{7.54}$$

注意 ${}_b\left\langle 0\right|\left.z'\right\rangle=\mathrm{e}^{-|z'|^2/2}$ 以及

$$\mathrm{e}^{z'^{*}a^{\dagger}\tanh\lambda}\left|0\right\rangle_a=\left|z'^{*}\tanh\lambda\right\rangle,\ {}_a\left\langle 0\right|\mathrm{e}^{z'a\tanh\lambda}=\left\langle z'^{*}\tanh\lambda\right| \tag{7.55}$$

为 a-模对应的未归一化相干态, 故而有

$$\begin{aligned}
&z'^{*l}\mathrm{e}^{z'^{*}a^{\dagger}\tanh\lambda}\left|0\right\rangle=z'^{*l}\left|z'^{*}\tanh\lambda\right\rangle=\left(\frac{a^l}{\tanh\lambda}\right)^l\left|z'^{*}\tanh\lambda\right\rangle \\
&\left\langle z'^{*}\tanh\lambda\right|z'^l=\left\langle z'^{*}\tanh\lambda\right|\left(\frac{a^{\dagger l}}{\tanh\lambda}\right)^l
\end{aligned} \tag{7.56}$$

将式 (7.56) 代入式 (7.54) 有

$$\mathrm{tr}_b\rho_0=\frac{\mathrm{sech}^{2l}\lambda}{l!}\frac{1}{\tanh^{2l}\lambda}a^l\int\frac{\mathrm{d}^2z'}{\pi}\left|z'^{*}\tanh\lambda\right\rangle\left\langle z'^{*}\tanh\lambda\right|\mathrm{e}^{-|z'|^2}a^{\dagger l} \tag{7.57}$$

注意上式中相干态是非归一化的. 利用 IWOP 方法, 可得

$$\begin{aligned}
\mathrm{tr}_b\rho_0 &= \frac{\mathrm{sech}^{2l}\lambda}{l!}\frac{1}{\tanh^{2l}\lambda}a^l\int\frac{\mathrm{d}^2z'}{\pi}:\mathrm{e}^{-|z'|^2+z'^{*}a^{\dagger}\tanh\lambda+z'a\tanh\lambda-a^{\dagger}a}:a^{\dagger l} \\
&= \frac{\mathrm{sech}^{2(l+1)}\lambda}{l!}\frac{1}{\tanh^{2l}\lambda}a^l:\mathrm{e}^{a^{\dagger}a\left(\tanh^2\lambda-1\right)}:a^{\dagger l} \\
&= \frac{\mathrm{sech}^{2(l+1)}\lambda}{l!}\frac{1}{\left(1-\mathrm{sech}^2\lambda\right)^l}a^l\mathrm{e}^{a^{\dagger}a\ln\tanh^2\lambda}a^{\dagger l}
\end{aligned} \tag{7.58}$$

令 $\mathrm{sech}^2\lambda=\gamma$, 则式 (7.58) 变成

$$\mathrm{tr}_b\rho_0=\frac{\gamma^{l+1}}{l!}\frac{1}{(1-\gamma)^l}a^l\mathrm{e}^{a^{\dagger}a\ln(1-\gamma)}a^{\dagger l}=\frac{\gamma^{l+1}}{l!}\frac{1}{(1-\gamma)^l}a^l(1-\gamma)^{a^{\dagger}a}a^{\dagger l} \tag{7.59}$$

此即光场负二项式态, 因为它等价于

$$\begin{aligned}\operatorname{tr}_b\rho_0 &= \frac{\gamma^{l+1}}{l!}\frac{1}{(1-\gamma)^l}a^l\sum_{n=0}^{\infty}(1-\gamma)^n|n\rangle\langle n|a^{\dagger l}\\ &=\sum_{n=0}^{\infty}\begin{pmatrix} n+l\\ n\end{pmatrix}\gamma^{l+1}(1-\gamma)^n|n\rangle\langle n|\end{aligned} \tag{7.60}$$

由负二项式定理（3.23）即

$$(1+x)^{-(s+1)}=\sum_{n=0}^{\infty}\frac{(n+s)!}{n!s!}(-x)^n \tag{7.61}$$

可知

$$\operatorname{tr}_a(\operatorname{tr}_b\rho_0)=\gamma^{s+1}\sum_{n=0}^{\infty}\frac{(n+s)!}{n!s!}(1-\gamma)^n=1 \tag{7.62}$$

由此可知, 要计算关于 a-模的可观测量的期望值, 实际上就等价于计算一个负二项式场下的期望值.

第 8 章

高斯增强型混沌光场

8.1　高斯增强型混沌光场的归一化

本节我们讨论高斯增强型混沌光场（混沌光受高斯光束调制增强），其密度算符是高斯增强型

$$\rho = C\mathrm{e}^{Da^{\dagger 2}}\rho_{\mathrm{c}}\mathrm{e}^{Da^2} \tag{8.1}$$

这里, $\rho_{\mathrm{c}} = (1-f)\,f^{a^\dagger a}$ 是混沌光场, C 是由 $\mathrm{tr}\rho = 1$ 决定的归一化系数, $\mathrm{e}^{Da^{\dagger 2}}$ 代表高斯增强算符, 为了以下行文方便, 我们令 $D = A(f-1)$, A 是独立的高斯强度参量（也可

被认为是压缩参数）, D 是与混沌场参数 f 有关的量, 故

$$\rho = C\mathrm{e}^{A(f-1)a^{\dagger 2}}\rho_{\mathrm{c}}\mathrm{e}^{A(f-1)a^{2}} \tag{8.2}$$

用正规乘积展开

$$f^{a^{\dagger}a} = \mathrm{e}^{a^{\dagger}a\ln f} =: \mathrm{e}^{(f-1)a^{\dagger}a}: \tag{8.3}$$

由相干态 $|z\rangle = \exp\left(-\dfrac{|z|^2}{2} + za^{\dagger}\right)|0\rangle$ 的完备性关系 $\displaystyle\int \frac{\mathrm{d}^2 z}{\pi}|z\rangle\langle z| = 1$, 我们有

$$\begin{aligned}
1 = \mathrm{tr}\rho &= \mathrm{tr}\left(\int \frac{\mathrm{d}^2 z}{\pi}|z\rangle\langle z|\rho\right) \\
&= C\mathrm{tr}\left[\int \frac{\mathrm{d}^2 z}{\pi}\langle z|\mathrm{e}^{A(f-1)a^{\dagger 2}}\rho_{\mathrm{c}}\mathrm{e}^{A(f-1)a^{2}}|z\rangle\right] \\
&= C(1-f)\,\mathrm{tr}\int \frac{\mathrm{d}^2 z}{\pi}\langle z|\mathrm{e}^{A(f-1)a^{\dagger 2}}:\mathrm{e}^{(f-1)a^{\dagger}a}:\mathrm{e}^{A(f-1)a^{2}}|z\rangle \\
&= C(1-f)\int \frac{\mathrm{d}^2 z}{\pi}\mathrm{e}^{A(f-1)\left(z^{*2}+z^2\right)+(f-1)|z|^2} \\
&= C(1-f)\frac{1}{\sqrt{(1-f)^2 - 4A^2(1-f)^2}} \\
&= C\frac{1}{\sqrt{1-4A^2}}
\end{aligned} \tag{8.4}$$

所以归一化系数 $C = \sqrt{1-4A^2}$.

8.2 高斯增强型混沌光场的热真空态 $|\phi(\beta)\rangle_s$

按照第 3 章的理论, 我们推导高斯增强混沌光场对应的热真空态 $|\phi(\beta)\rangle_s$. 令

$$f \equiv \frac{B^2}{1-4A^2} \tag{8.5}$$

故式（8.2）变成

$$\begin{aligned}
\rho &= \sqrt{1-4A^2}(1-f)\mathrm{e}^{A(f-1)a^{\dagger 2}}f^{a^{\dagger}a}\mathrm{e}^{A(f-1)a^{2}} \\
&= \sqrt{1-4A^2}(1-f):\mathrm{e}^{\left(\frac{B^2A}{1-4A^2}-A\right)a^{\dagger 2}+\left(\frac{B^2}{1-4A^2}-1\right)a^{\dagger}a+\left(\frac{B^2A}{1-4A^2}-A\right)a^2}:
\end{aligned} \tag{8.6}$$

用积分公式

$$\int \frac{\mathrm{d}^2 z}{\pi}\exp\left(-h|z|^2 + \xi z + \eta z^*\right) = \frac{1}{h}\exp\left(\frac{\xi\eta}{h}\right) \quad (\mathrm{Re}h > 0) \tag{8.7}$$

和 IWOP 方法, 我们将 ρ 表达为积分形式

$$\rho=\left(1-4A^2\right)(1-f)\int\frac{\mathrm{d}^2z}{\pi}\colon\exp[-|z|^2+A(z^2+z^{*2})+B\left(a^\dagger z^*+az\right)$$
$$-A\left(a^{\dagger 2}+a^2\right)-a^\dagger a]\colon \tag{8.8}$$

再用真空投影算符 $:\mathrm{e}^{-a^\dagger a}:=|0\rangle\langle 0|$, 将式（8.8）表示为

$$\rho=\left(1-4A^2\right)(1-f)\int\frac{\mathrm{d}^2z}{\pi}\exp\left(-|z|^2+Az^{*2}-Aa^{\dagger 2}+Ba^\dagger z^*\right)|0\rangle$$
$$\langle 0|\exp\left\{Az^2-Aa^2+Baz]\right\} \tag{8.9}$$

注意到 $\mathrm{e}^{-|z|^2/2}=\langle\tilde{0}\,|\tilde{z}\rangle$, $|\tilde{z}\rangle=\mathrm{e}^{z\tilde{a}^\dagger-|z|^2/2}\left|\tilde{0}\right\rangle$, $\tilde{a}\,|\tilde{z}\rangle=z\,|\tilde{z}\rangle$, 其中 $|\tilde{z}\rangle$ 是虚模相干态, 我们有

$$\begin{aligned}\rho&=\left(1-4A^2\right)(1-f)\int\frac{\mathrm{d}^2z}{\pi}\langle\tilde{z}|\,\mathrm{e}^{A(z^{*2}-a^{\dagger 2})+Ba^\dagger z^*}\left|0\tilde{0}\right\rangle\left\langle 0\tilde{0}\right|\mathrm{e}^{A(z^2-a^2)+Baz}\,|\tilde{z}\rangle\\&=\left(1-4A^2\right)(1-f)\int\frac{\mathrm{d}^2z}{\pi}\langle\tilde{z}|\,\mathrm{e}^{A(\tilde{a}^{\dagger 2}-a^{\dagger 2})+Ba^\dagger\tilde{a}^\dagger}\left|0\tilde{0}\right\rangle\left\langle 0\tilde{0}\right|\mathrm{e}^{A(\tilde{a}^2-a^2)+Ba\tilde{a}}\,|\tilde{z}\rangle\end{aligned} \tag{8.10}$$

比较式 (8.8) 和式 (8.10) 并利用虚模相干态的完备性 $1=\int\frac{\mathrm{d}^2z}{\pi}|\tilde{z}\rangle\langle\tilde{z}|$ 可得

$$\begin{aligned}\rho&=\left(1-4A^2\right)(1-f)\,\tilde{\mathrm{tr}}\left[\int\frac{\mathrm{d}^2z}{\pi}|\tilde{z}\rangle\langle\tilde{z}|\mathrm{e}^{A(\tilde{a}^{\dagger 2}-a^{\dagger 2})+Ba^\dagger\tilde{a}^\dagger}\left|0\tilde{0}\right\rangle\left\langle 0\tilde{0}\right|\mathrm{e}^{A(\tilde{a}^2-a^2)+Ba\tilde{a}}\right]\\&=\tilde{\mathrm{tr}}[|\phi(\beta)\rangle_{ss}\langle\phi(\beta)|]\end{aligned} \tag{8.11}$$

根据式（3.5）, 与式 (8.2) 相应的热真空态 $|\phi(\beta)\rangle_s$ 是

$$|\phi(\beta)\rangle_s=\sqrt{(1-4A^2)(1-f)}\exp[A(\tilde{a}^{\dagger 2}-a^{\dagger 2})+Ba^\dagger\tilde{a}^\dagger]\left|0\tilde{0}\right\rangle \tag{8.12}$$

当 $A=0$ 时, 仅剩下混沌场, 让 $f=\mathrm{e}^{-\beta\omega}, B=\sqrt{f}=\mathrm{e}^{-\beta\omega/2}\equiv\tanh\lambda$, $\beta=1/\kappa T$, κ 为 Boltzmann 常数, 则有

$$|\phi(\beta)\rangle_s\to\sqrt{(1-f)}\exp(\sqrt{f}a^\dagger\tilde{a}^\dagger)\left|0\tilde{0}\right\rangle=\mathrm{sech}\,\lambda\exp(a^\dagger\tilde{a}^\dagger\tanh\lambda)\left|0\tilde{0}\right\rangle \tag{8.13}$$

这就是混沌场对应的热真空态.

热真空态的归一化

$$\begin{aligned}&\mathrm{Tr}\,|\psi(\beta)\rangle_{ss}\langle\psi(\beta)|\\&\quad=\mathrm{tr}\left[t\tilde{r}\,|\psi(\beta)\rangle_{ss}\langle\psi(\beta)|\right]\\&\quad={}_s\langle\psi(\beta)|\psi(\beta)\rangle_s\end{aligned}$$

$$
\begin{aligned}
&= \left(1-4A^2\right)(1-f)\left\langle 0\tilde{0}\right| \mathrm{e}^{A(\tilde{a}^2-a^2)+Ba\tilde{a}} \\
&\quad \times \int \frac{\mathrm{d}^2 z_1 \mathrm{d}^2 z_2}{\pi^2} \left|z_1 \tilde{z}_2\right\rangle \left\langle z_1 \tilde{z}_2\right| \mathrm{e}^{A(\tilde{a}^{\dagger 2}-a^{\dagger 2})+Ba^\dagger \tilde{a}^\dagger} \left|0\tilde{0}\right\rangle \\
&= \left(1-4A^2\right)(1-f)\int \frac{\mathrm{d}^2 z_1 \mathrm{d}^2 z_2}{\pi^2} \mathrm{e}^{-|z_1|^2-|z_2|^2+Bz_1z_2+Bz_1^*z_2^*+A\left(z_1^2-z_2^2\right)+A\left(z_1^{*2}-z_2^{*2}\right)} \\
&= \sqrt{1-4A^2}(1-f)\int \frac{\mathrm{d}^2 z_1}{\pi} \\
&\quad \exp\left[\frac{B^2-1+4A^2}{1-4A^2}|z_1|^2 - \frac{A\left(B^2-1+4A^2\right)}{1-4A^2}\left(z_1^2+z_1^{*2}\right)\right] \\
&= \sqrt{1-4A^2}(1-f)\int \frac{\mathrm{d}^2 z_1}{\pi} \exp\left[(f-1)|z_1|^2 - A(f-1)\left(z_1^2+z_1^{*2}\right)\right] = 1
\end{aligned} \tag{8.14}
$$

注意: $f<1$. 令

$$
L \equiv 1-4A^2-B^2 = \frac{4}{\left(1-4A^2\right)(1-f)} \tag{8.15}
$$

$|\psi(\beta)\rangle_s$ 简写为

$$
|\psi(\beta)\rangle_s = \frac{2}{\sqrt{L}} \exp[A(\tilde{a}^{\dagger 2}-a^{\dagger 2})+Ba^\dagger \tilde{a}^\dagger]\left|0\tilde{0}\right\rangle \tag{8.16}
$$

8.3 用 $|\psi(\beta)\rangle_s$ 计算高斯增强型混沌光场的光子数

热真空态 $|\psi(\beta)\rangle_s$ 有助于计算高斯增强型混沌光场的光子数, 用式（8.16）以及相干态完备性关系得到

$$
\begin{aligned}
&{}_s\langle\psi(\beta)\left|aa^\dagger\right|\psi(\beta)\rangle_s \\
&= \frac{4}{L}\left\langle 0\tilde{0}\right| \exp[A(\tilde{a}^2-a^2)+Ba\tilde{a}]a \times \\
&\quad \int \frac{\mathrm{d}^2 z_1 \mathrm{d}^2 z_2}{\pi^2} \left|z_1 \tilde{z}_2\right\rangle \left\langle z_1 \tilde{z}_2\right| a^\dagger \exp[A(\tilde{a}^{\dagger 2}-a^{\dagger 2})+Ba^\dagger \tilde{a}^\dagger]\left|0\tilde{0}\right\rangle \\
&= \frac{4}{L}\int \frac{\mathrm{d}^2 z_1 \mathrm{d}^2 z_2}{\pi^2} |z_1|^2 \exp\left[-|z_1|^2-|z_2|^2+Bz_1z_2+Bz_1^*z_2^*\right. \\
&\quad \left. +A\left(z_2^2-z_1^2\right)+A\left(z_2^{*2}-z_1^{*2}\right)\right] \\
&= \frac{1}{\sqrt{1-4A^2}}\frac{4}{L}\int \frac{\mathrm{d}^2 z_1}{\pi^2} |z_1|^2 \exp\left[(f-1)|z_1|^2 - A(f-1)\left(z_1^2+z_1^{*2}\right)\right] \\
&= \frac{1}{\sqrt{1-4A^2}}\frac{4}{L}\frac{\partial^2}{\partial k \partial g}\int \frac{\mathrm{d}^2 z_1}{\pi^2} \exp\left[(f-1)|z_1|^2 + kz_1 + gz_1^*\right.
\end{aligned}
$$

$$
\begin{aligned}
&\quad -A(f-1)\left(z_1^2+z_1^{*2}\right)\Big]\Big|_{k=g=0}\\
&=\frac{\partial^2}{\partial k\partial g}\exp\left[\frac{-A(k^2+g^2)-kg}{(f-1)(1-4A^2)}\right]\Big|_{k=g=0}\\
&=\frac{1}{(1-f)(1-4A^2)}
\end{aligned}\tag{8.17}
$$

所以平均光子数为

$$
{}_s\langle\psi(\beta)\left|a^\dagger a\right|\psi(\beta)\rangle_s=\frac{1}{(1-f)(1-4A^2)}-1\tag{8.18}
$$

随着压缩参数 A 的增强, 平均光子数增大. 当 $A=0$ 时, 上式变为 $\frac{f}{1-f}$ (混沌光的平均光子数), 显然

$$
\frac{1}{(1-f)(1-4A^2)}-1>\frac{f}{1-f}\tag{8.19}
$$

高斯增强型混沌光场的光子数确实增多了.

8.4 高斯增强型混沌光场的光子数涨落

用 $|\psi(\beta)\rangle_s$ 我们再计算

$$
\begin{aligned}
&{}_s\langle\psi(\beta)\left|a^2a^{\dagger 2}\right|\psi(\beta)\rangle_s\\
&=\frac{4}{L}\langle 0\tilde{0}|\,\mathrm{e}^{\left[A\left(a_2^2-a_1^2\right)+Ba_1a_2\right]}a^2\int\frac{\mathrm{d}^2z_1\mathrm{d}^2z_2}{\pi^2}\left|z_1z_2\right\rangle\left\langle z_1z_2\right|a^{\dagger 2}\mathrm{e}^{\left[A\left(a_2^{\dagger 2}-a_1^{\dagger 2}\right)+Ba_1^\dagger a_2^\dagger\right]}\left|0\tilde{0}\right\rangle\\
&=\frac{4}{L}\int\frac{\mathrm{d}^2z_1\mathrm{d}^2z_2}{\pi^2}\left|z_1\right|^4\mathrm{e}^{\left[A\left(z_2^2-z_1^2\right)+Bz_1z_2\right]}\mathrm{e}^{-\left|z_1^2\right|-\left|z_2^2\right|}\mathrm{e}^{\left[A\left(z_2^{*2}-z_1^{*2}\right)+Bz_1^*z_2^*\right]}\\
&=\frac{1}{\sqrt{1-4A^2}}\frac{4}{L}\left(\frac{\partial^2}{\partial k\partial g}\right)^2\int\frac{\mathrm{d}^2z_1}{\pi}\\
&\quad\times\exp\left[(f-1)\left|z_1\right|^2+kz_1+gz_1^*-A(f-1)\left(z_1^2+z_1^{*2}\right)\right]_{k=g=0}\\
&=\left(\frac{\partial^2}{\partial k\partial g}\right)^2\exp\left[\frac{-(k^2+g^2)A-kg}{(f-1)(1-4A^2)}\right]_{k=g=0}\\
&=\frac{4A^2+2}{(f-1)^2(1-4A^2)^2}
\end{aligned}\tag{8.20}
$$

鉴于

$$
\left(a^\dagger a\right)^2=\left(aa^\dagger-1\right)^2=aa^\dagger aa^\dagger-2aa^\dagger+1
$$

$$
\begin{aligned}
&= a\left(aa^\dagger - 1\right)a^\dagger - 2aa^\dagger + 1 \\
&= a^2 a^{\dagger 2} - 3aa^\dagger + 1
\end{aligned} \tag{8.21}
$$

故

$$
{}_s\langle\psi(\beta)|\left(a^\dagger a\right)^2|\psi(\beta)\rangle_s = {}_s\langle\psi(\beta)|\left(a^2 a^{\dagger 2} - 3aa^\dagger + 1\right)|\psi(\beta)\rangle_s \tag{8.22}
$$

结合式（8.13）~式（8.15），我们求得高斯增强型混沌光场的光子数涨落

$$
\begin{aligned}
&{}_s\langle\psi(\beta)|\left(a^\dagger a\right)^2|\psi(\beta)\rangle_s - \left[{}_s\langle\psi(\beta)|a^\dagger a|\psi(\beta)\rangle_s\right]^2 \\
&= \frac{4A^2+2}{(f-1)^2(1-4A^2)^2} - \frac{3}{(1-f)(1-4A^2)} + 1 - \left[\frac{1}{(1-f)(1-4A^2)} - 1\right]^2 \\
&= \frac{8A^2 + f(1-4A^2)}{(f-1)^2(1-4A^2)^2}
\end{aligned} \tag{8.23}
$$

当 $A=0$ 时, 上式化为 $\dfrac{f}{(f-1)^2}$, 这恰是混沌光场的光子数涨落. 鉴于

$$
\frac{f}{(f-1)^2} < \frac{8A^2 + f(1-4A^2)}{(f-1)^2(1-4A^2)^2} \tag{8.24}
$$

可见高斯增强型混沌光场的光子数涨落也增大.

第 9 章

压缩混沌光场的衰减和简并参量放大器的量子衰减机制

压缩光场是一类十分重要的光源, 在光通信和微弱信号检测方面有广泛的应用. 当光波场某一可观测正交分量的量子起伏被 “压缩” 到相应的标准量子极限以下时, 称之为压缩态光场. 由于其量子噪声低于包括激光在内的所有经典光场的噪声, 而且双模正交压缩态光场能直接提供量子信息处理所必需的非局域量子纠缠, 因此压缩态光场的产生与应用是量子光学、量子测量及量子通信等当代科学技术领域的重要研究内容. 当然, 压缩光的一个光场正交分量的噪声减小是以另一个光场正交分量的噪声增大为代价的.

9.1 维持压缩的演化算符

理论上, 压缩算符的最直接、最简洁而且物理意义明晰的方法是由范洪义在他的博士论文中首先提出的, 即用 IWOP 方法做以下积分:

$$\int_{-\infty}^{\infty}\frac{\mathrm{d}x}{\sqrt{\mu}}|x/\mu\rangle\langle x|\equiv S,\ \mu=\mathrm{e}^{\lambda} \tag{9.1}$$

这里, $|x\rangle$ 是坐标本征态, 此式反映了经典量的尺度变换 $x\to x/\mu$ 所引起的量子映像. 积分结果为

$$\begin{aligned}S&=\operatorname{sech}^{1/2}\lambda:\ \exp\left[\frac{a^2-a^{\dagger 2}}{2}\tanh\lambda+(\operatorname{sech}\lambda-1)a^{\dagger}a\right]:\\&=\exp\left[\frac{\lambda}{2}\left(a^2-a^{\dagger 2}\right)\right]\end{aligned} \tag{9.2}$$

这里, : : 表示正规乘积, $a^{\dagger}$,a 是光子产生和湮灭算符, 满足对易关系 $\left[a,a^{\dagger}\right]=1$, 上式计算中我们利用了算符等式

$$\mathrm{e}^{\lambda a^{\dagger}a}=:\ \exp\left[\left(\mathrm{e}^{\lambda}-1\right)a^{\dagger}a\right]: \tag{9.3}$$

式 (9.1) 和式 (9.2) 解释了经典坐标的尺度变换 $x\to x/\mu$ 将映射为希尔伯特空间的压缩算符. 对于单模情况, 有两种压缩态. 一是数–相压缩态：其时间演化由以下哈密顿量决定

$$H=\omega a^{\dagger}a+f(t)a^{\dagger}\sqrt{N+1}+f^{*}(t)\sqrt{N+1}a\quad\left(N=a^{\dagger}a\right) \tag{9.4}$$

相应的压缩算符具有 $\exp\left[\lambda\left(a^{\dagger}\sqrt{N+1}-\sqrt{N+1}a\right)\right]$ 的形式; 另一种压缩是由简并参量放大过程产生, 其演化由以下哈密顿量决定

$$H=\omega a^{\dagger}a+f(t)a^{\dagger 2}+f^{*}(t)a^{2} \tag{9.5}$$

相应的压缩算符具有 $\exp\left[\frac{\lambda}{2}\left(a^2-a^{\dagger 2}\right)\right]$ 的形式. 注意到, 以上两哈密顿量都是明显依赖于时间的, 时间演化算符不能写成 $\exp(-\mathrm{i}Ht)$ 的形式. 此时需要考虑以下形式的 Chronological 算符, 即

$$U(t,t_0)=T\exp\left[-\mathrm{i}\int_{t_0}^{t}H(t')\mathrm{d}t'\right] \tag{9.6}$$

由于

$$\begin{aligned}&\left[a^{\dagger}\sqrt{N+1},\sqrt{N+1}a\right]=-2\left(N+\frac{1}{2}\right)\\&\left[\sqrt{N+1}a,N+\frac{1}{2}\right]=\sqrt{N+1}a\\&\left[a^{\dagger}\sqrt{N+1},N+\frac{1}{2}\right]=-a^{\dagger}\sqrt{N+1}\end{aligned}\tag{9.7}$$

与算符 $(a^{\dagger}a,a^{\dagger 2},a^2)$ 具有相同的李代数结构, 因此只考虑式 (9.5) 情况, 推导演化算符 $U(t,t_0)$. 据我们所知, 尽管关于相干态如何在时间演化中保持相干性的问题已被研究, 但关于压缩在演化中如何得以保持的问题还没有相关研究. 下面, 将利用相干态表象和 Riccadi 方程来推导 $U(t,t_0)$——这是一个新方法, 然后考察压缩是否可以在时间演化过程中得以保持.

令 $H=H_0+H_I$, $H_0=\omega a^{\dagger}a$, $H_I=f(t)a^{\dagger 2}+f^*(t)a^2$, 在相互作用表象中 $U_I(t,t_0)$ 满足方程

$$\mathrm{i}\frac{\partial U_I(t,t_0)}{\partial t}=H_I(t)U_I(t,t_0)\tag{9.8}$$

满足初始条件

$$U_I(t_0,t_0)=1\tag{9.9}$$

其中

$$\begin{aligned}H_I(t)&=\mathrm{e}^{\mathrm{i}H_0t}\left[f(t)a^{\dagger 2}+f^*(t)a^2\right]\mathrm{e}^{-\mathrm{i}H_0t}\\&=\mathrm{e}^{2\mathrm{i}\omega t}f(t)a^{\dagger 2}+f^*(t)\mathrm{e}^{-2\mathrm{i}\omega t}a^2\end{aligned}\tag{9.10}$$

为了求解式 (9.8), 引入相干态表象

$$\int\frac{\mathrm{d}^2z}{\pi}|z\rangle\langle z|=1,\ \ |z\rangle=\mathrm{e}^{za^{\dagger}-\frac{1}{2}|z|^2}|0\rangle\tag{9.11}$$

这里 $|z\rangle\langle z|$ 可表示成如下正规乘积形式:

$$|z\rangle\langle z|=:\mathrm{e}^{-|z|^2+za^{\dagger}+z^*a-a^{\dagger}a}:\tag{9.12}$$

因为真空投影算符 $|0\rangle\langle 0|=:\mathrm{e}^{-a^{\dagger}a}:$. 在相干态表象下, 有

$$|z\rangle\langle z|a^{\dagger}\to z^*|z\rangle\langle z|,\ \ |z\rangle\langle z|a=:\mathrm{e}^{-|z|^2+za^{\dagger}+z^*a-a^{\dagger}a}:a=\left(z+\frac{\partial}{\partial z^*}\right)|z\rangle\langle z|\tag{9.13}$$

这意味着 $a^{\dagger}\to z^*,a\to z+\dfrac{\partial}{\partial z^*}$. 由方程式 (9.13), 可知

$$U_I(z,z^*) \equiv \langle z|U_I(t,t_0)|z\rangle = \mathrm{tr}[|z\rangle\langle z|U_I(t,t_0)] \tag{9.14}$$

满足

$$\mathrm{i}\frac{\partial U_I(z,z^*)}{\partial t} = \left[F(t)z^{*2} + F^*(t)\left(z + \frac{\partial}{\partial z^*}\right)^2\right]U_I(z,z^*) \tag{9.15}$$

其中

$$F(t) \equiv f(t)\mathrm{e}^{2\mathrm{i}\omega t}, \quad U_I(z,z^*)|_{t=t_0} = 1 \tag{9.16}$$

不失一般性, 方程式 (9.15) 的形式解为

$$U_I(z,z^*) = \mathrm{e}^{-\mathrm{i}\left\{z^{*2}(E(t)+X(t))+z^2[E^*(t)+Y(t)]+z^*zJ(t)+R(t)\right\}} \tag{9.17}$$

这里

$$E(t) \equiv \int_{t_0}^{t} F(\lambda)\mathrm{d}\lambda \tag{9.18}$$

$E(t), X(t), Y(t), J(t), R(t)$ 待定, 相应的初始条件为

$$X(t)|_{t=t_0} = 0, \quad J(t)|_{t=t_0} = 0, \quad Y(t)|_{t=t_0} = 0, \quad R(t)|_{t=t_0} = 0 \tag{9.19}$$

由式 (9.15) 可知

$$\mathrm{i}\frac{\partial}{\partial t}U_I(z,z^*) = \left\{z^{*2}\left[F(t)+\dot{X}(t)\right] + z^2\left[F^*(t)+\dot{Y}(t)\right] + z^*z\dot{J}(t) + \dot{R}(t)\right\}U_I(z,z^*) \tag{9.20}$$

为书写方便, 以下略去变量 t, 我们有

$$\frac{\partial^2}{\partial z^{*2}}U_I(z,z^*) = \left[-2\mathrm{i}(E+X) - 4z^{*2}(E+X)^2 - z^2J^2 - 4|z|^2J(X+E)\right]U_I(z,z^*) \tag{9.21}$$

将式 (9.20) 和式 (9.21) 代入式 (9.15) 得

$$\begin{aligned}\mathrm{i}\frac{\partial}{\partial t}U_I(z,z^*) = {}&[z^{*2}\left(F - 4F^*E^2 - 4F^*X^2 - 8F^*EX\right) + z^2F^*(1-\mathrm{i}J)^2 \\ &-4|z|^2(\mathrm{i}FE + \mathrm{i}F^*X + F^*JX + F^*EJ) - 2\mathrm{i}F^*(E+X)]U_I(z,z^*)\end{aligned} \tag{9.22}$$

比较方程式 (9.20) 和 (9.22) 两边 $z^{*2}, z^2, |z|^2$ 的系数, 可得一组微分方程

$$\dot{X} = -4F^*(E+X)^2 \tag{9.23}$$

$$\dot{Y} = -2\mathrm{i}F^*J - F^*J^2 \tag{9.24}$$

$$\dot{J} = -4F^*(\mathrm{i}E + \mathrm{i}X + JX + EJ) \tag{9.25}$$

$$\dot{R} = -2\mathrm{i}F^*(E+X) \tag{9.26}$$

令 $G=E+X$, 则式 (9.26) 变成

$$\dot{G}=-4F^*G^2+F \tag{9.27}$$

此即 Riccati 方程, 是最有趣的一阶非线性微分方程. 让 $G=\dfrac{1}{4F^*}(\ln\psi)_t$, 对时间 t 进行微分, 得

$$\begin{aligned}\dot{G}&=\frac{\mathrm{d}}{\mathrm{d}t}\left(\frac{1}{4F^*\psi}\frac{\mathrm{d}\psi}{\mathrm{d}t}\right)\\&=-\frac{1}{4F^*\psi^2}\left(\frac{\mathrm{d}\psi}{\mathrm{d}t}\right)^2+\frac{1}{\psi}\frac{\mathrm{d}}{\mathrm{d}t}\left(\frac{1}{4F^*}\frac{\mathrm{d}\psi}{\mathrm{d}t}\right)\end{aligned} \tag{9.28}$$

因此, 式 (9.27) 约化为

$$\frac{\mathrm{d}}{\mathrm{d}t}\left(\frac{1}{4F^*}\frac{\mathrm{d}\psi}{\mathrm{d}t}\right)-F\psi=0 \tag{9.29}$$

为不失一般性, 取 $F(t)=f(t)\mathrm{e}^{\mathrm{i}2\omega t}=F^*(t)$ 为实数, 则式 (9.29) 的解具有如下形式:

$$\psi=\alpha\mathrm{e}^{2E(t)}+\beta\mathrm{e}^{-2E(t)} \tag{9.30}$$

这里 α,β 为积分常数. 故而

$$\begin{aligned}X=G-E&=\frac{1}{4F}(\ln\psi)_t-E\\&=\frac{1}{4F}\left[\ln\left(\alpha\mathrm{e}^{2E(t)}+\beta\mathrm{e}^{-2E(t)}\right)\right]_t-E\\&=\frac{1}{2}\frac{\alpha\mathrm{e}^{2E}-\beta\mathrm{e}^{-2E}}{\alpha\mathrm{e}^{2E}+\beta\mathrm{e}^{-2E}}-E\end{aligned} \tag{9.31}$$

由于 $E|_{t=t_0}=0$, $X|_{t=t_0}=0$, 所以 $\alpha=\beta$, 则

$$X=\frac{1}{2}\tanh 2E-E \tag{9.32}$$

因为 $F(t)$ 是实数, 利用式 (9.32) 可得方程式 (9.24)~式 (9.26) 的解为

$$Y=\frac{1}{2}\tanh 2E-E \tag{9.33}$$

$$J=\mathrm{i}(\operatorname{sech}2E-1) \tag{9.34}$$

$$R=-\frac{\mathrm{i}}{2}\ln\cosh 2E \tag{9.35}$$

将式 (9.32) 和式 (9.33)~式 (9.35) 代入式 (9.17), 可得

$$U_I(z,z^*)=\mathrm{e}^{-\mathrm{i}\left[\frac{1}{2}\tanh 2E\left(z^{*2}+z^2\right)+\mathrm{i}|z|^2(\operatorname{sech}2E-1)-\frac{\mathrm{i}}{2}\ln\cosh 2E\right]} \tag{9.36}$$

根据算符在相干态表象中的期望值能够唯一决定算符本身的特点, 由式 (9.36) 有

$$\begin{aligned}U_I(t,t_0) &= \mathrm{e}^{-\frac{\mathrm{i}}{2}a^{\dagger 2}\tanh 2E} : \mathrm{e}^{a^\dagger a(\operatorname{sech}2E-1)} : \mathrm{e}^{-\frac{\mathrm{i}}{2}a^2\tanh 2E}\mathrm{e}^{-\frac{1}{2}\ln\cosh 2E} \\ &= \mathrm{e}^{-\frac{\mathrm{i}}{2}a^{\dagger 2}\tanh 2E}\mathrm{e}^{\left(a^\dagger a+\frac{1}{2}\right)\ln\operatorname{sech}2E}\mathrm{e}^{-\frac{\mathrm{i}}{2}a^2\tanh 2E}\end{aligned} \tag{9.37}$$

利用关系式

$$U_s(t,t_0) = \mathrm{e}^{-\mathrm{i}H_0 t}U_I(t,t_0)\mathrm{e}^{\mathrm{i}H_0 t_0} \tag{9.38}$$

可得薛定谔绘景中的时间演化算符 $U_s(t,t_0)$ 为

$$U_s(t,t_0) = \mathrm{e}^{-\frac{\mathrm{i}}{2}a^{\dagger 2}\mathrm{e}^{-2\mathrm{i}\omega t}\tanh 2E}\mathrm{e}^{-\mathrm{i}\omega(t-t_0)a^\dagger a+\left(a^\dagger a+\frac{1}{2}\right)\ln\operatorname{sech}2E}\mathrm{e}^{-\frac{\mathrm{i}}{2}a^2\mathrm{e}^{2\mathrm{i}\omega t_0}\tanh 2E} \tag{9.39}$$

则 Feynman 矩阵元为

$$\begin{aligned}&\langle z|U_s(t,t_0)|z_0\rangle \\ &= \langle z|\mathrm{e}^{-\frac{\mathrm{i}}{2}a^{\dagger 2}\mathrm{e}^{-2\mathrm{i}\omega t}\tanh 2E}\mathrm{e}^{-\mathrm{i}\omega(t-t_0)a^\dagger a+\left(a^\dagger a+\frac{1}{2}\right)\ln\operatorname{sech}2E}\mathrm{e}^{-\frac{\mathrm{i}}{2}a^2\mathrm{e}^{2\mathrm{i}\omega t_0}\tanh 2E}|z_0\rangle \\ &= \langle z|\mathrm{e}^{-\frac{\mathrm{i}}{2}a^{\dagger 2}\mathrm{e}^{-2\mathrm{i}\omega t}\tanh 2E} : \exp[(\mathrm{e}^{-\mathrm{i}\omega(t-t_0)+\ln\operatorname{sech}2E}-1)a^\dagger a] : \\ &\quad\times \mathrm{e}^{-\frac{\mathrm{i}}{2}a^2\mathrm{e}^{2\mathrm{i}\omega t_0}\tanh 2E}\mathrm{e}^{-\frac{1}{2}\ln\cosh 2E}|z_0\rangle \\ &= \operatorname{sech}^{1/2}(2E)\mathrm{e}^{-\frac{\mathrm{i}}{2}z^{*2}\mathrm{e}^{-2\mathrm{i}\omega t}\tanh 2E}\exp\left[\left(\operatorname{sech}2E\mathrm{e}^{-\mathrm{i}\omega(t-t_0)}-1\right)z^*z_0\right]\mathrm{e}^{-\frac{\mathrm{i}}{2}z_0^2\mathrm{e}^{2\mathrm{i}\omega t_0}\tanh 2E}\end{aligned} \tag{9.40}$$

类似地, 对于数–相压缩, 由式 (9.4) 可得相应的时间演化算符为

$$\mathrm{e}^{-\mathrm{i}a^\dagger\sqrt{N+1}\mathrm{e}^{-2\mathrm{i}\omega t}\tanh 2E}\mathrm{e}^{-\mathrm{i}\omega(t-t_0)\left(N+\frac{1}{2}\right)+(N+1)\ln\operatorname{sech}2E}\mathrm{e}^{-\mathrm{i}\sqrt{N+1}a\mathrm{e}^{2\mathrm{i}\omega t_0}\tanh 2E} \tag{9.41}$$

接下来看看算符 $U_s(t,t_0)$ 是否能在演化过程中保持压缩. 假设初始态为压缩真空态

$$S|0\rangle = \operatorname{sech}^{\frac{1}{2}}\lambda\mathrm{e}^{\frac{\tanh\lambda}{2}a^{\dagger 2}}|0\rangle \tag{9.42}$$

则将算符 $U_s(t,t_0)$ 作用于压缩真空态上, 有

$$\begin{aligned}U_s(t,t_0)S|0\rangle &= \operatorname{sech}^{\frac{1}{2}}\lambda\mathrm{e}^{-\frac{\mathrm{i}}{2}a^{\dagger 2}\mathrm{e}^{-2\mathrm{i}\omega t}\tanh 2E}\mathrm{e}^{-\mathrm{i}\omega(t-t_0)a^\dagger a+\left(a^\dagger a+\frac{1}{2}\right)\ln\operatorname{sech}2E} \\ &\quad\times \mathrm{e}^{-\frac{\mathrm{i}}{2}a^2\mathrm{e}^{2\mathrm{i}\omega t_0}\tanh 2E}\mathrm{e}^{-\frac{\tanh\lambda}{2}a^{\dagger 2}}|0\rangle\end{aligned} \tag{9.43}$$

利用积分公式 (1.36) 以及 IWOP 方法可得算符恒等式

$$\begin{aligned}\mathrm{e}^{fa^2}\mathrm{e}^{ga^{\dagger 2}} &= \int\frac{\mathrm{d}^2z}{\pi}\mathrm{e}^{fz^2}|z\rangle\langle z|\mathrm{e}^{gz^{*2}} \\ &= \int\frac{\mathrm{d}^2z}{\pi} : \exp\left(-|z|^2+za^\dagger+z^*a+fz^2+gz^{*2}-a^\dagger a\right) :\end{aligned}$$

$$
\begin{aligned}
&= \frac{1}{\sqrt{1-4fg}} \exp\left(\frac{ga^{\dagger 2}}{1-4fg}\right) \exp\left(\frac{-a^{\dagger}a}{1-4fg}\right) \\
&\quad \times \exp\left(\frac{fa^2}{1-4fg}\right)
\end{aligned} \tag{9.44}
$$

则式 (9.43) 变成

$$
\begin{aligned}
U_s(t,t_0)S|0\rangle &= \sqrt{\frac{\operatorname{sech}\lambda \operatorname{sech}2E}{1-\mathrm{i}\tanh 2E\tanh\lambda \mathrm{e}^{2\mathrm{i}\omega t_0}}}\mathrm{e}^{-\frac{\mathrm{i}}{2}a^{\dagger 2}\mathrm{e}^{-2\mathrm{i}\omega t}\tanh 2E} \\
&\quad \times \mathrm{e}^{[-\mathrm{i}\omega(t-t_0)+\ln\operatorname{sech}2E]a^{\dagger}a}\exp\left[-\frac{\tanh\lambda}{2(1-\mathrm{i}\tanh 2E\tanh\lambda \mathrm{e}^{2\mathrm{i}\omega t_0})}a^{\dagger 2}\right]|0\rangle \\
&= \sqrt{\frac{\operatorname{sech}\lambda \operatorname{sech}2E}{1-\mathrm{i}\tanh 2E\tanh\lambda \mathrm{e}^{2\mathrm{i}\omega t_0}}}\mathrm{e}^{-\frac{\mathrm{i}}{2}a^{\dagger 2}\mathrm{e}^{-2\mathrm{i}\omega t}\tanh 2E} \\
&\quad \times \exp\left[-\frac{\tanh\lambda}{2(1-\mathrm{i}\tanh 2E\tanh\lambda \mathrm{e}^{2\mathrm{i}\omega t_0})}\mathrm{e}^{-2\mathrm{i}\omega(t-t_0)+2\ln\operatorname{sech}2E}a^{\dagger 2}\right]|0\rangle \\
&= \sqrt{\frac{\operatorname{sech}\lambda \operatorname{sech}2E}{1-\mathrm{i}\tanh 2E\tanh\lambda \mathrm{e}^{2\mathrm{i}\omega t_0}}}\exp\left(-\frac{\mathrm{i}}{2}\mathrm{e}^{-2\mathrm{i}\omega t}\tanh 2E\right) \\
&\quad \times \exp\left[\left(-\frac{\operatorname{sech}^2 2E\tanh\lambda \mathrm{e}^{-2\mathrm{i}\omega(t-t_0)}}{2(1-\mathrm{i}\tanh 2E\tanh\lambda \mathrm{e}^{2\mathrm{i}\omega t_0})}\right)a^{\dagger 2}\right]|0\rangle
\end{aligned} \tag{9.45}
$$

由此可见, 当初态为压缩展开态时, 终态保持为压缩态.

本节利用相干态表象并通过解析求解 Riccati 方程, 我们推导了保持压缩特点的动力学演化算符.

9.2 压缩混沌光场密度算符作为相空间的二维正态分布

在 Fock 表象中, 压缩混沌光场作为压缩数态的一个产生场 [见式 (5.97)], 即

$$
\rho_0 = (1-\mathrm{e}^k)\sum_{n=0}^{\infty}\mathrm{e}^{kn}S^{-1}|n\rangle\langle n|S \tag{9.46}
$$

这里, $|n\rangle = \frac{a^{\dagger n}}{\sqrt{n!}}|0\rangle$ 是 Fock 态, $S^{-1}|n\rangle$ 是压缩数态. 该态可以表示成 Hermite 多项式

激发压缩真空态 [见式 (5.103)], 即

$$S^{-1}(\lambda)|n\rangle=\frac{\operatorname{sech}^{\frac{1}{2}}\lambda}{\sqrt{2^n n!}}(\tanh\lambda)^{\frac{n}{2}}H_n\left(\frac{a^\dagger}{\sqrt{\sinh 2\lambda}}\right)\exp\left(\frac{a^{\dagger 2}}{2}\tanh\lambda\right)|0\rangle \tag{9.47}$$

相应密度算符的正规乘积由式 (5.98) 给出, 或者具体写出

$$\begin{aligned}\rho_0=&\frac{1-\mathrm{e}^k}{\sqrt{\cosh^2\lambda-\mathrm{e}^{2k}\sinh^2\lambda}}\exp\left[\frac{-a^{\dagger 2}\left(\mathrm{e}^{2k}-1\right)\tanh\lambda}{2\left(1-\mathrm{e}^{2k}\tanh^2\lambda\right)}\right]\\&\times:\exp\left[a^\dagger a\left(\frac{\mathrm{e}^k}{\cosh^2\lambda-\mathrm{e}^{2k}\sinh^2\lambda}-1\right)\right]:\exp\left[\frac{-a^2\left(\mathrm{e}^{2k}-1\right)\tanh\lambda}{2\left(1-\mathrm{e}^{2k}\tanh^2\lambda\right)}\right]\end{aligned} \tag{9.48}$$

取 $k=-\dfrac{\omega\hbar}{\kappa T}$, 则有

$$\left(\mathrm{e}^{-k}-1\right)^{-1}=\left(\mathrm{e}^{\frac{\omega\hbar}{\kappa T}}-1\right)^{-1}=n \tag{9.49}$$

以及

$$\frac{\mathrm{e}^{\kappa}-1}{\mathrm{e}^k+1}=-\frac{1}{2n+1} \tag{9.50}$$

令

$$\begin{aligned}&(2n+1)\mathrm{e}^{2\lambda}+1=2\tau_1^2\\&(2n+1)\mathrm{e}^{-2\lambda}+1=2\tau_2^2\end{aligned} \tag{9.51}$$

则有

$$\begin{aligned}&\tau_1^2\tau_2^2=\frac{\cosh^2\lambda-\mathrm{e}^{2k}\sinh^2\lambda}{\left(1-\mathrm{e}^k\right)^2}\\&\tau_1^2-\tau_2^2=(2n+1)\sinh 2\lambda\\&\tau_1^2+\tau_2^2=(2n+1)\cosh 2\lambda+1\end{aligned} \tag{9.52}$$

以及

$$\begin{aligned}-\frac{1}{2\tau_1^2}-\frac{1}{2\tau_2^2}&=-1+\frac{\mathrm{e}^k}{\cosh^2\lambda-\mathrm{e}^{2k}\sinh^2\lambda}\\\frac{\tau_1^2-\tau_2^2}{4\tau_1^2\tau_2^2}&=\frac{\left(1-\mathrm{e}^{2k}\right)\tanh\lambda}{2\left(1-\mathrm{e}^{2k}\tanh^2\lambda\right)}\end{aligned} \tag{9.53}$$

因此, 压缩混沌光场 (9.46) 可表示成

$$\rho_0=\left(1-\mathrm{e}^k\right)\sum_{n=0}^{\infty}\mathrm{e}^{kn}S^{-1}|n\rangle\langle n|S=\frac{1}{\tau_1\tau_2}:\exp\left(-\frac{Q^2}{2\tau_1^2}-\frac{P^2}{2\tau_2^2}\right): \tag{9.54}$$

其中, $Q=\left(a+a^{\dagger}\right)/\sqrt{2}, P=\left(a-a^{\dagger}\right)/(\sqrt{2}\mathrm{i})$. 由式 (9.54) 可见, 压缩混沌光场的密度算符在正规乘积形式下是一个二维的正态分布. 我们可以通过式 (9.54) 计算密度算符的归一性来验证它的准确性, 即

$$\begin{aligned}\operatorname{tr}\rho_0&=\operatorname{tr}\left(\int\frac{\mathrm{d}^2z}{\pi}\left|z\right\rangle\left\langle z\right|\rho_0\right)\\&=\frac{1}{\tau_1\tau_2}\int\frac{\mathrm{d}\tau_1\mathrm{d}\tau_2}{2\pi}\left\langle z\right|:\exp\left(-\frac{P^2}{2\tau_1^2}-\frac{Q^2}{2\tau_2^2}\right):\left|z\right\rangle=1\end{aligned}\tag{9.55}$$

9.3 压缩混沌光场的光子数分布

接下来讨论压缩混沌光场的光子数分布. 利用未归一化的相干态 $|\alpha\rangle=\exp[\alpha a^{\dagger}]\left|0\right\rangle$, 且 $|n\rangle=\dfrac{1}{\sqrt{n!}}\dfrac{\mathrm{d}^n}{\mathrm{d}\alpha^n}\left|\alpha\right\rangle|_{\alpha=0}$, $\langle\beta\left|\alpha\right\rangle=\mathrm{e}^{\alpha\beta^*}$, 以及 ρ_0 的正规乘积表示式 (9.48), 则在此场中找到 m 光子的概率为

$$\begin{aligned}\mathcal{P}(m)&=\langle m|\,\rho_0\,|m\rangle\\&=\frac{2\sqrt{fg}}{m!}\frac{\mathrm{d}^m}{\mathrm{d}\beta^{*m}}\frac{\mathrm{d}^m}{\mathrm{d}\alpha^m}\left\langle\beta\right|:\exp\left[-\frac{f\left(a+a^{\dagger}\right)^2}{2}+\frac{g\left(a-a^{\dagger}\right)^2}{2}\right]:\left|\alpha\right\rangle\Bigg|_{\alpha=\beta^*=0}\\&=\frac{2\sqrt{fg}}{m!}\frac{\mathrm{d}^m}{\mathrm{d}\beta^{*m}}\frac{\mathrm{d}^m}{\mathrm{d}\alpha^m}\exp\left[A_1\alpha\beta^*+A_2\left(\alpha^2+\beta^{*2}\right)\right]\big|_{\alpha=\beta^*=0}\end{aligned}\tag{9.56}$$

其中, A_1 和 A_2 为

$$A_1=\frac{\bar{n}\left(\bar{n}+1\right)}{\bar{n}^2+(2\bar{n}+1)\cosh^2r},\quad A_2=\frac{(2\bar{n}+1)\sinh 2r}{4\left[\bar{n}^2+(2\bar{n}+1)\cosh^2r\right]}\tag{9.57}$$

注意到

$$\begin{aligned}&\frac{\partial^{2m}}{\partial t^m\partial\tau^m}\exp\left(-t^2-\tau^2+2x\tau t\right)\big|_{t,\tau=0}\\&\quad=\sum_{n,l,k=0}^{\infty}\frac{(-1)^{n+l}}{n!l!k!}\left(2x\right)^k\frac{\partial^{2m}}{\partial t^m\partial\tau^m}\tau^{2n+k}t^{2l+k}\Bigg|_{t,\tau=0}\\&\quad=2^m m!\sum_{n=0}^{[m/2]}\frac{m!}{2^{2n}\left(n!\right)^2\left(m-2n\right)!}x^{m-2n}\end{aligned}\tag{9.58}$$

9

及 Legendre 多项式 $P_m(x)$ 的新表示 (它等价于传统的 Legendre 多项式的表示)

$$x^m \sum_{l=0}^{[m/2]} \frac{m!}{2^{2l}(l!)^2(m-2l)!}\left(1-\frac{1}{x^2}\right)^l = P_m(x) \tag{9.59}$$

则式 (9.56) 变成

$$\begin{aligned}\mathcal{P}(m) &= A_2^m \frac{2\sqrt{fg}}{m!}\frac{\mathrm{d}^{2m}}{\mathrm{d}\beta^{*m}\mathrm{d}\alpha^m}\exp\left(-\alpha^2-\beta^{*2}+\frac{A_1}{A_2}\alpha\beta^*\right)\bigg|_{\alpha=\beta^*=0} \\ &= 2\sqrt{fg}E^{m/2}P_m\left(\frac{A_1}{\sqrt{E}}\right)\end{aligned} \tag{9.60}$$

其中

$$E = \frac{\bar{n}^2-(2\bar{n}+1)\sinh^2 r}{\bar{n}^2+(2\bar{n}+1)\cosh^2 r} \tag{9.61}$$

式 (9.60) 就是压缩混沌光场 ρ_0 的光子数分布.

9.4 压缩混沌光场的反正规形式

下面, 推导压缩混沌光场 ρ_0 的反正规乘积. 将式 (9.48) 或式 (9.54) 代入转换密度算符为反正规乘积公式 (2.73), 并利用积分公式 (1.36), 可得压缩混沌光场 ρ_0 的反正规乘积为

$$\begin{aligned}\rho_0 &= 2\sqrt{fg}\int\frac{\mathrm{d}^2\beta}{\pi}\vdots\exp\left[-|\beta|^2-\frac{f}{2}(\beta-\beta^*)^2+\frac{g}{2}(\beta+\beta^*)^2+\beta^*a-\beta a^\dagger+a^\dagger a\right]\vdots \\ &= 2\sqrt{fg}\int\frac{\mathrm{d}^2\beta}{\pi}\vdots\exp\left[(f+g-1)|\beta|^2-a^\dagger\beta+a\beta^*+\frac{1}{2}(g-f)\left(\beta^2+\beta^{*2}\right)+a^\dagger a\right]\vdots \\ &= 2\sqrt{\frac{fg}{D}}\vdots\exp\left[\frac{g-f}{2D}\left(a^{\dagger 2}+a^2\right)+\frac{4fg-f-g}{D}a^\dagger a\right]\vdots\end{aligned} \tag{9.62}$$

其中, $D=(2f-1)(2g-1)$.

利用算符恒等式 $\mathrm{e}^{\alpha a^\dagger a}=\mathrm{e}^{-\alpha}\vdots\exp\left[(1-\mathrm{e}^{-\alpha})aa^\dagger\right]\vdots$, 有

$$\begin{aligned}\vdots\exp\left(\frac{4fg-f-g}{D}a^\dagger a\right)\vdots &= \vdots\exp\left[\left(1-\frac{1-f-g}{D}\right)a^\dagger a\right]\vdots \\ &= \frac{D}{1-f-g}\exp\left(a^\dagger a\ln\frac{D}{1-f-g}\right)\end{aligned} \tag{9.63}$$

则式 (9.62) 变成

$$\rho_0=\frac{2\sqrt{fgD}}{1-f-g}\exp\left(\frac{g-f}{2D}a^2\right)\exp\left(a^\dagger a\ln\frac{D}{1-f-g}\right)\exp\left(\frac{g-f}{2D}a^{\dagger 2}\right) \tag{9.64}$$

9.5 压缩混沌光场的衰减

下面, 进一步考察压缩混沌光场在耗散通道中的演化, 该耗散下的密度算符与初始时刻的密度算符关系由式 (6.20) 给出. 故将式 (9.62) 代入式 (6.20) 可得

$$\rho(t)=2\sqrt{\frac{fg}{D}}\sum_{n=0}^{\infty}\frac{T^n}{n!}\mathrm{e}^{-\kappa ta^\dagger a}\vdots a^n\exp\left[\frac{g-f}{2D}\left(a^{\dagger 2}+a^2\right)+\frac{4fg-f-g}{D}a^\dagger a\right]a^{\dagger n}\vdots\mathrm{e}^{-\kappa ta^\dagger a} \tag{9.65}$$

现在, 推导式 (9.65) 的正规乘积形式. 为此, 注意到对于相干态 $|\beta\rangle=\exp\left[\frac{-|\beta|^2}{2}+\beta a^\dagger\right]|0\rangle$, 有

$$\mathrm{e}^{-\kappa ta^\dagger a}|\beta\rangle=\mathrm{e}^{-\frac{|\beta|^2}{2}}\mathrm{e}^{\beta\mathrm{e}^{-kt}a^\dagger}|0\rangle \tag{9.66}$$

上式计算中利用了算符恒等式

$$\mathrm{e}^{-\beta a^\dagger a}f\left(a,a^\dagger\right)\mathrm{e}^{\beta a^\dagger a}=f\left(a\mathrm{e}^{\beta},a^\dagger\mathrm{e}^{-\beta}\right) \tag{9.67}$$

再利用相干态下的 P- 表示理论和相干态完备性 $\int\frac{\mathrm{d}^2\beta}{\pi}|\beta\rangle\langle\beta|=1$ 以及真空投影算符的正规乘积 $|0\rangle\langle 0|=:\exp\left(-a^\dagger a\right):$, 可得

$$\begin{aligned}\rho(t)&=2\sqrt{\frac{fg}{D}}\int\frac{\mathrm{d}^2\beta}{\pi}\sum_{n=0}^{\infty}\frac{T'^n}{n!}|\beta|^{2n}:\exp\left[\left(\frac{4fg-f-g}{D}-1\right)|\beta|^2\right.\\&\quad\left.+\mathrm{e}^{-kt}a^\dagger\beta+\mathrm{e}^{-kt}a\beta^*+\frac{g-f}{2D}\left(\beta^2+\beta^{*2}\right)-a^\dagger a\right]:\\&=2\sqrt{\frac{fg}{D}}\int\frac{\mathrm{d}^2\beta}{\pi}:\exp\left[-\mu|\beta|^2+\mathrm{e}^{-kt}a^\dagger\beta+\mathrm{e}^{-kt}a\beta^*+\frac{g-f}{2D}\left(\beta^2+\beta^{*2}\right)-a^\dagger a\right]:\end{aligned} \tag{9.68}$$

这里 $\mu=\frac{1-f-g-DT}{D}$.

进一步利用积分公式 (1.36), 可得密度算符 $\rho(t)$ 的正规乘积为

$$\rho(t)=2\sqrt{\frac{fgD}{F_\mu}}:\exp\left\{\frac{D^2\mathrm{e}^{-2kt}}{F_\mu}\left[\mu a^\dagger a+E\left(a^2+a^{\dagger 2}\right)\right]-a^\dagger a\right\}: \tag{9.69}$$

其中

$$F_\mu=\mu^2D^2-(g-f)^2,\quad E=(g-f)/2D \tag{9.70}$$

当 $t=0$, $\mathrm{e}^{-2\kappa t}=1$ 时, 注意到

$$\begin{aligned}&(4fg-f-g-D)^2-(g-f)^2=D\\&D-(4fg-f-g)=1-f-g\end{aligned} \tag{9.71}$$

所以 $\rho(t)\to\rho_0=2\sqrt{fg}\colon\exp\left[\frac{1}{2}(g-f)\left(a^2+a^{\dagger 2}\right)-(f+g)a^\dagger a\right]\colon$, 这正是所期望的. 为了进一步证实式 (9.69) 确实是一个密度算符, 须核实 $\mathrm{tr}\rho(t)=1$. 实际上, 利用 $\int\frac{\mathrm{d}^2\beta}{\pi}|\beta\rangle\langle\beta|=1$ 和式 (1.36) 确实有

$$\begin{aligned}\mathrm{Tr}\rho(t)&=2\sqrt{\frac{fgD}{F_\mu}}\int\frac{\mathrm{d}^2\beta}{\pi}\langle\beta|:\exp\left\{\frac{D^2\mathrm{e}^{-2kt}}{F_\mu}\left[\mu a^\dagger a+E\left(a^2+a^{\dagger 2}\right)\right]-a^\dagger a\right\}:|\beta\rangle\\&=2\sqrt{\frac{fgD}{F_\mu}}\int\frac{\mathrm{d}^2\beta}{\pi}\exp\left[\left(\frac{\mu D^2\mathrm{e}^{-2kt}-F_\mu}{F_\mu}\right)|\beta|^2+\frac{D^2\mathrm{e}^{-2kt}}{F_\mu}E\left(\beta^2+\beta^{*2}\right)\right]\\&=1\end{aligned} \tag{9.72}$$

9.6 压缩混沌光仍然衰减为压缩混沌光

事实上, 式 (9.69) 可写成如下等价的形式, 即

$$\rho(t)=2\sqrt{\frac{fgD}{F_\mu}}\exp\left(\frac{ED^2\mathrm{e}^{-2kt}}{F_\mu}a^{\dagger 2}\right)\exp\left(a^\dagger a\ln\frac{\mu D^2\mathrm{e}^{-2kt}}{F_\mu}\right)\exp\left(\frac{ED^2\mathrm{e}^{-2kt}}{F_\mu}a^2\right) \tag{9.73}$$

它是一个高斯二次型 (Gaussian quadratic form). 注意到 $\rho_c(\lambda)=\left(1-e^{\lambda}\right)e^{\lambda a^\dagger a}$, 故 $\rho(t)$ 可以被看成是一种光子增加热态, 平均光子数为

$$n''=\left(\frac{F_\mu}{\mu D^2 e^{-2kt}}-1\right)^{-1}=\frac{1}{f'+g'}-1$$

具体可见式 (9.76). 另一方面, 比较衰减后的压缩热态式 (9.73) 和压缩热态式 (3.130), 即

$$\rho_0=2\sqrt{fg}\exp\left[\frac{1}{2}(g-f)a^{\dagger 2}\right]\exp\left\{a^\dagger a\ln[1-(f+g)]\right\}\exp\left[\frac{1}{2}(g-f)a^2\right] \tag{9.74}$$

可见, 当压缩混沌光经由耗散通道后, 密度算符 $\rho(t)$ 和 ρ_0 的形式是完全相同的. 这表明在任意时刻 $\rho(t)$ 仍然可以看着为压缩热态. 引入以下参数:

$$g'-f'=2\frac{ED^2e^{-2kt}}{F_\mu},\quad g'+f'=1-\frac{\mu D^2 e^{-2kt}}{F_\mu} \tag{9.75}$$

这表明

$$\begin{aligned}
g'&=\frac{1}{2}\left(1-\frac{\mu-2E}{F_\mu}D^2e^{-2kt}\right)=\frac{g}{2g-(2g-1)e^{-2\kappa t}}\\
f'&=\frac{1}{2}\left(1-\frac{\mu+2E}{F_\mu}D^2e^{-2kt}\right)=\frac{f}{2f-(2f-1)e^{-2\kappa t}}
\end{aligned} \tag{9.76}$$

因此, 可将式 (9.69) 和式 (9.73) 改写为

$$\begin{aligned}
\rho(t)&=2\sqrt{g'f'}\colon\exp\left[\frac{1}{2}(g'-f')\left(a^{\dagger 2}-a^2\right)-(g'+f')a^\dagger a\right]\colon\\
&=2\sqrt{f'g'}\exp\left[\frac{1}{2}(g'-f')a^{\dagger 2}\right]\exp\left\{a^\dagger a\ln[1-(f'+g')]\right\}\exp\left[\frac{1}{2}(g'-f')a^2\right]
\end{aligned} \tag{9.77}$$

利用式 (9.74) 和式 (9.77) 可将上式改写成一个压缩热态, 即

$$\rho(t)=S(r')\rho_c' S^\dagger(r') \tag{9.78}$$

其中 ρ_c' 的平均光子数为 $n(t)$:

$$\begin{aligned}
&n(t)=\frac{1}{2}(uv-1),\quad \lambda'(t)=\ln\frac{uv-1}{uv+1},\quad r'(t)=\frac{1}{2}\ln\frac{u}{v}\\
&u=\sqrt{\frac{1-f'}{f'}}=\sqrt{(2n'+1)e^{-2\kappa t}e^{2r}+T}\\
&v=\sqrt{\frac{1-g'}{g'}}=\sqrt{(2n'+1)e^{-2\kappa t}e^{-2r}+T}
\end{aligned} \tag{9.79}$$

平均光子数和压缩参数均依赖于演化时间因子 $\mathrm{e}^{-2\kappa t}$. 从式 (9.78) 和式 (9.79) 可知, 当压缩热态经历耗散演化时, 输出态可以看成一个压缩热态, 其平均光子数 $n(t)$ 和压缩参数 $r'(t)$ 由式 (9.79) 给出. 利用式 (9.78) 和式 (9.79) 可方便地计算一些分布函数, 如光子数分布、Q 函数、Wigner 函数等等.

9.7 两个表征衰减的物理参数和衰减定理

比较压缩混沌态 [式 (9.74)] 与耗散环境下的压缩混沌态 [式 (9.77)] 可知, 压缩混沌态在振幅衰减 (光子数衰减) 过程中的演化规律完全可由两个参数的时间演化来确定, 即

$$g \rightarrow g', \quad f \rightarrow f' \tag{9.80}$$

其中 g' 和 f' 由式 (9.76) 定义. 式 (9.80) 是对压缩混沌场的一个非常清楚的描述, 也易于记忆. 因此, g 和 f 是可以用来描述压缩混沌场在耗散通道中演化规律的两个有效参数. 显然, 当 $t=0$ 时, 式 (9.77) 变成式 (9.74). 若 $t \rightarrow \infty$, 则有 $g' \rightarrow \frac{1}{2}$, $f' \rightarrow \frac{1}{2}$, 式 (9.77) 变成 $\rho(t) \rightarrow \colon \exp\left(-a^{\dagger}a\right) \colon = |0\rangle\langle 0|$. 这表明, 压缩混沌场最终演化为真空态.

9.7.1 耗散中的时间不变量

有趣的是, 注意到

$$\begin{aligned} g'-f' &= \frac{g}{2g-(2g-1)\mathrm{e}^{-2\kappa t}} - \frac{f}{2f-(2f-1)\mathrm{e}^{-2\kappa t}} \\ &= \frac{(g-f)\mathrm{e}^{-2\kappa t}}{\left[2g-(2g-1)\mathrm{e}^{-2\kappa t}\right]\left[2f-(2f-1)\mathrm{e}^{-2\kappa t}\right]} \end{aligned} \tag{9.81}$$

以及

$$g'+f'-4g'f' = \frac{(g+f-4fg)\mathrm{e}^{-2\kappa t}}{\left[2g-(2g-1)\mathrm{e}^{-2\kappa t}\right]\left[2f-(2f-1)\mathrm{e}^{-2\kappa t}\right]} \tag{9.82}$$

则有

$$\frac{g'-f'}{g'+f'-4g'f'} = \frac{g-f}{g+f-4fg} \tag{9.83}$$

则表明因子 $\frac{g-f}{g+f-4fg}$ 在耗散过程中是不随时间变化的, 此量将出现在二阶相干度的

计算中.

9.7.2 压缩混沌光的光子数分布的耗散

利用相干态完备性关系, 即

$$\int \frac{\mathrm{d}^2 z}{\pi}|z\rangle\langle z| = \int \frac{\mathrm{d}^2 z}{\pi} :\exp\left(-|z|^2 + za^\dagger + z^* a - a^\dagger a\right): = 1 \tag{9.84}$$

初始量子态 ρ_0 的平均光子数为

$$\begin{aligned}\langle N\rangle_0 &\equiv \mathrm{Tr}\left(\rho_0 a^\dagger a\right) = \mathrm{Tr}\left(\rho_0 a a^\dagger\right) - 1\\ &= 2\sqrt{gf}\,\mathrm{Tr}\left\{:a^\dagger a \exp\left[\frac{1}{2}(g-f)\left(a^{\dagger 2}+a^2\right) - (g+f)a^\dagger a\right]:\right\} - 1\\ &= 2\sqrt{gf}\int \frac{\mathrm{d}^2 z}{\pi}|z|^2 \exp\left[\frac{1}{2}(g-f)\left(z^{*2}+z^2\right) - (g+f)|z|^2\right] - 1\\ &= \frac{g+f}{4gf} - 1\end{aligned} \tag{9.85}$$

显然, 利用耗散规律 (9.77) 和式 (9.85), 立刻可得在耗散通道中任意时刻 t 的光子数分布:

$$\begin{aligned}\langle N\rangle_t &= \mathrm{Tr}\left[\rho(t) a^\dagger a\right] = \frac{g'+f'}{4g'f'} - 1\\ &= \frac{g(1-2f)+f(1-2g)}{4gf}\mathrm{e}^{-2\kappa t} = \left(\frac{g+f}{4gf} - 1\right)\mathrm{e}^{-2\kappa t}\\ &= \langle N\rangle_0 \mathrm{e}^{-2\kappa t}\end{aligned} \tag{9.86}$$

即平均光子数 $\langle N\rangle_t$ 随时间指数衰减.

9.7.3 量子涨落的时间演化

利用耗散规律 (9.77) 和式 (9.85), 立刻可写出密度算符 $\rho(t)$ 的反正规乘积形式:

$$\rho(t) = 2\sqrt{\frac{g'f'}{D'}}\vdots \exp\left[\frac{g'-f'}{2D'}\left(a^{\dagger 2}+a^2\right) + \frac{4g'f'-g'-f'}{D'}a^\dagger a\right]\vdots \tag{9.87}$$

其中, $D' = (2f'-1)(2g'-1)$.

令

$$u = \frac{g'-f'}{2D'}, v = \frac{4g'f'-g'-f'}{D'} \tag{9.88}$$

则

$$2\sqrt{\frac{g'f'}{D'}}=\sqrt{v^2-4u^2} \tag{9.89}$$

因此, 有

$$\rho(t)=\sqrt{v^2-4u^2}\vdots\exp\left[u\left(a^{\dagger 2}+a^2\right)+va^\dagger a\right]\vdots \tag{9.90}$$

为了考察量子涨落, 先计算 $\langle N^2\rangle_t$, 即

$$\left\langle N^2\right\rangle_t=\mathrm{Tr}\left[\rho(t)\,a^\dagger aa^\dagger a\right]=\mathrm{Tr}\left[\rho(t)\,a^{\dagger 2}a^2\right]+\langle N\rangle_t \tag{9.91}$$

利用相干态完备性关系和式 (9.90) 可得

$$\begin{aligned}
&\mathrm{Tr}\left[\rho(t)\,a^{\dagger 2}a^2\right]\\
&=\sqrt{v^2-4u^2}\mathrm{Tr}\left\{a^2\vdots\exp\left[u\left(a^{\dagger 2}+a^2\right)+va^\dagger a\right]\vdots a^{\dagger 2}\right\}\\
&=\sqrt{v^2-4u^2}\mathrm{Tr}\left\{\int\frac{\mathrm{d}^2z}{\pi}a^2\vdots\exp\left[u\left(a^{\dagger 2}+a^2\right)+va^\dagger a\right]\vdots|z\rangle\langle z|a^{\dagger 2}\right\}\\
&=\sqrt{v^2-4u^2}\mathrm{Tr}\left\{\int\frac{\mathrm{d}^2z}{\pi}|z|^4\exp\left[u\left(z^{*2}+z^2\right)+v|z|^2\right]|z\rangle\langle z|\right\}\\
&=\sqrt{v^2-4u^2}\mathrm{Tr}\left\{\int\frac{\mathrm{d}^2z}{\pi}:|z|^4\exp\left[(v-1)|z|^2+za^\dagger+z^*a+u\left(z^{*2}+z^2\right)-a^\dagger a\right]:\right\}\\
&=\frac{2v^2+4u^2}{\left(v^2-4u^2\right)^2}\\
&=\frac{2\left(4g'f'-g'-f'\right)^2+\left(g'-f'\right)^2}{16\left(g'f'\right)^2}
\end{aligned} \tag{9.92}$$

故有

$$\begin{aligned}
\left\langle N^2\right\rangle_t&=\mathrm{Tr}\left[\rho(t)\,a^{\dagger 2}a^2\right]+\langle N\rangle_t\\
&=\frac{2\left(4g'f'-g'-f'\right)^2+\left(g'-f'\right)^2}{16\left(g'f'\right)^2}+\frac{g'+f'}{4g'f'}-1
\end{aligned} \tag{9.93}$$

以及

$$\left\langle N^2\right\rangle_t-\langle N\rangle_t^2=\frac{g'^2+f'^2-2g'f'\left(g'+f'\right)}{8\left(g'f'\right)^2} \tag{9.94}$$

所以光子数的相对涨落为

$$\frac{\Delta N_t}{\langle N\rangle_t}=\frac{\sqrt{\left\langle N^2\right\rangle_t-\langle N\rangle_t^2}}{\langle N\rangle_t}=\frac{\sqrt{2\left[g'^2+f'^2-2g'f'\left(g'+f'\right)\right]}}{g'+f'-4g'f'} \tag{9.95}$$

将式 (9.76) 代入上式可得

$$\frac{\Delta N_t}{\langle N\rangle_t}=\sqrt{2}\frac{\sqrt{g^2(2f-1)^2+f^2(2g-1)^2+2gf(g+f-4gf)\,\mathrm{e}^{2\kappa t}}}{g+f-4gf} \tag{9.96}$$

由此可知, 相对涨落几乎随 $\mathrm{e}^{\kappa t}$ 增加, 大涨落对应于快速耗散.

二阶相干度为

$$G^{(2)} \equiv \frac{\langle N^2\rangle_t - \langle N\rangle_t}{\langle N\rangle_t^2} = 2 + \frac{(g'-f')^2}{(g'+f'-4g'f')^2} = 2 + \frac{(g-f)^2}{(g+f-4gf)^2} \tag{9.97}$$

可见, 光子呈现聚束效应, 即光子行为像超泊松分布.

总之, 对于压缩混沌光的衰减过程, 我们发现了两个参数 g 和 f . 它们能很好地反映耗散的本质, 同时我们获得了耗散规律, 结论是: 压缩混沌光演化为一个新的压缩混沌光, 只要将两参数 g,f 分别改为 g' 和 f' 即可. 基于该演化规律, 我们计算了量子涨落, 且发现 $\dfrac{g-f}{g+f-4gf}$ 与光场的二阶相干度密切相关, 并不随时间变化, 即具有时间不变性特点.

9.8 简并参量放大器的密度算符

简并参量放大过程对应的哈密顿量为

$$H = \omega a^\dagger a + \varkappa^* a^{\dagger 2} + \varkappa a^2 \tag{9.98}$$

这里, $\varkappa$ 是介电常数. 其相应的归一化密度算符为

$$\begin{aligned} \rho_0 &= \frac{\mathrm{e}^{-\beta H}}{\mathrm{Tr}\mathrm{e}^{-\beta H}} \\ &= \frac{\exp[-\beta(\omega a^\dagger a + \varkappa^* a^{\dagger 2} + \varkappa a^2)]}{\mathrm{Tr}\mathrm{e}^{-\beta H}} \end{aligned} \tag{9.99}$$

这里, $\beta = \dfrac{1}{kT}$, k 是 Boltzmann 常数. 注意到 $\dfrac{1}{2}\left(a^\dagger a + \dfrac{1}{2}\right)$, $\dfrac{1}{2}a^{\dagger 2}$ 和 $\dfrac{1}{2}a^2$ 遵守 $SU(1,1)$ 李代数, 就可导出

$$\begin{aligned} &\exp\left(f a^\dagger a + g a^{\dagger 2} + k a^2\right) \\ &\quad = \mathrm{e}^{-f/2} \exp\left(\frac{g a^{\dagger 2}}{\mathcal{D}\coth\mathcal{D} - f}\right) \\ &\qquad \times \exp\left[\left(a^\dagger a + \frac{1}{2}\right)\ln\frac{\mathcal{D}\operatorname{sech}\mathcal{D}}{\mathcal{D} - f\tanh\mathcal{D}}\right] \exp\left(\frac{k a^2}{\mathcal{D}\coth\mathcal{D} - f}\right) \end{aligned} \tag{9.100}$$

这里, $\mathcal{D}^2 = f^2 - 4kg$. 式（9.100）也可以不用李代数知识而直接由简单的算符代数推导出来. 我们可以将方程（9.99）右边的指数算符分解为

$$(\mathrm{Tr}\mathrm{e}^{-\beta H})\rho_0 = \sqrt{\lambda \mathrm{e}^{\beta\omega}} \exp(E^* a^{\dagger 2}) \exp(a^\dagger a \ln\lambda) \exp(Ea^2) \tag{9.101}$$

这里

$$\begin{aligned} \lambda &= \frac{D}{\omega\sinh(\beta D) + D\cosh(\beta D)} \\ E &= \frac{-\lambda}{D}\varkappa\sinh(\beta D) \\ D^2 &= \omega^2 - 4|k|^2 \end{aligned} \tag{9.102}$$

用算符恒等式 $\exp(a^\dagger a \ln\lambda) = :\exp[(\lambda-1)a^\dagger a]:$, 我们计算它的配分函数

$$\begin{aligned} Z(\beta) &= \mathrm{Tr}\mathrm{e}^{-\beta H} \\ &= \sqrt{\lambda \mathrm{e}^{\beta\omega}} \mathrm{Tr}\left\{\exp(E^* a^{\dagger 2}) :\exp[(\lambda-1)a^\dagger a]: \exp(Ea^2)\right\} \end{aligned} \tag{9.103}$$

利用相干态的完备性关系（9.84）和积分公式（1.36）我们得

$$\begin{aligned} Z(\beta) &= \sqrt{\lambda \mathrm{e}^{\beta\omega}} \mathrm{Tr}\left\{\exp(E^* a^{\dagger 2}) :\exp[(\lambda-1)a^\dagger a]: \exp(Ea^2) \int \frac{\mathrm{d}^2 z}{\pi} |z\rangle\langle z| \right\} \\ &= \sqrt{\lambda \mathrm{e}^{\beta\omega}} \int \frac{\mathrm{d}^2 z}{\pi} \langle z| \exp(E^* a^{\dagger 2}) :\exp[(\lambda-1)a^\dagger a]: \exp(Ea^2) |z\rangle \\ &= \sqrt{\lambda \mathrm{e}^{\beta\omega}} \int \frac{\mathrm{d}^2 z}{\pi} \exp[E^* z^{*2} + Ez^2 + (\lambda-1)|z|^2] \\ &= \frac{\sqrt{\lambda \mathrm{e}^{\beta\omega}}}{\sqrt{(1-\lambda)^2 - 4|E|^2}} \\ &= \frac{\mathrm{e}^{\beta\omega/2}}{2\sinh\left(\dfrac{\beta D}{2}\right)} \end{aligned} \tag{9.104}$$

这里

$$\sqrt{(1-\lambda)^2 - 4|E|^2} = 2\sqrt{\lambda}\sinh\left(\frac{\beta D}{2}\right) \equiv A \tag{9.105}$$

此等式的证明如下:

$$\begin{aligned} &\sqrt{(1-\lambda)^2 - 4|E|^2} \\ &= \sqrt{(1-\lambda)^2 - \frac{\lambda^2}{D^2}(\omega^2 - D^2)\sinh^2(\beta D)} \\ &= \sqrt{\lambda^2\left[\frac{D^2\cosh^2(\beta D) - \omega^2\sinh^2(\beta D)}{D^2}\right] - 2\lambda + 1} \end{aligned}$$

$$= \sqrt{\frac{D\cosh(\beta D)-\omega\sinh(\beta D)}{\omega\sinh(\beta D)+D\cosh(\beta D)} - \frac{2D}{\omega\sinh(\beta D)+D\cosh(\beta D)}+1}$$
$$= \sqrt{\frac{2D[\cosh(\beta D)-1]}{\omega\sinh(\beta D)+D\cosh(\beta D)}}$$
$$= 2\sqrt{\lambda}\sinh\left(\frac{\beta D}{2}\right) \tag{9.106}$$

因此

$$\rho_0 = \frac{\sqrt{\lambda}e^{\beta\omega}\exp(E^*a^{\dagger 2})\exp(a^\dagger a\ln\lambda)\exp(Ea^2)}{\left[\frac{e^{\beta\omega/2}}{2\sinh(\beta D/2)}\right]}$$
$$= A\exp(E^*a^{\dagger 2})\exp(a^\dagger a\ln\lambda)\exp(Ea^2) \tag{9.107}$$

这里 $\mathrm{Tr}\rho_0 = 1$.

9.9 表征密度算符在耗散通道演化的主方程解

将式（9.107）代入式（6.20），我们有

$$\rho(t) = A\sum_{n=0}^{\infty}\frac{T^n}{n!}e^{-\kappa t a^\dagger a}a^n\exp(E^*a^{\dagger 2})\exp(a^\dagger a\ln\lambda)\exp(Ea^2)a^{\dagger n}e^{-\kappa t a^\dagger a} \tag{9.108}$$

根据公式

$$\exp\left(a^\dagger a\ln B\right)f\left(a^\dagger\right)\exp\left(-a^\dagger a\ln B\right) = f\left(Ba^\dagger\right)$$
$$\exp\left(a^\dagger a\ln B\right)f\left(a\right)\exp\left(-a^\dagger a\ln B\right) = f\left(\frac{a}{B}\right) \tag{9.109}$$

得

$$\rho(t) = A\sum_{n=0}^{\infty}\frac{T^n e^{2\kappa t n}}{n!}a^n\exp(E^*e^{-2\kappa t}a^{\dagger 2})\exp[(\ln\lambda-2\kappa t)a^\dagger a]\exp(Ee^{-2\kappa t}a^2)a^{\dagger n} \tag{9.110}$$

这里

$$\exp[(\ln\lambda-2\kappa t)a^\dagger a] =: \exp\left[\left(e^{\ln\lambda-2\kappa t}-1\right)a^\dagger a\right]:$$
$$=: \exp\left[\left(\lambda e^{-2\kappa t}-1\right)a^\dagger a\right]: \tag{9.111}$$

: : 标记正规序. 由于在 a^n 和 $a^{\dagger n}$ 之间存在 $\exp(E^* e^{-2\kappa t} a^{\dagger 2}), \exp[(\ln\lambda - 2\kappa t)a^\dagger a]$, $\exp(E e^{-2\kappa t} a^2)$ 三项, 所以在对 n 进行求和时遇到困难, 解决这个难题的方法是把这三项转换成反正规排序的形式. 为此, 我们利用以下的化算符为其反正规排序的公式 (2.73):

$$\rho = \int \frac{d^2\beta}{\pi} \vdots \langle -\beta|\rho|\beta\rangle \exp(|\beta|^2 + \beta^* a - \beta a^\dagger + a^\dagger a) \vdots \tag{9.112}$$

我们计算

$$\begin{aligned}
&\exp(E^* e^{-2\kappa t} a^{\dagger 2}) \exp[(\ln\lambda - 2\kappa t)a^\dagger a] \exp(E e^{-2\kappa t} a^2) \\
&= \int \frac{d^2\beta}{\pi} \vdots \langle -\beta| \exp(E^* e^{-2\kappa t} a^{\dagger 2}) : \exp\left[\left(\lambda e^{-2\kappa t} - 1\right) a^\dagger a\right] : \exp(E e^{-2\kappa t} a^2)|\beta\rangle \\
&\quad \times \exp(|\beta|^2 + \beta^* a - \beta a^\dagger + a^\dagger a) \vdots \\
&= \int \frac{d^2\beta}{\pi} \vdots \exp(-\lambda e^{-2\kappa t}|\beta|^2 + \beta^* a - \beta a^\dagger + E e^{-2\kappa t}\beta^2 + E^* e^{-2\kappa t}\beta^{*2} + a^\dagger a) \vdots \\
&= \frac{e^{2\kappa t}}{\sqrt{\lambda^2 - 4|E|^2}} \vdots \exp\left(\frac{-\lambda a a^\dagger + E a^2 + E^* a^{\dagger 2}}{\lambda^2 - 4|E|^2} e^{2\kappa t} + a^\dagger a\right) \vdots
\end{aligned} \tag{9.113}$$

将式 (9.113) 代入式 (9.110) 之后可以看出整个式子都是反正规排列的, 因为 a 和 $a^\dagger$ 在 $\vdots\ \vdots$ 内是可对易的, 所以现在我们可以在 $\vdots\ \vdots$ 内对 n 进行求和, 结果是

$$\begin{aligned}
\rho(t) &= \frac{A e^{2\kappa t}}{\sqrt{\lambda^2 - 4|E|^2}} \vdots \sum_{n=0}^{\infty} \frac{(T e^{2\kappa t} a a^\dagger)^n}{n!} \exp\left(\frac{-\lambda a a^\dagger + E a^2 + E^* a^{\dagger 2}}{\lambda^2 - 4|E|^2} e^{2\kappa t} + a^\dagger a\right) \vdots \\
&= \frac{A e^{2\kappa t}}{\sqrt{\lambda^2 - 4|E|^2}} \vdots \exp(e^{2\kappa t} a a^\dagger) \exp\left(\frac{-\lambda a a^\dagger + E a^2 + E^* a^{\dagger 2}}{\lambda^2 - 4|E|^2} e^{2\kappa t}\right) \vdots \\
&= A' \vdots \exp\left[e^{2\kappa t} \frac{(\lambda^2 - 4|E|^2 - \lambda) a a^\dagger + E a^2 + E^* a^{\dagger 2}}{\lambda^2 - 4|E|^2}\right] \vdots
\end{aligned} \tag{9.114}$$

这里 $A' = \dfrac{A e^{2\kappa t}}{\sqrt{\lambda^2 - 4|E|^2}}$, 且我们已应用了 $T = 1 - e^{-2\kappa t}$. 这就是在 t 时刻的反正规序密度矩阵 (9.114), 为了检验它的有效性, 我们利用在相干态表象的 P-表示公式

$$\rho(t) = \int \frac{d^2 z}{\pi} |z\rangle\langle z| P_t(z) \tag{9.115}$$

来计算式 (9.114) 中 $\rho(t)$ 的迹

$$\begin{aligned}
\mathrm{Tr}\rho(t) &= \int \frac{d^2 z}{\pi} \langle z| P_t(z) |z\rangle \\
&= \int \frac{d^2 z}{\pi} P_t(z) \\
&= A' \int \frac{d^2 z}{\pi} \exp\left[e^{2\kappa t} \frac{(\lambda^2 - 4|E|^2 - \lambda)|z|^2 + E z^2 + E^* z^{*2}}{\lambda^2 - 4|E|^2}\right]
\end{aligned}$$

$$= \frac{A\sqrt{\lambda^2-4|E|^2}}{\sqrt{(\lambda^2-4|E|^2-\lambda)^2-4|E|^2}}$$

$$= \frac{A}{\sqrt{(\lambda-1)^2-4|E|^2}} = 1 \tag{9.116}$$

得到预期的结果.

9.10 能量的变化

现在我们利用式（9.114）和式（9.115）中 $\rho(t)$ 的反正规排列形式和它的 P-表示形式来计算 t 时刻回路的能量, 我们有

$$\begin{aligned}
\mathrm{Tr}\left(\rho(t)a^\dagger a\right) &= \mathrm{Tr}\left[\int \frac{\mathrm{d}^2 z}{\pi} P_t(z)\,|z\rangle\langle z|a^\dagger a\right] = \int \frac{\mathrm{d}^2 z}{\pi} P_t(z)\,|z|^2 \\
&= A' \int \frac{\mathrm{d}^2 z}{\pi} |z|^2 \exp\left(\mathrm{e}^{2\kappa t}|z|^2 + \frac{Ez^2+E^*z^{*2}-\lambda|z|^2}{\lambda^2-4|E|^2}\mathrm{e}^{2\kappa t}\right) \\
&= A'\mathrm{e}^{-4\kappa t} \int \frac{\mathrm{d}^2 z}{\pi} |z|^2 \exp\left(|z|^2 + \frac{Ez^2+E^*z^{*2}-\lambda|z|^2}{\lambda^2-4|E|^2}\right) \\
&= A'\mathrm{e}^{-4\kappa t} \frac{\partial}{\partial f} \int \frac{\mathrm{d}^2 z}{\pi} \exp\left(f|z|^2 + \frac{Ez^2+E^*z^{*2}-\lambda|z|^2}{\lambda^2-4|E|^2}\right)_{f=1} \\
&= A'\mathrm{e}^{-4\kappa t} \frac{\partial}{\partial f} \int \frac{\mathrm{d}^2 z}{\pi} \exp\left\{\frac{Ez^2+E^*z^{*2}+\left[f\left(\lambda^2-4|E|^2\right)-\lambda\right]|z|^2}{\lambda^2-4|E|^2}\right\}_{f=1} \\
&= A'\mathrm{e}^{-4\kappa t} \frac{\partial}{\partial f} \frac{\lambda^2-4|E|^2}{\sqrt{\left[f\left(\lambda^2-4|E|^2\right)-\lambda\right]^2-4|E|^2}}\Bigg|_{f=1} \\
&= A'\mathrm{e}^{-4\kappa t} \frac{\sqrt{\lambda^2-4|E|^2}[4|E|^2-\lambda(\lambda-1)]}{[(\lambda-1)^2-4|E|^2]^{3/2}} \\
&= \mathrm{e}^{-2\kappa t} \frac{A[4|E|^2-\lambda(\lambda-1)]}{[(\lambda-1)^2-4|E|^2]^{3/2}} \\
&= \mathrm{e}^{-2\kappa t} \frac{4|E|^2-\lambda(\lambda-1)}{(\lambda-1)^2-4|E|^2}
\end{aligned} \tag{9.117}$$

在最后一步中, 我们利用了 $A \equiv \sqrt{(1-\lambda)^2-4|E|^2} = 2\sqrt{\lambda}\sinh\left(\frac{\beta D}{2}\right)$.

注意

$$\mathrm{e}^{-2\kappa t}\frac{4|E|^2-\lambda(\lambda-1)}{(\lambda-1)^2-4|E|^2}=\mathrm{e}^{-2\kappa t}\left[\frac{1-\lambda}{(\lambda-1)^2-4|E|^2}-1\right]$$
$$=\mathrm{e}^{-2\kappa t}\left[\frac{1-\lambda}{4\lambda\sinh^2(\beta D/2)}-1\right] \tag{9.118}$$

然后将 $\lambda=\dfrac{D}{\omega\sinh(\beta D)+D\cosh(\beta D)}$ 代入上式, 我们有

$$\mathrm{Tr}\left[\rho(t)a^{\dagger}a\right]=\frac{\mathrm{e}^{-2\kappa t}}{2}\left[\frac{\omega}{D}\coth(\beta D/2)-1\right] \tag{9.119}$$

因为

$$\mathrm{Tr}\left(\rho_0 a^{\dagger}a\right)=\frac{1}{2}\left[\frac{\omega}{D}\coth\left(\frac{\beta D}{2}\right)-1\right] \tag{9.120}$$

所以有

$$\mathrm{Tr}\left[\rho(t)a^{\dagger}a\right]=\mathrm{e}^{-2\kappa t}\mathrm{Tr}\left(\rho_0 a^{\dagger}a\right)=\mathrm{e}^{-Rt/(2L)}\mathrm{Tr}\left(\rho_0 a^{\dagger}a\right) \tag{9.121}$$

因此, 可以看出能量以 $\mathrm{e}^{-Rt/(2L)}$ 随时间衰减.

9.11 对应简并参量放大器密度算符的热真空态

利用式 (9.101) 和公式 (3.5), 可得

$$\begin{aligned}\left(\mathrm{tr}\mathrm{e}^{-\beta H}\right)\rho &= \sqrt{\lambda\mathrm{e}^{\beta\omega}}\exp\left(E^* a^{\dagger 2}\right):\exp\left[(\lambda-1)a^{\dagger}a\right]:\exp\left(Ea^2\right)\\ &=\sqrt{\lambda\mathrm{e}^{\beta\omega}}\int\frac{\mathrm{d}^2 z}{\pi}\mathrm{e}^{E^* a^{\dagger 2}+\sqrt{\lambda}z^* a^{\dagger}}|0\rangle\langle 0|\mathrm{e}^{Ea^2+\sqrt{\lambda}za}\langle\tilde{z}|\tilde{0}\rangle\langle\tilde{0}|\tilde{z}\rangle\\ &=\sqrt{\lambda\mathrm{e}^{\beta\omega}}\int\frac{\mathrm{d}^2 z}{\pi}\langle\tilde{z}|\mathrm{e}^{E^* a^{\dagger 2}+\sqrt{\lambda}z^* a^{\dagger}}|0\tilde{0}\rangle\langle 0\tilde{0}\,\mathrm{e}^{Ea^2+\sqrt{\lambda}za}|\tilde{z}\rangle\\ &=\sqrt{\lambda\mathrm{e}^{\beta\omega}}\widetilde{\mathrm{tr}}\left(\mathrm{e}^{E^* a^{\dagger 2}+\sqrt{\lambda}a^{\dagger}\tilde{a}^{\dagger}}|0\tilde{0}\rangle\langle 0\tilde{0}\,\mathrm{e}^{Ea^2+\sqrt{\lambda}a\tilde{a}}\right)\\ &\equiv\left(\mathrm{tr}\mathrm{e}^{-\beta H}\right)\widetilde{\mathrm{tr}}\left[|\phi(\beta)\rangle\langle\phi(\beta)|\right]\end{aligned} \tag{9.122}$$

这表明, 由哈密顿量 [式 (9.98)] 演化的量子态在扩展的 Fock 空间中可写成以下纯态形式:

$$|\phi(\beta)\rangle=\sqrt{\frac{\lambda^{1/2}\mathrm{e}^{\beta\omega/2}}{Z(\beta)}}\mathrm{e}^{E^* a^{\dagger 2}+\sqrt{\lambda}a^{\dagger}\tilde{a}^{\dagger}}|0\tilde{0}\rangle \tag{9.123}$$

其中, $Z(\beta)$ 为配分函数 [见式 (9.104)], 则归一化的量子态 [见式 (9.123)] 为

$$|\phi(\beta)\rangle=\sqrt{2\lambda^{1/2}\sinh\left(\frac{\beta D}{2}\right)}\mathrm{e}^{E^{*}a^{\dagger 2}+\sqrt{\lambda}a^{\dagger}\tilde{a}^{\dagger}}|0\tilde{0}\rangle \tag{9.124}$$

系统内能为

$$\langle H\rangle_{\mathrm{e}}=-\frac{\partial}{\partial\beta}\ln Z(\beta)=\frac{D\coth(\beta D/2)-\omega}{2} \tag{9.125}$$

熵分布为

$$\begin{aligned}S&=-k\mathrm{tr}(\rho\ln\rho)\\&=\frac{1}{T}\langle H\rangle_{\mathrm{e}}+k\ln Z(\beta)\\&=\frac{D}{2T}\coth\left(\frac{\beta D}{2}\right)-k\ln\left[2\sinh\left(\frac{\beta D}{2}\right)\right]\end{aligned} \tag{9.126}$$

特别地, 当 $k=0$ 时, $D=\omega$, 所以方程式 (9.124) 就退化为 $|0(\beta)\rangle$ $(\omega\rightarrow\hbar\omega)$, 式 (9.125) 和式 (9.126) 分别变为 $\frac{\omega}{2}\left[\coth\left(\frac{\beta\omega}{2}\right)-1\right]$ 和 $\frac{\omega}{2T}\coth\left(\frac{\beta\omega}{2}\right)-k\ln\left[2\times\sinh\left(\frac{\beta\omega}{2}\right)\right]$, 这是所期望的结果. 可见, 利用 IWOP 方法, 我们可以使用部分求迹方法将密度算符转化为纯态表示, 方便计算.

9.12 简并参量放大器内能分布的计算

作为式 (9.124) 的应用, 下面计算哈密顿量中各项对能量的贡献. 正如前文所述, 系统算符 A 的平均值可以通过扩展的纯态的平均来实现, 即 $\langle A\rangle_{\mathrm{e}}=\langle\phi(\beta)|A|\phi(\beta)\rangle$. 利用相干态完备性, 并注意到 $\langle\phi(\beta)|\phi(\beta)\rangle=1$, $(1-\lambda)^2-4|E|^2=4\lambda\sinh^2\left(\frac{\beta D}{2}\right)$, 可得

$$\begin{aligned}\left\langle\omega a^{\dagger}a\right\rangle_{\mathrm{e}}&=\omega\langle\phi(\beta)|\left(aa^{\dagger}-1\right)|\phi(\beta)\rangle\\&=2\omega\lambda^{1/2}\sinh\left(\frac{\beta D}{2}\right)\frac{\partial}{\partial\lambda}\int\frac{\mathrm{d}^2z}{\pi}\mathrm{e}^{-(1-\lambda)|z|^2+Ez^2+E^{*}z^{*2}}-\omega\\&=2\omega\lambda^{1/2}\sinh\left(\frac{\beta D}{2}\right)\frac{\partial}{\partial\lambda}\frac{1}{\sqrt{(1-\lambda)^2-4|E|^2}}-\omega\\&=\frac{\omega}{2}\left[\frac{\omega}{D}\coth\left(\frac{\beta D}{2}\right)-1\right]\end{aligned} \tag{9.127}$$

和

$$\left\langle \kappa^{*}a^{\dagger 2}\right\rangle_{\mathrm{e}}=2\kappa^{*}\lambda^{1/2}\sinh\left(\frac{\beta D}{2}\right)\frac{\partial}{\partial E^{*}}\frac{1}{\sqrt{(1-\lambda)^{2}-4EE^{*}}}$$
$$=-\frac{|\kappa|^{2}}{D}\coth\left(\frac{\beta D}{2}\right) \tag{9.128}$$

以及

$$\left\langle \kappa a^{2}\right\rangle_{\mathrm{e}}=-\frac{|\kappa|^{2}}{D}\coth(\frac{\beta D}{2}) \tag{9.129}$$

由式 (9.128) 和式 (9.129) 可知, $\kappa^{*}a^{\dagger 2}$ 和 κa^{2} 两项对系统有相同的能量贡献. 联立式 (9.127)~式 (9.129) 可验证式 (9.125).

9.13 双模压缩态的单模衰减

现在, 我们来考察双模压缩光场的单模衰减行为. 我们指出, 当双模压缩真空态 (由参量放大器产生) 的信号模或闲置模经历一个单模振幅衰减通道 (记为 $a_2^{\dagger}$ 模) 时, 该通道可由以下主方程描述:

$$\frac{\mathrm{d}\rho(t)}{\mathrm{d}t}=\kappa\left(2a_{2}\rho a_{2}^{\dagger}-a_{2}^{\dagger}a_{2}\rho-\rho a_{2}^{\dagger}a_{2}\right) \tag{9.130}$$

其中, κ 为衰减常数, 则双模压缩真空态将演化为一个确定形式的态. 下面我们来推导这一形式. 振幅衰减通道下密度算符 $\rho(t)$ 的演化方程为式（6.20）, 为方便重写于此:

$$\rho(t)=\sum_{n=0}^{\infty}\frac{T^{n}}{n!}\mathrm{e}^{-\kappa ta_{2}^{\dagger}a_{2}}a_{2}^{n}\rho_{0}a_{2}^{\dagger n}\mathrm{e}^{-\kappa ta_{2}^{\dagger}a_{2}},\quad T=1-\mathrm{e}^{-2\kappa t} \tag{9.131}$$

那么, 我们要问的是：当初始量子态 ρ_0 为双模压缩真空态时, 即

$$\rho_{0}=\mathrm{sech}^{2}\lambda\mathrm{e}^{a_{1}^{\dagger}a_{2}^{\dagger}\tanh\lambda}\left|00\right\rangle\left\langle 00\right|\mathrm{e}^{a_{1}a_{2}\tanh\lambda} \tag{9.132}$$

演化的量子态 $\rho(t)$ 是什么? 将式 (9.132) 代入式 (9.131) 得

$$\rho(t)=\mathrm{sech}^{2}\lambda\sum_{n=0}^{\infty}\frac{T^{n}}{n!}\mathrm{e}^{-\kappa ta_{2}^{\dagger}a_{2}}a_{2}^{n}\mathrm{e}^{a_{1}^{\dagger}a_{2}^{\dagger}\tanh\lambda}\left|00\right\rangle\left\langle 00\right|\mathrm{e}^{a_{1}a_{2}\tanh\lambda}a_{2}^{\dagger n}\mathrm{e}^{-\kappa ta_{1}^{\dagger}a_{1}}$$
$$=\mathrm{sech}^{2}\lambda\sum_{n=0}^{\infty}\frac{T^{n}\tanh^{2n}\lambda}{n!}a_{1}^{\dagger n}\mathrm{e}^{\mathrm{e}^{-\kappa t}a_{1}^{\dagger}a_{2}^{\dagger}\tanh\lambda}\left|00\right\rangle\left\langle 00\right|\mathrm{e}^{\mathrm{e}^{-\kappa t}a_{1}a_{2}\tanh\lambda}a_{1}^{n} \tag{9.133}$$

利用真空投影算符的正规乘积形式

$$|00\rangle\langle 00| =: \mathrm{e}^{-a_1^\dagger a_1 - a_2^\dagger a_2}:, \quad |0\rangle_{11}\langle 0| =: \mathrm{e}^{-a_1^\dagger a_1}:, \quad |0\rangle_{22}\langle 0| =: \mathrm{e}^{-a_2^\dagger a_2}: \tag{9.134}$$

以及算符恒等式 : $\mathrm{e}^{a^\dagger a(\mathrm{e}^\lambda -1)}: = \mathrm{e}^{\lambda a^\dagger a}$, 可将密度算符 $\rho(t)$ 即式 (9.133) 改写成

$$\begin{aligned}\rho(t) &= \mathrm{sech}^2\lambda \sum_{n=0}^{\infty} \frac{T^n \tanh^{2n}\lambda}{n!} : a_1^{\dagger n} a_1^n \mathrm{e}^{\mathrm{e}^{-\kappa t} a_1^\dagger a_2^\dagger \tanh\lambda} \mathrm{e}^{\mathrm{e}^{-\kappa t} a_1 a_2 \tanh\lambda - a_1^\dagger a_1 - a_2^\dagger a_2}: \\ &= \mathrm{sech}^2\lambda : \mathrm{e}^{a_1^\dagger a_1 \left(1-\mathrm{e}^{-2\kappa t}\right)\tanh^2\lambda + \mathrm{e}^{-\kappa t}\tanh\lambda\left(a_1^\dagger a_2^\dagger + a_1 a_2\right) - a_1^\dagger a_1 - a_2^\dagger a_2}: \\ &= \mathrm{sech}^2\lambda \mathrm{e}^{\mathrm{e}^{-\kappa t} a_1^\dagger a_2^\dagger \tanh\lambda} \mathrm{e}^{a_1^\dagger a_1 \ln\left[\left(1-\mathrm{e}^{-2\kappa t}\right)\tanh^2\lambda\right]} |0\rangle_{22}\langle 0| \mathrm{e}^{\mathrm{e}^{-\kappa t} a_1 a_2 \tanh\lambda} \\ &= \mathrm{sech}^2\lambda \mathrm{e}^{\mathrm{e}^{-\kappa t} a_1^\dagger a_2^\dagger \tanh\lambda} \left[\left(1-\mathrm{e}^{-2\kappa t}\right)\tanh^2\lambda\right]^{a_1^\dagger a_1} |0\rangle_{22}\langle 0| \mathrm{e}^{\mathrm{e}^{-\kappa t} a_1 a_2 \tanh\lambda}\end{aligned} \tag{9.135}$$

式 (9.135) 表明：在单模振幅衰减过程中不仅初始压缩态 ρ_0 的压缩参数 $\tanh\lambda$ 减小为 $\mathrm{e}^{-\kappa t}\tanh\lambda$, 而且未经衰减的第一个模演化为混沌态 $\left[(1-\mathrm{e}^{-2\kappa t})\tanh^2\lambda\right]^{a_1^\dagger a_1}$. 终态不再是一个纯态, 而是一个纠缠混合态.

参照式 (9.135) 可进一步推广为一个由下式描述的新的双模光场态:

$$\rho = \mathrm{sech}^2\sigma \mathrm{sech}^2\tau \mathrm{e}^{a_2^\dagger a_1^\dagger \tanh\sigma} \left(\mathrm{sech}^2\sigma \tanh^2\tau\right)^{a_1^\dagger a_1} |0\rangle_{22}\langle 0| \mathrm{e}^{a_2 a_1 \tanh\sigma}, \quad \mathrm{Tr}\rho = 1 \tag{9.136}$$

显然, 上式 $\rho(t)$ 既包含了压缩信息又包含了混沌行为, 其中模 1 对应的项 $\left(\mathrm{sech}^2\sigma\tanh^2\tau\right)^{a_1^\dagger a_1}$ 表示混沌态, σ 和 τ 是两独立的参数, $|0\rangle_{22}\langle 0|$ 表示模 2 的真空场, $\mathrm{e}^{a_2^\dagger a_1^\dagger \tanh\sigma}$ 项表示仅与 σ 有关的双模压缩参数. 因此, ρ 就是一个包括压缩和噪声的混合态. 特别地, 当 $\tau = 0$ 时, $\left(\mathrm{sech}^2\sigma\tanh^2\tau\right)^{a_1^\dagger a_1} \to |0\rangle_{11}\langle 0|$, 则 $\rho \to \mathrm{sech}^2\sigma \mathrm{e}^{a_2^\dagger a_1^\dagger \tanh\sigma} |0\rangle_1 |0\rangle_{22}\langle 0|_1\langle 0| \mathrm{e}^{a_2 a_1 \tanh\sigma}$, 这恰恰就是双模压缩真空态. 然而, 应该注意的是 ρ 并不等价于对混沌场与真空场直积态的双模压缩变换结果, 即 $S_2\left(\mathrm{sech}^2\sigma\tanh^2\tau\right)^{a_1^\dagger a_1} |0\rangle_{22}\langle 0| S_2^{-1}$, 这里 $S_2 \equiv \mathrm{e}^{\left(a_2^\dagger a_1^\dagger - a_2 a_1\right)\sigma}$ 为双模压缩算符. 因此, 式 (9.136) 的密度算符 ρ 既不平凡也不是显而易见的, 即便是系数 $\mathrm{sech}^2\sigma\mathrm{sech}^2\tau$ 也是由归一化条件 $\mathrm{Tr}\rho = 1$ 决定的 ($\mathrm{Tr} = \mathrm{tr}_1\mathrm{tr}_2$). 为了证实以上结论的有效性, 利用双模相干态的完备性关系

$$\int \frac{\mathrm{d}^2 z_1 \mathrm{d}^2 z_2}{\pi^2} |z_1, z_2\rangle\langle z_1, z_2| = 1 \tag{9.137}$$

其中

$$|z_1, z_2\rangle = \exp\left[-\frac{1}{2}\left(|z_1|^2 + |z_2|^2\right) + z_1 a^\dagger + z_2 b^\dagger\right]|00\rangle \tag{9.138}$$

可验证保迹性, 即

$$\mathrm{Tr}\rho(t) = \mathrm{sech}^2\lambda \int \frac{\mathrm{d}^2 z_1 \mathrm{d}^2 z_2}{\pi^2} \langle z_1, z_2 | 0\rangle_{a_2 a_2}\langle 0| : \mathrm{e}^{a_1^\dagger a_1\left[\left(1-\mathrm{e}^{-2\kappa t}\right)\tanh^2\lambda - 1\right]}:$$

$$\times\left|z_1,z_2\right\rangle \mathrm{e}^{\mathrm{e}^{-\kappa t}(z_1z_2+z_1^*z_2^*)\tanh\lambda}$$

$$=\operatorname{sech}^2\theta\int\frac{\mathrm{d}^2z_2}{\pi}\exp\left[\left(\tanh^2\theta-1\right)|z_2|^2\right]=1 \tag{9.139}$$

总之, 我们提出了一个既包含了压缩又包含了混沌行为的新光场态. 此类光场可通过双模压缩态的一个模经过单模振幅衰减通道来产生. 我们发现对双模光场态的一个模式进行测量将获得不同温度的混沌场. 这意味着, 对这个新的光场态的不同模的测量将产生温度效应, 这点此前是未被注意到的. 这个效应体现在不同模的平均光子数不同.

9.14 光子增混沌态的衰减

假定混沌场 ρ_{c} 储存在一个腔内, 有光子向腔内发射, 则混沌场变成了光子增加混沌场, 即

$$\rho_0=Ca^{\dagger s}\mathrm{e}^{\lambda a^\dagger a}a^s \tag{9.140}$$

这里, C 为待定的归一化常数, 那么光子增加混沌场在热环境下是如何衰减的呢? 实际上, 在振幅衰减通道中, 以上量子态将演化为 Laguerre 多项式权重的混沌光场. 为了清楚地看到这一点, 我们将利用 IWOP 方法. 先确定归一化系数 C.

利用算符恒等式 (1.59) 可得

$$\rho_0=C\colon a^{\dagger s}\exp\left[\left(\mathrm{e}^\lambda-1\right)a^\dagger a\right]a^s\colon \tag{9.141}$$

利用归一化条件 $\mathrm{Tr}\rho_0=1$ 以及相干态的超完备关系 $\int\frac{\mathrm{d}^2z}{\pi}|z\rangle\langle z|=1$, 则有

$$\begin{aligned}1=\mathrm{Tr}\rho_0&=C\mathrm{Tr}\left(\int\frac{\mathrm{d}^2z}{\pi}|z\rangle\langle z|a^{\dagger s}\mathrm{e}^{\lambda a^\dagger a}a^s\right)\\&=C\int\frac{\mathrm{d}^2z}{\pi}\langle z|a^{\dagger s}\colon\exp\left[\left(\mathrm{e}^\lambda-1\right)a^\dagger a\right]\colon a^s|z\rangle\\&=C\int\frac{\mathrm{d}^2z}{\pi}|z|^{2s}\exp\left[-\left(1-\mathrm{e}^\lambda\right)|z|^2\right]\\&=Cs!\left(\frac{1}{1-\mathrm{e}^\lambda}\right)^{s+1}\end{aligned} \tag{9.142}$$

因此有 $C=\frac{1}{s!}\left(1-\mathrm{e}^\lambda\right)^{s+1}$, 及

$$\rho_0=\frac{1}{s!}\left(1-\mathrm{e}^{\lambda}\right)^{s+1}a^{\dagger s}\mathrm{e}^{\lambda a^\dagger a}a^s \tag{9.143}$$

显然, 当 $s=0$ 时, 即无光子增加情况, $\rho_0\to\rho_\mathrm{c}=\left(1-\mathrm{e}^{\lambda}\right)\mathrm{e}^{\lambda a^\dagger a}$, 即退化为混沌光场的密度算符情况. 在光子增加混沌态 ρ_0 下平均光子数为

$$\begin{aligned}
\mathrm{Tr}\left(\rho_0 a^\dagger a\right)&=C\int\frac{\mathrm{d}^2z}{\pi}\left\langle z\right|a^{\dagger s}\mathrm{e}^{\lambda a^\dagger a}a^s a^\dagger a\left|z\right\rangle\\
&=C\int\frac{\mathrm{d}^2z}{\pi}z^{*s}z\left\langle z\right|\mathrm{e}^{\lambda a^\dagger a}\left(a^\dagger a^s+sa^{s-1}\right)\left|z\right\rangle\\
&=C\int\frac{\mathrm{d}^2z}{\pi}z^{*s}z^{s+1}\left\langle z\right|\mathrm{e}^{\lambda a^\dagger a}a^\dagger\left|z\right\rangle+Cs\int\frac{\mathrm{d}^2z}{\pi}z^{*s}z^s\left\langle z\right|:\mathrm{e}^{\left(\mathrm{e}^{\lambda}-1\right)aa^\dagger}:\left|z\right\rangle\\
&=\frac{1}{s!}\left(1-\mathrm{e}^{\lambda}\right)^{s+1}\int\frac{\mathrm{d}^2z}{\pi}\left(z^{*s+1}z^{s+1}\mathrm{e}^{\lambda}+sz^{*s}z^s\right)\mathrm{e}^{\left(\mathrm{e}^{\lambda}-1\right)|z|^2}\\
&=\frac{s+\mathrm{e}^{\lambda}}{1-\mathrm{e}^{\lambda}}
\end{aligned}\tag{9.144}$$

当 $s=0$ 时, 上式约化为 $\mathrm{Tr}\left(\rho_\mathrm{c}a^\dagger a\right)=\left(\mathrm{e}^{-\lambda}-1\right)^{-1}$, 这正是混沌场的平均光子数.

下面, 考察光子增加混沌场在振幅衰减通道中的演化情况. 利用振幅衰减通道下密度算符的 Kraus 算符和形式 [式 (9.131)], 并将式 (9.143) 代入 (9.131) 可得

$$\begin{aligned}
\rho(t)&=\frac{1}{s!}\left(1-\mathrm{e}^{\lambda}\right)^{s+1}\sum_{n=0}^{\infty}\frac{T^n}{n!}\mathrm{e}^{-\kappa ta^\dagger a}a^n a^{\dagger s}\mathrm{e}^{\lambda a^\dagger a}a^s a^{\dagger n}\mathrm{e}^{-\kappa ta^\dagger a}\\
&=\frac{1}{s!}\left(1-\mathrm{e}^{\lambda}\right)^{s+1}\sum_{n=0}^{\infty}\frac{T^n}{n!}\mathrm{e}^{2\kappa t(n-s)}a^n a^{\dagger s}\mathrm{e}^{\lambda' a^\dagger a}a^s a^{\dagger n}\quad(\lambda'=\lambda-2\kappa t)
\end{aligned}\tag{9.145}$$

此时, 为进一步处理上式, 应该将 $a^{\dagger s}\mathrm{e}^{\lambda' aa^\dagger}a^s$ 转化为相应的反正规乘积形式.

9.15 $a^{\dagger s}\mathrm{e}^{\lambda' a^\dagger a}a^s$ 的反正规排序

利用将任意算符 A 转化为其反正规乘积的公式 (9.112), 故算符 $a^{\dagger s}\mathrm{e}^{\lambda' a^\dagger a}a^s$ 的反正规乘积可表示为

$$\begin{aligned}
a^{\dagger s}\mathrm{e}^{\lambda' a^\dagger a}a^s&=\vdots\int\frac{\mathrm{d}^2\beta}{\pi}\left\langle-\beta\right|:a^{\dagger s}\exp\left[\left(\mathrm{e}^{\lambda'}-1\right)a^\dagger a\right]a^s:\left|\beta\right\rangle\\
&\quad\times\exp\left(|\beta|^2+\beta^*a-\beta a^\dagger+aa^\dagger\right)\vdots\\
&=(-1)^s\vdots\int\frac{\mathrm{d}^2\beta}{\pi}|\beta|^{2s}\exp\left(-\mathrm{e}^{\lambda'}|\beta|^2+\beta^*a-\beta a^\dagger+aa^\dagger\right)\vdots
\end{aligned}\tag{9.146}$$

利用积分公式

$$\begin{aligned}
&(-1)^n \int \frac{\mathrm{d}^2 z}{\pi} z^n z^{*m} \mathrm{e}^{-f|z|^2+\mu z-\nu z^*} \\
&= (-1)^n \frac{1}{\sqrt{f}^{m+n}} \int \frac{\mathrm{d}^2 z}{f\pi} z^n z^{*m} \mathrm{e}^{-|z|^2+\mu z/\sqrt{f}-\nu z^*/\sqrt{f}} \\
&= \frac{1}{\sqrt{f}^{m+n+2}} \mathrm{e}^{-\mu\nu/f} H_{m,n}\left(\frac{\mu}{\sqrt{f}}, \frac{\nu}{\sqrt{f}}\right)
\end{aligned} \tag{9.147}$$

这里 $H_{m,n}$ 为双变量 Hermite 多项式, 执行式 (9.146) 的积分可得 $a^{\dagger s}\mathrm{e}^{\lambda' a^\dagger a}a^s$ 的反正规乘积

$$a^{\dagger s}\mathrm{e}^{\lambda' a^\dagger a}a^s = \frac{1}{\mathrm{e}^{\lambda'(s+1)}} \vdots \exp\left[\left(1-\mathrm{e}^{-\lambda'}\right)a^\dagger a\right] H_{s,s}\left(\mathrm{e}^{-\lambda'/2}a, \mathrm{e}^{-\lambda'/2}a^\dagger\right) \vdots \tag{9.148}$$

9.16 衰减结果

将式 (9.148) 代入式 (9.145) 并利用反正规乘积内的求和方法 (在反正规乘积 $\vdots\ \vdots$ 内产生算符和湮灭算符是对易的; 注意 $\lambda' = \lambda - 2\kappa t$) 有

$$\begin{aligned}
\rho(t) &= \left(\frac{1-\mathrm{e}^{\lambda}}{\mathrm{e}^{\lambda'}}\right)^{s+1} \frac{1}{s!} \sum_{n=0}^{\infty} \frac{T^n}{n!} \mathrm{e}^{2\kappa t(n-s)} \vdots a^n \exp\left[\left(1-\mathrm{e}^{-\lambda'}\right) a a^\dagger\right] \\
&\quad \times H_{s,s}\left(\mathrm{e}^{-\lambda'/2}a, \mathrm{e}^{-\lambda'/2}a^\dagger\right) a^{\dagger n} \vdots \\
&= \left(\mathrm{e}^{-\lambda}-1\right)^{s+1} \frac{\mathrm{e}^{2\kappa t}}{s!} \vdots \exp\left[\left(1-\mathrm{e}^{-\lambda'}+T\mathrm{e}^{2\kappa t}\right) a a^\dagger\right] H_{s,s}\left(\mathrm{e}^{-\lambda'/2}a, \mathrm{e}^{-\lambda'/2}a^\dagger\right) \vdots \\
&= \left(\mathrm{e}^{-\lambda}-1\right)^{s+1} \frac{\mathrm{e}^{2\kappa t}}{s!} \vdots \exp\left[\mathrm{e}^{2\kappa t}\left(1-\mathrm{e}^{-\lambda}\right) a^\dagger a\right] H_{s,s}\left(\mathrm{e}^{-\lambda'/2}a, \mathrm{e}^{-\lambda'/2}a^\dagger\right) \vdots
\end{aligned} \tag{9.149}$$

此即 $\rho(t)$ 的反正规乘积表示. 在相干态表象下, $\rho(t)$ 可表示为

$$\begin{aligned}
\rho(t) &= \left(\mathrm{e}^{-\lambda}-1\right)^{s+1} \frac{\mathrm{e}^{2\kappa t}}{s!} \int \frac{\mathrm{d}^2 z}{\pi} \exp\left[\mathrm{e}^{2\kappa t}\left(1-\mathrm{e}^{-\lambda}\right)|z|^2\right] \\
&\quad \times H_{s,s}\left(\mathrm{e}^{-\lambda'/2}z, \mathrm{e}^{-\lambda'/2}z^*\right) |z\rangle\langle z| \\
&= \left(\mathrm{e}^{-\lambda}-1\right)^{s+1} \frac{\mathrm{e}^{2\kappa t}}{s!} \int \frac{\mathrm{d}^2 z}{\pi} H_{s,s}\left(\mathrm{e}^{-\lambda'/2}z, \mathrm{e}^{-\lambda'/2}z^*\right) \\
&\quad \times \colon \exp\left\{\left[\mathrm{e}^{2\kappa t}\left(1-\mathrm{e}^{-\lambda}\right)-1\right]|z|^2 + z a^\dagger + z^* a - a^\dagger a\right\} \colon
\end{aligned} \tag{9.150}$$

上式中利用了相干态算符的正规乘积表示

$$|z\rangle\langle z| =: \exp(-|z|^2 + za^\dagger + z^* a - a^\dagger a): \tag{9.151}$$

利用双变量 Hermite 多项式的积分公式 (证明见本章附录)

$$\begin{aligned}&\int\frac{\mathrm{d}^2\xi}{\pi}H_{m,n}(\xi,\xi^*)\exp(-h|\xi|^2+f\xi+g\xi^*)\\&=\frac{1}{h}\left(\frac{h-1}{h}\right)^{\frac{m+n}{2}}H_{m,n}\Big[\frac{g}{\sqrt{h(h-1)}},\frac{f}{\sqrt{h(h-1)}}\Big]\exp\left(\frac{fg}{h}\right)\end{aligned} \tag{9.152}$$

和 IWOP 方法可得

$$\begin{aligned}\rho(t)&=\left(\mathrm{e}^{-\lambda}-1\right)^{s+1}\frac{\mathrm{e}^{2\kappa t}}{s!}\mathrm{e}^{\lambda'}\\&\quad\times\int\frac{\mathrm{d}^2z}{\pi}:\exp\{-[(1-\mathrm{e}^{\lambda})+\mathrm{e}^{\lambda-2\kappa t}]|z|^2+za^\dagger\mathrm{e}^{\lambda'/2}+z^*a\mathrm{e}^{\lambda'/2}-a^\dagger a\}H_{s,s}(z,z^*):\\&=\frac{(-1)^s}{Ts!}\Big[\frac{(1-\mathrm{e}^{\lambda})T}{1-T\mathrm{e}^{\lambda}}\Big]^{s+1}:H_{s,s}\left[\frac{a^\dagger\mathrm{e}^{-\kappa t}}{\sqrt{(T\mathrm{e}^{\lambda}-1)T}},\frac{a\mathrm{e}^{-\kappa t}}{\sqrt{(T\mathrm{e}^{\lambda}-1)T}}\right]\\&\quad\times\exp\left[\left(\frac{\mathrm{e}^{\lambda'}}{1-T\mathrm{e}^{\lambda}}-1\right)a^\dagger a\right]:\end{aligned} \tag{9.153}$$

注意到 Laguerre 多项式与双变量 Hermite 多项式关系 [式（2.78）], 则式 (9.153) 变成

$$\rho(t)=\frac{1}{T}\Big[\frac{(1-\mathrm{e}^{\lambda})T}{1-T\mathrm{e}^{\lambda}}\Big]^{s+1}:L_s\Big[\frac{a^\dagger a\mathrm{e}^{-2\kappa t}}{(T\mathrm{e}^{\lambda}-1)T}\Big]\exp\left[\left(\frac{\mathrm{e}^{\lambda}-1}{1-T\mathrm{e}^{\lambda}}\right)a^\dagger a\right]: \tag{9.154}$$

因此, ρ_0 演化成 Laguerre 多项式权重的混沌态. 下面, 验证 $\mathrm{Tr}\rho(t)=1$ 是否成立. 实际上, 利用相干态完备性 $\int\frac{\mathrm{d}^2z}{\pi}|z\rangle\langle z|=1$ 和积分公式（5.72）确实有

$$\begin{aligned}\mathrm{Tr}\rho(t)&=\mathrm{Tr}\left[\int\frac{\mathrm{d}^2z}{\pi}|z\rangle\langle z|\rho(t)\right]\\&=\frac{1}{T}\Big[\frac{(1-\mathrm{e}^{\lambda})T}{1-T\mathrm{e}^{\lambda}}\Big]^{s+1}\int\frac{\mathrm{d}^2z}{\pi}L_s\Big[\frac{|z|^2\mathrm{e}^{-2\kappa t}}{(T\mathrm{e}^{\lambda}-1)T}\Big]\exp\left[\left(\frac{-1+\mathrm{e}^{\lambda}}{1-T\mathrm{e}^{\lambda}}\right)|z|^2\right]\\&=\Big[\frac{(1-\mathrm{e}^{\lambda})T}{1-T\mathrm{e}^{\lambda}}\Big]^{s+1}(T\mathrm{e}^{\lambda}-1)\mathrm{e}^{2\kappa t}\int\frac{\mathrm{d}^2z}{\pi}L_s(|z|^2)\exp\left[-(\mathrm{e}^{\lambda}-1)T\mathrm{e}^{2\kappa t}|z|^2\right]\\&=\Big[\frac{(1-\mathrm{e}^{\lambda})T}{1-T\mathrm{e}^{\lambda}}\frac{1}{(\mathrm{e}^{\lambda}-1)T\mathrm{e}^{2\kappa t}}\Big]^{s+1}(T\mathrm{e}^{\lambda}-1)\mathrm{e}^{2\kappa t}\left[(\mathrm{e}^{\lambda}-1)T\mathrm{e}^{2\kappa t}-1\right]^s\\&=\Big[\frac{(\mathrm{e}^{\lambda}-1)T-\mathrm{e}^{-2\kappa t}}{(T\mathrm{e}^{\lambda}-1)}\Big]^s=1\end{aligned} \tag{9.155}$$

这里 $T\equiv1-\mathrm{e}^{-2\kappa t}$. 因此, 式 (9.154) 或式 (9.153) 代表了一个 Laguerre 多项式权重的混沌态.

特别地, 当 $s=0$ 时, $H_{s,s}=1$, 由式 (9.153) 可知

$$\begin{aligned}\rho_{s=0}(t) &= \frac{1-\mathrm{e}^{\lambda}}{1-T\mathrm{e}^{\lambda}} : \exp\left[\left(\frac{\mathrm{e}^{\lambda'}}{1-T\mathrm{e}^{\lambda}}-1\right)a^{\dagger}a\right] : \\ &= \frac{1-\mathrm{e}^{\lambda}}{1-T\mathrm{e}^{\lambda}} \exp\left[-a^{\dagger}a\ln\frac{1-(1-\mathrm{e}^{-2\kappa t})\mathrm{e}^{\lambda}}{\mathrm{e}^{\lambda}\mathrm{e}^{-2\kappa t}}\right] \\ &= \frac{1-\mathrm{e}^{\lambda}}{1-(1-\mathrm{e}^{-2\kappa t})\mathrm{e}^{\lambda}} \exp\{-a^{\dagger}a\ln[(\mathrm{e}^{-\lambda}-1)\mathrm{e}^{2\kappa t}+1]\} \\ &= \left(1-\mathrm{e}^{f}\right)\exp(fa^{\dagger}a)\end{aligned} \tag{9.156}$$

其中

$$f=-\ln[(\mathrm{e}^{-\lambda}-1)\mathrm{e}^{2\kappa t}+1] \tag{9.157}$$

有趣的是, 将初始时刻的混沌光场 $\rho_{s=0}(0)=\rho_{\mathrm{c}}=\left(1-\mathrm{e}^{\lambda}\right)\mathrm{e}^{\lambda aa^{\dagger}}$ 与上式 (9.156) 相比, 可知混沌场经过耗散演化后 $\rho_{s=0}(t)$ 仍然是个混沌场, 只是参数不同. 因此, 式 (9.156) 表示了混沌场的演化规律.

最后, 利用式 (1.129) 与式 (2.78) 可将式 (9.154) 改为

$$\begin{aligned}\rho(t) = {}& \frac{(-1)^{s}}{Ts!}\left[\frac{\left(1-\mathrm{e}^{\lambda}\right)T}{1-T\mathrm{e}^{\lambda}}\right]^{s+1}\sum_{l=0}^{s}\frac{s!s!(-1)^{l}}{l!\left[(s-l)!\right]^{2}} \\ & \times : \left[\frac{a^{\dagger}\mathrm{e}^{-\kappa t}}{\sqrt{(T\mathrm{e}^{\lambda}-1)T}}\frac{a\mathrm{e}^{-\kappa t}}{\sqrt{(T\mathrm{e}^{\lambda}-1)T}}\right]^{s-l}\exp\left[\left(\frac{\mathrm{e}^{\lambda'}}{1-T\mathrm{e}^{\lambda}}-1\right)a^{\dagger}a\right] : \\ = {}& \frac{(-1)^{s}}{Ts!}\left[\frac{\left(1-\mathrm{e}^{\lambda}\right)T}{1-T\mathrm{e}^{\lambda}}\right]^{s+1}\sum_{l=0}^{s}\frac{s!s!(-1)^{l}}{l!\left[(s-l)!\right]^{2}} \\ & \times\left[\frac{a^{\dagger}\mathrm{e}^{-\kappa t}}{\sqrt{(T\mathrm{e}^{\lambda}-1)T}}\right]^{s-l}\exp\left(a^{\dagger}a\ln\frac{\mathrm{e}^{\lambda'}}{1-T\mathrm{e}^{\lambda}}\right)\left[\frac{a\mathrm{e}^{-\kappa t}}{\sqrt{(T\mathrm{e}^{\lambda}-1)T}}\right]^{s-l} \\ = {}& \frac{(-1)^{s}}{Ts!}\left[\frac{\left(1-\mathrm{e}^{\lambda}\right)T}{1-T\mathrm{e}^{\lambda}}\right]^{s+1}\sum_{l=0}^{s}\frac{s!s!(-1)^{l}}{l!\left[(s-l)!\right]^{2}} \\ & \times\left[\frac{a^{\dagger}\mathrm{e}^{-\kappa t}}{\sqrt{(T\mathrm{e}^{\lambda}-1)T}}\right]^{s-l}\left[\frac{a\mathrm{e}^{-\kappa t}\frac{1-T\mathrm{e}^{\lambda}}{\mathrm{e}^{\lambda'}}}{\sqrt{(T\mathrm{e}^{\lambda}-1)T}}\right]^{s-l}\exp\left(a^{\dagger}a\ln\frac{\mathrm{e}^{\lambda'}}{1-T\mathrm{e}^{\lambda}}\right) \\ = {}& \frac{1}{T}\left[\frac{\left(1-\mathrm{e}^{\lambda}\right)T}{1-T\mathrm{e}^{\lambda}}\right]^{s+1} : L_{s}\left(\frac{-a^{\dagger}a}{T\mathrm{e}^{\lambda}}\right) : \exp\left(a^{\dagger}a\ln\frac{\mathrm{e}^{\lambda-2\kappa t}}{1-T\mathrm{e}^{\lambda}}\right) \\ = {}& \frac{1}{T}\left[\frac{\left(1-\mathrm{e}^{\lambda}\right)T}{1-T\mathrm{e}^{\lambda}}\right]^{s+1} : L_{s}\left(\frac{-a^{\dagger}a}{T\mathrm{e}^{\lambda}}\right) : \exp\{a^{\dagger}a\left[\lambda-2\kappa t-\ln\left(1-T\mathrm{e}^{\lambda}\right)\right]\}\end{aligned} \tag{9.158}$$

上式中指数算符在正规乘积符号 :: 之外. 总之, 我们提出了一个新的光场——Laguerre 多项式权重混沌场. 该场可以由光子增加混沌场经历振幅衰减获得.

9.17 单模光子增加双模压缩态的衰减

量子调控已引起了人们的广泛关注. 非经典光量子态的产生将有益于量子态工程和量子信息处理. 从理论观点来看, 产生非经典量子态的最简单的方法就是从传统的光场中扣除或增加光子, 这使得量子态呈现丰富的非经典特性. 通过运用光子产生或湮灭算符于经典态, 如热态和相干态, 作用后态称为非高斯态 (其 Wigner 函数呈现非高斯型分布), 得光子增加相干态和光子增加热态, 这些态已在实验上得到了实现. 此外, 光子增加和减少可用来改善高斯态的纠缠.

因为自然界的绝大多数都处于一个热环境之中, 系统和热库间的热交换是不可避免的. 本节中, 我们研究 l-光子增加双模压缩真空态 $C_l a^{\dagger l} S_2(\lambda)|00\rangle \equiv |\psi(\lambda)\rangle_l$(一类非高斯态) 在振幅衰减通道中是如何演化的? 这里 C_l 为待定的归一化系数, $S_2 = \exp\left[\lambda\left(a^\dagger b^\dagger - ab\right)\right]$ 为双模压缩算符. 此非经典态理论上通过将算符 $a^{\dagger l}$ 作用与双模压缩真空 $S_2|00\rangle$ 得到

$$S_2|00\rangle = \operatorname{sech}\lambda \mathrm{e}^{a^\dagger b^\dagger \tanh\lambda}|00\rangle \tag{9.159}$$

再让它经过振幅衰减通道, 看看会发生什么? 物理上, 这个讨论实际上关心的是当激发和衰减共存于双模压缩态时, 退相干过程是如何进行的. 接下来, 利用 IWOP 方法将表明：初始的 l-光子增加双模压缩态

$$\rho_0 = |C_l|^2 a^{\dagger l} S_2|00\rangle\langle 00| S_2^\dagger a^l \tag{9.160}$$

演化成 Laguerre 多项式权重的压缩态 $\rho(t)$, 展现强的退相干性. 特别地, 对于 $l=0$ 的情况, 在耗散过程中一个模的压缩降低, 另一模则变成混沌光场.

9.17.1 单模光子增双模压缩真空态作为一个负二项式态

首先, 计算归一化系数 C_l. 利用双模相干态

$$|z\rangle = \exp\left(-\frac{|z|^2}{2} + za^\dagger\right)|0\rangle, \ |\tilde{z}'\rangle = \exp\left(-\frac{|z'|^2}{2} + z'b^\dagger\right)|0\rangle \tag{9.161}$$

及其完备性关系

$$\int \frac{\mathrm{d}^2 z \mathrm{d}^2 z'}{\pi^2}|z,\tilde{z}'\rangle\langle z,\tilde{z}'| = 1 \tag{9.162}$$

可得

$$\begin{aligned}\langle 00|S_2^\dagger a^l a^{\dagger l} S_2|00\rangle &= \operatorname{sech}^2\lambda \langle 00|\mathrm{e}^{ab\tanh\lambda} a^l a^{\dagger l}\mathrm{e}^{a^\dagger b^\dagger\tanh\lambda}|00\rangle \\ &= \operatorname{sech}^2\lambda \langle 00|\mathrm{e}^{ab\tanh\lambda} a^l \int \frac{\mathrm{d}^2 z \mathrm{d}^2 z'}{\pi^2}|z,\tilde{z}'\rangle\langle z,\tilde{z}'|a^{\dagger l}\mathrm{e}^{a^\dagger b^\dagger\tanh\lambda}|00\rangle \\ &= \operatorname{sech}^2\lambda \int \frac{\mathrm{d}^2 z \mathrm{d}^2 z'}{\pi^2}|z|^{2l}\mathrm{e}^{-|z|^2-|z'|^2+\left(z^* z'^* + zz'\right)\tanh\lambda} \\ &= \operatorname{sech}^2\lambda \int \frac{\mathrm{d}^2 z}{\pi^2}|z|^{2l}\mathrm{e}^{-|z|^2\operatorname{sech}^2\lambda} = l!\cosh^{2l}\lambda \end{aligned} \tag{9.163}$$

故归一化系数 $C_l = \dfrac{\operatorname{sech}^l\lambda}{\sqrt{l!}}$, 归一化量子态为

$$|\psi(\lambda)\rangle_l \equiv C_l a^{\dagger l} S_2(\lambda)|00\rangle = \frac{\operatorname{sech}^{l+1}\lambda}{\sqrt{l!}} a^{\dagger l}\mathrm{e}^{a^\dagger b^\dagger\tanh\lambda}|00\rangle \tag{9.164}$$

令 $\operatorname{sech}^2\lambda = \gamma$, 则上式又可表示成

$$\begin{aligned}|\psi(\lambda)\rangle_l &= \sqrt{\frac{\gamma^{l+1}}{l!}} a^{\dagger l}\mathrm{e}^{a^\dagger b^\dagger\sqrt{1-\gamma}}|0,0\rangle \\ &= \sqrt{\frac{\gamma^{l+1}}{l!}}\sum_{n=0}^{\infty}\sqrt{(1-\gamma)^n}\frac{a^{\dagger n+l} b^{\dagger n}}{n!}|0,0\rangle \\ &= \sum_{n=0}^{\infty}\sqrt{\binom{n+l}{l}\gamma^{l+1}(1-\gamma)^n}|l+n,n\rangle \end{aligned} \tag{9.165}$$

这里 $\binom{n+l}{l}\gamma^{l+1}(1-\gamma)^n$ 为负二项式因子, 所以 l-光子增加双模压缩真空态也可看成是一类负二项式态.

9.17.2 l-光子增双模压缩真空态在单模衰减通道中的演化

当系统经单模衰减通道演化后, 密度算符由式 (9.131) 决定. 将初始单模光子增加双模压缩真空态 $\rho_0 = \dfrac{\operatorname{sech}^{2l}\lambda}{l!} a^{\dagger l} S_2|00\rangle\langle 00|S_2^\dagger a^l$[参见 (9.160)] 代入式 (9.131) 可得 $\rho(t)$ 的无限算符和表示式

$$\begin{aligned}\rho(t) &= \frac{\operatorname{sech}^{2l}\lambda}{l!}\sum_{n=0}^{\infty}\frac{T'^n}{n!}\mathrm{e}^{-\kappa t a^\dagger a} a^n a^{\dagger l} S_2|00\rangle\langle 00|S_2^\dagger a^l a^{\dagger n}\mathrm{e}^{-\kappa t a^\dagger a} \\ &= \frac{\operatorname{sech}^{2(l+1)}\lambda}{l!}\sum_{n=0}^{\infty}\frac{T'^n}{n!}\mathrm{e}^{-\kappa t a^\dagger a} a^n a^{\dagger l}\exp\left(a^\dagger b^\dagger\tanh\lambda\right)|00\rangle \\ &\quad \times\langle 00|\exp(ab\tanh\lambda) a^l a^{\dagger n}\mathrm{e}^{-\kappa t a^\dagger a}\end{aligned} \tag{9.166}$$

其中, $a^n a^{\dagger l}$ 的正规乘积为

$$a^n a^{\dagger l} = (-\mathrm{i})^{n+l} :H_{l,n}\left(\mathrm{i}a^\dagger, \mathrm{i}a\right): = (-\mathrm{i})^{n+l} \sum_{k=0}^{\min(l,n)} \frac{l!n!(-1)^l (\mathrm{i}a^\dagger)^{l-k}(\mathrm{i}a)^{n-k}}{k!(l-k)!(n-k)!} \tag{9.167}$$

这里, $H_{l,n}$ 是双变量 Hermite 多项式.

实际上, 式 (9.167) 可做如下推导:

$$\begin{aligned}\sum_{m,n=0}^{\infty} \frac{g^m a^m f^n a^{\dagger n}}{m!n!} &= \mathrm{e}^{fa}\mathrm{e}^{ga^\dagger} = \mathrm{e}^{ga^\dagger}\mathrm{e}^{fa}\mathrm{e}^{fg} =: \mathrm{e}^{ga^\dagger + fa + fg}: \\ &=: \mathrm{e}^{(-\mathrm{i}g)\mathrm{i}a^\dagger + (-\mathrm{i}f)\mathrm{i}a - (-\mathrm{i}f)(-\mathrm{i}g)}: \\ &= \sum_{m,n=0}^{\infty} \frac{(-\mathrm{i}g)^m(-\mathrm{i}f)^n}{m!n!} :H_{m,n}\left(\mathrm{i}a^\dagger, \mathrm{i}a\right):\end{aligned} \tag{9.168}$$

则有

$$a^m a^{\dagger n} = (-\mathrm{i})^{m+n} :H_{m,n}\left(\mathrm{i}a^\dagger, \mathrm{i}a\right): \tag{9.169}$$

注意到湮灭算符作用于双模压缩真空态相当于产生算符作用的结果, 即

$$a^{n-k}\exp\left(a^\dagger b^\dagger \tanh\lambda\right)|00\rangle = \left(b^\dagger \tanh\lambda\right)^{n-k}\exp\left(a^\dagger b^\dagger \tanh\lambda\right)|00\rangle \tag{9.170}$$

所以利用式 (9.167) 和 (9.170) 可得

$$\begin{aligned}&a^n a^{\dagger l}\exp\left(a^\dagger b^\dagger \tanh\lambda\right)|00\rangle \\ &= (-\mathrm{i})^{n+l}\sum_{k=0}^{\min(l,n)} \frac{l!n!(-1)^k(\mathrm{i}a^\dagger)^{l-k}(\mathrm{i}b^\dagger\tanh\lambda)^{n-k}}{k!(l-k)!(n-k)!}\exp\left(a^\dagger b^\dagger \tanh\lambda\right)|00\rangle \\ &= (-\mathrm{i})^{n+l} H_{l,n}\left(\mathrm{i}a^\dagger, \mathrm{i}b^\dagger\tanh\lambda\right)\exp\left(a^\dagger b^\dagger \tanh\lambda\right)|00\rangle\end{aligned} \tag{9.171}$$

将式 (9.171) 代入式 (9.166), 并利用算符恒等式 $\mathrm{e}^{-\kappa t a^\dagger a} a^\dagger \mathrm{e}^{\kappa t a^\dagger a} = \mathrm{e}^{-\kappa t} a^\dagger$ 以及真空投影算符的正规乘积 $|00\rangle\langle 00| =: \mathrm{e}^{-a^\dagger a - b^\dagger b}:$, 可将 $\rho(t)$ 表示为

$$\begin{aligned}\rho(t) &= \frac{\operatorname{sech}^{2(l+1)}\lambda}{l!}\sum_{n=0}^{\infty}\frac{T'^n}{n!}(-\mathrm{i})^{n+l}\mathrm{e}^{-\kappa t a^\dagger a}\exp\left(a^\dagger b^\dagger\tanh\lambda\right)H_{l,n}\left(\mathrm{i}a^\dagger, \mathrm{i}b^\dagger\tanh\lambda\right)|00\rangle \\ &\quad\times\langle 00|H_{l,n}(-\mathrm{i}a, -\mathrm{i}b\tanh\lambda)\mathrm{i}^{n+l}\exp(ab\tanh\lambda)\mathrm{e}^{-\kappa t a^\dagger a} \\ &= \frac{\operatorname{sech}^{2(l+1)}\lambda}{l!}\mathrm{e}^{a^\dagger b^\dagger \mathrm{e}^{-\kappa t}\tanh\lambda}\sum_{n=0}^{\infty}\frac{T'^n}{n!}H_{l,n}\left(\mathrm{i}\mathrm{e}^{-\kappa t}a^\dagger, \mathrm{i}b^\dagger\tanh\lambda\right) \\ &\quad\times:\mathrm{e}^{-a^\dagger a - b^\dagger b}: H_{l,n}\left(-\mathrm{i}\mathrm{e}^{-\kappa t}a, -\mathrm{i}b\tanh\lambda\right)\mathrm{e}^{ab\mathrm{e}^{-\kappa t}\tanh\lambda} \\ &= \frac{\operatorname{sech}^{2(l+1)}\lambda}{l!}\mathrm{e}^{a^\dagger b^\dagger \mathrm{e}^{-\kappa t}\tanh\lambda}\end{aligned}$$

$$\times \sum_{n=0}^{\infty} \frac{T'^n}{n!} : H_{l,n}\left(\mathrm{ie}^{-\kappa t} a^{\dagger}, \mathrm{i} b^{\dagger} \tanh \lambda\right) H_{l,n}\left(-\mathrm{ie}^{-\kappa t} a, -\mathrm{i} b \tanh \lambda\right)$$
$$\times \mathrm{e}^{-a^{\dagger} a - b^{\dagger} b} : \mathrm{e}^{a b \mathrm{e}^{-\kappa t} \tanh \lambda} \tag{9.172}$$

利用 IWOP 方法, 以及求和公式 (3.172) 或其变形

$$\sum_{n=0}^{\infty} \frac{z^n}{n!} H_{m,n}(x, y) H_{m,n}(x', y')$$
$$= (-z)^m \mathrm{e}^{z y y'} H_{m,m}\left[\mathrm{i}\left(\sqrt{z} y' - \frac{x}{\sqrt{z}}\right), \mathrm{i}\left(\sqrt{z} y - \frac{x'}{\sqrt{z}}\right)\right] \tag{9.173}$$

有

$$\sum_{n=0}^{\infty} \frac{T^n}{n!} : H_{l,n}\left(\mathrm{ie}^{-\kappa t} a^{\dagger}, \mathrm{i} b^{\dagger} \tanh \lambda\right) H_{l,n}\left(-\mathrm{ie}^{-\kappa t} a, -\mathrm{i} b \tanh \lambda\right) \mathrm{e}^{-a^{\dagger} a - b^{\dagger} b} :$$
$$=: (-T)^l \mathrm{e}^{T b^{\dagger} b \tanh^2 \lambda} H_{l,l}\left(\sqrt{T} b \tanh \lambda + \frac{a^{\dagger} \mathrm{e}^{-\kappa t}}{\sqrt{T}}, -\sqrt{T} b^{\dagger} \tanh \lambda - \frac{a \mathrm{e}^{-\kappa t}}{\sqrt{T}}\right) \mathrm{e}^{-a^{\dagger} a - b^{\dagger} b} :$$
$$= (-T)^l : \mathrm{e}^{T b^{\dagger} b \tanh^2 \lambda} H_{l,l}\left(\sqrt{T} b \tanh \lambda + \frac{a^{\dagger} \mathrm{e}^{-\kappa t}}{\sqrt{T}}, -\sqrt{T} b^{\dagger} \tanh \lambda - \frac{a \mathrm{e}^{-\kappa t}}{\sqrt{T}}\right) |00\rangle \langle 00| : \tag{9.174}$$

将式 (9.174) 代入 (9.172), 并利用双变量 Hermite 多项式与 Laguerre 多项式的关系式 (2.78) 可得

$$\rho(t) = \frac{\operatorname{sech}^{2(l+1)} \lambda}{l!} (-T)^l \exp\left(a^{\dagger} b^{\dagger} \mathrm{e}^{-\kappa t} \tanh \lambda\right)$$
$$\times : \mathrm{e}^{T b^{\dagger} b \tanh^2 \lambda} H_{l,l}\left(\sqrt{T} b \tanh \lambda + \frac{a^{\dagger} \mathrm{e}^{-\kappa t}}{\sqrt{T}}, -\sqrt{T} b^{\dagger} \tanh \lambda - \frac{a \mathrm{e}^{-\kappa t}}{\sqrt{T}}\right) |00\rangle \langle 00| :$$
$$\times \exp\left(a b \mathrm{e}^{-\kappa t} \tanh \lambda\right)$$
$$= T^l \operatorname{sech}^{2(l+1)} \lambda \mathrm{e}^{a^{\dagger} b^{\dagger} \mathrm{e}^{-\kappa t} \tanh \lambda} : \mathrm{e}^{b^{\dagger} b\left(1 - \mathrm{e}^{-2\kappa t}\right) \tanh^2 \lambda}$$
$$\times L_l\left[-\left(\sqrt{T} b \tanh \lambda + \frac{a^{\dagger} \mathrm{e}^{-\kappa t}}{\sqrt{T}}\right)\left(\sqrt{T} b^{\dagger} \tanh \lambda + \frac{a \mathrm{e}^{-\kappa t}}{\sqrt{T}}\right)\right] |00\rangle$$
$$\times \langle 00| : \mathrm{e}^{a b \mathrm{e}^{-\kappa t} \tanh \lambda} \tag{9.175}$$

此即一个 Laguerre 多项式权重的双模压缩态. 可见, 当 l-光子增加压缩真空态 $C_l a^{\dagger l} S_2 |00\rangle$ 通过一个单模振幅衰减通道后, 可产生一个 Laguerre 多项式权重的双模压缩态.

1. 保迹性 [即 $\mathrm{Tr}\rho(t)=1$] 的证明

为验证以上结果的准确性, 需要验证 $\mathrm{Tr}\rho(t)=1$. 实际上, 式 (9.175) 中正规乘积内的指数算符可表示为

$$
\begin{aligned}
&:\mathrm{e}^{\left(a^\dagger b^\dagger+ab\right)\mathrm{e}^{-\kappa t}\tanh\lambda+b^\dagger b\left(1-\mathrm{e}^{-2\kappa t}\right)\tanh^2\lambda}: \\
&=:\exp\left[\left(\sqrt{T}b\tanh\lambda+\frac{a^\dagger\mathrm{e}^{-\kappa t}}{\sqrt{T}}\right)\left(\sqrt{T}b^\dagger\tanh\lambda+\frac{a\mathrm{e}^{-\kappa t}}{\sqrt{T}}\right)-\frac{a^\dagger a\mathrm{e}^{-2\kappa t}}{T}\right]:
\end{aligned}\tag{9.176}
$$

因此式 (9.175) 变成

$$
\rho(t)=T^l\mathrm{sech}^{2(l+1)}\lambda:\mathrm{e}^{-F}L_l(F)\mathrm{e}^{-\frac{a^\dagger a\mathrm{e}^{-2\kappa t}}{T}}|00\rangle\langle 00|:\tag{9.177}
$$

这里

$$
F=-\left(\sqrt{T}b\tanh\lambda+\frac{a^\dagger\mathrm{e}^{-\kappa t}}{\sqrt{T}}\right)\left(\sqrt{T}b^\dagger\tanh\lambda+\frac{a\mathrm{e}^{-\kappa t}}{\sqrt{T}}\right)\tag{9.178}
$$

故而

$$
\begin{aligned}
\mathrm{Tr}\rho(t)&=\mathrm{Tr}\left(\rho(t)\int\int\frac{\mathrm{d}^2z\mathrm{d}^2z'}{\pi^2}|z,z'\rangle\langle z,z'|\right)\\
&=T^l\mathrm{sech}^{2(l+1)}\lambda\int\int\frac{\mathrm{d}^2z\mathrm{d}^2z'}{\pi^2}\langle z,z'|:\mathrm{e}^{-F}L_l(F)\mathrm{e}^{-\frac{a^\dagger a\mathrm{e}^{-2\kappa t}}{T}}|00\rangle\langle 00|:|z,z'\rangle\\
&=T^l\mathrm{sech}^{2(l+1)}\lambda\int\int\frac{\mathrm{d}^2z\mathrm{d}^2z'}{\pi^2}\mathrm{e}^{\frac{\mathrm{e}^{-2\kappa t}}{T'}\left(\mathrm{e}^{\kappa t}Tz'\tanh\lambda+z^*\right)\left(\mathrm{e}^{\kappa t}Tz'^*\tanh\lambda+z\right)}\\
&\quad\times L_l\left[-\frac{\mathrm{e}^{-2\kappa t}}{T}\left(\mathrm{e}^{\kappa t}Tz'\tanh\lambda+z^*\right)\left(\mathrm{e}^{\kappa t}Tz'^*\tanh\lambda+z\right)\right]\mathrm{e}^{-\left(\frac{\mathrm{e}^{-2\kappa t}}{T}+1\right)|z|^2-|z'|^2}\\
&=T^l\mathrm{sech}^{2(l+1)}\lambda\int\int\frac{\mathrm{d}^2z''\mathrm{d}^2z'}{\pi^2}\mathrm{e}^{\frac{\mathrm{e}^{-2\kappa t}}{T}|z''|^2}L_l\left(-\frac{\mathrm{e}^{-2\kappa t}|z''|^2}{T}\right)\\
&\quad\times\mathrm{e}^{-\left(\frac{\mathrm{e}^{-2\kappa t}}{T}+1\right)|z''-\mathrm{e}^{\kappa t}Tz'^*\tanh\lambda|^2-|z'|^2}
\end{aligned}\tag{9.179}
$$

注意到 $T=1-\mathrm{e}^{-2\kappa t}$, $\dfrac{\mathrm{e}^{-2\kappa t}}{T}+1=\dfrac{1}{T}$, 则式 (9.179) 对 d^2z' 积分为

$$
\begin{aligned}
&\int\frac{\mathrm{d}^2z'}{\pi}\mathrm{e}^{-\left(1+\mathrm{e}^{2\kappa t}T\tanh^2\lambda\right)|z'|^2-\tanh\lambda\mathrm{e}^{\kappa t}\left(z'z''+z'^*z''^*\right)}\\
&\quad=\frac{1}{1+\mathrm{e}^{2\kappa t}T\tanh^2\lambda}\exp\left(\frac{\mathrm{e}^{2\kappa t}\tanh^2\lambda}{1+\mathrm{e}^{2\kappa t}T\tanh^2\lambda}|z''|^2\right)
\end{aligned}\tag{9.180}
$$

则式 (9.179) 中剩下的积分为

$$
\begin{aligned}
&\int\frac{\mathrm{d}^2z''}{\pi}L_l\left(-\frac{\mathrm{e}^{-2\kappa t}|z''|^2}{T}\right)\exp\left[\left(\frac{\tanh^2\lambda\mathrm{e}^{2\kappa t}}{1+\mathrm{e}^{2\kappa t}T\tanh^2\lambda}-\frac{1}{T}+\frac{\mathrm{e}^{-2\kappa t}}{T}\right)|z''|^2\right]\\
&\quad=\int\frac{\mathrm{d}^2z''}{\pi}L_l\left(-\frac{\mathrm{e}^{-2\kappa t}|z''|^2}{T}\right)\exp\left(\frac{-\mathrm{sech}^2\lambda}{1+\mathrm{e}^{2\kappa t}T\tanh^2\lambda}|z''|^2\right)
\end{aligned}
$$

$$
\begin{aligned}
&= T\mathrm{e}^{2\kappa t}\int\frac{\mathrm{d}^2 z''}{\pi}L_l\left(-|z''|^2\right)\exp\left(\frac{-T\mathrm{e}^{2\kappa t}\mathrm{sech}^2\lambda}{1+\mathrm{e}^{2\kappa t}T\tanh^2\lambda}|z''|^2\right)\\
&= \left(\frac{1}{T\mathrm{sech}^2\lambda}\right)^l\frac{1+\mathrm{e}^{2\kappa t}T\tanh^2\lambda}{\mathrm{sech}^2\lambda}
\end{aligned}\tag{9.181}
$$

上式中我们利用了积分公式 (5.72). 将式 (9.181) 代入式 (9.179) 则有

$$
\mathrm{Tr}\rho(t)=\left(\frac{1}{T\mathrm{sech}^2\lambda}\right)^l\frac{1+\mathrm{e}^{2\kappa t}T\tanh^2\lambda}{\mathrm{sech}^2\lambda}\frac{T^l\mathrm{sech}^{2(l+1)}\lambda}{1+\mathrm{e}^{2\kappa t}T\tanh^2\lambda}=1\tag{9.182}
$$

2. $\rho_{l=0}(t)$ 中的平均光子数

特别地, 当 $l=0$ 时, 利用算符恒等式 $:\exp[(f-1)]b^\dagger b]:=\exp\left(b^\dagger b\ln f\right)$ 有

$$
\rho_{l=0}(t)=\mathrm{sech}^2\lambda\mathrm{e}^{a^\dagger b^\dagger\mathrm{e}^{-\kappa t}\tanh\lambda}|0\rangle\langle 0|\mathrm{e}^{b^\dagger b\ln\left[\left(1-\mathrm{e}^{-2\kappa t}\right)\tanh^2\lambda\right]}\mathrm{e}^{ab\mathrm{e}^{-\kappa t}\tanh\lambda}\tag{9.183}
$$

这里 $\exp\left\{b^\dagger b\ln\left[(1-\mathrm{e}^{-2\kappa t})\tanh^2\lambda\right]\right\}$ 表示第二模依赖于时间的混沌场. 将式 (9.183) 与双模压缩真空态 $S_2|00\rangle\langle 00|S_2^\dagger=\mathrm{sech}^2\lambda\mathrm{e}^{a^\dagger b^\dagger\tanh\lambda}|00\rangle\langle 00|\mathrm{e}^{ab\tanh\lambda}$ 进行比较, 我们可清楚看到一个纯态是如何演化成一个混合态的, 即压缩参数 $\tanh\lambda$ 演化成 $\mathrm{e}^{-\kappa t}\tanh\lambda$, 真空态 $|00\rangle\langle 00|$ 演化成

$$
|0\rangle_{aa}\langle 0|\exp\left\{b^\dagger b\ln\left[\left(1-\mathrm{e}^{-2\kappa t}\right)\tanh^2\lambda\right]\right\}\tag{9.184}
$$

下面, 计算 $\rho_{l=0}(t)$ 中 a 模的平均光子数. 利用双模相干态的完备性关系可得

$$
\begin{aligned}
&\mathrm{Tr}\left[\rho_{l=0}(t)a^\dagger a\right]\\
&\quad=\mathrm{sech}^2\lambda\mathrm{Tr}\left\{\int\frac{\mathrm{d}^2z\mathrm{d}^2z'}{\pi^2}|z,z'\rangle\langle z,z'|a^\dagger a\mathrm{e}^{a^\dagger b^\dagger\mathrm{e}^{-\kappa t}\tanh\lambda}|0\rangle\right.\\
&\qquad\left.\times\langle 0|\mathrm{e}^{b^\dagger b\ln\left[\left(1-\mathrm{e}^{-2\kappa t}\right)\tanh^2\lambda\right]}\mathrm{e}^{ab\mathrm{e}^{-\kappa t}\tanh\lambda}\right\}\\
&\quad=\mathrm{sech}^2\lambda\int\frac{\mathrm{d}^2z\mathrm{d}^2z'}{\pi^2}\langle z,z'|a^\dagger a\mathrm{e}^{a^\dagger b^\dagger\mathrm{e}^{-\kappa t}\tanh\lambda}|0\rangle\langle 0|\mathrm{e}^{b^\dagger b\ln\left[\left(1-\mathrm{e}^{-2\kappa t}\right)\tanh^2\lambda\right]}\\
&\qquad\times\mathrm{e}^{ab\mathrm{e}^{-\kappa t}\tanh\lambda}|z,z'\rangle\\
&\quad=\mathrm{sech}^2\lambda\int\frac{\mathrm{d}^2z\mathrm{d}^2z'}{\pi^2}z^*\langle z,z'|\mathrm{e}^{a^\dagger b^\dagger\mathrm{e}^{-\kappa t}\tanh\lambda}\mathrm{e}^{-a^\dagger b^\dagger\mathrm{e}^{-\kappa t}\tanh\lambda}a\mathrm{e}^{a^\dagger b^\dagger\mathrm{e}^{-\kappa t}\tanh\lambda}|0\rangle\\
&\qquad\times\langle 0|\mathrm{e}^{b^\dagger b\ln\left[\left(1-\mathrm{e}^{-2\kappa t}\right)\tanh^2\lambda\right]}\mathrm{e}^{zz'\mathrm{e}^{-\kappa t}\tanh\lambda}|z,z'\rangle\\
&\quad=\mathrm{sech}^2\lambda\int\frac{\mathrm{d}^2z\mathrm{d}^2z'}{\pi^2}z^*\mathrm{e}^{z^*z'^*\mathrm{e}^{-\kappa t}\tanh\lambda}\langle z,z'|\left(a+b^\dagger\mathrm{e}^{-\kappa t}\tanh\lambda\right)|0\rangle\\
&\qquad\times\langle 0|\mathrm{e}^{b^\dagger b\ln\left[\left(1-\mathrm{e}^{-2\kappa t}\right)\tanh^2\lambda\right]}|z,z'\rangle\mathrm{e}^{zz'\mathrm{e}^{-\kappa t}\tanh\lambda}
\end{aligned}
$$

$$
\begin{aligned}
&= \operatorname{sech}^2\lambda e^{-\kappa t}\tanh\lambda \int \frac{d^2 z d^2 z'}{\pi^2} z^* z'^* e^{\left(z^* z'^* + z z'\right) e^{-\kappa t}\tanh\lambda - |z|^2} \\
&\quad \times \langle z'| e^{b^\dagger b \ln\left[\left(1-e^{-2\kappa t}\right)\tanh^2\lambda\right]} |z'\rangle
\end{aligned} \tag{9.185}
$$

其中利用到

$$
\begin{aligned}
\langle z'| e^{b^\dagger b \ln\left[\left(1-e^{-2\kappa t}\right)\tanh^2\lambda\right]} |z'\rangle &= \langle z'| : e^{b^\dagger b\left[\left(1-e^{-2\kappa t}\right)\tanh^2\lambda - 1\right]} : |z'\rangle \\
&= e^{\left[\left(1-e^{-2\kappa t}\right)\tanh^2\lambda - 1\right]|z'|^2}
\end{aligned} \tag{9.186}
$$

在式 (9.185) 中对 $d^2 z$ 积分有

$$
\int \frac{d^2 z}{\pi} z^* e^{\left(z^* z'^* + z z'\right) e^{-\kappa t}\tanh\lambda - |z|^2} = z' e^{-\kappa t}\tanh\lambda e^{e^{-2\kappa t}\tanh^2\lambda |z'|^2} \tag{9.187}
$$

将式 (9.187) 代入式 (9.185) 并利用积分公式

$$
\int \frac{d^2 z}{\pi} |z|^2 e^{-\lambda|z|^2} = \frac{1}{\lambda^2} \tag{9.188}
$$

可得

$$
\operatorname{Tr}\left[\rho_{l=0}(t) a^\dagger a\right] = \operatorname{sech}^2\lambda \left(e^{-\kappa t}\tanh\lambda\right)^2 \int \frac{d^2 z'^*}{\pi} z'^* z' e^{\left(\tanh^2\lambda - 1\right)|z'|^2} = \left(e^{-\kappa t}\sinh\lambda\right)^2 \tag{9.189}
$$

与初始时刻的平均光子数 $\operatorname{Tr}\left[\rho_{l=0}(0) a^\dagger a\right]$ 相比, 由式 (9.189) 有一个衰减因子 $e^{-2\kappa t}$. 对于 $l \neq 0$, 情况更为复杂, 这里不详细讨论.

附录 积分公式 (9.152) 的证明

证明 利用

$$
(-1)^n e^{\mu\nu} \int \frac{d^2 z}{\pi} z^n z^{*m} e^{-|z|^2 + \mu z - \nu z^*} = H_{m,n}(\mu, \nu) \tag{A1}
$$

有

$$
(-1)^n \int \frac{d^2 z}{\pi} z^n z^{*m} e^{-f|z|^2 + \mu z - \nu z^*} = \frac{1}{\sqrt{f}^{m+n+2}} e^{-\mu\nu/f} H_{m,n}\left(\mu/\sqrt{f}, \nu/\sqrt{f}\right) \tag{A2}
$$

则

$$
\begin{aligned}
&\int \frac{d^2 \xi}{\pi} H_{m,n}(\xi, \xi^*) \exp(-h|\xi|^2 + f\xi + g\xi^*) \\
&= \int \frac{d^2 \xi}{\pi} \exp(-h|\xi|^2 + f\xi + g\xi^*)(-1)^n e^{|\xi|^2} \int \frac{d^2 z}{\pi} z^n z^{*m} e^{-|z|^2 + \xi z - \xi^* z^*}
\end{aligned}
$$

$$= (-1)^n \int \frac{d^2 z}{\pi} z^n z^{*m} e^{-|z|^2} \int \frac{d^2 \xi}{\pi} \exp[-(h-1)|\xi|^2 + (f+z)\xi + (g-z^*)\xi^*]$$

$$= \frac{(-1)^n}{h-1} \int \frac{d^2 z}{\pi} z^n z^{*m} e^{-|z|^2 + \frac{1}{h-1}(f+z)(g-z^*)}$$

$$= \frac{(-1)^n}{h-1} \int \frac{d^2 z}{\pi} z^n z^{*m} e^{-|z|^2 \frac{h}{h-1} + \frac{zg - fz^*}{h-1} + \frac{fg}{h-1}}$$

$$= \frac{1}{h} \left(\frac{h-1}{h} \right)^{\frac{m+n}{2}} H_{m,n}\left[\frac{g}{\sqrt{h(h-1)}}, \frac{f}{\sqrt{h(h-1)}} \right] \exp\left(\frac{fg}{h} \right) \tag{A3}$$

证毕.

第 10 章

衰减的光子计数公式及Wigner函数演化

本章讨论在耗散通道中, 光子计数分布及 Wigner 函数是如何演化的.

10.1 光子计数公式的积分形式

量子力学光子计数分布公式最早由 Kelley 和 Kleiner 导出. 对于单模场, 在时间间隔 T 内检测到 m 个光电子的概率 $\mathfrak{p}(m,T)$ 为

$$\mathfrak{p}(m,T)=\operatorname{Tr}\left[\rho\colon\frac{\left(\xi a^{\dagger}a\right)^{m}}{m!}\mathrm{e}^{-\xi a^{\dagger}a}\colon\right]\tag{10.1}$$

其中, $\xi\propto T$ 为探测器的探测器的测量效率, $:\ :$ 表示正规排序, ρ 为单模光场的密度算符. 在粒子数表象中, 密度算符 $\rho=\sum\limits_{n=0}^{\infty}\mathcal{P}_n|n\rangle\langle n|$, $|n\rangle=a^{\dagger n}|0\rangle/\sqrt{n!}$, 则式 (10.1) 可表示

场 Bernoulli 分布

$$\mathfrak{p}(m,T)=\sum_{n=m}^{\infty}\mathcal{P}_n\binom{n}{m}\xi^m(1-\xi)^{n-m} \tag{10.2}$$

例如, 当 ρ 为相干态光场时, $\rho_0\equiv|\alpha\rangle\langle\alpha|$, $|\alpha\rangle=\exp\left(-\frac{|\alpha|^2}{2}+\alpha a^\dagger\right)|0\rangle$, 则由式 (10.1) 得

$$\mathfrak{p}(n)=\mathrm{Tr}\left[|\alpha\rangle\langle\alpha|:\frac{(\xi a^\dagger a)^n}{n!}\mathrm{e}^{-\xi a^\dagger a}:\right]=\frac{(\xi|\alpha|^2)^n}{n!}\mathrm{e}^{-\xi|\alpha|^2} \tag{10.3}$$

显然, 对于理想探测情况即 $\xi\to1$, 上式就是泊松分布.

用 ρ 对应的热真空态 $|\psi\rangle_\beta(\rho=\mathrm{tr}_{\tilde{a}}|\psi\rangle_\beta\langle\psi|)$ 则可以把式 (10.1) 改成

$$\mathfrak{p}(m,T)={}_\beta\langle\psi|:\frac{(\xi a^\dagger a)^m}{m!}\mathrm{e}^{-\xi a^\dagger a}:|\psi\rangle_\beta \tag{10.4}$$

例如对应负二项式态的热真空态为 (见前面相关章节)

$$|\psi(\beta)\rangle_s=\sum_{n=0}^{\infty}\sqrt{\binom{n+s}{n}\gamma^{s+1}(1-\gamma)^n}|n,\tilde{s}+\tilde{n}\rangle \tag{10.5}$$

则相应的光子计数分布为

$$\begin{aligned}\mathfrak{p}(m,T)&=\sum_{n=0}^{\infty}\binom{n+s}{n}\gamma^{s+1}(1-\gamma)^n\frac{\xi^m}{m!}\langle n|a^{\dagger m}:\mathrm{e}^{-\xi a^\dagger a}:a^m|n\rangle\\&=\sum_{n=0}^{\infty}\binom{n+s}{n}\gamma^{s+1}(1-\gamma)^n\frac{\xi^m}{m!}\langle n-m|(1-\xi)^{a^\dagger a}|n-m\rangle\frac{n!}{(n-m)!}\\&=\sum_{n=0}^{\infty}\gamma^{s+1}(1-\gamma)^n\frac{\xi^m(1-\xi)^{n-m}}{m!}\frac{(n+s)!}{s!(n-m)!}\end{aligned} \tag{10.6}$$

下面, 我们来推导光子计数分布公式的积分形式. 为此, 先推导式 (10.1) 中正规乘积算符的反正规乘积表示. 利用将任意算符转化为反正规乘积公式 (2.73), 可得

$$\begin{aligned}:(a^\dagger a)^m\mathrm{e}^{-\xi a^\dagger a}:&=\vdots\int\frac{\mathrm{d}^2z}{\pi}\langle-z|:(a^\dagger a)^m\mathrm{e}^{-\xi a^\dagger a}:|z\rangle\exp\left(|z|^2+z^*a-za^\dagger+aa^\dagger\right)\vdots\\&=\vdots\int\frac{\mathrm{d}^2z}{\pi}(-1)^m|z|^{2m}\exp\left[-(1-\xi)|z|^2+z^*a-za^\dagger+aa^\dagger\right]\vdots\end{aligned} \tag{10.7}$$

其中, $|z\rangle$ 为相干态. 利用数学公式

$$\begin{aligned}&\int\frac{\mathrm{d}^2z}{\pi}z^nz^{*m}\mathrm{e}^{k|z|^2+Bz+Cz^*}\\&=\mathrm{e}^{-BC/k}\sum_{l=0}^{\min(m,n)}\frac{n!m!B^{m-l}C^{n-l}}{l!(n-l)!(m-l)!(-k)^{n+m-l+1}},\quad\mathrm{Re}k<0\end{aligned} \tag{10.8}$$

对上式进行积分可得

$$:\left(a^{\dagger}a\right)^{m}\mathrm{e}^{-\xi a^{\dagger}a}:\;=\vdots\mathrm{e}^{\xi aa^{\dagger}/(\xi-1)}\sum_{l=0}^{m}\frac{(-)^{l}m!m!a^{m-l}\left(a^{\dagger}\right)^{m-l}}{l!(m-l)!(m-l)!(1-\xi)^{2m-l+1}}\vdots \tag{10.9}$$

利用 Laguerre 多项式的定义式

$$L_m(x)=\sum_{l=0}^{m}(-1)^{l}\binom{m}{l}\frac{x^{l}}{l!}=\sum_{l'=0}^{m}(-1)^{m-l'}\binom{m}{m-l'}\frac{x^{m-l'}}{(m-l')!} \tag{10.10}$$

将式 (10.9) 变成

$$:\left(a^{\dagger}a\right)^{m}\mathrm{e}^{-\xi a^{\dagger}a}:\;=\frac{(-)^{m}m!}{(1-\xi)^{m+1}}\vdots\mathrm{e}^{\xi aa^{\dagger}/(\xi-1)}L_m\left(\frac{aa^{\dagger}}{1-\xi}\right)\vdots \tag{10.11}$$

这是一个新的算符恒等式.

当已知算符的反正规排序后, 利用 P-表示可知

$$\vdots A\left(a,a^{\dagger}\right)\vdots=\int\frac{\mathrm{d}^2z}{\pi}A(z,z^{*})|z\rangle\langle z| \tag{10.12}$$

这里 $|z\rangle$ 为相干态, 因而将式 (10.11) 代入式 (10.1) 得

$$\begin{aligned}\mathfrak{p}(m,T)&=\frac{(-\xi)^{m}}{(1-\xi)^{m+1}}\mathrm{Tr}\left[\rho\vdots\mathrm{e}^{\xi aa^{\dagger}/(\xi-1)}L_m\left(\frac{aa^{\dagger}}{1-\xi}\right)\vdots\right]\\&=\left(\frac{\xi}{\xi-1}\right)^{m}\mathrm{Tr}\left[\rho\int\frac{\mathrm{d}^2z}{(1-\xi)\pi}\mathrm{e}^{-\xi|z|^2/(1-\xi)}L_m\left(\frac{|z|^2}{1-\xi}\right)|z\rangle\langle z|\right]\\&=\left(\frac{\xi}{\xi-1}\right)^{m}\int\frac{\mathrm{d}^2z}{\pi}\mathrm{e}^{-\xi|z|^2}L_m\left(|z|^2\right)\left\langle\sqrt{1-\xi}z\middle|\rho\middle|\sqrt{1-\xi}z\right\rangle\end{aligned} \tag{10.13}$$

这是一个计算光子计数分布的新公式. 可把

$$:\frac{\left(\xi a^{\dagger}a\right)^{n}}{n!}\mathrm{e}^{-\xi a^{\dagger}a}:\;\equiv M_a(\xi) \tag{10.14}$$

称为量子效率为 ξ 的探测器的计数算子.

10.2 热场动力学中的光子计数公式

本节中, 我们将式 (10.1) 的热统计平均值的计算转化为一个纯态下的矩阵元, 也即我们希望从一个新的角度解释 $\mathfrak{p}(m,T)$: 利用 Takahashi 和 Umezawa 提出的热场动力

学理论给予 $\mathfrak{p}(m,T)$ 以新的解释. 该理论的基本点在于：通过双倍扩大真实态空间, 即单模数态空间 $|m\rangle$ 扩展为双模数态空间 $|m,\tilde{m}\rangle$, 其中 $|\tilde{m}\rangle = \frac{\tilde{a}^{\dagger m}}{\sqrt{m!}}|\tilde{0}\rangle$ 是与实模空间相对应的虚模数态, $\tilde{a}^{\dagger}$ 为与实模 $a^{\dagger}$ 相对应的虚模产生算符, 满足 $\left[\tilde{a},\tilde{a}^{\dagger}\right]=1$, $\tilde{a}\left|0\tilde{0}\right\rangle=0$. 基于热场动力学理论思想, 我们将场算符

$$:\mathrm{e}^{-\xi a^{\dagger}a}: = (1-\xi)^{a^{\dagger}a} \tag{10.15}$$

用热压缩算符 $\mathrm{e}^{(1-\xi)a^{\dagger}\tilde{a}^{\dagger}}$ 取代, 密度算符 ρ 用态矢量 $\langle\rho|$ 取代, 其中

$$\langle\rho| = \langle I|\rho, \quad \langle I| = \sum_{l}^{\infty}\left\langle l,\tilde{l}\right| = \left\langle 0,\tilde{0}\right|\mathrm{e}^{a\tilde{a}} \tag{10.16}$$

则光子计数公式 $\mathfrak{p}(m,T)$ 可解释为热压缩算符 $\mathrm{e}^{(1-\xi)a^{\dagger}\tilde{a}^{\dagger}}$ 在纯态 $\langle\rho|$ 与 $|m,\tilde{m}\rangle\equiv|m\rangle|\tilde{m}\rangle$ 中的矩阵元, 即

$$\mathfrak{p}(m,T) = \xi^{m}\langle\rho|\mathrm{e}^{(1-\xi)a^{\dagger}\tilde{a}^{\dagger}}|m,\tilde{m}\rangle \tag{10.17}$$

利用热纠缠态表象 (5.49) 上式又可表示成

$$\mathfrak{p}(m,T) = \xi^{m}\int\frac{\mathrm{d}^{2}\eta}{\pi}\chi(\eta)\langle\eta|\mathrm{e}^{(1-\xi)a^{\dagger}\tilde{a}^{\dagger}}|m,\tilde{m}\rangle \tag{10.18}$$

下面我们将证明式 (10.17) 以及式 (10.18), 并计算矩阵元 $\langle\eta|\mathrm{e}^{(1-\xi)a^{\dagger}\tilde{a}^{\dagger}}|m,\tilde{m}\rangle$.

10.2.1　式 (10.17) 的证明

实际上, 利用 Fock 态的完备性 $1=\sum_{k}^{\infty}|k\rangle\langle k|$ 以及 $\left\langle\tilde{k}\middle|\tilde{l}\right\rangle=\delta_{l,k}$, 可将式 (10.1) 改写成

$$\begin{aligned}
\mathfrak{p}(m,T) &= \mathrm{Tr}\left[\sum_{k}^{\infty}|k\rangle\langle k|\rho:\frac{(\xi a^{\dagger}a)^{m}}{m!}\mathrm{e}^{-\xi a^{\dagger}a}:\right] \\
&= \sum_{k}^{\infty}\langle k|\rho:\frac{(\xi a^{\dagger}a)^{m}}{m!}\mathrm{e}^{-\xi a^{\dagger}a}:|k\rangle \\
&= \frac{\xi^{m}}{m!}\sum_{k}^{\infty}\left\langle k,\tilde{k}\right|\rho a^{\dagger m}:\mathrm{e}^{-\xi a^{\dagger}a}:a^{m}\sum_{l}^{\infty}\left|l,\tilde{l}\right\rangle \\
&= \frac{\xi^{m}}{m!}\langle\rho|a^{\dagger m}(1-\xi)^{a^{\dagger}a}a^{m}|I\rangle
\end{aligned} \tag{10.19}$$

利用式 (10.16) 可知 (参见 6.3 节)

$$a^{m}|I\rangle = a^{m}\sum_{l}^{\infty}|l,l\rangle = a^{m}\mathrm{e}^{a^{\dagger}\tilde{a}^{\dagger}}\left|0,\tilde{0}\right\rangle = \tilde{a}^{\dagger}|I\rangle \tag{10.20}$$

因此, 式 (10.19) 变成

$$\begin{aligned}\mathfrak{p}(m,T) &= \frac{\xi^m}{m!}\langle\rho|\, a^{\dagger m}(1-\xi)^{a^\dagger a}\widetilde{a}^{\dagger m}|I\rangle \\ &= \frac{\xi^m}{m!}\langle\rho|\, a^{\dagger m}\widetilde{a}^{\dagger m}\sum_l^\infty (1-\xi)^{a^\dagger a}\left|l,\widetilde{l}\right\rangle \\ &= \frac{\xi^m}{m!}\langle\rho|\, a^{\dagger m}\widetilde{a}^{\dagger m}\sum_l^\infty (1-\xi)^l\frac{a^{\dagger l}\widetilde{a}^{\dagger l}}{l!}|0,\tilde{0}\rangle \\ &= \xi^m\langle\rho|\,\mathrm{e}^{(1-\xi)a^\dagger\tilde{a}^\dagger}|m,\tilde{m}\rangle \end{aligned} \tag{10.21}$$

可见, 在热场动力学理论下光子计数分布公式 $\mathfrak{p}(m,T)$ 被解释成热纠缠算符 $\mathrm{e}^{(1-\xi)a^\dagger\tilde{a}^\dagger}$ 在纯态 $\langle\rho|$ 与 $|m,\tilde{m}\rangle\equiv|m\rangle|\tilde{m}\rangle$ 间的矩阵元.

利用热纠缠态表象 $|\eta\rangle$(参见 4.9 节式（4.108）和式（4.109））并注意到 $\left[(a-\tilde{a}^\dagger),(a^\dagger-\tilde{a})\right]=0$, 即 $|\eta\rangle$ 为算符 $(a-\tilde{a}^\dagger)$ 与 $(\tilde{a}-a^\dagger)$ 的共同本征态. 由式 (4.109), 不难证明 $|\eta\rangle$ 是正交的, 即满足

$$\langle\eta'\,|\eta\rangle = \pi\delta(\eta'-\eta)\,\delta(\eta'^*-\eta^*) \tag{10.22}$$

利用真空投影算符的正规乘积 $|0\tilde{0}\rangle\langle 0\tilde{0}| =\colon\exp\left(-a^\dagger a-\tilde{a}^\dagger\tilde{a}\right)\colon$, 以及 IWOP 方法, 可直接证明 $|\eta\rangle$ 是完备的, 即

$$\begin{aligned}&\int\frac{\mathrm{d}^2\eta}{\pi}|\eta\rangle\langle\eta| \\ &=\int\frac{\mathrm{d}^2\eta}{\pi}\colon\exp(-|\eta|^2+\eta a^\dagger-\eta^*\tilde{a}^\dagger+\eta^* a-\eta\tilde{a}+a^\dagger\tilde{a}^\dagger+a\tilde{a}-a^\dagger a-\tilde{a}^\dagger\tilde{a})\colon=1\end{aligned} \tag{10.23}$$

注意到

$$|\eta\rangle = D(\eta)|I\rangle,\quad D(\eta)=\mathrm{e}^{\eta a^\dagger-\eta^* a} \tag{10.24}$$

所以

$$\begin{aligned}\langle\rho|\,\eta\rangle &= \langle\rho|\,D(\eta)|I\rangle = \sum_{n,m}^\infty\langle n,\tilde{n}|\,\rho D(\eta)|m,\tilde{m}\rangle \\ &= \sum_n^\infty\langle n|\,D(\eta)\rho|n\rangle = \mathrm{Tr}\left[\rho D(\eta)\right] = \chi(\eta)\end{aligned} \tag{10.25}$$

可见, 内积 $\langle\rho|\,\eta\rangle$ 恰好就是密度算符 ρ 的特征函数. 因此, 利用式 (10.23)和式 (10.25), 可将式 (10.21) 改写为

$$\begin{aligned}\mathfrak{p}(m,T) &= \xi^m\int\frac{\mathrm{d}^2\eta}{\pi}\langle\rho|\,\eta\rangle\langle\eta|\,\mathrm{e}^{(1-\xi)a^\dagger\tilde{a}^\dagger}|m,\tilde{m}\rangle \\ &= \xi^m\int\frac{\mathrm{d}^2\eta}{\pi}\chi(\eta)\langle\eta|\,\mathrm{e}^{(1-\xi)a^\dagger\tilde{a}^\dagger}|m,\tilde{m}\rangle\end{aligned} \tag{10.26}$$

10.2.2 矩阵元 $\langle\eta|\mathrm{e}^{(1-\xi)a^\dagger\tilde{a}^\dagger}|m,\tilde{m}\rangle$ 的计算

为计算以上矩阵元, 引入热纠缠态的共轭纠缠态, 即

$$|\zeta\rangle=\exp\left(-\frac{1}{2}|\zeta|^2+\zeta a^\dagger+\zeta^*\tilde{a}^\dagger-a^\dagger\tilde{a}^\dagger\right)|0\tilde{0}\rangle \tag{10.27}$$

不难证明 $|\xi\rangle$ 是完备的,

$$\int\frac{\mathrm{d}^2\zeta}{\pi}|\zeta\rangle\langle\zeta|=1 \tag{10.28}$$

且二者内积为

$$\langle\zeta\,|\eta\rangle=\frac{1}{2}\exp\left[\frac{1}{2}(\eta\zeta^*-\eta^*\zeta)\right] \tag{10.29}$$

此外, 热压缩算符 $S\equiv\mathrm{e}^{\sigma\left(a^\dagger\tilde{a}^\dagger-a\tilde{a}\right)}$ 在热纠缠态表象中有其自然表示, 即

$$S\equiv\int\frac{\mathrm{d}^2\eta}{\pi\mu}|\eta/\mu\rangle\langle\eta|=\mu\int\frac{\mathrm{d}^2\zeta}{\pi}|\mu\zeta\rangle\langle\zeta|\quad(\mu=\mathrm{e}^\sigma) \tag{10.30}$$

实际上, 利用 IWOP 方法可直接积分得

$$\begin{aligned}S&=\int\frac{\mathrm{d}^2\eta}{\pi\mu}|\eta/\mu\rangle\langle\eta|\\&=\int\frac{\mathrm{d}^2\eta}{\pi}:\exp\left[-\frac{|\eta|^2}{2}\left(1+\frac{1}{\mu^2}\right)+\frac{\eta}{\mu}a^\dagger-\frac{\eta^*}{\mu}\tilde{a}^\dagger+\eta^*a-\eta\tilde{a}\right.\\&\qquad\left.+a^\dagger\tilde{a}^\dagger+a\tilde{a}-a^\dagger a-\tilde{a}^\dagger\tilde{a})\right]:\\&=\exp\left(-a^\dagger\tilde{a}^\dagger\tanh\sigma\right)\exp\left[\left(a^\dagger a+\tilde{a}^\dagger\tilde{a}+1\right)\ln\operatorname{sech}\sigma\right]\exp\left(a\tilde{a}\tanh\sigma\right)\end{aligned} \tag{10.31}$$

故而热压缩真空态 (此前也称热真空态) 为

$$\begin{aligned}S\left|0\tilde{0}\right\rangle&=\operatorname{sech}\lambda\mathrm{e}^{-a^\dagger\tilde{a}^\dagger\tanh\lambda}\left|0\tilde{0}\right\rangle=\mu\int\frac{\mathrm{d}^2\zeta}{\pi}|\mu\zeta\rangle\left\langle\zeta\right|0\tilde{0}\rangle\\&=\mu\int\frac{\mathrm{d}^2\zeta}{\pi}|\mu\zeta\rangle\,\mathrm{e}^{-|\xi|^2/2}\end{aligned} \tag{10.32}$$

令 $1-\xi=f$, 并引入实参数 g, 则上述矩阵元可表示为

$$\langle\eta|\mathrm{e}^{(1-\xi)a^\dagger\tilde{a}^\dagger}|m,\tilde{m}\rangle=\frac{1}{m!}\frac{\mathrm{d}^m}{\mathrm{d}g^m}\langle\eta|\mathrm{e}^{(f+g)a^\dagger\tilde{a}^\dagger}\left|0\tilde{0}\right\rangle|_{g=0} \tag{10.33}$$

将上式中 $\mathrm{e}^{(f+g)a^\dagger\tilde{a}^\dagger}\left|0\tilde{0}\right\rangle$ 与式 (10.33) 中 $\mathrm{e}^{-a^\dagger\tilde{a}^\dagger\tanh\lambda}\left|0\tilde{0}\right\rangle$ 进行比较, 可设

$$f+g\equiv g'=-\tanh\lambda=\frac{\mathrm{e}^{-\lambda}-\mathrm{e}^{\lambda}}{\mathrm{e}^{-\lambda}+\mathrm{e}^{\lambda}}=\frac{1-\mu^2}{1+\mu^2} \tag{10.34}$$

以及 $\operatorname{sech}^2\lambda = 1-g'^2$, 则有

$$\mu^2 = \frac{1-g'}{1+g'} \tag{10.35}$$

故而利用式 (10.32) 可得

$$\begin{aligned}
\mathrm{e}^{(f+g)a^\dagger\tilde{a}^\dagger}\left|0\tilde{0}\right\rangle &= \mathrm{e}^{g'a^\dagger\tilde{a}^\dagger}\left|0\tilde{0}\right\rangle \\
&= \sqrt{\frac{1}{1-g'^2}}\sqrt{\frac{1-g'}{1+g'}}\int\frac{\mathrm{d}^2\zeta}{\pi}\left|\sqrt{\frac{1-g'}{1+g'}}\zeta\right\rangle\mathrm{e}^{-|\zeta|^2/2} \\
&= \frac{1}{1+g'}\int\frac{\mathrm{d}^2\zeta}{\pi}\left|\sqrt{\frac{1-g'}{1+g'}}\zeta\right\rangle\mathrm{e}^{-|\zeta|^2/2}
\end{aligned} \tag{10.36}$$

利用完备性关系 (10.28) 以及内积关系 (10.29) 可得

$$\begin{aligned}
\langle\eta|\,\mathrm{e}^{g'a^\dagger a}\left|0\tilde{0}\right\rangle &= \frac{1}{1+g'}\int\frac{\mathrm{d}^2\zeta}{\pi}\left\langle\eta\left|\sqrt{\frac{1-g'}{1+g'}}\zeta\right.\right\rangle\mathrm{e}^{-|\zeta|^2/2} \\
&= \frac{1}{2(1+g')}\int\frac{\mathrm{d}^2\zeta}{\pi}\exp\left[\sqrt{\frac{1-g'}{1+g'}}\frac{\eta^*\zeta-\zeta^*\eta}{2}-\frac{|\zeta|^2}{2}\right] \\
&= \frac{1}{1+g'}\exp\left[-\frac{1-g'}{2(1+g')}|\eta|^2\right] \\
&= \frac{1}{1+g'}\mathrm{e}^{-|\eta|^2/2}\exp\left(\frac{g'}{1+g'}|\eta|^2\right)
\end{aligned} \tag{10.37}$$

注意到

$$\frac{g'}{1+g'} = \frac{f+g}{1+f+g} = \frac{g}{1+f+g}\frac{1}{1+f}+\frac{f}{1+f} \tag{10.38}$$

以及 Laguerre 多项式的母函数公式

$$L_n(x) = \frac{1}{n!}\frac{\partial^n}{\partial t^n}\left[(1-t)^{-1}\exp\left(\frac{-xt}{1-t}\right)\right]\Bigg|_{t=0} \tag{10.39}$$

则式 (10.33) 变成

$$\begin{aligned}
&\langle\eta|\,\mathrm{e}^{(1-\xi)a^\dagger a}\left|m,\tilde{m}\right\rangle \\
&= \frac{1}{m!}\frac{\mathrm{d}^m}{\mathrm{d}g^m}\langle\eta|\,\mathrm{e}^{(f+g)a^\dagger\tilde{a}^\dagger}\left|0\tilde{0}\right\rangle|_{g=0} \\
&= \frac{1}{m!}\frac{\mathrm{d}^m}{\mathrm{d}g^m}\left[\mathrm{e}^{\frac{f|\eta|^2}{1+f}-|\eta|^2/2}\frac{1}{1+f+g}\exp\left(\frac{g}{1+f+g}\frac{|\eta|^2}{1+f}\right)\right]\Bigg|_{g=0} \\
&= \frac{1}{m!}\mathrm{e}^{\frac{f-1}{2(1+f)}|\eta|^2}\frac{\mathrm{d}^m}{\mathrm{d}g^m}\left[\frac{1}{1+f+g}\exp\left(\frac{g}{1+f+g}\frac{|\eta|^2}{1+f}\right)\right]\Bigg|_{g=0} \\
&= \frac{1}{m!}\frac{1}{(1+f)^{m+1}}\mathrm{e}^{\frac{f-1}{2(1+f)}|\eta|^2}\frac{\mathrm{d}^m}{\mathrm{d}\left(\frac{g}{1+f}\right)^m}\left[\frac{1}{1+\frac{g}{1+f}}\exp\left(\frac{\frac{-g}{1+f}}{1+\frac{g}{1+f}}\frac{-|\eta|^2}{1+f}\right)\right]\Bigg|_{g=0}
\end{aligned}$$

$$= \frac{1}{(1+f)^{m+1}}(-1)^m \mathrm{e}^{\frac{f-1}{2(1+f)}|\eta|^2} L_m\left(\frac{-|\eta|^2}{1+f}\right) \tag{10.40}$$

将定义式 $1-\xi=f$ 以及式 (10.40) 代入式 (10.18) 可得

$$\begin{aligned}\mathfrak{p}(m,T) &= \frac{(-\xi)^m}{(1+f)^{m+1}}\int\frac{\mathrm{d}^2\eta}{\pi}\langle\rho|\ \eta\rangle \mathrm{e}^{\frac{f-1}{2(1+f)}|\eta|^2} L_m\left(\frac{-|\eta|^2}{1+f}\right) \\ &= \frac{(-\xi)^m}{(2-\xi)^{m+1}}\int\frac{\mathrm{d}^2\eta}{\pi}\chi(\eta)\mathrm{e}^{\frac{-\xi}{2(2-\xi)}|\eta|^2} L_m\left(\frac{-|\eta|^2}{2-\xi}\right)\end{aligned} \tag{10.41}$$

此即当已知密度算符 ρ 的特征函数 $\chi(\eta)$ 时求解光子计数分布的新积分公式.

例如, 对于纯相干态 $|\alpha\rangle\langle\alpha|$, 其特征函数为

$$\chi(\eta) = \mathrm{Tr}(|\alpha\rangle\langle\alpha| D(\eta)) = \langle\alpha| D(\eta)|\alpha\rangle = \mathrm{e}^{-|\eta|^2/2+\alpha^*\eta-\alpha\eta^*} \tag{10.42}$$

将式 (10.42) 代入式 (10.41) 积分得

$$\begin{aligned}\mathfrak{p}_{|\alpha\rangle\langle\alpha|}(m,T) &= \frac{(-\xi)^m}{(2-\xi)^{m+1}}\int\frac{\mathrm{d}^2\eta}{\pi}\mathrm{e}^{-|\eta|^2/2+\alpha^*\eta-\alpha\eta^*}\mathrm{e}^{\frac{-\xi}{2(2-\xi)}|\eta|^2} L_m\left(\frac{-|\eta|^2}{2-\xi}\right) \\ &= \frac{\left(\xi|\alpha|^2\right)^m \mathrm{e}^{-\xi|\alpha|^2}}{m!}\end{aligned} \tag{10.43}$$

这与此前的计算结果是完全一致的.

总之, 基于热场动力学理论, 我们将光子计数分布公式转化成热纠缠算符 (压缩算符)$\mathrm{e}^{(1-\xi)a^\dagger\tilde{a}^\dagger}$ 在态 $\langle\rho|$ 与 $|m,\tilde{m}\rangle$ 中的矩阵元. 通过引入热纠缠态表象, 推导了一个已知特征函数计算光子计数分布的新积分公式. 这对于计算量子态, 特别是具有复杂形式密度算符的光子数分布是方便的.

10.3 对双模压缩态的单模光子计数

一个有趣的问题是：当对双模压缩真空态的一个模进行计数时, 另一个模会处于什么态下呢？或者说对双模中的一个模有 n 个光子的计数, 另一模会怎样塌缩呢？双模压缩真空态为

$$\rho_{a,b} \equiv \mathrm{sech}^2\lambda \mathrm{e}^{a^\dagger b^\dagger \tanh\lambda}|00\rangle\langle 00|\mathrm{e}^{ab\tanh\lambda} \quad (|00\rangle \equiv |0\rangle_a|0\rangle_b) \tag{10.44}$$

若只对双模态 $\rho_{a,b}$ 中的 a 模进行计数, 则式 (10.1) 自然地变成了部分求迹

$$\mathfrak{p}_a(n) \to \operatorname{tr}_a\left[\rho_{a,b}\colon \frac{\left(\xi a^\dagger a\right)^n}{n!}\mathrm{e}^{-\xi a^\dagger a}\colon\right] = \rho_b \tag{10.45}$$

可见, 对 a 模的计数操作对于 b 模而言就相当于一个算子. 将式 (10.13) 代入式 (10.45) 并利用真空投影算符的正规乘积 $|0\rangle_{22}\langle 0| =\colon \mathrm{e}^{-b^\dagger b}\colon$, 得

$$\begin{aligned}\rho_b &= \frac{\xi^n \operatorname{sech}^2\lambda}{(\xi-1)^{n+1}}\int\frac{\mathrm{d}^2\beta}{\pi}\langle-\beta|\mathrm{e}^{a^\dagger b^\dagger\tanh\lambda}|00\rangle\langle 00|\mathrm{e}^{ab\tanh\lambda}|\beta\rangle\mathrm{e}^{\frac{\xi-2}{\xi-1}|\beta|^2}L_n\left(\frac{|\beta|^2}{\xi-1}\right)\\ &= \frac{\xi^n \operatorname{sech}^2\lambda}{(\xi-1)^{n+1}}\int\frac{\mathrm{d}^2\beta}{\pi}\mathrm{e}^{-\beta^* b^\dagger\tanh\lambda}|0\rangle_{22}\langle 0|\mathrm{e}^{\beta b\tanh\lambda}\mathrm{e}^{\left(\frac{\xi-2}{\xi-1}-1\right)|\beta|^2}L_n\left(\frac{|\beta|^2}{\xi-1}\right)\\ &= \frac{\xi^n \operatorname{sech}^2\lambda}{(\xi-1)^{n+1}}\int\frac{\mathrm{d}^2\beta}{\pi}\colon\mathrm{e}^{\frac{-1}{\xi-1}|\beta|^2+\left(\beta b-\beta^* b^\dagger\right)\tanh\lambda-b^\dagger b}L_n\left(\frac{|\beta|^2}{\xi-1}\right)\colon\\ &= \frac{\xi^n \operatorname{sech}^2\lambda}{n!(\xi-1)^{n+1}}\frac{\partial^n}{\partial t^n}\colon\int\frac{\mathrm{d}^2\beta}{\pi(1-t)}\mathrm{e}^{\frac{|\beta|^2}{(\xi-1)(t-1)}+\left(\beta b-\beta^* b^\dagger\right)\tanh\lambda-b^\dagger b}\Big|_{t=0}\colon\end{aligned} \tag{10.46}$$

在上式最后一步, 利用了 Laguerre 多项式的母函数公式

$$\sum_{n=0}^{\infty}L_n(x)t^n = \frac{\exp\left(\frac{-xt}{1-t}\right)}{1-t} \tag{10.47}$$

或式 (10.39).

借助 IWOP 方法积分式 (10.46) 可得

$$\begin{aligned}\rho_b &= \frac{\xi^n \operatorname{sech}^2\lambda}{n!(\xi-1)^n}\frac{\partial^n}{\partial t^n}\colon\mathrm{e}^{\left[(\xi-1)(t-1)\tanh^2\lambda-1\right]b^\dagger b}\colon\Big|_{t=0}\\ &= \frac{\xi^n \operatorname{sech}^2\lambda}{n!(\xi-1)^n}\frac{\partial^n}{\partial t^n}\colon\mathrm{e}^{\left[(\xi-1)t\tanh^2\lambda-\xi\tanh^2\lambda-\operatorname{sech}^2\lambda\right]b^\dagger b}\colon\Big|_{t=0}\\ &= \xi^n\operatorname{sech}^2\lambda\tanh^{2n}\lambda\colon\frac{1}{n!}b^{\dagger n}b^n\mathrm{e}^{\left(-\xi\tanh^2\lambda-\operatorname{sech}^2\lambda\right)b^\dagger b}\colon\end{aligned} \tag{10.48}$$

令

$$\xi' = \xi\tanh^2\lambda + \operatorname{sech}^2\lambda \tag{10.49}$$

则式 (10.49) 可改写成

$$\rho_b = \frac{\left(\xi\tanh^2\lambda\right)^n\operatorname{sech}^2\lambda}{\xi'^n}\colon\frac{\left(\xi' b^\dagger b\right)^n}{n!}\mathrm{e}^{-\xi' b^\dagger b}\colon = \frac{\left(\xi\tanh^2\lambda\right)^n\operatorname{sech}^2\lambda}{\xi'^n}M_b(\xi') \tag{10.50}$$

可见, 若对双模压缩真空态的 a 模计数, 则 b 模塌缩为一个新的计数算子, 它的计数效率为 ξ', 由式 (10.49) 决定.

此外, 利用算符恒等式——将正规乘积转换成反正规乘积表示:

$$b^{\dagger k+n}b^{k+n} = \vdots H_{k+n,k+n}\left(b,b^{\dagger}\right)\vdots \tag{10.51}$$

以及求和公式

$$\sum_{k=0}^{\infty}\frac{f^k}{k!}H_{k+m,k+n}(x,y) = (f+1)^{-(m+n+2)/2}\,\mathrm{e}^{fxy/(f+1)}H_{m,n}\left(\frac{x}{\sqrt{f+1}},\frac{y}{\sqrt{f+1}}\right) \tag{10.52}$$

则式 (10.48) 可改写成

$$\begin{aligned}
\rho_b &= \xi^n \mathrm{sech}^2\lambda\tanh^{2n}\lambda :\frac{1}{n!}b^{\dagger n}b^n \mathrm{e}^{\left(-\xi\tanh^2\lambda-\mathrm{sech}^2\lambda\right)b^{\dagger}b}: \\
&= \frac{\xi^n}{n!}\mathrm{sech}^2\lambda\tanh^{2n}\lambda\sum_{k=0}^{\infty}b^{\dagger k+n}b^{k+n}\frac{\left(-\xi\tanh^2\lambda-\mathrm{sech}^2\lambda\right)^k}{k!} \\
&= \frac{\xi^n}{n!}\mathrm{sech}^2\lambda\tanh^{2n}\lambda\sum_{k=0}^{\infty}\vdots H_{k+n,k+n}\left(b,b^{\dagger}\right)\vdots\frac{\left(-\xi\tanh^2\lambda-\mathrm{sech}^2\lambda\right)^k}{k!} \\
&= \frac{\xi^n}{n!\sinh^2\lambda(1-\xi)^n}\vdots\mathrm{e}^{\left(-\xi\tanh^2\lambda-\mathrm{sech}^2\lambda\right)bb^{\dagger}\Big/\left[(1-\xi)\tanh^2\lambda\right]} \\
&\quad\times H_{n,n}\left(\frac{b}{\tanh\lambda\sqrt{1-\xi}},\frac{b^{\dagger}}{\tanh\lambda\sqrt{1-\xi}}\right)\vdots
\end{aligned} \tag{10.53}$$

此即 b 模密度算符 ρ_b 的反正规乘积. 因此 ρ_b 的 P- 表示为

$$\mathrm{e}^{-\left(\xi\tanh^2\lambda+\mathrm{sech}^2\lambda\right)|\alpha|^2\Big/\left[(1-\xi)\tanh^2\lambda\right]}L_n\left[\frac{|\alpha|^2}{\tanh^2\lambda(1-\xi)}\right] \tag{10.54}$$

这对进一步计算 b 模相关的量是有益的.

10.4 衰减通道中的光子计数公式

本节考察量子系统经过耗散环境的光子计数分布公式. 当密度算符 $\rho(0)$ 经过振幅衰减通道后, 系统态密度算符 $\rho(t)$ 由算符和表示给出即式 (9.131). 故将式 (9.131) 代入式 (10.1) 可得

$$\mathfrak{p}(n,t) = \mathrm{Tr}\left[\rho(t):\frac{\left(\xi a^{\dagger}a\right)^n}{n!}\mathrm{e}^{-\xi a^{\dagger}a}:\right]$$

$$= \mathrm{Tr}\left[\rho_0 \hat{O}(t)\right] \tag{10.55}$$

其中

$$\hat{O}(t) = \sum_{m=0}^{\infty} M_m^{\dagger} \colon \frac{\left(\xi a^{\dagger} a\right)^n}{n!} \mathrm{e}^{-\xi a^{\dagger} a} \colon M_m \tag{10.56}$$

利用算符恒等式

$$\begin{aligned}
&\colon \mathrm{e}^{-\xi a^{\dagger} a} \colon = \exp\left[a^{\dagger} a \ln(1-\xi)\right] = (1-\xi)^{a^{\dagger} a} \\
&a^{\dagger} \mathrm{e}^{\lambda} = \mathrm{e}^{\lambda a^{\dagger} a} a^{\dagger} \mathrm{e}^{-\lambda a^{\dagger} a} \\
&a \mathrm{e}^{-\lambda} = \mathrm{e}^{\lambda a^{\dagger} a} a \mathrm{e}^{-\lambda a^{\dagger} a}
\end{aligned} \tag{10.57}$$

可将式 (10.56) 变成正规乘积形式:

$$\begin{aligned}
\hat{O}(t) &= \sum_{m=0}^{\infty} \frac{T^m}{m!} a^{\dagger m} \mathrm{e}^{-\kappa t a^{\dagger} a} \colon \frac{\left(\xi a^{\dagger} a\right)^n}{n!} \mathrm{e}^{-\xi a^{\dagger} a} \colon \mathrm{e}^{-\kappa t a^{\dagger} a} a^m \\
&= \sum_{m=0}^{\infty} \frac{T^m}{m!} a^{\dagger m} \mathrm{e}^{-\kappa t a^{\dagger} a} \frac{\xi^n a^{\dagger n}}{n!} (1-\xi)^{a^{\dagger} a} a^n \mathrm{e}^{-\kappa t a^{\dagger} a} a^m \\
&= \frac{\xi^n}{n!} \mathrm{e}^{-2n\kappa t} \sum_{m=0}^{\infty} \frac{T^m}{m!} a^{\dagger n+m} \mathrm{e}^{-\kappa t a^{\dagger} a} \mathrm{e}^{a^{\dagger} a \ln(1-\xi)} \mathrm{e}^{-\kappa t a^{\dagger} a} a^{n+m} \\
&= \frac{\xi^n}{n!} \mathrm{e}^{-2\kappa t n} \sum_{m=0}^{\infty} \frac{T^m}{m!} a^{\dagger n+m} \colon \mathrm{e}^{\left[\mathrm{e}^{[\ln(1-\xi)-2\kappa t]}-1\right] a^{\dagger} a} \colon a^{n+m}
\end{aligned} \tag{10.58}$$

注意到 $T = 1 - \mathrm{e}^{-2\kappa t}$ 以及正规乘积内的求和方法 (正规乘积内算符 a 和 $a^{\dagger}$ 是可对易的), 则有

$$\begin{aligned}
\hat{O}(t) &= \frac{\xi^n}{n!} \mathrm{e}^{-2\kappa t n} a^{\dagger n} \colon \sum_{m=0}^{\infty} \frac{\left(T a^{\dagger} a\right)^m}{m!} \mathrm{e}^{\left\{\mathrm{e}^{[\ln(1-\xi)-2\kappa t]}-1\right\} a^{\dagger} a} \colon a^n \\
&= \frac{\left(\xi \mathrm{e}^{-2\kappa t}\right)^n}{n!} a^{\dagger n} \colon \exp(-\xi \mathrm{e}^{-2\kappa t} a^{\dagger} a) \colon a^n \\
&= \colon \frac{\left(\xi \mathrm{e}^{-2\kappa t} a^{\dagger} a\right)^n}{n!} \mathrm{e}^{-\xi \mathrm{e}^{-2\kappa t} a^{\dagger} a} \colon
\end{aligned} \tag{10.59}$$

将式 (10.59) 代入式 (10.55) 可得

$$\mathfrak{p}(n,t) = \mathrm{Tr}\left[\rho_0 \colon \frac{\left(\xi \mathrm{e}^{-2\kappa t} a^{\dagger} a\right)^n}{n!} \mathrm{e}^{-\xi \mathrm{e}^{-2\kappa t} a^{\dagger} a} \colon\right] \tag{10.60}$$

将式 (10.60) 与式 (10.1) 进行比较可得耗散通道中光子计数分布规律, 即

$$\mathfrak{p}(n,0) = \mathrm{Tr}\left[\rho(0) \colon \frac{\left(\xi a^{\dagger} a\right)^n}{n!} \mathrm{e}^{-\xi a^{\dagger} a} \colon\right]$$

$$\rightarrow \mathfrak{p}(n,t) = \mathrm{Tr}\left[\rho_0 \colon \frac{\left(\xi \mathrm{e}^{-2\kappa t} a^\dagger a\right)^n}{n!} \mathrm{e}^{-\xi \mathrm{e}^{-2\kappa t} a^\dagger a} \colon\right] \tag{10.61}$$

因此, 这公式展现的规律可以看成是探测器的探测效率由原来的 ξ 变成 $\xi \mathrm{e}^{-2\kappa t}$, 探测效率变得更低. 从式 (10.61) 可知在耗散通道中, 光子计数分布是与量子检测效率 $\xi' = \xi \mathrm{e}^{-2\kappa t}$ 的衰减相联系的.

下面, 通过例子来验证上述公式的正确性.

当初始态为数态时, $\rho(0) = |m\rangle\langle m|$, 利用算符恒等式 $a^{\dagger m} a^m = N(N-1)\cdots(N-m+1)$ $(N = a^\dagger a)$ 可得光子计数分布为

$$\begin{aligned}
\mathfrak{p}(n,0) &= \langle m| \colon \frac{\left(\xi a^\dagger a\right)^n}{n!} \mathrm{e}^{-\xi a^\dagger a} \colon |m\rangle \\
&= \frac{\xi^n}{n!} \sum_{l=0}^{\infty} \frac{(-\xi)^l}{l!} \langle m| a^{\dagger n+l} a^{n+l} |m\rangle \\
&= \frac{\xi^n}{n!} \sum_{l=0}^{\infty} \frac{(-\xi)^l}{l!} \langle m| N(N-1)\cdots(N-n-l+1) |m\rangle \\
&= \sum_{l=0}^{m-n} \frac{(-\xi)^l}{l!} \frac{\xi^n}{n!} \frac{m!}{(m-n-l)!} \\
&= \frac{m!}{n!(m-n)!} \xi^n (1-\xi)^{m-n}
\end{aligned} \tag{10.62}$$

式中, ξ 表示 $\Delta\tau$ 时间间隔内一个光子被检测到的概率, 因此 m 个光子中有 n 个被检测到的概率正比于测到 n 个光子的概率 ξ^n 乘 $m-n$ 个光子未被测到的概率 $(1-\xi)^{m-n}$. 按照新公式 (10.61) 立即得数态经一段时间耗散后的数分布为

$$\begin{aligned}
\mathfrak{p}(n,t) &= \mathrm{Tr}\left[\rho_0 \colon \frac{\left(\xi \mathrm{e}^{-2\kappa t} a^\dagger a\right)^n}{n!} \mathrm{e}^{-\xi \mathrm{e}^{-2\kappa t} a^\dagger a} \colon\right] \\
&= \frac{m! \left(\xi \mathrm{e}^{-2\kappa t}\right)^n}{n!(m-n)!} \left(1 - \xi \mathrm{e}^{-2\kappa t}\right)^{m-n}
\end{aligned} \tag{10.63}$$

下面, 用另一种方法来验证式 (10.63). 利用式 (9.131) 可知初始数态 $|m\rangle\langle m|$ 在耗散通道中演化为二项式态, 即

$$|m\rangle\langle m| \rightarrow \mathrm{e}^{-2m\kappa t} \sum_{l=0}^{m} \frac{m! \left(\mathrm{e}^{2\kappa t} - 1\right)^l}{l!(m-l)!} |m-l\rangle\langle m-l| = \rho(t) \tag{10.64}$$

将式 (10.64) 代入式 (10.1) 得

$$\mathfrak{p}(n,t) = \sum_{l=0}^{m} \frac{m! \left(\mathrm{e}^{2\kappa t} - 1\right)^l}{l!(m-l)! \mathrm{e}^{2m\kappa t}} \langle m-l| \colon \frac{\left(\xi a^\dagger a\right)^n}{n!} \mathrm{e}^{-\xi a^\dagger a} \colon |m-l\rangle$$

$$
\begin{aligned}
&= \mathrm{e}^{-2m\kappa t}\sum_{l=0}^{m-n}\frac{m!\left(\mathrm{e}^{2\kappa t}-1\right)^{l}}{l!n!\left(m-n-l\right)!}\xi^{n}\left(1-\xi\right)^{m-l-n} \\
&= \frac{m!\xi^{n}\mathrm{e}^{-2m\kappa t}}{n!\left(m-n\right)!}\sum_{l=0}^{m}\binom{m-n}{m-n-l}\left(\mathrm{e}^{2\kappa t}-1\right)^{l}\left(1-\xi\right)^{m-n-l} \\
&= \frac{m!\left(\xi\mathrm{e}^{-2\kappa t}\right)^{n}}{n!\left(m-n\right)!}\left(1-\xi\mathrm{e}^{-2\kappa t}\right)^{m-n}
\end{aligned} \tag{10.65}
$$

式 (10.65) 与式 (10.63) 式相同的, 这表明了公式 (10.61) 的正确性.

总之, 对于光子衰减的耗散通道, 任意时间的光子计数分布与初始时刻的计数分布公式形式完全相同, 只是检测效率由原来的 ξ 变成 $\xi\mathrm{e}^{-2\kappa t}$, 即由初始时刻的计数分布做替换 $\xi\to\xi\mathrm{e}^{-2\kappa t}$ 可得任意时刻的计数分布. 这一规律大大简化了量子光场的光子计数分布的理论研究. 此外, 我们在文献中推导了两个光子计数分布的新公式, 它们将光子计数分布和 Wigner 函数、Q 函数联系了起来. 因此, 以上规律可直接应用到此类情况.

10.5 衰减通道中的 Wigner 函数的演化

本节考察 Wigner 函数在热纠缠态表象中的表示, 并由此进一步考察衰减通道的 Wigner 函数的演化.

10.5.1 Wigner 函数在热态表象中的表示

注意到密度算符 ρ 的定义为

$$
W(\alpha) = \mathrm{Tr}\left[\varDelta(\alpha)\rho\right] \tag{10.66}
$$

其中, $\varDelta(\alpha)$ 为 Wigner 算符, 即

$$
\varDelta(\alpha) = \frac{1}{\pi}D(2\alpha)(-1)^{a^{\dagger}a} \tag{10.67}
$$

利用热场动力学理论, 可将 Wigner 函数的定义式 (10.66) 改成

$$
W(\alpha) = \sum_{m,n}^{\infty}\langle n,\tilde{n}|\,\varDelta(\alpha)\rho\,|m,\tilde{m}\rangle
$$

$$
\begin{aligned}
&= \frac{1}{\pi} \langle \eta = 0 | D(2\alpha)(-1)^{a^\dagger a} | \rho \rangle \\
&= \frac{1}{\pi} \langle \eta = -2\alpha | (-1)^{a^\dagger a} | \rho \rangle \\
&= \frac{1}{\pi} \langle \zeta = 2\alpha | \rho \rangle
\end{aligned} \tag{10.68}
$$

其中, $|\rho\rangle \equiv \rho|I\rangle$, $\langle \zeta = 2\alpha|$ 为热纠缠态 $\langle \eta|$ 的共轭表象, 具体形式见 (10.27). 利用纠缠态表象的内积关系 (10.29) 以及完备性关系 (10.23) 可得

$$
W(\alpha) = \int \frac{\mathrm{d}^2\eta}{\pi^2} \langle \nu_{=2\alpha} | \eta \rangle \langle \eta | \rho \rangle = \int \frac{\mathrm{d}^2\eta}{2\pi^2} \exp(\alpha^*\eta - \alpha\eta^*) \langle \eta | \rho \rangle \tag{10.69}
$$

可见, 一旦知道内积 $\langle \eta | \rho \rangle$, 则可通过 $\langle \eta | \rho \rangle$ 的 Fourier 变换得到系统的 Wigner 函数.

10.5.2 振幅衰减通道中的 Wigner 函数的演化

下面, 考察振幅衰减通道中 Wigner 函数的演化. 振幅衰减通道中密度算符的演化由密度算符主方程描述, 即

$$
\frac{\mathrm{d}\rho}{\mathrm{d}t} = \kappa \left(2a\rho a^\dagger - a^\dagger a\rho - \rho a^\dagger a\right) \tag{10.70}
$$

其中, κ 为衰减率. 为了获得任意时刻 Wigner 函数 $W(\alpha,t)$ 与初始时刻 Wigner 函数 $W(\alpha,0)$ 的关系, 将上式右作用于态 $|I\rangle$ 上, 注意到 $|\rho\rangle = \rho|I\rangle$ 可得

$$
\frac{\mathrm{d}}{\mathrm{d}t} |\rho\rangle = \kappa \left(2a\rho a^\dagger - a^\dagger a\rho - \rho a^\dagger a\right) |I\rangle \tag{10.71}
$$

注意到 $(a^\dagger,a)$ 与 $(\tilde{a}^\dagger,\tilde{a})$ 之间是可对易的, 且由式 (6.9) 可将上式改写成

$$
\frac{\mathrm{d}}{\mathrm{d}t} |\rho\rangle = \kappa \left(2a\tilde{a} - a^\dagger a - \tilde{a}^\dagger\tilde{a}\right) |\rho\rangle \tag{10.72}
$$

上式的解为

$$
\begin{aligned}
|\rho(t)\rangle &= \exp[\kappa t \left(2a\tilde{a} - a^\dagger a - \tilde{a}^\dagger\tilde{a}\right)] |\rho_0\rangle \\
&= \exp\{\kappa t \left[-\left(a^\dagger - \tilde{a}\right)\left(a - \tilde{a}^\dagger\right) + a\tilde{a} - \tilde{a}^\dagger a^\dagger + 1\right]\} |\rho_0\rangle
\end{aligned} \tag{10.73}
$$

其中, $|\rho_0\rangle \equiv \rho_0|I\rangle$, ρ_0 初始时刻密度算符.

注意到对易关系

$$
\left[a\tilde{a} - \tilde{a}^\dagger a^\dagger, -\left(a^\dagger - \tilde{a}\right)\left(a - \tilde{a}^\dagger\right)\right] = -2\left[-\left(a^\dagger - \tilde{a}\right)\left(a - \tilde{a}^\dagger\right)\right] \tag{10.74}
$$

以及算符恒等式

$$
\mathrm{e}^{\lambda(A+\sigma B)} = \mathrm{e}^{\lambda A} \exp\left[\sigma\left(1 - \mathrm{e}^{-\lambda\tau}\right) B/\tau\right] \tag{10.75}
$$

(注意 $[A,B]=\tau B$), 可将式 (10.73) 解纠缠为

$$|\rho(t)\rangle = \mathrm{e}^{\kappa t\left(a\tilde{a}-\tilde{a}^{\dagger}a^{\dagger}+1\right)}\exp\left[\left(1-\mathrm{e}^{2\kappa t}\right)\left(a^{\dagger}-\tilde{a}\right)\left(a-\tilde{a}^{\dagger}\right)/2\right]|\rho_0\rangle \tag{10.76}$$

将上式投影于纠缠态表象 $\langle\eta|$, 且注意到 $\exp\left[\kappa t\left(a\tilde{a}-\tilde{a}^{\dagger}a^{\dagger}\right)\right]$ 实际上是双模压缩算符就有

$$\langle\eta|\exp\left[\kappa t\left(a\tilde{a}-\tilde{a}^{\dagger}a^{\dagger}\right)\right]=\mathrm{e}^{-\kappa t}\left\langle\eta\mathrm{e}^{-\kappa t}\right| \tag{10.77}$$

故而式 (10.76) 可进一步改写为

$$\langle\eta\left|\rho(t)\right\rangle = \mathrm{e}^{-\frac{1}{2}T|\eta|^2}\left\langle\eta\mathrm{e}^{-\kappa t}\right|\rho_0\rangle \tag{10.78}$$

这里, $T=1-\mathrm{e}^{-2\kappa t}$.

将式 (10.78) 代入式 (10.69), 则任意时刻的 Wigner 函数可表示成

$$W(\alpha,t)=\int\frac{\mathrm{d}^2\eta}{2\pi^2}\exp\left(\alpha^*\eta-\alpha\eta^*\right)\mathrm{e}^{-\frac{1}{2}T|\eta|^2}\left\langle\eta\mathrm{e}^{-\kappa t}\right|\rho_0\rangle \tag{10.79}$$

注意到初始时刻的 Wigner 函数可表示成 $W(\beta,0)=\langle\eta_{=2\beta}|\,\rho_0\rangle$, 故而可在上式中利用纠缠态表象的完备性关系 (10.23) 可得

$$\begin{aligned}W(\alpha,t)&=\int\frac{\mathrm{d}^2\nu'}{\pi}\int\frac{\mathrm{d}^2\eta}{2\pi^2}\exp\left(\alpha^*\eta-\alpha\eta^*-\frac{1}{2}T|\eta|^2\right)\left\langle\eta\mathrm{e}^{-\kappa t}\left|\nu'_{=2\beta}\right.\right\rangle\left\langle\nu'_{=2\beta}\right|\rho_0\rangle\\&=\int\frac{\mathrm{d}^2\beta}{\pi}\int\frac{\mathrm{d}^2\eta}{\pi}\exp\left[-\frac{T}{2}|\eta|^2+\eta\left(\alpha^*-\beta^*\mathrm{e}^{-\kappa t}\right)+\eta^*\left(\beta\mathrm{e}^{-\kappa t}-\alpha\right)\right]W(\beta,0)\\&=\frac{2}{T}\int\frac{\mathrm{d}^2\beta}{\pi}\exp\left(-\frac{2}{T}\left|\alpha-\beta\mathrm{e}^{-\kappa t}\right|^2\right)W(\beta,0)\end{aligned} \tag{10.80}$$

其中, $W(\beta,0)$ 就是量子态初始时刻的 Wigner 函数. 为方便, 可取变量代换, 即 $\dfrac{\alpha-\beta\mathrm{e}^{-t\kappa}}{\sqrt{T}}\to\beta$, 则有

$$\begin{aligned}W(\alpha,t)&=\frac{2}{T}\int\frac{\mathrm{d}^2\beta}{\pi}\exp\left(-\frac{2}{T}\left|\alpha-\beta\mathrm{e}^{-\kappa t}\right|^2\right)W(\beta,0)\\&=2\mathrm{e}^{2\kappa t}\int\mathrm{d}^2\beta W_{|0\rangle\langle0|}(\beta)\,W\left[\mathrm{e}^{\kappa t}(\alpha-\sqrt{T}\beta),0\right]\end{aligned} \tag{10.81}$$

其中, $W_{|0\rangle\langle0|}$ 为真空态的 Wigner 函数, $W_{|0\rangle\langle0|}=\dfrac{1}{\pi}\mathrm{e}^{-2|\beta|^2}$. 对于系统处于其他类型的环境中, Wigner 函数的时间演化关系也可通过类似方法获得.

第 11 章

Hermite多项式激发态及相应的新母函数

11.1 Hermite 多项式激发相干态

Hermite 多项式的产生算符函数 $H_m\left(ga^\dagger\right)$ 作用于相干态

$$|\psi\rangle = \mathfrak{N}^{-\frac{1}{2}} H_m\left(ga^\dagger\right) D\left(\alpha\right)|0\rangle \tag{11.1}$$

这里, $D\left(\alpha\right)=\mathrm{e}^{\alpha a^\dagger-\alpha^* a}$ 是平移算符, g 是实数, $\mathfrak{N}$ 待定的归一化常数, 我们称 $|\psi\rangle$ 是 Hermite 多项式激发相干态.

为了求出 $\mathfrak{N}$, 需要置 $H_n(fa)H_m(ga^\dagger)$ 为正规乘积, 为此考虑其母函数

$$\begin{aligned}
&\sum_{n=0}^{\infty}\sum_{m=0}^{\infty}\frac{t^n s^m}{n!m!}H_n(fa)H_m(ga^\dagger)\\
&=\mathrm{e}^{-t^2+2tfa}\mathrm{e}^{-s^2+2sga^\dagger}=\mathrm{e}^{4ftsg}:\mathrm{e}^{-t^2+2tfa-s^2+2sga^\dagger}:\\
&=\sum_{k=0}^{\infty}\frac{(4ftsg)^k}{k!}:\mathrm{e}^{-t^2+2tfa-s^2+2sga^\dagger}:\\
&=\sum_{k=0}^{\infty}\frac{1}{k!}:\left(\frac{\partial}{\partial a^\dagger}\right)^k\left(\frac{\partial}{\partial a}\right)^k\mathrm{e}^{-t^2+2tfa-s^2+2sga^\dagger}:\\
&=\sum_{k=0}^{\infty}\frac{(fg)^k}{k!}:\left(\frac{\partial}{g\partial a^\dagger}\right)^k\left(\frac{\partial}{f\partial a}\right)^k\sum_{n=0}^{\infty}\sum_{m=0}^{\infty}\frac{t^n s^m}{n!m!}H_m(ga^\dagger)H_n(fa):
\end{aligned}\tag{11.2}$$

利用 Hermite 多项式的递推关系式

$$\frac{\mathrm{d}^l}{\mathrm{d}x^l}H_n(x)=\frac{2^l n!}{(n-l)!}H_{n-l}(x)\tag{11.3}$$

可得

$$\begin{aligned}
&\sum_{n=0}^{\infty}\sum_{m=0}^{\infty}\frac{t^n s^m}{n!m!}H_n(fa)H_m(ga^\dagger)\\
&=\sum_{n=0}^{\infty}\sum_{m=0}^{\infty}\frac{t^n s^m}{n!m!}\sum_{k=0}^{\min(n,m)}\frac{(fg)^k}{k!}:\frac{4^k n!m!}{(m-k)!(n-k)!}H_{m-k}(ga^\dagger)H_{n-k}(fa):
\end{aligned}\tag{11.4}$$

比较上式左右相同次幂有

$$\begin{aligned}
&H_n(fa)H_m(ga^\dagger)\\
&=\sum_{k=0}^{\min(n,m)}\frac{(4fg)^k}{k!}\frac{n!m!}{(n-k)!(m-k)!}H_{m-k}(ga^\dagger)H_{n-k}(fa)
\end{aligned}\tag{11.5}$$

利用式 (11.5) 可得归一化系数满足方程

$$\begin{aligned}
1&=|C|^2\langle\alpha|H_m(g^*a)H_m(ga^\dagger)|\alpha\rangle\\
&=|C|^2\sum_{k=0}^{m}\frac{\left(4|g|^2\right)^k}{k!}\frac{m!m!}{(m-k)!(m-k)!}|H_{m-k}(g\alpha^*)|^2
\end{aligned}\tag{11.6}$$

则

$$C=1\Bigg/\sqrt{\sum_{k=0}^{m}\frac{\left(4|g|^2\right)^k}{k!}\frac{m!m!}{[(m-k)!]^2}|H_{m-k}(g\alpha^*)|^2}\tag{11.7}$$

另一方面, 利用相干态完备性式 (3.136) 和 P-表示

$$\rho=\int\frac{\mathrm{d}^2z}{\pi}P(z)|z\rangle\langle z|$$

可知

$$\begin{aligned}&H_n(fa)H_m(ga^\dagger)\\&=\int\frac{\mathrm{d}^2z}{\pi}H_n(fz)|z\rangle\langle z|H_m(gz^*)\\&=\int\frac{\mathrm{d}^2z}{\pi}:H_n(fz)H_m(gz^*)\exp\left[-\left(z^*-a^\dagger\right)(z-a)\right]:\end{aligned}\tag{11.8}$$

比较式 (11.5) 和式 (11.8) 可得一个新的积分公式

$$\begin{aligned}&\int\frac{\mathrm{d}^2z}{\pi}H_n(fz)H_m(gz^*)\exp[-(z^*-\lambda)(z-\sigma)]\\&=\sum_{k=0}^{\min(n,m)}\frac{(4fg)^k}{k!}\frac{n!m!}{(n-k)!(m-k)!}H_{n-k}(f\sigma)H_{m-k}(g\lambda)\end{aligned}\tag{11.9}$$

接下来, 考虑算符 $\mathrm{e}^{\beta a}H_n(fa)H_m\left(ga^\dagger\right)\mathrm{e}^{\gamma a^\dagger}$ 的正规乘积形式. 利用推导式 (11.8) 相同的方法可得

$$\begin{aligned}&\mathrm{e}^{\beta a}H_n(fa)H_m\left(ga^\dagger\right)\mathrm{e}^{\gamma a^\dagger}\\&=\int\frac{\mathrm{d}^2z}{\pi}\mathrm{e}^{\beta z}H_n(fz)|z\rangle\langle z|H_m(gz^*)\mathrm{e}^{\gamma z^*}\\&=\int\frac{\mathrm{d}^2z}{\pi}:H_n(fz)H_m(gz^*)\exp\left[-|z|^2+z\left(a^\dagger+\beta\right)+z^*(a+\gamma)-a^\dagger a\right]:\\&=\int\frac{\mathrm{d}^2z}{\pi}:H_n(fz)H_m(gz^*)\exp\left\{-\left[\left(z^*-\left(a^\dagger+\beta\right)\right)\right][z-(a+\gamma)]+\beta a+\gamma a^\dagger+\beta\gamma\right\}:\\&=\sum_{k=0}^{\min(n,m)}\frac{(4fg)^k}{k!}\frac{n!m!}{(n-k)!(m-k)!}:H_{m-k}\left[g\left(a^\dagger+\beta\right)\right]H_{n-k}[f(a+\gamma)]\mathrm{e}^{\beta a+\gamma a^\dagger+\beta\gamma}:\\&=\mathrm{e}^{\alpha a^\dagger}\sum_{k=0}^{\min(n,m)}\frac{(4fg)^k}{k!}\frac{n!m!}{(n-k)!(m-k)!}H_{m-k}\left[g\left(a^\dagger+\beta\right)\right]H_{n-k}[f(a+\gamma)]\mathrm{e}^{\beta\gamma}\end{aligned}\tag{11.10}$$

利用式 (11.5) 或式 (11.6) 可获得一些新的恒等式. 取 $g=\mathrm{i}/\sqrt{2},\alpha=0$ 则有

$$\langle 0|H_m\left(\frac{-\mathrm{i}a}{\sqrt{2}}\right)H_m\left(\frac{\mathrm{i}a^\dagger}{\sqrt{2}}\right)|0\rangle=\sum_{k=0}^{m}\frac{1}{k!}\frac{m!m!}{[(m-k)!]^2}|H_{m-k}(0)|^2\tag{11.11}$$

利用算符恒等式

$$X^n=(2\mathrm{i})^{-n}:H_n(\mathrm{i}X):\tag{11.12}$$

其中, $X=(a+a^{\dagger})/\sqrt{2}$, 上式可通过比较如下式同次幂得:

$$\sum_{n=0}^{\infty}\frac{(2t)^n}{n!}X^n=\mathrm{e}^{2tX}=\mathrm{e}^{\sqrt{2}t\left(a+a^{\dagger}\right)}$$
$$=:\mathrm{e}^{2(-\mathrm{i}t)\mathrm{i}X-(-\mathrm{i}t)^2}:=\sum_{n=0}^{\infty}\frac{(-\mathrm{i}t)^n}{n!}:H_n(\mathrm{i}X): \tag{11.13}$$

且注意到

$$X^m|0\rangle=(2\mathrm{i})^{-m}:H_m(\mathrm{i}X):|0\rangle=(2\mathrm{i})^{-m}H_m\left(\frac{\mathrm{i}a^{\dagger}}{\sqrt{2}}\right)|0\rangle \tag{11.14}$$

所以对照式 (11.11) 和式 (11.14) 有

$$\begin{aligned}\langle 0|X^{2m}|0\rangle&=\langle 0|X^mX^m|0\rangle\\&=(4)^{-m}\langle 0|H_m\left(\frac{-\mathrm{i}a}{\sqrt{2}}\right)H_m\left(\frac{\mathrm{i}a^{\dagger}}{\sqrt{2}}\right)|0\rangle\\&=(4)^{-m}\sum_{k=0}^{m}\frac{1}{k!}\frac{m!m!}{[(m-k)!]^2}|H_{m-k}(0)|^2\end{aligned} \tag{11.15}$$

另一方面, 利用算符恒等式

$$X^{2n}=:n!L_n^{-1/2}\left(-X^2\right): \tag{11.16}$$

有

$$\langle 0|X^{2m}|0\rangle=\langle 0|:m!L_m^{-1/2}\left(-X^2\right):|0\rangle=m!L_m^{-1/2}(0) \tag{11.17}$$

所以比较式 (11.15) 和式 (11.17) 可得恒等式

$$(4)^{-m}\sum_{k=0}^{m}\frac{1}{k!}\frac{m!m!}{(m-k)!(m-k)!}|H_{m-k}(0)|^2=m!L_m^{-1/2}(0) \tag{11.18}$$

此外, 算符 X^{2n} 的正规乘积又可表示为

$$X^{2n}=(2\mathrm{i})^{-2n}:H_{2n}(\mathrm{i}X): \tag{11.19}$$

比较式 (11.16) 和式 (11.19) 可得

$$(2\mathrm{i})^{-2n}:H_{2n}(\mathrm{i}X):=:n!L_n^{-1/2}\left(-X^2\right): \tag{11.20}$$

注意到上式两边均在正规乘积之内, 所以有恒等式

$$(2\mathrm{i})^{-2n}H_{2n}(\mathrm{i}x)=n!L_n^{-1/2}\left(-x^2\right) \tag{11.21}$$

11.2 Hermite 多项式激发压缩态

通常双模压缩真空态为

$$S_2(r)|00\rangle=\exp\left[r\left(ab-a^\dagger b^\dagger\right)\right]|00\rangle=\operatorname{sech}r\exp\left(a^\dagger b^\dagger\tanh r\right)|00\rangle \tag{11.22}$$

相应的积分形式为

$$S_2(r)|00\rangle=(\sinh r)^{-1}\int\frac{\mathrm{d}^2z}{\pi}\exp\left(-|z|^2/\tanh r+za^\dagger+z^*b^\dagger\right)|00\rangle \tag{11.23}$$

若将双模压缩真空态作为光束分离器的两个输入端的输入态, 则输出量子态为

$$\begin{aligned}RS_2(r)|00\rangle&=(\sinh r)^{-1}\int\frac{\mathrm{d}^2z}{\pi}\mathrm{e}^{-|z|^2/\tanh r}R\mathrm{e}^{za^\dagger+z^*b^\dagger}R^{-1}R|00\rangle\\&=(\sinh r)^{-1}\int\frac{\mathrm{d}^2z}{\pi}\mathrm{e}^{-|z|^2/\tanh r}\exp\left[b^\dagger\left(z^*\cos\theta-z\sin\theta\right)\right.\\&\quad\left.+a^\dagger\left(z\cos\theta+z^*\sin\theta\right)\right]|00\rangle\end{aligned} \tag{11.24}$$

上式中利用了光束分离器算符 R 的变换关系

$$Ra^\dagger R^{-1}=a^\dagger\cos\theta-b^\dagger\sin\theta,\quad Rb^\dagger R^{-1}\to b^\dagger\cos\theta+a^\dagger\sin\theta \tag{11.25}$$

若对输出端的 b-模进行测量, 测量结果为相干态 ${}_b\langle\alpha|$, 则另一端的输出态为平移压缩态, 即

$$\begin{aligned}&{}_b\langle\alpha|RS_2(r)|00\rangle\\&=(\sinh r)^{-1}\;{}_b\langle\alpha|\int\frac{\mathrm{d}^2z}{\pi}\mathrm{e}^{-|z|^2/\tanh r}\exp\left[b^\dagger\left(z^*\cos\theta-z\sin\theta\right)\right.\\&\quad\left.+a^\dagger\left(z\cos\theta+z^*\sin\theta\right)\right]|0\rangle_a|0\rangle_b\\&=(\sinh r)^{-1}\;{}_b\langle0|\int\frac{\mathrm{d}^2z}{\pi}\mathrm{e}^{-|z|^2/\tanh r}\mathrm{e}^{\alpha^*b}\exp\left[b^\dagger\left(z^*\cos\theta-z\sin\theta\right)\right.\\&\quad\left.+a^\dagger\left(z\cos\theta+z^*\sin\theta\right)\right]|0\rangle_a|0\rangle_b\\&=(\sinh r)^{-1}\int\frac{\mathrm{d}^2z}{\pi}\mathrm{e}^{-|z|^2/\tanh r}\mathrm{e}^{\alpha^*(z^*\cos\theta-z\sin\theta)}\exp\left[a^\dagger\left(z\cos\theta+z^*\sin\theta\right)\right]|0\rangle_a\\&=(\sinh r)^{-1}\int\frac{\mathrm{d}^2z}{\pi}\exp\left[-\frac{|z|^2}{\tanh r}+z\left(a^\dagger\cos\theta-\alpha^*\sin\theta\right)\right.\end{aligned}$$

$$+z^*\left(\alpha^*\cos\theta+a^\dagger\sin\theta\right)\right]|0\rangle_a$$

$$=(\cosh r)^{-1}\exp\left[\tanh r\left(a^\dagger\cos\theta-\alpha^*\sin\theta\right)\left(\alpha^*\cos\theta+a^\dagger\sin\theta\right)\right]|0\rangle_a$$

$$=(\cosh r)^{-1}\exp\left[\left(\frac{a^{\dagger 2}}{2}-\frac{\alpha^{*2}}{2}\right)\tanh r\sin 2\theta+\alpha^* a^\dagger\cos 2\theta\tanh r\right]|0\rangle_a \tag{11.26}$$

若 b-模测量到数态 ${}_b\langle m|$, 则输出量子态为

$$ {}_b\langle m|RS_2(r)|00\rangle={}_b\langle 0|\frac{b^m}{\sqrt{m!}\sinh r}\int\frac{\mathrm{d}^2 z}{\pi}\mathrm{e}^{-|z|^2/\tanh r}$$

$$\times\exp\left[b^\dagger\left(z^*\cos\theta-z\sin\theta\right)+a^\dagger\left(z\cos\theta+z^*\sin\theta\right)\right]|0\rangle_a|0\rangle_b \tag{11.27}$$

其中

$$ {}_b\langle 0|b^m\mathrm{e}^{b^\dagger(z^*\cos\theta-z\sin\theta)}|0\rangle_b=\left(\frac{\partial}{\partial f}\right)^m{}_b\langle 0|\mathrm{e}^{fb}\mathrm{e}^{b^\dagger(z^*\cos\theta-z\sin\theta)}|0\rangle_b|_{f=0}$$

$$=\left(\frac{\partial}{\partial f}\right)^m\exp\left[f\left(z^*\cos\theta-z\sin\theta\right)\right]|_{f=0} \tag{11.28}$$

将式 (11.28) 代入式 (11.27) 可得

$$ {}_b\langle m|RS_2(r)|00\rangle$$

$$=\frac{1}{\sqrt{m!}\sinh r}\left(\frac{\partial}{\partial f}\right)^m\int\frac{\mathrm{d}^2 z}{\pi}\mathrm{e}^{-|z|^2/\tanh r}\exp\left[a^\dagger\left(z\cos\theta+z^*\sin\theta\right)\right.$$

$$\left.+f\left(z^*\cos\theta-z\sin\theta\right)\right]|0\rangle_a|_{f=0}$$

$$=\frac{1}{\sqrt{m!}\cosh r}\left(\frac{\partial}{\partial f}\right)^m\exp\left[\tanh r\left(a^\dagger\cos\theta-f\sin\theta\right)\left(f\cos\theta+a^\dagger\sin\theta\right)\right]|0\rangle_a|_{f=0}$$

$$=\frac{1}{\sqrt{m!}\cosh r}\left(\frac{\partial}{\partial f}\right)^m\exp\left[\left(\frac{a^{\dagger 2}}{2}-\frac{f^2}{2}\right)\tanh r\sin 2\theta+fa^\dagger\cos 2\theta\tanh r\right]|0\rangle_a|_{f=0}$$

$$=\frac{\left(\sqrt{\frac{\tanh r\sin 2\theta}{2}}\right)^m}{\sqrt{m!}\cosh r}\mathrm{e}^{\frac{a^{\dagger 2}}{2}\tanh r\sin 2\theta}\left(\frac{\partial}{\partial f\sqrt{\frac{\tanh r\sin 2\theta}{2}}}\right)^m$$

$$\times\exp\left[-\left(f\sqrt{\frac{\tanh r\sin 2\theta}{2}}\right)^2+2\left(f\sqrt{\frac{\tanh r\sin 2\theta}{2}}\right)a^\dagger\frac{\cos 2\theta\tanh r}{\sqrt{2\tanh r\sin 2\theta}}\right]|0\rangle_a|_{f=0}$$

$$=\frac{1}{\sqrt{m!}\cosh r}\left(\sqrt{\frac{\tanh r\sin 2\theta}{2}}\right)^m H_m\left(a^\dagger\frac{\sqrt{\tanh r\cos 2\theta}}{\sqrt{2\tan 2\theta}}\right)\mathrm{e}^{\frac{a^{\dagger 2}}{2}\tanh r\sin 2\theta}|0\rangle_a \tag{11.29}$$

上式最后一步利用了 Hermite 多项式的母函数关系（1.93）, 即

$$H_m(x)=\left(\frac{\partial}{\partial t}\right)^m\mathrm{e}^{-t^2+2tx}|_{t=0} \tag{11.30}$$

式 (11.29) 中, $\mathrm{e}^{\frac{a^{\dagger 2}}{2}\tanh r\sin 2\theta}\left|0\right\rangle_a$ 表示一个单模压缩真空态, 压缩参数为 $\tanh r\sin 2\theta$ (与原实模压缩真空态压缩参数 $\tanh r$ 相比更小), 因此

$$H_m\left(a^\dagger\frac{\sqrt{\tanh r\cos 2\theta}}{\sqrt{2\tan 2\theta}}\right)\mathrm{e}^{\frac{a^{\dagger 2}}{2}\tanh r\sin 2\theta}\left|0\right\rangle_a$$

实际上就是一个 Hermite 多项式激发压缩真空态.

当 $\theta=\dfrac{\pi}{4}$ 时, 即光束分离器是对称的, 则式 (11.29) 变成单模压缩真空态, 即

$$\begin{aligned}{}_b\left\langle m\right|RS_2(r)\left|00\right\rangle&=\frac{1}{\sqrt{m!}\cosh r}\left(\frac{\partial}{\partial f}\right)^m\exp\left[\left(\frac{a^{\dagger 2}}{2}-\frac{f^2}{2}\right)\tanh r\right]\left|0\right\rangle_a|_{f=0}\\&=\frac{1}{\sqrt{m!}\cosh r}\left(\frac{\partial}{\partial f}\right)^m\exp\left(-\frac{f^2}{2}\tanh r\right)\exp\left(\frac{a^{\dagger 2}}{2}\tanh r\right)\left|0\right\rangle_a|_{f=0}\\&\to\left[\frac{1}{\sqrt{\cosh r}}\exp\left(\frac{a^{\dagger 2}}{2}\tanh r\right)\left|0\right\rangle_a\right]\end{aligned}\tag{11.31}$$

这是因为, 当实模压缩真空态经过对称光束分离器后, 输出态不再为纠缠态, 而是两个单模压缩态的直积态. 因此, 对一个输出模测量, 不会对另一端的输出模产生任何影响. 或者说, 产生 Hermite 多项式激发压缩态要求所使用的光束分离器为非对称的.

众所周知, 相干态与 Bargmann 空间通过基函数相联系

$$\frac{z^n}{\sqrt{n!}}=\left\langle z\right|n\rangle\tag{11.32}$$

其中, $\left|n\right\rangle=\dfrac{a^{\dagger m}}{\sqrt{m!}}\left|0\right\rangle$ 为 Fock 态. 基函数张成一个正交完备的函数空间, 即

$$\int\frac{\mathrm{d}^2z}{\pi}\frac{z^nz^{*m}}{\sqrt{n!m!}}\mathrm{e}^{-|z|^2}=\delta_{n,m}\tag{11.33}$$

这里 $\mathrm{e}^{-|z|^2}$ 是积分权重. 利用式 (11.33) 可得

$$\begin{aligned}&\int\frac{\mathrm{d}^2z}{\pi}(z+\mathrm{i}\sigma)^m(z^*+\mathrm{i}\lambda)^n\mathrm{e}^{-|z|^2}\\&=\sum_{l=0}^{\infty}\sum_{k=0}^{\infty}\binom{n}{l}\binom{m}{k}(\mathrm{i}\lambda)^{n-l}(\mathrm{i}\sigma)^{m-k}\int\frac{\mathrm{d}^2z}{\pi}z^{*l}z^k\mathrm{e}^{-|z|^2}\\&=\sum_{l=0}^{\infty}\sum_{k=0}^{\infty}\binom{n}{l}\binom{m}{k}(\mathrm{i}\lambda)^{n-l}(\mathrm{i}\sigma)^{m-k}\sqrt{l!k!}\delta_{l,k}\\&=\mathrm{i}^{m+n}\sum_{l=0}^{\min(m,n)}\frac{(-1)^lm!n!}{l!(m-l)!(n-l)!}\sigma^{m-l}\lambda^{n-l}\end{aligned}\tag{11.34}$$

式 (11.35) 启示我们可以定义一个双变量 Hermite 多项式 $H_{m,n}(\xi,\xi^*)$,

$$H_{m,n}(\xi,\xi^*)=\sum_{l=0}^{\min(m,n)}\frac{(-1)^lm!n!}{l!(m-l)!(n-l)!}\xi^{m-l}\xi^{*n-l}\tag{11.35}$$

因此, 式 (11.34) 可写成

$$\int \frac{\mathrm{d}^2 z}{\pi}(z+\mathrm{i}\sigma)^m(z^*+\mathrm{i}\lambda)^n \mathrm{e}^{-|z|^2}=\mathrm{i}^{m+n}H_{m,n}(\sigma,\lambda) \tag{11.36}$$

或

$$\int \frac{\mathrm{d}^2 z}{\pi} z^m z^{*n} \mathrm{e}^{-(z^*-\mathrm{i}\lambda)(z-\mathrm{i}\sigma)}=\mathrm{i}^{m+n}H_{m,n}(\sigma,\lambda) \tag{11.37}$$

以上两式就是从 Bargamann 空间到新的函数空间的积分变换. 利用相干态完备关系 (3.136) 及式 (11.37) 可得

$$\begin{aligned}a^n a^{\dagger m} &= \int \frac{\mathrm{d}^2 z}{\pi} a^n |z\rangle\langle z| a^{\dagger m} \\ &= \int \frac{\mathrm{d}^2 z}{\pi} z^n z^{*m} \colon \exp\left[-\left(z^*-a^\dagger\right)(z-a)\right] \colon \\ &= (-\mathrm{i})^{m+n} \colon H_{m,n}\left(\mathrm{i}a^\dagger,\mathrm{i}a\right) \colon \end{aligned} \tag{11.38}$$

可见, 利用新积分变换关系可简洁有效地获得反正规乘积算符 $a^n a^{\dagger m}$ 的正规乘积形式. 另一方面, 对算符 $a^n a^{\dagger m}$ 做求和得

$$\begin{aligned}\sum_{n,m=0}^{\infty}\frac{\tau^n t^m}{n!m!}a^n a^{\dagger m} &= \mathrm{e}^{\tau a}\mathrm{e}^{t a^\dagger} = \colon \exp\left(\tau a + t a^\dagger + \tau t\right) \colon \\ &= \colon \exp\left[(-\mathrm{i}\tau)(\mathrm{i}a)+(-\mathrm{i}t)\left(\mathrm{i}a^\dagger\right)-(-\mathrm{i}\tau)(-\mathrm{i}t)\right] \colon \end{aligned} \tag{11.39}$$

由式 (11.38) 可知,

$$\sum_{n,m=0}^{\infty}\frac{\tau^n t^m}{n!m!}a^n a^{\dagger m}=\sum_{n,m=0}^{\infty}\frac{(-\mathrm{i}\tau)^n(-\mathrm{i}t)^m}{n!m!} \colon H_{m,n}\left(\mathrm{i}a^\dagger,\mathrm{i}a\right) \colon \tag{11.40}$$

比较式 (11.39) 和式 (11.40), 可得双变量 Hermite 多项式的母函数

$$\sum_{n,m=0}^{\infty}\frac{t^n\tau^m}{n!m!}H_{n,m}(x,y)=\exp(tx+\tau y-t\tau) \tag{11.41}$$

注意到 $a^\dagger$ 与 $b^\dagger$ 是可对易的, 故由式 (11.41) 可知

$$\sum_{n,m=0}^{\infty}\frac{a^{\dagger n}b^{\dagger m}}{n!m!}H_{n,m}(\xi,\xi^*)=\exp\left(a^\dagger\xi+b^\dagger\xi^*-a^\dagger b^\dagger\right) \tag{11.42}$$

比较式 (11.32) 与式 (11.41) 可知, $H_{n,m}(\xi,\xi^*)$ 是双模函数空间的基 (正交完备的). 因此, 当基函数 $\dfrac{z^n}{\sqrt{n!}}$ 扩展为 $\dfrac{1}{\sqrt{n!m!}}H_{n,m}(\xi,\xi^*)$ 时, 自然就伴随着相干态到纠缠态的扩展.

注意到

$$H_{n,m}(x,y)=\frac{\partial^{n+m}}{\partial t^n\partial\tau^m}\exp(tx+\tau y-t\tau)|_{t,\tau=0} \tag{11.43}$$

因此单变量 Hermite 多项式的母函数（11.30）就是式 (11.43) 的简并情况.

利用算符的 Baker-Hausdorff 公式以及式 (11.41) 可得算符 $\mathrm{e}^{ta^\dagger}\mathrm{e}^{\tau a}$ 的反正规乘积为

$$\begin{aligned}
\mathrm{e}^{ta^\dagger}\mathrm{e}^{\tau a} &= \vdots\exp\left(\tau a + ta^\dagger - \tau t\right)\vdots \\
&= \sum_{n,m=0}^{\infty}\frac{t^n\tau^m}{n!m!}\vdots H_{n,m}\left(a^\dagger, a\right)\vdots \\
&= \sum_{n,m=0}^{\infty}\frac{t^n\tau^m}{n!m!}a^{\dagger n}a^m
\end{aligned} \tag{11.44}$$

比较上式后两式可得算符 $a^{\dagger n}a^m$ 的反正规乘积为

$$a^{\dagger n}a^m = \vdots H_{n,m}\left(a^\dagger, a\right)\vdots \tag{11.45}$$

作为应用, 利用算符恒等式推导一个数学积分公式. 利用算符等式

$$\begin{aligned}
\vdots H_{m,n}\left(a^\dagger, a\right)\vdots &= \int\frac{\mathrm{d}^2 z}{\pi}\vdots H_{m,n}\left(a^\dagger, a\right)\vdots|z\rangle\langle z| \\
&=: \int\frac{\mathrm{d}^2 z}{\pi}H_{m,n}\left(z^*, z\right)\exp\left[-\left(z^* - a^\dagger\right)\left(z - a\right)\right]: \\
&= a^{\dagger m}a^n
\end{aligned} \tag{11.46}$$

上式后两式均处于正规乘积内, 故而将 $a^\dagger$ 和 a 分别用数 λ 和 σ 替代即可获得一个新的数学积分公式

$$\int\frac{\mathrm{d}^2 z}{\pi}H_{m,n}\left(z^*, z\right)\exp\left[-\left(z^* - \lambda\right)\left(z - \sigma\right)\right] = \lambda^m\sigma^n \tag{11.47}$$

它实际上是式 (11.37) 的逆关系.

11.3 新的特殊函数 1

利用双变量 Hermite 多项式母函数式 (11.43), 将两可对易的坐标算符 $[X, Y] = 0$ 分别取代式中 x, y, 即 $x \to X$, $y \to Y$ 则有算符等式

$$\mathrm{e}^{-ts+tX+sY} = \sum_{n,m=0}^{\infty}\frac{s^n t^m}{n!m!}H_{n,m}\left(X, Y\right) \tag{11.48}$$

及

$$H_{n,m}(X,Y)=\frac{\partial^{n+m}}{\partial s^n\partial t^m}\mathrm{e}^{-ts+tX+sY}|_{t=s=0}=\sum_{l=0}^{\min(m,n)}\frac{n!m!(-1)^l}{l!(n-l)!(m-l)!}X^{n-l}Y^{m-l}\tag{11.49}$$

将式 (11.19) 代入式 (11.49) 可得

$$\frac{\partial^{n+m}}{\partial s^n\partial t^m}\mathrm{e}^{-ts+tX+sY}|_{t=s=0}=(2\mathrm{i})^{-n-m}\sum_{l=0}^{\min(m,n)}\frac{4^l n!m!}{l!(n-l)!(m-l)!}:H_{n-l}(\mathrm{i}X)H_{m-l}(\mathrm{i}Y):\tag{11.50}$$

另一方面, 有

$$\mathrm{e}^{-ts+tX+sY}=:\exp\left(sX+\frac{s^2}{4}+tY+\frac{t^2}{4}-st\right):\tag{11.51}$$

因此由式 (11.50) 和式 (11.51) 可得

$$\begin{aligned}&\frac{\partial^{n+m}}{\partial s^n\partial t^m}:\exp\left(sX+\frac{s^2}{4}+tY+\frac{t^2}{4}-st\right):|_{t=s=0}\\&=(2\mathrm{i})^{-n-m}\sum_{l=0}^{\min(m,n)}\frac{4^l n!m!}{l!(n-l)!(m-l)!}:H_{n-l}(\mathrm{i}X)H_{m-l}(\mathrm{i}Y):\end{aligned}\tag{11.52}$$

上式左右均在正规乘积内, 故有

$$\exp\left(sx+ty-st+\frac{s^2}{4}+\frac{t^2}{4}\right)=\sum_{n,m=0}^{\infty}\frac{s^n t^m}{n!m!}\mathfrak{F}_{n,m}(x,y)\tag{11.53}$$

其中

$$\mathfrak{F}_{n,m}(x,y)=(2\mathrm{i})^{-n-m}\sum_{l=0}^{\min(m,n)}\frac{4^l n!m!}{l!(n-l)!(m-l)!}H_{n-l}(\mathrm{i}x)H_{m-l}(\mathrm{i}y)\tag{11.54}$$

是新的特殊函数, 其母函数为 $\exp\left(sx+ty-st+\frac{s^2}{4}+\frac{t^2}{4}\right)$.

利用单变量 Hermite 多项式微商关系:

$$H_n'(\mathrm{i}x)=2\mathrm{i}nH_{n-1}(\mathrm{i}x)\tag{11.55}$$

对式 (11.54) 求微商得

$$\begin{aligned}\frac{\partial}{\partial x}\mathfrak{F}_{n,m}(x,y)&=(2\mathrm{i})^{-n-m}\sum_{l=0}^{\min(m,n)}\frac{4^l n!m!}{l!(n-l)!(m-l)!}2\mathrm{i}(n-l)H_{n-l-1}(\mathrm{i}x)H_{m-l}(\mathrm{i}y)\\&=n(2\mathrm{i})^{-n-m+1}\sum_{l=0}^{\min(m,n)}\frac{4^l(n-1)!m!}{l!(n-l-1)!(m-l)!}H_{n-l-1}(\mathrm{i}x)H_{m-l}(\mathrm{i}y)\end{aligned}$$

$$= n\mathfrak{F}_{n-1,m}(x,y) \tag{11.56}$$

又

$$\frac{\partial}{\partial y}\mathfrak{F}_{n,m}(x,y) = (2\mathrm{i})^{-n-m}\sum_{l=0}^{\min(m,n)}\frac{4^l n!m!}{l!(n-l)!(m-l)!}H_{n-l}(\mathrm{i}x)H'_{m-l}(\mathrm{i}y)$$
$$= m\mathfrak{F}_{n,m-1}(x,y) \tag{11.57}$$

故而

$$\frac{\partial^2}{\partial x\partial y}\mathfrak{F}_{n,m}(x,y) = nm\mathfrak{F}_{n-1,m-1}(x,y) \tag{11.58}$$

此即新特殊函数的微分关系.

下面, 利用新特殊函数建立新的算符恒等式和积分公式.

由式 (11.49)、式 (11.51) 和式 (11.53) 可得新的算符恒等式:

$$H_{n,m}(X,Y) = :\mathfrak{F}_{n,m}(X,Y): \tag{11.59}$$

此外, 从式 (11.53) 知

$$\sum_{n,m=0}^{\infty}\frac{s^n t^m}{n!m!}\mathfrak{F}_{n,m}(\mathrm{i}X,\mathrm{i}Y) = \exp\left(\mathrm{i}sX + \mathrm{i}tY - st + \frac{s^2}{4} + \frac{t^2}{4}\right)$$
$$= :\exp(\mathrm{i}sX + \mathrm{i}tY - st):$$
$$= \sum_{n,m=0}^{\infty}\frac{s^n t^m}{n!m!}:H_{n,m}(\mathrm{i}X,\mathrm{i}Y): \tag{11.60}$$

比较上式左右两端即得另一个算符恒等式

$$\mathfrak{F}_{n,m}(\mathrm{i}X,\mathrm{i}Y) = :H_{n,m}(\mathrm{i}X,\mathrm{i}Y): \tag{11.61}$$

利用坐标态的完备性关系, 即

$$\int_{-\infty}^{\infty}\mathrm{d}x\,|x\rangle\langle x| = \int_{-\infty}^{\infty}\frac{\mathrm{d}x}{\sqrt{\pi}}:\mathrm{e}^{-(x-X)^2}: = 1 \tag{11.62}$$

这里 $|x\rangle$ 坐标算符的本征态, 有

$$H_{n,m}(X,Y) = \iint_{-\infty}^{\infty}\frac{\mathrm{d}x\mathrm{d}y}{\pi}:\mathrm{e}^{-(x-X)^2-(y-Y)^2}:H_{n,m}(x,y) = :\mathfrak{F}_{n,m}(X,Y): \tag{11.63}$$

由于上式中间和右侧的算符表示均在正规乘积之内, 故有新的积分公式

$$\frac{1}{\pi}\iint_{-\infty}^{\infty}\mathrm{d}x'\mathrm{d}y'\mathrm{e}^{-(x'-x)^2-(y'-y)^2}H_{n,m}(x',y') = \mathfrak{F}_{n,m}(x,y) \tag{11.64}$$

另一方面, 利用式 (11.17) 和式 (11.62) 有

$$\begin{aligned}\mathfrak{F}_{n,m}(\mathrm{i}X,\mathrm{i}Y) &= \iint_{-\infty}^{\infty}\mathrm{d}x\mathrm{d}y\mathfrak{F}_{n,m}(\mathrm{i}x,\mathrm{i}y)|x,y\rangle\langle x,y| \\ &= \frac{1}{\pi}\iint_{-\infty}^{\infty}\mathrm{d}x\mathrm{d}y:\mathrm{e}^{-(x-X)^2-(y-Y)^2}:\mathfrak{F}_{n,m}(\mathrm{i}x,\mathrm{i}y) \\ &=: H_{n,m}(\mathrm{i}X,\mathrm{i}Y):\end{aligned} \tag{11.65}$$

这即意味着有另一个积分公式:

$$\frac{1}{\pi}\iint_{-\infty}^{\infty}\mathrm{d}x'\mathrm{d}y'\mathrm{e}^{-(x'-x)^2-(y'-y)^2}\mathfrak{F}_{n,m}(\mathrm{i}x,\mathrm{i}y) = H_{n,m}(\mathrm{i}x,\mathrm{i}y) \tag{11.66}$$

以下是应用部分。

利用双变量 Hermite 多项式算符式 (11.54) 和式 (11.63), 可得双变量 Hermite 多项式激发真空态:

$$H_{n,m}(X,Y)|00\rangle = \frac{1}{(2\mathrm{i})^{n+m}}\sum_{l=0}^{\min(m,n)}\frac{4^l n!m!}{l!(n-l)!(m-l)!}H_{n-l}\left(\frac{\mathrm{i}a^\dagger}{\sqrt{2}}\right)H_{m-l}\left(\frac{\mathrm{i}b^\dagger}{\sqrt{2}}\right)|00\rangle \tag{11.67}$$

这是一个纠缠态. 此外, 注意到算符的对易性, 即 $\left[\left(a+b^\dagger\right),\left(b+a^\dagger\right)\right]=0$, 则由式 (11.53) 可知

$$\exp\left[s\left(a+b^\dagger\right)+t\left(b+a^\dagger\right)-st+\frac{s^2}{4}+\frac{t^2}{4}\right] = \sum_{n,m=0}^{\infty}\frac{s^n t^m}{n!m!}\mathfrak{F}_{n,m}\left(a+b^\dagger,b+a^\dagger\right) \tag{11.68}$$

利用 Baker-Hausdorff 公式, 式 (11.68) 左边可写成

$$\begin{aligned}&\exp\left[s\left(a+b^\dagger\right)+t\left(b+a^\dagger\right)-st+\frac{s^2}{4}+\frac{t^2}{4}\right] \\ &=:\exp\left[s\left(a+b^\dagger\right)+t\left(b+a^\dagger\right)-\left(\frac{-\mathrm{i}s}{2}\right)^2-\left(\frac{-\mathrm{i}t}{2}\right)^2\right]: \\ &=\sum_{n,m=0}^{\infty}\frac{\left(\frac{-\mathrm{i}s}{2}\right)^n\left(\frac{-\mathrm{i}t}{2}\right)^m}{n!m!}:H_n\left[\mathrm{i}\left(a+b^\dagger\right)\right]H_m\left[\mathrm{i}\left(b+a^\dagger\right)\right]:\end{aligned} \tag{11.69}$$

比较式 (11.69) 和式 (11.68), 可得算符恒等式:

$$\mathfrak{F}_{n,m}\left(a+b^\dagger,b+a^\dagger\right) = \left(\frac{-\mathrm{i}}{2}\right)^{m+n}:H_n\left[\mathrm{i}\left(a+b^\dagger\right)\right]H_m\left[\mathrm{i}\left(b+a^\dagger\right)\right]: \tag{11.70}$$

将算符 $\mathfrak{F}_{n,m}\left(a+b^\dagger,b+a^\dagger\right)$ 作用于双模真空态上, 则有

$$\mathfrak{F}_{n,m}\left(a+b^\dagger,b+a^\dagger\right)|00\rangle = \left(\frac{-\mathrm{i}}{2}\right)^{m+n}H_n\left(\mathrm{i}b^\dagger\right)H_m\left(\mathrm{i}a^\dagger\right)|00\rangle \tag{11.71}$$

即 Hermite 多项式激发真空态.

另一方面, 由式 (11.53) 又有

$$
\begin{aligned}
&: \exp\left[s\left(a+b^{\dagger}\right)+t\left(b+a^{\dagger}\right)-st+\frac{s^2}{4}+\frac{t^2}{4}\right]: \\
&=\sum_{n,m=0}^{\infty}\frac{s^n t^m}{n!m!}:\mathfrak{F}_{n,m}\left(a+b^{\dagger},b+a^{\dagger}\right): \qquad (11.72)
\end{aligned}
$$

利用 Baker-Hausdorff 公式和式 (11.69) 前两式, 则式 (11.72) 左边等价于

$$
\begin{aligned}
&: \exp\left[s\left(a+b^{\dagger}\right)+t\left(b+a^{\dagger}\right)-st+\frac{s^2}{4}+\frac{t^2}{4}\right]: \\
&=\exp\left[s\left(a+b^{\dagger}\right)+t\left(b+a^{\dagger}\right)+\frac{s^2}{4}+\frac{t^2}{4}\right] \\
&=\sum_{n,m=0}^{\infty}\frac{\left(\frac{-\mathrm{i}s}{2}\right)^n\left(\frac{-\mathrm{i}t}{2}\right)^m}{n!m!}H_n\left[\mathrm{i}\left(a+b^{\dagger}\right)\right]H_m\left[\mathrm{i}\left(b+a^{\dagger}\right)\right] \qquad (11.73)
\end{aligned}
$$

比较式 (11.72) 和式 (11.73) 得新的算符恒等式

$$
H_n\left[\mathrm{i}\left(a+b^{\dagger}\right)\right]H_m\left[\mathrm{i}\left(b+a^{\dagger}\right)\right]=(2\mathrm{i})^{m+n}:\mathfrak{F}_{n,m}\left(a+b^{\dagger},b+a^{\dagger}\right): \qquad (11.74)
$$

则将上式作用于双模真空态有

$$
H_n\left[\mathrm{i}\left(a+b^{\dagger}\right)\right]H_m\left[\mathrm{i}\left(b+a^{\dagger}\right)\right]|00\rangle=(2\mathrm{i})^{m+n}\mathfrak{F}_{n,m}\left(b^{\dagger},a^{\dagger}\right)|00\rangle \qquad (11.75)
$$

此即新特殊函数形式下激发真空态.

借助于双模纠缠态表象 $|\xi\rangle$ 的完备性, 即

$$
\int\frac{\mathrm{d}^2\xi}{\pi}|\xi\rangle\langle\xi|=\int\frac{\mathrm{d}^2\xi}{\pi}:\mathrm{e}^{-\left[\xi-\left(a+b^{\dagger}\right)\right]\left[\xi^*-\left(a^{\dagger}+b\right)\right]}:=1 \qquad (11.76)
$$

其中纠缠态 $|\xi\rangle$ 为

$$
|\xi\rangle=\exp\left(-\frac{|\xi|^2}{2}+a^{\dagger}\xi+b^{\dagger}\xi^*-a^{\dagger}b^{\dagger}\right)|00\rangle \qquad (11.77)
$$

满足本征方程:

$$
\left(a+b^{\dagger}\right)|\xi\rangle=\xi|\xi\rangle,\ \left(b+a^{\dagger}\right)|\xi\rangle=\xi^*|\xi\rangle \qquad (11.78)
$$

以及方程式 (11.74) 可得

$$
\begin{aligned}
&H_n\left[\mathrm{i}\left(a+b^{\dagger}\right)\right]H_m\left[\mathrm{i}\left(b+a^{\dagger}\right)\right] \\
&=H_n\left[\mathrm{i}\left(a+b^{\dagger}\right)\right]H_m\left[\mathrm{i}\left(b+a^{\dagger}\right)\right]\int\frac{\mathrm{d}^2\xi}{\pi}|\xi\rangle\langle\xi|
\end{aligned}
$$

$$
\begin{aligned}
&= \int \frac{\mathrm{d}^2\xi}{\pi} H_n(\mathrm{i}\xi) H_m(\mathrm{i}\xi^*) : \mathrm{e}^{-\left[\xi-\left(a+b^\dagger\right)\right]\left[\xi^*-\left(a^\dagger+b\right)\right]} : \\
&= (2\mathrm{i})^{m+n} : \mathfrak{F}_{n,m}\left(a+b^\dagger, b+a^\dagger\right) :
\end{aligned}
\tag{11.79}
$$

由此得积分公式:

$$
\int \frac{\mathrm{d}^2\xi}{\pi} H_n(\mathrm{i}\xi) H_m(\mathrm{i}\xi^*) \mathrm{e}^{-(\xi-\lambda)(\xi^*-\lambda^*)} = (2\mathrm{i})^{m+n} \mathfrak{F}_{n,m}(\lambda, \lambda^*) \tag{11.80}
$$

作为积分公式 (11.80) 的应用, 考虑 Hermite 多项式激发态 $H_m\left(\mathrm{i}a^\dagger\right)|0\rangle$ 的归一化. 利用相干态的完备性关系 (3.136) 及式 (11.80), 可得

$$
\begin{aligned}
H_m(-\mathrm{i}a) H_m\left(\mathrm{i}a^\dagger\right) &= (-1)^m H_m(\mathrm{i}a) H_m\left(\mathrm{i}a^\dagger\right) \\
&= (-1)^m \int \frac{\mathrm{d}^2 z}{\pi} H_m(\mathrm{i}z) |z\rangle\langle z| H_m(\mathrm{i}z^*) \\
&= (-1)^m \int \frac{\mathrm{d}^2 z}{\pi} H_n(\mathrm{i}z) H_m(\mathrm{i}z^*) : \mathrm{e}^{-\left(z^*-a^\dagger\right)(z-a)} : \\
&= 4^m : \mathfrak{F}_{m,m}\left(a^\dagger, a\right) :
\end{aligned}
\tag{11.81}
$$

则 Hermite 多项式激发态 $H_m\left(\mathrm{i}a^\dagger\right)|0\rangle$ 的归一化为

$$
\langle 0| H_m(-\mathrm{i}a) H_m\left(\mathrm{i}a^\dagger\right) |0\rangle = 4^m \mathfrak{F}_{m,m}(0,0) \tag{11.82}
$$

本节利用算符 Hermite 多项式方法和 IWOP 方法, 我们发现了一类新的特殊函数, 它与单变量、双变量 Hermite 多项式紧密联系.

11.4 新的特殊函数 2

上一节中, 我们引入了一类特殊函数 $\mathfrak{F}_{n,m}(x,y)$, 母函数及其简单应用. 实际上, $\mathfrak{F}_{n,m}(x,y)$ 可看成是通过双变量 Hermite 多项式定义式 (11.35) 或式 (11.83)

$$
\begin{aligned}
H_{n,m}(x,y) &= \frac{\partial^{n+m}}{\partial s^n \partial t^m} \mathrm{e}^{-ts+tx+sy}\Big|_{t=s=0} \\
&= \sum_{l=0}^{\min(m,n)} \frac{n!m!(-1)^l}{l!(n-l)!(m-l)!} x^{n-l} y^{m-l}
\end{aligned}
\tag{11.83}
$$

中将 $x^{n-l}y^{m-l}$ 替换为多项式 $H_{n-l}(\mathrm{i}x) H_{m-l}(\mathrm{i}y)$ 而引进的. 这样的特殊函数 $\mathfrak{F}_{n,m}(x,y)$ 出现在量子光学理论的有关计算中.

另一个有趣的问题是：若用更一般的单变量 Hermite 多项式取代上式中的 x^{n-l} 和 y^{m-l}, 如 $x^{n-l}\to H_{n-l}(fx)$, $y^{m-l}\to H_{m-l}(y)$, 即

$$\begin{aligned}&\sum_{l=0}^{\min(m,n)}\frac{n!m!(-1)^l}{l!(n-l)!(m-l)!}x^{n-l}y^{m-l}\\&\to\sum_{l=0}^{\min(m,n)}\frac{n!m!(-1)^l}{l!(n-l)!(m-l)!}H_{n-l}(fx)y^{m-l}\equiv\mathfrak{G}_{n,m}(fx,y)\end{aligned}\tag{11.84}$$

那么, 这样引入的新特殊函数 $\mathfrak{G}_{n,m}(x,y)$ 是否是个有意义的特殊函数呢？若是, 它的母函数是什么？有什么应用呢？

首先, 来看看在什么物理情形下会出现这样的特殊函数 $\mathfrak{G}_{n,m}(x,y)$. 例如, 当计算 Hermite 多项式激发态 $H_n\left(\sqrt{g}a^\dagger\right)|0\rangle$ 的光子数分布时, 需计算

$$\langle l|H_n\left(\sqrt{g}a^\dagger\right)|0\rangle=\frac{1}{\sqrt{l!}}\langle 0|a^lH_n\left(\sqrt{g}a^\dagger\right)|0\rangle\tag{11.85}$$

这里 $\langle l|=\dfrac{1}{\sqrt{l!}}\langle 0|a^l$ 为数态. 利用积分公式

$$\int_{-\infty}^{\infty}\frac{\mathrm{d}x}{\sqrt{\pi}}H_n(fx)\mathrm{e}^{-(x-y)^2}=\left(1-f^2\right)^{n/2}H_n\left(fy/\sqrt{1-f^2}\right)\tag{11.86}$$

以及正规乘积内算符的积分方法有

$$\begin{aligned}H_n(fX)&=H_n(fX)\int_{-\infty}^{\infty}\mathrm{d}x\,|x\rangle\langle x|\\&=\int_{-\infty}^{\infty}\frac{\mathrm{d}x}{\sqrt{\pi}}H_n(fx):\mathrm{e}^{-(x-X)^2}:\\&=\left(1-f^2\right)^{n/2}:H_n\left(fX/\sqrt{1-f^2}\right):\end{aligned}\tag{11.87}$$

式中, $\int_{-\infty}^{\infty}\mathrm{d}x\,|x\rangle\langle x|=1$ 为坐标态的完备性关系. 令

$$f=\sqrt{\frac{2g}{1+2g}}$$

则

$$\begin{aligned}H_n\left(\sqrt{\frac{2g}{1+2g}}X\right)&=\left(\frac{1}{1+2g}\right)^{n/2}:H_n\left(\sqrt{2g}X\right):\\&=\left(\frac{1}{1+2g}\right)^{n/2}:H_n\left[\sqrt{g}\left(a+a^\dagger\right)\right]:\end{aligned}\tag{11.88}$$

因此, 将上式右端作用于真空态 $|0\rangle$、左端作用于数态 $\langle l|$, 可得

$$\langle l|H_n\left(\sqrt{g}a^\dagger\right)|0\rangle=(1+2g)^{n/2}\frac{1}{\sqrt{l!}}\langle 0|a^lH_n\left(\sqrt{\frac{2g}{1+2g}}X\right)|0\rangle\tag{11.89}$$

可见, 在计算矩阵元 $\langle l| H_n\left(\sqrt{g}a^{\dagger}\right)|0\rangle$ 时, 形为 $a^l H_n(fX)$ 算符出现了, 其 Hermite 共轭算符为 $H_n(fX)a^{\dagger l}$.

接下来, 考察算符 $H_n(fX)a^{\dagger l}$ 的正规乘积表示. 利用算符恒等式

$$\mathrm{e}^{fX}a^{\dagger}\mathrm{e}^{-fX}=a^{\dagger}+\left[f\frac{a+a^{\dagger}}{\sqrt{2}},a^{\dagger}\right]=a^{\dagger}+\frac{f}{\sqrt{2}} \tag{11.90}$$

则有

$$\begin{aligned}
H_n(fX)a^{\dagger l}&=\frac{\mathrm{d}^n}{\mathrm{d}t^n}\mathrm{e}^{-t^2+2tfX}|_{t=0}a^{\dagger l}\\
&=\frac{\mathrm{d}^n}{\mathrm{d}t^n}\left(a^{\dagger}+\sqrt{2}tf\right)^l\mathrm{e}^{-t^2+2tfX}|_{t=0}\\
&=\sum_{k=0}^{n}\binom{n}{k}\frac{\mathrm{d}^k}{\mathrm{d}t^k}\left(a^{\dagger}+\sqrt{2}tf\right)^l\frac{\mathrm{d}^{n-k}}{\mathrm{d}t^{n-k}}\mathrm{e}^{-t^2+2tfX}|_{t=0}
\end{aligned} \tag{11.91}$$

这里

$$\begin{aligned}
\frac{\mathrm{d}^k}{\mathrm{d}t^k}\left(a^{\dagger}+\sqrt{2}tf\right)^l|_{t=0}&=\frac{\mathrm{d}^k}{\mathrm{d}t^k}\sum_{j=0}^{l}\binom{l}{j}a^{\dagger l-j}\left(\sqrt{2}tf\right)^j|_{t=0}\\
&=\sum_{j=0}^{l}\binom{l}{j}a^{\dagger l-j}\left(\sqrt{2}f\right)^j\delta_{kj}k!\\
&=\left(\sqrt{2}f\right)^k k!a^{\dagger l-k}\binom{l}{k}
\end{aligned} \tag{11.92}$$

所以, 算符 $H_n(fX)a^{\dagger l}$ 的正规乘积表示为

$$\begin{aligned}
H_n(fX)a^{\dagger l}&=\sum_{k=0}^{n}\binom{n}{k}\left(\sqrt{2}f\right)^k k!a^{\dagger l-k}\binom{l}{k}H_{n-k}(fX)\\
&=\sum_{k=0}^{n}\frac{n!l!\left(\sqrt{2}f\right)^k}{(l-k)!k!(n-k)!}a^{\dagger l-k}H_{n-k}(fX)\\
&=\left(-\sqrt{2}f\right)^l\left(1-f^2\right)^{n/2}\sum_{k=0}^{\min(l,n)}\frac{n!l!(-1)^k}{(l-k)!k!(n-k)!}\\
&\quad\times\left(\frac{-1}{\sqrt{2}f}\right)^{l-k}:a^{\dagger l-k}H_{n-k}\left(fX/\sqrt{1-f^2}\right):
\end{aligned} \tag{11.93}$$

由上式与特殊函数 $\mathfrak{G}_{n,m}(x,y)$ 的定义式 (11.84) 可得

$$H_n(fX)a^{\dagger l}=\left(-\sqrt{2}f\right)^l\left(1-f^2\right)^{n/2}:\mathfrak{G}_{n,l}\left(\frac{fX}{\sqrt{1-f^2}},\frac{-1}{\sqrt{2}f}a^{\dagger}\right): \tag{11.94}$$

由此可见, 当计算 Hermite 多项式激发态的光子数分布时, 将碰到新的特殊函数 $\mathfrak{G}_{n,m}(x,y)$.

类似地, 可以导出算符 $H_n(X)a^l$ 的反正规乘积, 即

$$
\begin{aligned}
H_n(X)a^l &= \frac{\mathrm{d}^n}{\mathrm{d}t^n}\mathrm{e}^{-t^2+2tX}|_{t=0}a^l = \frac{\mathrm{d}^n}{\mathrm{d}t^n}\left(a-\sqrt{2}t\right)^l\mathrm{e}^{-t^2+2tX}|_{t=0} \\
&= \sum_{k=0}^{n}\binom{n}{k}\frac{\mathrm{d}^k}{\mathrm{d}t^k}\left(a-\sqrt{2}t\right)^l\frac{\mathrm{d}^{n-k}}{\mathrm{d}t^{n-k}}\mathrm{e}^{-t^2+2tX}\bigg|_{t=0} \\
&= \sum_{k=0}^{n}\frac{n!l!\left(-\sqrt{2}\right)^k}{(l-k)!k!(n-k)!}a^{l-k}H_{n-k}(X)
\end{aligned}
\tag{11.95}
$$

进一步利用算符 $H_n(X)$ 的反正规乘积表示

$$
H_n(X) = 2^{n/2}\vdots H_n\left(\frac{X}{\sqrt{2}}\right)\vdots \tag{11.96}
$$

代入式 (11.96) 并利用特殊函数 $\mathfrak{G}_{n,m}(x,y)$ 定义式 (11.84) 可得

$$
H_n(X)a^l = 2^{n/2}\sum_{k=0}^{n}\frac{n!l!(-1)^k}{(l-k)!k!(n-k)!}a^{l-k}\vdots H_{n-k}\left(\frac{X}{\sqrt{2}}\right)\vdots \equiv \vdots\mathfrak{G}_{n,l}\left(a,\frac{X}{\sqrt{2}}\right)\vdots \tag{11.97}
$$

下面, 进一步考察特殊函数 $\mathfrak{G}_{n,m}(x,y)$ 的母函数. 按照算符 Hermite 多项式方法的思想, 考虑求和式

$$
\begin{aligned}
\sum_{l=0}^{\infty}\sum_{n=0}^{\infty}\frac{t^n\tau^l}{n!l!}H_n(X)a^l &= \mathrm{e}^{-t^2+2tX}\mathrm{e}^{\tau a} = \mathrm{e}^{-t^2+\sqrt{2}t\left(a+a^\dagger\right)}\mathrm{e}^{\tau a} \\
&= \mathrm{e}^{-t^2+\sqrt{2}ta}\mathrm{e}^{\sqrt{2}ta^\dagger}\mathrm{e}^{\tau a}\mathrm{e}^{-t^2} = \mathrm{e}^{-2t^2-\sqrt{2t\tau}}\mathrm{e}^{\tau a+\sqrt{2}ta}\mathrm{e}^{\sqrt{2}ta^\dagger}
\end{aligned}
\tag{11.98}
$$

将式 (11.97) 代入式 (11.98) 可得

$$
\sum_{n,l=0}^{\infty}\frac{t^n\tau^l}{n!l!}\vdots\mathfrak{G}_{n,l}\left(a,\frac{X}{\sqrt{2}}\right)\vdots = \mathrm{e}^{-2t^2-\sqrt{2t\tau}}\vdots\mathrm{e}^{\tau a+2tX}\vdots \tag{11.99}
$$

上式两边均处于反正规乘积之内, 故令 $\dfrac{X}{\sqrt{2}}\to x, a\to y, \sqrt{2t}\to t$, 可得函数 $\mathfrak{G}_{n,l}$ 的母函数为

$$
\sum_{n,l=0}^{\infty}\frac{t^n\tau^l}{n!l!}\mathfrak{G}_{n,l}(x,y) = \mathrm{e}^{-2t^2-\sqrt{2t\tau}}\mathrm{e}^{\tau x+2\sqrt{2}ty} \tag{11.100}
$$

或

$$
\mathfrak{G}_{n,l}(x,y) = \frac{\partial^{n+l}}{\partial t^n\partial\tau^l}\mathrm{e}^{-2t^2-\sqrt{2t\tau}}\mathrm{e}^{\tau x+2\sqrt{2}ty}\bigg|_{t=\tau=0} \tag{11.101}
$$

总之, 利用算符 Hermite 多项式方法以及有 IWOP 方法, 我们提出了一种新的特殊函数 $\mathfrak{G}_{n,l}(x,y)$, 该类函数包含了幂级数以及 Hermite 多项式. 它在量子理论中计算物理量时会出现.

第 12 章

混沌光在激光通道中的演化

本章研究混沌光在激光通道中的演化问题. 此类通道有密度算符主方程描述, 即

$$\frac{\mathrm{d}\rho(t)}{\mathrm{d}t}=g\left[2a^{\dagger}\rho(t)a-aa^{\dagger}\rho(t)-\rho(t)aa^{\dagger}\right]$$
$$+\kappa\left[2a\rho(t)a^{\dagger}-a^{\dagger}a\rho(t)-\rho(t)a^{\dagger}a\right] \tag{12.1}$$

其中, $\rho(t)$ 为 t 时刻系统的密度算符, g 和 κ 分别代表增益和损失. 当 $g=0$ 时, 上式退化为振幅衰减通道 [式 (9.130)] 或

$$\frac{\mathrm{d}\rho(t)}{\mathrm{d}t}=\kappa\left[2a\rho(t)a^{\dagger}-a^{\dagger}a\rho(t)-\rho(t)a^{\dagger}a\right] \tag{12.2}$$

而当 $\kappa=0$ 时, 式 (12.1) 变成描述只有增益的主方程

$$\frac{\mathrm{d}\rho(t)}{\mathrm{d}t}=g\left[2a^{\dagger}\rho(t)a-aa^{\dagger}\rho(t)-\rho(t)aa^{\dagger}\right] \tag{12.3}$$

这里主要关心以下几个问题：① 若初始量子态处于混沌光 $\left(1-\mathrm{e}^{f}\right)\mathrm{e}^{fa^{\dagger}a}=\rho(0)$ 系统会演化成什么态, 并推导包含在密度算符 $\rho(t)$ 中的参数满足的微分方程; ② 求解相应的微分方程, 并给出 $\rho(t)$ 的精确解, 从而明确混沌光的演化规律.

12.1 混沌光的演化

设初态为热态为 $\rho(0)=\left(1-\mathrm{e}^{f}\right)\mathrm{e}^{fa^{\dagger}a}$, 有理由认为在增益和衰减过程中任意时刻态 $\rho(t)$ 保持热态的形式 (Bose distribution in average photon numbers still holds). 在此过程中, 既无压缩也无非线性效应, 故终态可设为

$$\rho(t)=\left(1-\mathrm{e}^{f'}\right)\mathrm{e}^{f'a^{\dagger}a} \tag{12.4}$$

其中, $f'=f'(t)$ 是待定的时间函数. 式 (12.4) 代入方程 (12.1) 左端, 得

$$\begin{aligned}\frac{\mathrm{d}}{\mathrm{d}t}\left(1-\mathrm{e}^{f'}\right)\mathrm{e}^{f'a^{\dagger}a}&=\mathrm{e}^{f'a^{\dagger}a}\frac{\mathrm{d}}{\mathrm{d}t}\left(1-\mathrm{e}^{f'}\right)+\left(1-\mathrm{e}^{f'}\right)\frac{\mathrm{d}}{\mathrm{d}t}\mathrm{e}^{f'a^{\dagger}a}\\&=\left[\left(1-\mathrm{e}^{f'}\right)a^{\dagger}a-\mathrm{e}^{f'}\right]\mathrm{e}^{f'a^{\dagger}a}\frac{\mathrm{d}f'}{\mathrm{d}t}\end{aligned} \tag{12.5}$$

式 (12.4) 代入方程 (12.1) 右端, 得

$$\begin{aligned}&\text{式 (12.1) 右端}\\&=2\left(1-\mathrm{e}^{f'}\right)\left\{g\left[a^{\dagger}a\mathrm{e}^{-f'}-aa^{\dagger}\right]+\kappa\left[aa^{\dagger}\mathrm{e}^{f'}-a^{\dagger}a\right]\right\}\mathrm{e}^{f'a^{\dagger}a}\\&=2\left(1-\mathrm{e}^{f'}\right)\left\{a^{\dagger}a\left[g\left(\mathrm{e}^{-f'}-1\right)+\kappa\left(\mathrm{e}^{f'}-1\right)\right]'+\kappa\mathrm{e}^{f'}-g\right\}\mathrm{e}^{f'a^{\dagger}a}\end{aligned} \tag{12.6}$$

联立式 (12.5) 和 (12.6), 并比较左右项 $a^{\dagger}a\mathrm{e}^{f'a^{\dagger}a}$ 或 $\mathrm{e}^{f'a^{\dagger}a}$, 可得两个新的微分方程

$$\frac{\mathrm{d}f'}{\mathrm{d}t}=2\left[g\left(\mathrm{e}^{-f'}-1\right)+\kappa\left(\mathrm{e}^{f'}-1\right)\right] \tag{12.7}$$

和

$$2\left(1-\mathrm{e}^{f'}\right)\left(\kappa\mathrm{e}^{f'}-g\right)=-\mathrm{e}^{f'}\frac{\mathrm{d}f'}{\mathrm{d}t} \tag{12.8}$$

上两式是相同的, 故只需求解其中之一. 由式 (12.8) 可得

$$\int\frac{\mathrm{d}f'}{g\left(\mathrm{e}^{-f'}-1\right)+\kappa\left(\mathrm{e}^{f'}-1\right)}=2\int\mathrm{d}t+c \tag{12.9}$$

其中, c 为积分常数. 利用积分公式

$$\int\frac{\mathrm{d}x}{g\left(\mathrm{e}^{-x}-1\right)+\kappa\left(\mathrm{e}^{x}-1\right)}=\frac{\ln\left[\left(\kappa\mathrm{e}^{x}-g\right)/\left(1-\mathrm{e}^{x}\right)\right]}{g-\kappa}+c' \tag{12.10}$$

则有

$$\ln\left[\frac{\left(\kappa e^{f'}-g\right)}{\left(1-e^{f'}\right)}\right]=2\left(g-\kappa\right)t+c'' \tag{12.11}$$

c'' 为新积分常数. 当 $t=0$ 时, $f'\to f$, 故积分常数 c'' 为

$$c''=\ln\frac{\kappa e^{f}-g}{1-e^{f}} \tag{12.12}$$

且

$$\frac{\kappa e^{f'}-g}{1-e^{f'}}=\frac{\kappa e^{f}-g}{1-e^{f}}e^{2(g-\kappa)t} \tag{12.13}$$

将式 (12.2) 和式 (12.3) 代入式 (12.11) 可得

$$f'=\ln\frac{g\left(1-e^{f}\right)+\left(\kappa e^{f}-g\right)e^{2(g-\kappa)t}}{\kappa\left(1-e^{f}\right)+\left(\kappa e^{f}-g\right)e^{2(g-\kappa)t}} \tag{12.14}$$

故混沌场在增益–衰减共存通道中, 密度算符演化为

$$\rho\left(t\right)=\frac{\left(\kappa-g\right)\left(1-e^{f}\right)}{\kappa\left(1-e^{f}\right)+\left(\kappa e^{f}-g\right)e^{2(g-\kappa)t}}\left[\frac{g\left(1-e^{f}\right)+\left(\kappa e^{f}-g\right)e^{2(g-\kappa)t}}{\kappa\left(1-e^{f}\right)+\left(\kappa e^{f}-g\right)e^{2(g-\kappa)t}}\right]^{a^{\dagger}a} \tag{12.15}$$

特别地, 当 $\kappa=0$ 时, 即无损失情况, 式 (12.14) 变成

$$f'=\ln[(e^{f}-1)e^{-2gt}+1] \tag{12.16}$$

t 时刻增益过程中的密度算符为

$$\begin{aligned}\rho\left(t\right)&=\left(1-e^{f'}\right)e^{f'a^{\dagger}a}\\&=e^{-2gt}\left(1-e^{f}\right)e^{a^{\dagger}a\ln\left[1-e^{-2gt}\left(1-e^{f}\right)\right]}\\&=e^{-2gt}\left(1-e^{f}\right)\left[1-e^{-2gt}\left(1-e^{f}\right)\right]^{a^{\dagger}a}\end{aligned} \tag{12.17}$$

而当 $g=0$ 即无增益时, 类似有

$$f'=\ln\frac{1}{1+\left(e^{-f}-1\right)e^{2t\kappa}} \tag{12.18}$$

和

$$\rho\left(t\right)=\frac{\left(e^{-f}-1\right)e^{2\kappa t}}{\left(e^{-f}-1\right)e^{2\kappa t}+1}\left[\frac{1}{\left(e^{-f}-1\right)e^{2\kappa t}+1}\right]^{a^{\dagger}a} \tag{12.19}$$

为验证以上结果 (12.14), 将式 (12.14) 代入式 (12.7) 右端可得

$$2\left[g\left(e^{-f'}-1\right)+\kappa\left(e^{f'}-1\right)\right]$$

$$= \frac{2\left(\mathrm{e}^{f}-1\right)(g-\kappa)^{2}\left(\kappa \mathrm{e}^{f}-g\right)\mathrm{e}^{2(g-\kappa)t}}{\left[g\left(1-\mathrm{e}^{f}\right)+\left(\kappa \mathrm{e}^{f}-g\right)\mathrm{e}^{2(g-\kappa)t}\right]\left[\kappa\left(1-\mathrm{e}^{f}\right)+\left(\kappa \mathrm{e}^{f}-g\right)\mathrm{e}^{2(g-\kappa)t}\right]} \tag{12.20}$$

另一方面, 将式 (12.14) 代入式 (12.7) 左端可得

$$\begin{aligned}\frac{\mathrm{d}f'}{\mathrm{d}t} &= \frac{\kappa\left(1-\mathrm{e}^{f}\right)+\left(\kappa \mathrm{e}^{f}-g\right)\mathrm{e}^{2(g-\kappa)t}}{g\left(1-\mathrm{e}^{f}\right)+\left(\kappa \mathrm{e}^{f}-g\right)\mathrm{e}^{2(g-\kappa)t}}\frac{\mathrm{d}}{\mathrm{d}t}\frac{g\left(1-\mathrm{e}^{f}\right)+\left(\kappa \mathrm{e}^{f}-g\right)\mathrm{e}^{2(g-\kappa)t}}{\kappa\left(1-\mathrm{e}^{f}\right)+\left(\kappa \mathrm{e}^{f}-g\right)\mathrm{e}^{2(g-\kappa)t}} \\ &= \frac{2\left(\mathrm{e}^{f}-1\right)(g-\kappa)^{2}e\left(\kappa \mathrm{e}^{f}-g\right)^{2(g-\kappa)t}}{\left[g\left(1-\mathrm{e}^{f}\right)+\left(\kappa \mathrm{e}^{f}-g\right)\mathrm{e}^{2(g-\kappa)t}\right]\left[\kappa\left(1-\mathrm{e}^{f}\right)+\left(\kappa \mathrm{e}^{f}-g\right)\mathrm{e}^{2(g-\kappa)t}\right]}\end{aligned} \tag{12.21}$$

显然, 式 (12.20) 和式 (12.21) 相等. 故式 (12.14) 就是式 (12.7) 的正确解.

至此, 我们以一种直接且简洁的方式求解了混沌光在既有增益又有衰减的通道中的主方程. 该方法不同于其他论文中必须知道 Kraus 算符和的表示形式.

12.2 激光通道主方程的算符和形式解

本节考虑激光通道主方程的算符和形式解. 为此, 引入虚模算符 $\tilde{a}$, $\left[\tilde{a},\tilde{a}^{\dagger}\right]=1$, 构造热纠缠态表象 [参见式 (4.108) 及式 (5.25)]

$$|\eta\rangle = \exp\left(-\frac{1}{2}|\eta|^{2}+\eta a^{\dagger}-\eta^{*}\tilde{a}^{\dagger}+a^{\dagger}\tilde{a}^{\dagger}\right)|0\tilde{0}\rangle \tag{12.22}$$

利用有序算符内的积分方法可以证明 $|\eta\rangle$ 是正交完备的, 即

$$\langle\eta'|\,\eta\rangle = \pi\delta\left(\eta'-\eta\right)\delta\left(\eta'^{*}-\eta^{*}\right) \tag{12.23}$$

$$1 = \int\frac{\mathrm{d}^{2}\eta}{\pi}|\eta\rangle\langle\eta| \tag{12.24}$$

压缩变换 $|\eta\rangle \to \frac{1}{\mu}|\eta/\mu\rangle$ 实际上由双模压缩算符 S 来实现

$$S \equiv \int\frac{\mathrm{d}^{2}\eta}{\pi\mu}|\eta/\mu\rangle\langle\eta| = \exp\left[\lambda\left(a^{\dagger}\tilde{a}^{\dagger}-a\tilde{a}\right)\right],\quad \mu=\mathrm{e}^{\lambda} \tag{12.25}$$

利用 (12.23) 可知

$$S|\eta\rangle = \frac{1}{\mu}|\eta/\mu\rangle \tag{12.26}$$

将式 (12.1) 左右两端作用于态 $|I\rangle=|\eta=0\rangle$, 并记 $|\rho\rangle \equiv \rho|I\rangle$, 则有

$$\frac{d}{\mathrm{d}t}|\rho\rangle = \left[g\left(2a^{\dagger}\rho a-aa^{\dagger}\rho-\rho aa^{\dagger}\right)+\kappa\left(2a\rho a^{\dagger}-a^{\dagger}a\rho-\rho a^{\dagger}a\right)\right]|I\rangle \tag{12.27}$$

利用式 (6.8) 和式 (6.9) 可得方程 (12.27) 的形式解为

$$|\rho(t)\rangle = \exp\left[gt\left(2a^\dagger\tilde{a}^\dagger - aa^\dagger - \tilde{a}\tilde{a}^\dagger\right) + \kappa t\left(2a\tilde{a} - a^\dagger a - \tilde{a}^\dagger\tilde{a}\right)\right]|\rho_0\rangle \tag{12.28}$$

其中, $|\rho_0\rangle \equiv \rho_0|I\rangle$, ρ_0 为初态的密度算符. 因此, $\rho(t)$ 的无限算符和表示形式为 [与推导式 (6.21) 相似]

$$\rho(t) = \sum_{n,j=0}^{\infty} T_3 \frac{\kappa^n g^j T_1^{n+j}}{n!j!T_2^{2j}} \mathrm{e}^{a^\dagger a \ln T_2} a^{\dagger j} a^n \rho_0 a^{\dagger n} a^j \mathrm{e}^{a^\dagger a \ln T_2} = \sum_{n,j=0}^{\infty} M_{n,j}\rho_0 M_{n,j}^\dagger \tag{12.29}$$

这里

$$\begin{cases} T_1 = \dfrac{1-\mathrm{e}^{-2(\kappa-g)t}}{\kappa - g\mathrm{e}^{-2t(\kappa-g)}} \\ T_2 = \dfrac{(\kappa-g)\,\mathrm{e}^{-(\kappa-g)t}}{\kappa - g\mathrm{e}^{-2t(\kappa-g)}} \\ T_3 = \dfrac{\kappa-g}{\kappa - g\mathrm{e}^{-2t(\kappa-g)}} = 1 - gT_1 \end{cases} \tag{12.30}$$

以及

$$M_{n,j} = \sqrt{\frac{T_3\kappa^n g^j}{n!j!T_2^{2j}} T_1^{n+j}}\,\mathrm{e}^{a^\dagger a \ln T_2} a^{+j} a^n \tag{12.31}$$

可验证

$$\sum_{n,j=0}^{\infty} M_{n,j}^\dagger M_{n,j} = 1 \tag{12.32}$$

所以式 (12.29) 表示的 $\rho(t)$ 确实是一个密度算符, 即

$$\mathrm{Tr}\rho(t) = \mathrm{Tr}\left(\sum_{n,j=0}^{\infty} M_{n,j}\rho_0 M_{n,j}^\dagger\right) = \mathrm{Tr}\rho_0 \tag{12.33}$$

因此, 对于任意给定的初始密度算符 ρ_0, 任意时刻密度算符 $\rho(t)$ 可直接由式 (12.29) 导出. 推导过程中, 纠缠态表象为我们提供了一个优美的推导密度算符和表示的途径.

12.3 负二项式态在激光通道中的演化

本节考察负二项式态 $\rho_\gamma(0)$[参见 (7.17)] 在激光通道中的演化. 为方便, 将负二项式态 $\rho_\gamma(0)$ 再次写出

$$\rho_\gamma(0) = \frac{1}{s!(n_c)^s} a^s \gamma \mathrm{e}^{a^\dagger a \ln(1-\gamma)} a^{\dagger s}, \quad n_c = \frac{1-\gamma}{\gamma} \tag{12.34}$$

将式 (12.34) 代入式 (12.29), 得

$$
\begin{aligned}
\rho(t) &= \frac{T_3\gamma}{s!n_c^s}\sum_{j=0}^{\infty}\sum_{n=0}^{\infty}\frac{\kappa^n g^j}{n!j!T_2^{2j}}T_1^{n+j}\mathrm{e}^{a^\dagger a\ln T_2}a^{\dagger j}a^{n+s}\mathrm{e}^{a^\dagger a\ln(1-\gamma)}a^{\dagger n+s}a^j\mathrm{e}^{a^\dagger a\ln T_2}\\
&= \frac{T_3\gamma}{s!n_c^s}\sum_{j=0}^{\infty}\frac{g^jT_1^j}{j!T_2^{2j}}\sum_{n=0}^{\infty}\frac{(\kappa T_1)^n}{n!}\left(a^\dagger T_2\right)^j\mathrm{e}^{a^\dagger a\ln T_2}a^{n+s}\mathrm{e}^{a^\dagger a\ln(1-\gamma)}a^{\dagger n+s}\mathrm{e}^{a^\dagger a\ln T_2}(aT_2)^j\\
&= \frac{T_3\gamma}{s!n_c^sT_2^{2s}}\sum_{j=0}^{\infty}\frac{g^jT_1^j}{j!T_2^{2j}}\left(a^\dagger T_2\right)^j\sum_{n=0}^{\infty}\frac{\left(\kappa T_1/T_2^2\right)^n}{n!}a^{n+s}\mathrm{e}^{a^\dagger a\ln\left[(1-\gamma)T_2^2\right]}a^{\dagger n+s}(aT_2)^j\\
&= \frac{T_3\gamma}{s!n_c^sT_2^{2s}}\sum_{j=0}^{\infty}\frac{g^jT_1^j}{j!T_2^{2j}}\left(a^\dagger T_2\right)^j\sum_{n=0}^{\infty}\frac{\left(\kappa T_1/T_2^2\right)^n(n+s)!}{n!}\\
&\quad\times\left[(1-\gamma)T_2^2\right]^{n+s}:\mathrm{e}^{\left[(1-\gamma)T_2^2-1\right]a^\dagger a}L_{n+s}\left[a^\dagger a(\gamma-1)T_2^2\right]:(aT_2)^j
\end{aligned}
\tag{12.35}
$$

进一步, 利用 Laguerre 多项式的新母函数公式 (推导见本章附录):

$$
\sum_{n=0}^{\infty}\frac{(n+s)!(-\lambda)^n}{n!s!}L_{n+s}(z)=(1+\lambda)^{-s-1}\mathrm{e}^{\frac{\lambda z}{1+\lambda}}L_s\left(\frac{z}{1+\lambda}\right)
\tag{12.36}
$$

并注意到 $n_c=\dfrac{1-\gamma}{\gamma}$, 对式 (12.35) 中 n 求和, 可得

$$
\begin{aligned}
\rho(t) &= T_3\frac{\gamma}{n_c^sT_2^{2s}}\sum_{j=0}^{\infty}\frac{g^jT_1^j}{j!T_2^{2j}}:\left(a^\dagger aT_2^2\right)^j\left[(1-\gamma)T_2^2\right]^s\mathrm{e}^{\left[(1-\gamma)T_2^2-1\right]a^\dagger a}\\
&\quad\times\left[1-\kappa T_1(1-\gamma)\right]^{-s-1}\mathrm{e}^{\frac{\kappa T_1(1-\gamma)^2T_2^2}{1-\kappa T_1(1-\gamma)}a^\dagger a}L_s\left[\frac{a^\dagger a(\gamma-1)T_2^2}{1-\kappa T_1(1-\gamma)}\right]:\\
&= G:\gamma'^{s+1}\mathrm{e}^{\left(gT_1-\gamma'\right)a^\dagger a}L_s\left[a^\dagger a\left(\gamma'-1\right)\right]:
\end{aligned}
\tag{12.37}
$$

其中

$$
G\equiv\left[\frac{\gamma}{1-\left(\kappa T_1+T_2^2\right)(1-\gamma)}\right]^{s+1}(1-gT_1)
\tag{12.38}
$$

以及

$$
\gamma'=1-\frac{T_2^2(1-\gamma)}{1-\kappa T_1(1-\gamma)}
\tag{12.39}
$$

为更清楚地看到密度算符 $\rho(t)$ 的意义, 由式 (12.37) 得

$$
\begin{aligned}
\rho(t) &= G\sum_{n=0}^{\infty}\frac{(gT_1)^n}{n!}a^{\dagger n}:\gamma'^{s+1}\mathrm{e}^{-\gamma'a^\dagger a}L_s\left[a^\dagger a\left(\gamma'-1\right)\right]:a^n\\
&= G\sum_{n=0}^{\infty}\frac{(gT_1)^n}{n!}a^{\dagger n}\rho_{\gamma'}a^n
\end{aligned}
\tag{12.40}
$$

其中

$$
\rho_{\gamma'}=\gamma'^{s+1}:\mathrm{e}^{-\gamma'a^\dagger a}L_s\left[\left(\gamma'-1\right)a^\dagger a\right]:
\tag{12.41}
$$

实际上, 上式一个新负二项式态, 与初始的二项式态 (12.34) 参数不同. 因此, 二项式态经过增益–衰减通道后, 变成了光子增加负二项式态的无限算符和表示形式.

利用相干态完备性关系以及式 (12.37) 可验证 $\mathrm{Tr}[\rho(t)]=1$, 即

$$\begin{aligned}
\mathrm{Tr}[\rho(t)] &= G\gamma'^{s+1}\int\frac{\mathrm{d}^2z}{\pi}\langle z|:\mathrm{e}^{\left(gT_1-\gamma'\right)a^\dagger a}L_s\left[a^\dagger a(\gamma'-1)\right]:|z\rangle \\
&= G\gamma'^{s+1}\sum_{l=0}^{s}\frac{(1-\gamma')^l s!}{(l!)^2(s-l)!}\int\frac{\mathrm{d}^2z}{\pi}|z|^{2l}\mathrm{e}^{\left(gT_1-\gamma'\right)|z|^2} \\
&= G\gamma'^{s+1}\sum_{l=0}^{s}\frac{(1-\gamma')^l s!}{(l!)^2(s-l)!}\frac{l!}{(\gamma'-gT_1)^{l+1}} \\
&= \left[\frac{\gamma}{1-(\kappa T_1+T_2^2)(1-\gamma)}\right]^{s+1}\frac{\gamma'^{s+1}(1-gT_1)}{\gamma'-gT_1}\left(\frac{1-\gamma'}{\gamma'-gT_1}+1\right)^s \\
&= 1
\end{aligned} \tag{12.42}$$

下面, 计算在密度算符式 (12.40) 中的平均光子数. 初始负二项式态 (12.34) 下的平均光子数为

$$\begin{aligned}
\langle N\rangle_0 &= \mathrm{Tr}\left[a^\dagger a\rho_\gamma(0)\right] \\
&= \mathrm{Tr}\left[\sum_{n=0}^{\infty}\frac{(n+s)!}{n!s!}\gamma^{s+1}(1-\gamma)^n n|n\rangle\langle n|\right] \\
&= \sum_{n=1}^{\infty}\frac{(n+s)!}{(n-1)!s!}\gamma^{s+1}(1-\gamma)^n \\
&= \frac{(1+s)(1-\gamma)}{\gamma}
\end{aligned} \tag{12.43}$$

利用式 (12.37) 以及算符公式 $\left[a,:f\left(a,a^\dagger\right):\right]=\frac{\partial}{\partial a^\dagger}:f\left(a,a^\dagger\right):$, 则任意时刻态 (12.40) 的平均光子数为

$$\begin{aligned}
\langle N\rangle_t &= \mathrm{Tr}[a^\dagger a\rho(t)] \\
&= G\gamma'^{s+1}\int\frac{\mathrm{d}^2z}{\pi}\langle z|a^\dagger a:\mathrm{e}^{\left(gT_1-\gamma'\right)a^\dagger a}L_s\left[a^\dagger a(\gamma'-1)\right]:|z\rangle \\
&= G\gamma'^{s+1}\int\frac{\mathrm{d}^2z}{\pi}\langle z|a^\dagger:\mathrm{e}^{\left(gT_1-\gamma'\right)a^\dagger a}L_s\left[a^\dagger a(\gamma'-1)\right]:a|z\rangle \\
&\quad+G\gamma'^{s+1}\int\frac{\mathrm{d}^2z}{\pi}\langle z|a^\dagger:\frac{\partial}{\partial a^\dagger}\left\{\mathrm{e}^{\left(gT_1-\gamma'\right)a^\dagger a}L_s\left[a^\dagger a(\gamma'-1)\right]\right\}:|z\rangle \\
&= G\gamma'^{s+1}\left\{(1+gT_1-\gamma')\int|z|^2\mathrm{e}^{\left(gT_1-\gamma'\right)|z|^2}L_s\left[|z|^2(\gamma'-1)\right]\frac{\mathrm{d}^2z}{\pi}\right. \\
&\quad\left.+\int\mathrm{e}^{\left(gT_1-\gamma'\right)|z|^2}\sum_{l=0}^{s}\frac{l|z|^{2l}(1-\gamma')^l s!}{(l!)^2(s-l)!}\frac{\mathrm{d}^2z}{\pi}\right\}
\end{aligned}$$

$$
\begin{aligned}
&= G\gamma'^{s+1}\sum_{l=0}^{s}\frac{(1-\gamma')^{l}s!}{l!(s-l)!}\left[\frac{(gT_1+1-\gamma')(l+1)+l(\gamma'-gT_1)}{(\gamma'-gT_1)^{l+2}}\right]\\
&= \frac{(1+s)(1-\gamma)}{\gamma}\mathrm{e}^{-2(\kappa-g)t}
\end{aligned}
\tag{12.44}
$$

比较式 (12.43) 和式 (12.44) 有

$$
\langle N\rangle_t = \langle N\rangle_0 \mathrm{e}^{-2(\kappa-g)t} \tag{12.45}
$$

可见, 任意时刻的平均光子数是指数衰减或增益的, 具体依赖于衰减 κ 和增益系数 g 的大小.

至此, 我们讨论了一个负二项式态在激光通道中是如何演化的. 通过利用新推导的 Laguerre 多项式的母函数公式, 研究表明终态恰好可表示成光子增加负二项式态的无限和表示形式. 终态中的平均光子数是指数增加或衰减依赖于衰减和增益系数之间的大小.

附录　新 Laguerre 多项式母函数关系式 (12.36) 的推导

为推导 Laguerre 多项式母函数公式, 首先计算以下无限级数和:

$$
\sum_{n=0}^{\infty}\frac{\lambda^n}{n!}H_{n+m,n+s}(x,y) \tag{B1}
$$

其中

$$
H_{m,s}(x,y) = \sum_{n=0}^{\min(m,s)}\frac{m!s!}{n!(m-n)!(s-n)!}(-1)^n x^{m-n}y^{s-n} \tag{B2}
$$

是双变量 Hermite 多项式. 这里不直接计算式 (B1), 而是考虑其算符对应

$$
\sum_{n=0}^{\infty}\frac{\lambda^n}{n!}(-\mathrm{i})^{m+s+2n}H_{n+m,n+s}(\mathrm{i}a^{\dagger},\mathrm{i}a) \tag{B3}
$$

利用之前推导的算符恒等式

$$
a^s a^{\dagger m} = (-\mathrm{i})^{m+s} : H_{m,s}(\mathrm{i}a^{\dagger},\mathrm{i}a) : \tag{B4}
$$

有

$$
\sum_{n=0}^{\infty}\frac{\lambda^n}{n!}(-\mathrm{i})^{m+s+2n}H_{n+m,n+s}(\mathrm{i}a^{\dagger},\mathrm{i}a)
$$

$$
\begin{aligned}
&= \sum_{n=0}^{\infty} \frac{\lambda^n}{n!} a^{n+s} \left(a^\dagger\right)^{n+m} \\
&= a^s \vdots \mathrm{e}^{\lambda a a^\dagger} \vdots a^{\dagger m}
\end{aligned} \tag{B5}
$$

进一步利用 IWOP 方法和相干态的完备性关系:

$$
\int \frac{\mathrm{d}^2 z}{\pi} |z\rangle \langle z| = \int \frac{\mathrm{d}^2 z}{\pi} : \exp\left(-|z|^2 + z a^\dagger + z^* a - a^\dagger a\right) : = 1 \tag{B6}
$$

其中, $|z\rangle = \exp\left(-\frac{|z|^2}{2} + z a^\dagger\right)|0\rangle$ 为相干态, 则式 (B5) 变成

$$
\begin{aligned}
a^s \vdots \mathrm{e}^{\lambda a a^\dagger} \vdots a^{\dagger m} &= \int \frac{\mathrm{d}^2 z}{\pi} z^s \mathrm{e}^{\lambda |z|^2} z^{*m} |z\rangle \langle z| \\
&= \int \frac{\mathrm{d}^2 z}{\pi} z^s z^{*m} |z\rangle \langle z| : \mathrm{e}^{-(1-\lambda)|z|^2 + z a^\dagger + z^* a - a^\dagger a} : \\
&= (-\mathrm{i})^{m+s} (1-\lambda)^{-\frac{(s+m)}{2}-1} : \mathrm{e}^{\frac{\lambda a^\dagger a}{1-\lambda}} H_{m,s}\left(\frac{\mathrm{i} a^\dagger}{\sqrt{1-\lambda}}, \frac{\mathrm{i} a}{\sqrt{1-\lambda}}\right) :
\end{aligned} \tag{B7}
$$

比较式 (B5) 和 (B7) 可得算符恒等式

$$
\begin{aligned}
&\sum_{n=0}^{\infty} \frac{(-\lambda)^n}{n!} : H_{n+m,n+s}\left(\mathrm{i} a^\dagger, \mathrm{i} a\right) : \\
&\quad = (1-\lambda)^{-\frac{(s+m)}{2}-1} : \mathrm{e}^{\frac{\lambda a^\dagger a}{1-\lambda}} H_{m,s}\left(\frac{\mathrm{i} a^\dagger}{\sqrt{1-\lambda}}, \frac{\mathrm{i} a}{\sqrt{1-\lambda}}\right) :
\end{aligned} \tag{B8}
$$

注意到上式左右均在正规乘积内, 故可回到经典 c-数情形, 即做取代 $x \to \mathrm{i} a^\dagger$, $y \to \mathrm{i} a$, 有

$$
\sum_{n=0}^{\infty} \frac{\lambda^n}{n!} H_{n+m,n+s}(x,y) = (1+\lambda)^{-\frac{(s+m)}{2}-1} \mathrm{e}^{\frac{\lambda x y}{1+\lambda}} H_{m,s}\left(\frac{x}{\sqrt{1+\lambda}}, \frac{y}{\sqrt{1+\lambda}}\right) \tag{B9}
$$

此即关于双变量 Hermite 多项式 $H_{n+m,n+s}(x,y)$ 的新的母函数公式. 特别地, 当 $m=s$ 时, 式 (B9) 变成

$$
\sum_{n=0}^{\infty} \frac{\lambda^n}{n!} H_{n+s,n+s}(x,y) = (1+\lambda)^{-s-1} \mathrm{e}^{\frac{\lambda x y}{1+\lambda}} H_{s,s}\left(\frac{x}{\sqrt{1+\lambda}}, \frac{y}{\sqrt{1+\lambda}}\right) \tag{B10}
$$

进一步利用双变量 Hermite 多项式与 Laguerre 多项式的关系

$$
L_s(xy) = \frac{(-1)^s}{s!} H_{s,s}(x,y) \tag{B11}
$$

可得式 (12.36).

后记

写科教方面的书有两种题材, 一种是编写, 即把已有的材料重新组织以后加上自己的体会和理解; 另一种几乎全是作者自己的科研教学心得. 我的科研著作属于后一种, 有诗为证:

从来著书费时光, 奈何人老镜影恍.
学子懵懂百回教, 师尊自学一世忙.
应学鲁班斧斤工, 休问关公刀称量.
写书应从厚敛薄, 段落无处不自创.

一个人发表的论文越多, 积累的素材能自成系列, 则其可写的书越丰. 大文豪老舍曾说: "一个作家, 他箱子里存的做成的或还没有做成的衣服越多, 他的本事就越大. 他可以把人物打扮成红袄绿裤, 也可改扮成黑袄白裤. 他的箱子里越阔, 他就越游刃有余. 箱子里贫乏, 他就捉襟见肘."

一个好的作家, 嬉笑怒骂皆可以成文章; 一个好的小提琴家在演奏时, 断弦一根照样拉下去. 意大利小提琴家尼哥罗 · 帕格尼尼有一次在舞台上表演, 突然, 小提琴的第二弦 (A 弦) 断了, 帕格尼尼没有中断演奏, 而是尽情发挥, 听众报以热烈的掌声并要求他加演节目. 帕格尼尼一时痛快, 从口袋里拿出一把小刀, 干脆把琴的第三弦和第一弦都割断, 只靠第四弦（G 弦）用“人工泛音”绝技演奏, 全场观众欢声雷动, 激动不已. 后来, 他据此创作了一首《G 弦上的咏叹调》, 这首曲子成为世界名曲. 同样, 一个水平高的科学家就一个专题他也可以展开话题写成书.

写专著不只是将已发表的系列论文连成章回, 也是一个整理思想、简化步骤的工作. 我和胡利云在写书过程中, 常有新问题出现, 便思索以新方法写论文. 往往是一部专著写完, 附带着有几篇论文投稿.

于是作诗一首为自己庆贺:

脱颖经典奇量子, 波粒两象理兼诗.
邂逅纠缠终难解, 怎叫爱翁肯离世.
顾我卅载辟蹊径, 落笔有缘添新知.
著书不愁无人赏, 但开先河不为师.

范洪义

2019 年 4 月